Jetzt helfe ich mir selbst

Motor buch Verlag

Einbandgestaltung: Louis Dos Santos

Abbildungen: Volkswagen AG; Althaus-Fichtmüller; ATH-Heinl GmbH, Celestron, Conrad online shop, Dunlop, Finkbeiner (finkbeiner-lifts), Hella, Kreishandwerkerschaft Fulda, Michelin, Dr. Wack; Motor-Presse Stuttgart.

Text und redaktionelle Bearbeitung:
Rainer Althaus-Fichtmüller

Dieser Band entspricht dem Kenntnisstand zum Zeitpunkt der Drucklegung. Abweichungen durch Weiterentwicklung der beschriebenen Fahrzeuge, geänderte Anweisungen des Fahrzeugherstellers bzw. neue gesetzliche Bestimmungen sind möglich.

Alle Angaben und Ratschläge in diesem Ratgeber sind nach bestem Wissen und Gewissen erteilt. Eine Haftung der Autoren oder des Verlages und seiner Beauftragten für Personen-, Sach- und Vermögensschäden ist jedoch ausgeschlossen.

ISBN 978-3-613-03669-7

1. Auflage 2015

Lizenznehmer des Motorbuch Verlags, Postfach 103743, D-70032 Stuttgart
Ein Unternehmen der Paul Pietsch Verlage GmbH & Co. KG

Sie finden uns im Internet unter:
http://www.paul-pietsch-verlage.de

Herstellung: Althaus-Fichtmüller,
14913 Jüterbog
Druck und Bindung: Appel und Klinger,
D-96277 Schneckenlohe
Printed in Germany

VW Golf VII
ab Modelljahr 2013/14

Benzinmotoren

1,2 Liter TSI	63 kW / 86 PS
1,4 Liter TGI Turbo	81 kW / 110 PS
1,4 Liter TSI	92, 110 kW / 125, 150 PS
2,0 Liter TSI	155, 221 kW/ 210, 300 PS

Dieselmotoren

1,6 Liter TDI CR	81 kW / 110 PS
2,0 Liter TDI CR	110, 135 kW / 150, 184 PS

Inhalt

Fahrzeugaufbau

Karosserie – Wissenswertes

Karosserie – Prüfungen und Reparaturen

Innenraum – Wissenswertes

Innenraum – Prüfungen und Reparaturen

Infotainment – Wissenswertes

Infotainment – Prüfungen und Reparaturen

Fahrzeugelektrik

Wissenswertes

Prüfungen und Reparaturen

Der Antrieb

Wissenswertes

Prüfungen und Reparaturen:

Technische Daten

Techniklexikon

Ein Ratgeber stellt sich vor

»An den Autos von heute kann man ja doch nichts mehr selber machen.« Diesen Satz hören wir häufig, aber wir stimmen ihm ebenso wenig zu wie Sie. Wir denken, dass trotz allem Fortschritt immer noch genügend Spielraum für richtig angepackte Selbsthilfe bleibt. Natürlich ist durch den wachsenden Anteil von Elektronik und durch die Vernetzung der Systeme im Fahrzeug mancher Fehler nicht mehr so leicht zu orten wie früher. Gerade durch die Elektronik sind moderne Autos aber wesentlich zuverlässiger, sicherer und umweltfreundlicher als die einfacher aufgebauten, doch wartungsintensiven Fahrzeuge früherer Tage.

Hilfe zur Selbsthilfe

Was Sie tun können, wenn das Auto den Dienst verweigert, oder besser noch: was Sie tun sollten, damit es gar nicht erst soweit kommt, ist Gegenstand dieses Ratgebers. Selbst wenn Sie den Fehler vielleicht nicht selbst beheben können, ist es doch viel Wert, die Ursache präzise einzukreisen. So können Sie der Werkstatt wesentliche Informationen liefern und kostbare Arbeitszeit für die Fehlersuche einsparen.

Tipps und Wissenswertes

Wir wollen Einblicke in die Autotechnik geben, Fachbegriffe im umfangreichen Techniklexikon erläutern und Sie über Wissenswertes aus der Welt der Technik informieren. Wir geben Tipps, die zum Teil bares Geld wert sind.
Ein ganzes Kapitel widmen wir dem Thema Winter, weil in der dunklen Jahreszeit besonders viel zu beachten ist. Das fängt bei der Wahl der richtigen Bereifung an und reicht bis zu den robusten Schuhen im Kofferraum.
Denn immer noch wagen sich zum Beispiel zu viele Autofahrer in dem festen Glauben, es werde schon gut gehen, mit Sommerreifen auf die Piste. Damit jedoch wirklich alles gut geht, präsentieren wir in diesem Buch viele nützliche Hinweise und Tipps, die für den Urlaub so gut sind wie für jede tägliche Fahrt.

Sicherheit hat Vorrang

Natürlich wollen wir Sie mit diesem Ratgeber auch durch die übrigen Jahreszeiten begleiten. Sicherheit und Zufriedenheit stehen dabei an erster Stelle.
Wichtiger als das Reparieren sicherheitsrelevanter Baugruppen ist frühzeitiges Erkennen von Schäden, weshalb ein »Störungsbeistand« fester Bestandteil der meisten Kapitel ist. Dieses Diagnose-Schema soll ganz allgemein eventuelle Unzulänglichkeiten am Auto offenlegen, bevor etwas schief läuft, und auch helfen, bei einer Hauptuntersuchung jede Menge Ärger und Geld zu sparen. Regelmäßig wiederkehrende Überprüfungsarbeiten haben wir in einer Übersicht zusammengefasst. Den Wartungsplan sollte man kopieren und abheften.

Reparaturen in der Garage daheim

Sollten Sie bereits im Umgang mit Werkzeug geübt sein, werden wir Sie Schritt für Schritt durch die einzelnen Arbeitsgänge führen. Dabei beschränken wir uns in der Reihe »Jetzt helfe ich mir selbst« auf leichte Wartungs-, Pflege- und Reparaturmaßnahmen, die Sie ohne Weiteres in der heimischen Garage durchführen können. Welche Grundausstattung Sie dafür benötigen und wie das Ganze ideal in Ihre Garage passt, haben wir hier zusammengefasst. Für alle weiter führenden Arbeiten möchten wir auf den entsprechenden Band »Reparaturanleitung« des Bucheli-Verlages hinweisen. Dort wird mit bewährter Präzision das Zerlegen komplizierter Baugruppen beschrieben.

Für mehr Spaß am Auto

In manchem Kapitel bieten wir einen Überblick zum Thema »besser machen«. In diesem Abschnitt stellen wir eine Auswahl von empfehlenswerten Zubehör- und Anbauteilen vor, die Sie in Eigenregie montieren können. Dadurch sollen Sie in Zukunft noch mehr Freude an Ihrem Auto haben.

Damit Sie sich gut zurechtfinden

Wenn Sie etwas Bestimmtes in diesem Buch suchen, haben Sie verschiedene Möglichkeiten. Natürlich können Sie auf das vertraute Inhaltsverzeichnis zurückgreifen. Aber auch beim schnellen Durchblättern werden Sie sich leicht zurechtfinden. Den Hinweis, in welchem Kapitel Sie sich bewegen, finden Sie oben links. Dazu die Information, ob es sich in diesem Abschnitt um theoretisches Wissen, konkrete Arbeitsanleitungen oder Vorschläge zur Optimierung handelt. Rechts oben auf jeder Seite haben wir den Bereich dargestellt, der im jeweiligen Abschnitt behandelt wird. Damit können Sie auf der Suche nach bestimmten Inhalten auch durchaus einmal ohne Inhaltsverzeichnis auskommen.

INFORMATION

Bevor man Teile ausbaut oder etwas auseinander nimmt, ist es immer besser, die technischen Zusammenhänge zu kennen. Wenn Sie das »i« im blauen Karo sehen, erklären wir die Funktion der Technik, deren Bedeutung für das gesamte Auto und den richtigen Umgang damit. Oder wir informieren ganz einfach über den historischen Hintergrund der Entwicklung. Dieser Abschnitt soll Sie mit Baugruppen wie z. B. dem Luftfilter (im Bild) vertraut machen. Denn mit dem nötigen Wissen im Hinterkopf schraubt es sich oft leichter.

ARBEITSSCHRITTE

Sobald am Auto gearbeitet wird, werden Sie den »Schraubenschlüssel« im roten Karo sehen. Unter diesem Symbol erhalten Sie Schritt für Schritt Anleitungen zum Aus- und Einbau von Teilen. Wir machen nur, was in der heimischen Garage gerade noch geht. Bei unserer Arbeit haben auch wir gebrauchtes Werkzeug benutzt und uns nur für Bereiche wie den Dachhimmel ständig die Hände gewaschen, um wirklich »Appetit« aufs Schrauben zu machen.

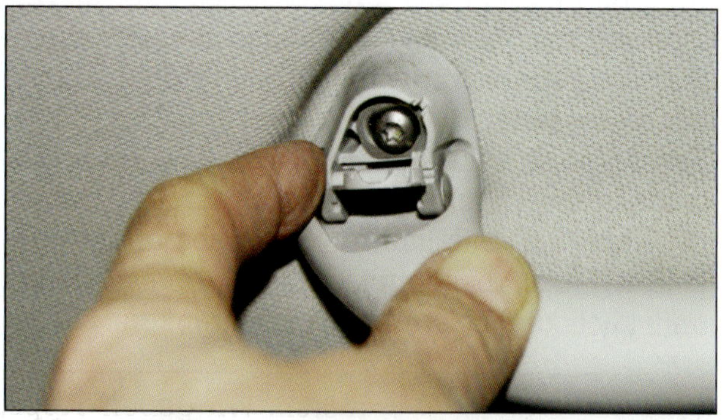

BESSER MACHEN

Nicht alles muss serienmäßig bleiben. In der Praxis wird tiefer gelegt, werden neue Felgen mit anderen Reifen eingebaut, verändert man Karosserieteile oder individualisiert die Innenausstattung. Wir stellen Ihnen einige zusätzliche Teile vor und erläutern Ihnen, worauf Sie bei Zubehöreinkauf und »Tuning« achten sollten. Wir möchten, signalisiert unser Symbol im gelben Karo, dass Ihnen »ein Licht aufgeht«.

Rechte und Pflichten

Als Käufer eines gebrauchten oder neuen Kraftfahrzeugs müssen Sie Ihre Rechte und Pflichten kennen. Wir möchten Sie daher hier auch in gebotener Kürze darüber informieren, mit welchem Hintergrund Sie eine nötige Reklamation auf den Weg bringen können. Wenn Sie Fehler reklamieren wollen, müssen Sie sicherstellen, dass Sie wirklich keinem Irrtum unterliegen. Nach § 434 BGB ist eine Sache frei von Mängeln, wenn sie sich für die Verwendung eignet, für die sie gemäß Kaufvertrag gedacht war. Liegt nach dieser Definition tatsächlich ein Mangel vor, sollten Sie im Gespräch mit dem Kundendiensttechniker Ihr Recht auf der Basis der folgenden Kriterien einfordern.

Die Garantie

Garantie ist eine freiwillige zusätzliche Leistung des Herstellers oder Verkäufers. Sie kann nach Belieben ausgestaltet oder befristet sein und folgt aus einer eigenständigen Vereinbarung im Rahmen des Kaufvertrages oder in Verbindung mit ihm. Auf Verlangen müssen Ihnen die Garantiebestimmungen schriftlich ausgehändigt werden.
Verwirken Sie aber später nicht das Ihnen Zugestandene durch Falschverhalten! Die Garantie kann an bestimmte Voraussetzungen geknüpft sein, bestimmte Kosten ausschließen und auch die Leistungen einschränken. Sie ist oft nur gegeben, wenn Sie das Fahrzeug in der dem Händler angegliederten Werkstatt warten lassen, und gesteht Ihnen bei Schäden häufig nur Material-, aber keine Arbeitskosten zu.

Hinweis: Unsere Darlegungen zu den Rechten und Pflichten können nur als erste wesentliche Informationen verstanden werden. Sie erheben keinen Anspruch auf Vollständigkeit. Obwohl mit größtmöglicher Sorgfalt erstellt, kann eine Haftung für die inhaltliche Richtigkeit nicht übernommen werden.

Die Gewährleistung

Eine Gewährleistung folgt aus den gesetzlichen Regelungen zum gültigen Kaufvertrag. Diese »Sachmangelhaftung« kann im Rahmen eines Kaufvertrags zwischen einem Unternehmer (Kfz-Händler) als Verkäufer und einer Privatperson als Käufer nicht wirksam ausgeschlossen werden. Zwischen Privatpersonen hingegen ist das möglich, wenn es ausdrücklich und individuell im Kaufvertrag geregelt wird.
Seit 2007 beträgt die Gewährleistungsfrist bei neuen Sachen grundsätzlich zwei Jahre ab Datum der Übergabe. Bei gebrauchten Autos (älter als ein Jahr ab Erstzulassung) kann eine Frist von 1 Jahr vereinbart werden.
Innerhalb der ersten sechs Monate hat bei

1

Beliebtes Ziel für Käufer: Das größte VW-Autohaus Deutschlands steht seit 2009 in Berlin.

2

Ein Golf entsteht: Trotz ausgereiftester Montagetechnik und Gütekontrolle sind Qualitätsmängel durchaus möglich.

einer Reklamation der Händler zu beweisen, dass die Sache zum Zeitpunkt der Übergabe dem Vertrag entsprach und keinen Mangel hatte. Nach sechs Monaten hat der Kunde die Beweispflicht.
Gerade beim Verkauf von Gebrauchtwagen wird oft genug versucht, Gewährleistungsansprüche auszuschließen. Ein Weg dazu ist es, das verkaufte Auto als Schrott- oder Bastlerfahrzeug zu deklarieren. Ratsam zur Vermeidung eventueller Gerichtsstreitigkeiten sind ein Musterkaufvertrag für Gebrauchtwagen und ein Zustandsprüfbericht.

Farbabweichung als Sachmangel

Farbabweichung kann ein Sachmangel sein. Nach einer Entscheidung des Oberlandesgerichts Köln gehört die Farbe eines Neufahrzeugs zu den Beschaffenheitsmerkmalen und stellt ein äußerliches Merkmal dar, das für den Käufer im Rahmen der Kaufentscheidung maßgeblich ist. Gibt es beim tatsächlich gelieferten Fahrzeug Abweichungen vom Farbton des bestellten, kann der Käufer grundsätzlich Gewährleistungsansprüche geltend machen.

Nachbesserung oder Nacherfüllung

Seit Anfang 2002 haben Käufer und Verkäufer einen Anspruch auf Beseitigung eines Mangels. Anstatt von Nachbesserung spricht das Gesetz jetzt von Nacherfüllung. Grundsätzlich hat der Händler das Recht, bis zu dreimal nachzuerfüllen. Er muss dann die erforderlichen Aufwendungen wie Transport-, Wege-, Arbeits- und Materialkosten tragen.

3

Maßgeblich für den Käufer: Die Farbe jedes Neufahrzeugs ist ein wichtiges Beschaffenheitsmerkmal.

Der Verkäufer behält auch dann sein Recht, einen Mangel nachzubessern, wenn in einer fremden Werkstatt bereits erfolglos Reparaturen vorgenommen wurden. Er muss sich diese Nachbesserungsversuche nicht zurechnen lassen, sondern kann auf Nacherfüllung im eigenen Firmensitz bestehen.

Wandlung und Preisnachlass

Hat sich ein erheblicher Mangel nach drei Nacherfüllungsversuchen immer noch nicht beseitigen lassen oder fehlen zugesicherte Eigenschaften, haben Sie das Recht auf Wandlung (Aufhebung des Kaufvertrages) oder Preisnachlass. Dies ist dann auch der Zeitpunkt, an dem sie einen Rechtsanwalt zu Rate ziehen sollten. Sie werden sich auf jeden Fall eine Nutzungspauschale anrechnen lassen müssen, die von der genutzten Laufleistung des Fahrzeugs abhängig ist. Eine Wandlung ist grundsätzlich nur dann möglich, wenn sich das Fahrzeug noch im Originalzustand befindet. Wirksam vereinbarte Allgemeine Geschäftsbedingungen gehen vor.

Der Kulanzantrag

Nach Ablauf der Gewährleistungsjahre und der Garantiezeit bleibt immer noch die Möglichkeit der Kulanzregelung beim Händler. Die Kulanz bezeichnet ein Entgegenkommen der Vertragspartner nach Vertragsabschluss. Sie regelt als Maßnahme zur Kundenbindung den Umfang freiwilliger Reparatur- und Serviceleistungen, wenn alle Fristen abgelaufen sind.
Einen Rechtsanspruch auf Kulanz hat ein Auto-Besitzer nicht. Der Hersteller darf sogar vorschreiben, wie Reparatur und Bearbeitung des Kulanzantrages abzulaufen haben. Die großen Autokonzerne gehen meist davon aus, dass ein Entgegenkommen (Kulanz) erst nach der Reparatur geprüft werden kann, wenn der gesamte Kosten- und Reparaturumfang feststeht. Und: Damit ein Kulanzantrag überhaupt eine Chance hat genehmigt zu werden, müssen in der Regel alle vorgeschriebenen Wartungsarbeiten in einer Vertrags-Werkstatt des Herstellers ausgeführt worden sein.

Lernen Sie Ihr Auto kennen

Erkunden Sie Ihr Fahrzeug gründlich in allen seinen Details. Das ist schon deshalb wichtig, weil Kennzeichnungen des jeweiligen Fahrzeugmodells beim Bestellen von Ersatzteilen oder Austauschteilen unbedingt anzugeben sind. Viele Teile eignen sich einfach nur speziell für den von Ihnen ausgewählten Typ, obwohl sie durchaus Ähnlichkeiten mit Teilen anderer Fahrzeuge haben können. Außer den am Fahrzeug zu findenden Daten ist Ihr Fahrzeugschein (Zulassungsbescheinigung Teil 1) dafür eine gute Quelle.

Die Fahrgestellnummer

Auf der Verlängerung des rechten Längsträgers (Bild 1) befindet sich beim Golf VII die Fahrzeug-Identifizierungsnummer (Fahrgestellnummer). Die ID (Pfeil) ist ins Blech eingeschlagen. Sie ist ferner links im Bereich der Scheibenwischeraufnahme von außen sichtbar in der Frontscheibe angebracht (Bild 2) und auch im Typschild enthalten. Die ID ist wie folgt aufgebaut:

- WVW = Weltcode des Herstellers
- ZZZ = Füllzeichen
- 5G1 = Typ (Beispiel: Golf VII)
- Z = Füllzeichen
- D = Modelljahr 2013
- W = Produktionsstätte (Wolfsburg)
- 000234 = Laufende Nummer.

Das Typschild

Das Typschild ist nach Öffnen der linken vorderen Tür bei 4-türigen Fahrzeugen im unteren Bereich der B-Säule und bei 2-türigen Fahrzeugen im Bereich des Türschlosses an der B-Säule zu sehen. Es enthält neben der Fahrgestellnummer (Fahrzeug-ID) variable Angaben wie Achslasten, zulässiges Gesamtgewicht und zulässiges Zuggewicht, die Typkennnummer und die Motorkennbuchstaben. Typnummer des Golf V und Golf VI war 1K. Der Golf 2013 (Golf VII) hat die Typnummer 5G1; der Variant 2014 ist Typ BA5, der e-Golf von 2014 ist Typ BE1, und der Golf Sportsvan ist Typ AM1. Das Modelljahr lässt sich am 10. Zeichen der ID ermitteln. Es beginnt im Mai und wird mit der Jahreszahl bezeichnet.

Datenträger und Fahrzeugschein

Typ, Motorisierung, Identifikationsnummern und andere Daten, die das Fahrzeug eindeutig bestimmen, sind schließlich auf dem Fahrzeug-Datenträger zu finden. Er befindet sich im Service-Heft für den Kunden und ist am Fahrzeug unter der Verkleidung für den Schlossträger hinten rechts (Bild 3) angebracht. Der Datenträger (Abbildung 4 als Prinzipbild) enthält:

1

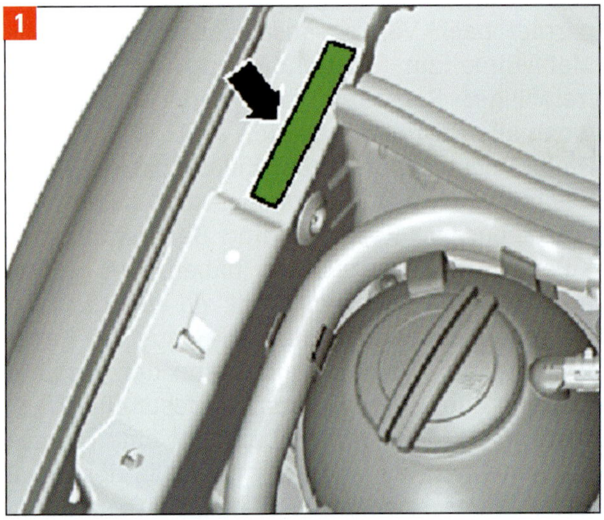

Fahrgestellnummer im Motorraum: Auf dem rechten Längsträger (Pfeil) eingeprägt.

2

Fahrgestellnummer in der Windschutzscheibe: In der linken unteren Ecke platziert.

(1) Fahrzeug-Identifizierungsnummer;
(2) Typ-Kennnummer, Motorleistung, Getriebe;
(3) Motor- und Getriebekennbuchstaben Lacknummer (-kennzeichnung) und Innenausstattungs-Kennzeichen;
(4) Mehrausstattungs-Kennnummer und PR-Nummern.

Der Zeichenblock für Mehrausstattung / PR-Nummern enthält auch spezifische Angaben für die Bremsen. Das ist ganz wichtig beim Werkstattbesuch. Die bereits erwähnte Zulassungsbescheinigung Teil 1 (Fahrzeugschein) enthält neben Herstellercode, Fahrgestellnummer (Fahrzeug-ID), Typ- sowie Ausführungsbeschreibung und Datum der Erstzulassung viele Angaben von Motor und Abgasklasse bis zu den Reifengrößen.

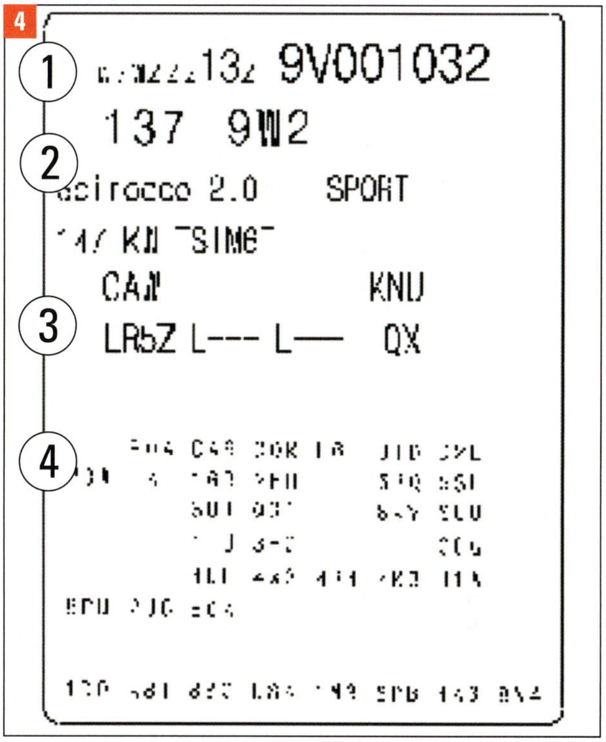

Fahrzeugdatenträger: Das VW-Prinzipbild ohne lesbare Details soll nur Aufbau und Code-Platzierung zeigen.

Die Motornummer

Die Motorisierung wird durch eine Motornummer aus Kennbuchstaben und Zahlen ausgewiesen. In ähnlicher Weise sind die Getriebe mit Buchstaben und Zahlen codiert. Die Kennbuchstaben für die wichtigsten in diesem Ratgeber behandelten Motoren (mehr im Kapitel »Motoren«) sind:

- 1,2 l TSI 63/77 kW CJZB/CJZA
- 1,6 l MPI (SRE) 81 kW CWVA
- 1,4 l TGI Turbo 81 kW CPWA
- 1,4 l TSI 90/103 kW CMBA/CHPA
- 2,0 l TSI 169/221 kW CHHA/CJXC
- 1,6 l TDI CR 66/77/81 kW CLHB/CLHA/CRKB
- 2,0 l TDI CR 105/110/135 kW CRBB/CRBC/CUNA

Die Motornummern sind auf dem Fahrzeugdatenträger, auf dem Typschild und auf dem Antriebsaggregat (Bild 5) vermerkt. Vierstellig sind VW-Motor-Buchstaben erst seit Ende 2008 (vorher dreistellig).

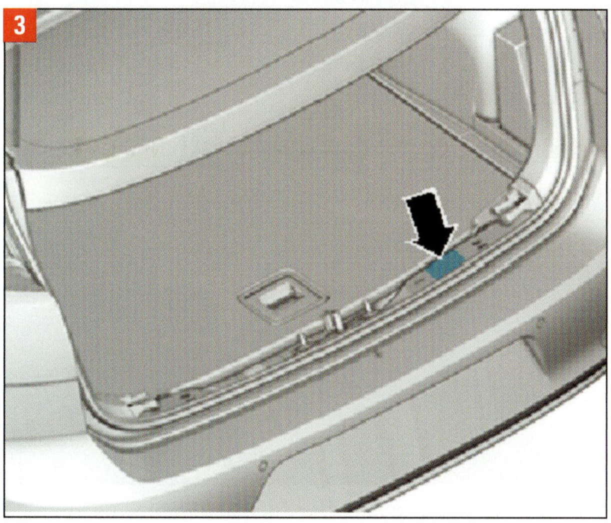

Der Fahrzeugdatenträger: Er ist unter der Verkleidung für den Schlossträger hinten rechts angebracht.

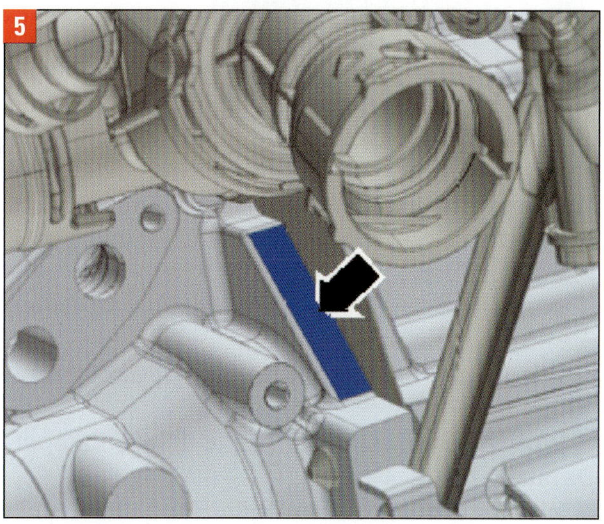

Platzierung der Motornummer: Meist wie hier beim 2.0 TDI an der Trennfuge Motor/Getriebe (Pfeil).

Werkstatt und Schiedsstellen

Wenn Sie eine Werkstatt aufsuchen müssen, nehmen Sie alle Papiere wie Serviceheft, Radiocode, ABEs und Zubehörunterlagen mit. Gebraucht werden auch Adapter oder Schlüssel für Felgenschlösser und bei Arbeiten an Wegfahrsperre oder Schließsystemen alle Fahrzeugschlüssel. Räumen Sie Ihr Auto aus, entfernen Sie private Sachen und Musik-CDs.

Klare Auftragserteilung

Geben Sie der Werkstatt ein Kostenlimit vor und vereinbaren Sie Kontaktaufnahme, falls es zu unerwarteten Mehrarbeiten kommt. Arbeitsauftrag immer schriftlich abfassen, denn mündliche Absprachen sind schwer beweisbar. Die Kopie des schriftlichen Arbeitsauftrags in Ihrer Tasche gibt Ihnen Rechtssicherheit.
Per Computer ist schnell ein schriftlicher Kostenvoranschlag zu erhalten. Dieser ist ebenfalls verbindlich und in der Regel noch detaillierter als der Arbeitsauftrag. Der tatsächliche Rechnungsbetrag darf bis zu 10% über den geschätzten Kosten liegen, ohne dass es erneut Ihrer Zustimmung bedarf. Übrigens ist termingerechte Fertigstellung einer Standardreparatur heutzutage üblich.

Die Fehlerbeschreibung

Voraussetzung für gute Arbeit zu passablem Preis ist eine exakte Fehlerbeschreibung mit Angabe des Reparaturziels. Dann kann der Mechaniker die Störung schneller eingrenzen. Beantworten Sie am besten die »W-Fragen«, die mit leichten Abwandlungen auf nahezu alle Mängel anwendbar sind:

- **Wann** tritt das Problem immer auf und haben Sie es erstmals bemerkt?
- **Wie** gelingt es Ihnen, Einfluss auf die Störung zu nehmen?
- **Woher** kommt die Störung, z. B. ein Klapper-Geräusch?
- **Wer** hatte zuletzt am Wagen Hand angelegt?
- **Was** haben Sie eventuell schon gegen die Störung unternommen?

Im Falle von Differenzen

Gibt es Meinungsverschiedenheiten zum Ergebnis, sollten Sie das mit den Verantwortlichen sachlich durchgehen, auch unter Beteiligung des Mechanikers oder Meisters. Dieses Gespräch sollte in einem separaten Raum stattfinden und nicht vor weiteren Kunden.
Nehmen Sie sachkundige Verstärkung mit, Ihr Gegenüber wird auch nicht alleine sein. Ein Zeuge ist später oft sehr wichtig. Kommt es nicht zur Einigung, können Sie ein Schlich-

1

Vor dem Innungszeichen: Der Geschäftsführer der Innung in Fulda, Manfred Schüler, leitet eine Beratung der schon seit fast drei Jahrzehnten bestehenden Schiedsstelle.

tungsverfahren in Regie der jeweils zuständigen Handwerkskammer einleiten. Es stellt ein Angebot dar, sich außergerichtlich schnell und unbürokratisch zu einigen. Erst wenn das nicht gelingt, sollten Sie den langwierigen und oft kostspieligen juristischen Weg einschlagen.

Schiedsstellen nutzen

Wenn sich Unstimmigkeiten wirklich nicht ausräumen lassen, helfen die Schiedsstellen der Kfz-Innung kostenlos weiter. Ihre Werkstatt muss dazu aber Mitglied der Innung sein, was Sie am entsprechenden Schild erkennen (Bild 1). Als neutrale Institution soll die Schiedsstelle Streitigkeiten aus Werkstattaufträgen und Kaufverträgen über gebrauchte Kraftfahrzeuge ohne gerichtliche Auseinandersetzung beilegen helfen. Bereits vor Gericht anhängige Streitigkeiten werden nicht bearbeitet.
Seit Jahren erfolgreiche Schiedsstellen wie z. B. die der Kfz-Innung Fulda (unser Bild) geben folgende Tipps zur (schriftlichen) Anrufung:

- Zuerst klären, ob Werkstatt oder Händler Innungsmitglied sind, erkennbar am Schild.
- Im Telefongespräch den Fall kurz schildern und beurteilen lassen, ob er für ein Schiedsverfahren geeignet ist. Streitigkeiten über den Kaufpreis von Gebrauchtwagen sind vom Schlichtungsverfahren ausgeschlossen.
- Auf einem Fragebogen ist dann der Antrag konkret zu formulieren. Für allgemeine Rechnungsprüfung ist die Schiedsstelle nicht zuständig.
- Reparaturauftrag oder Kaufvertrag, Rechnungen, eventuell auch Notizen über Telefonate mit Datum und Uhrzeit sowie Zeugenaussagen sind dem Fragebogen beizufügen. Wie vor Gericht müssen die Ansprüche bewiesen werden.
- Zur Beweissicherung können auch ausgebaute Fahrzeugteile gehören. Deshalb eventuell schon beim Reparaturauftrag darauf hinweisen, dass ausgebaute Teile ausgehändigt werden sollen.

Hinweis: Wenn Sie bei Fahrzeugabholung Grund zur Reklamation haben, kann die Werkstatt trotzdem auf Bezahlung in voller Höhe bestehen. Auf der Rechnung (Arbeitslohn und Material müssen getrennt ausgewiesen sein!) notieren, dass die Zahlung unter Vorbehalt erfolgt. Rechnungsfehler können Sie innerhalb von sechs Wochen reklamieren.

Die Kfz-Schiedsstellen

WISSENSWERTES

Zahl der Beschwerden wächst
Die Beschwerden von Werkstattkunden und Gebrauchtwagenkäufern bei den Schiedsstellen des Kraftfahrzeuggewerbes nehmen von Jahr zu Jahr zu. Das deutet aber nicht auf schlechtere Arbeit in den Kfz-Meisterbetrieben hin. Die Mehrzahl der Kundenaufträge wird nach wie vor beschwerdefrei ausgeführt. Die wachsende Beschwerdezahl resultiert aus der stärkeren Aufklärung der Kunden über ihre Rechte aufgrund von Sachmangelhaftungsrecht (Gewährleistung) und Garantie.

Gründe für Beschwerden
Rund 80 Prozent der Beanstandungen betreffen Werkstattleistungen und 20 Prozent den Gebrauchtwagenhandel. Die häufigsten Beschwerdegründe sind vermeintlich unsachgemäße Ausführung der Werkstattarbeiten, die Rechnungshöhe und technische Mängel.

Auf Innungsschild und Zusatzzeichen achten
Der Kunde sollte beim Werkstattbesuch oder Gebrauchtwagenkauf auf das Meisterschild der Kfz-Innung (Bild 1) und das Zusatzzeichen zum Meisterschild »Gebrauchtwagen mit Qualität und Sicherheit« achten. Nur dann kann im Streitfall die Schiedsstelle der Kfz-Innung tätig werden.
Die Kfz-Schiedsstellen schaffen es in den meisten Fällen, Meinungsverschiedenheiten zwischen Kunden und Kfz-Meisterbetrieben schnell, unbürokratisch und für den Verbraucher kostenlos zu beseitigen. Der Spruch der Schiedsstelle ist für den Kfz-Betrieb verbindlich. Dem Kunden steht in jedem Fall der Rechtsweg weiterhin offen.

Adressen im Internet
Die Kfz-Schiedsstellen setzen sich aus je einem Vertreter der regional zuständigen Kraftfahrzeuginnung, eines Automobilclubs und einer technischen Überwachungsorganisation zusammen. Zudem führt stets ein zum Richteramt befähigter Jurist den Vorsitz. Informationen über das Schiedsstellenverfahren vermitteln die regional zuständigen Kraftfahrzeuginnungen. Die Adressen der bundesweit rund 130 Schiedsstellen sind im Internet zu finden. Nutzen Sie dazu die Adresse:
www.kfzschiedsstelle.de

Legende in Generation VII

Mit dem zum Jahreswechsel 2013 als Limousine (siebente Neuauflage) und 2014 als Variant (fünfte Generation) auf den Markt gebrachten jüngsten Golf festigte Volkswagen seine Marktführerrolle in dieser Wagenklasse. Tatsächlich ist und bleibt der Golf ein Phänomen, nun auch als »R«, »e-Golf« und »Sportsvan«.

Ungebrochen erfolgreich

Der Golf ist mit bisher über 26 Millionen Fahrzeugen eines der erfolgreichsten Autos der Welt. Seine Vielfältigkeit und Qualität sind sprichwörtlich und machen ihn seit über 30 Jahren zu einer sicheren Wahl. Kein anderes Auto der so genannten Kompaktklasse hat ein auch nur annähernd vergleichbar großes Spektrum an Menschen erreicht.

Golf in siebenter Generation

Optisch fast »ganz der Alte«, unter dem Blech dagegen dank dem »Modularen Querbaukasten« völlig neu, feierte die siebente Generation des VW Golf auf dem Pariser Autosalon 2012 ihre Weltpremiere. Innen war alles neu arrangiert, außen jedoch wurde der Wagen wie stets nur behutsam weiterentwickelt: Ein paar markantere Lichtkanten hier, ein paar Sicken dort (Auftaktbilder und Bild 1). Geblieben beim Golf VII (Modelljahr 2013), seit November 2012 im Handel, ist die mächtige C-Säule (Bild 2).

In der Länge legte das Fahrzeug gegenüber dem Vorgängermodell um 56 mm auf 4,255 m zu. Der Radstand wuchs um 59, die Fahrzeugbreite um 13 mm. Die Höhe wurde um 28 mm reduziert (Bilder 4 und 5).

Reihenweise Auszeichnungen

Bei der Verleihung der »Auto Trophy« sicherte sich Volkswagen im November 2013 für den Golf gleich zwei Preise. In der Kompaktklasse gewann der Golf VII, und den Ehrenpreis der Redaktion erhielt der Golf generell, da er im selben Jahr den 100. Testsieg in 44 Jahren »AUTO ZEITUNG« errang. Kein Fahrzeug hat seit Bestehen dieser Zeitung so viele Vergleichstests gewonnen wie der Golf.

Aktueller Höhepunkt in einer langen Reihe renommierter Auszeichnungen war das Prädikat »Car of the Year 2013/2014« in Japan. Damit distanzierte zum ersten Mal ein Modell aus dem Ausland die einheimische Konkurrenz.

Die Jury vergab von 600 möglichen Punkten 504 an den erst seit Ende Juni 2013 in Japan angebotenen Golf der neusten Generation (Bild 3). Sie pries den neuen »Modularen Querbaukasten (MQB)« als Basis für präzises Handling, Fahrkomfort und Fahrspaß. Außerdem ernteten das ausgezeichnete Sicherheitsniveau, das saubere und klare Design, die gediegene

2

Stilmerkmal von Anfang an : Die kraftvoll breite C-Säule.

1

Im Prinzip das alte Gesicht: Der Golf VII weist äußerlich wenig Neues gegenüber der sechsten Generation auf.

3

Funktionell und hochwertig: Ausstattung und Verarbeitung sind im Golf beispielgebend für die gesamte Fahrzeugklasse.

Verarbeitung des In- und Exterieurs sowie die hochmodernen TSI-Motoren Lob. Erste Plätze gab es auch beim »Auto des Jahres 2013« in Europa und beim »World Car of the Year 2013«. Der Deutsche Rat für Formgebung honorierte das zeitlos elegante Design, im »Euro NCAP« gab es fünf Punkte für Sicherheit.

100 Kilo weniger als der Vorgänger

100 kg hat der Golf VII im Vergleich zum Vorgänger-Modell abgespeckt, obwohl er geräumiger wirkt, mehr Platz bietet und mit Assistenzsystemen vollgepackt ist. Bei der Elektrik wurden 3,0 kg eingespart, bei den Sonderausstattungen 11,0 kg, bei den Aggregaten 22,0, beim Fahrwerk 26,0 und beim Aufbau 38,0 kg. Das geringere Gewicht hilft im Schnitt fast 14 Prozent Kraftstoff sparen, in einigen Fällen sogar 23 Prozent.

Zukunftssichere Motoren

Neu im Golf VII sind die Diesel. Sie sind mittels Modularem Dieselbaukasten aus Vier- und Dreizylindern fit

4

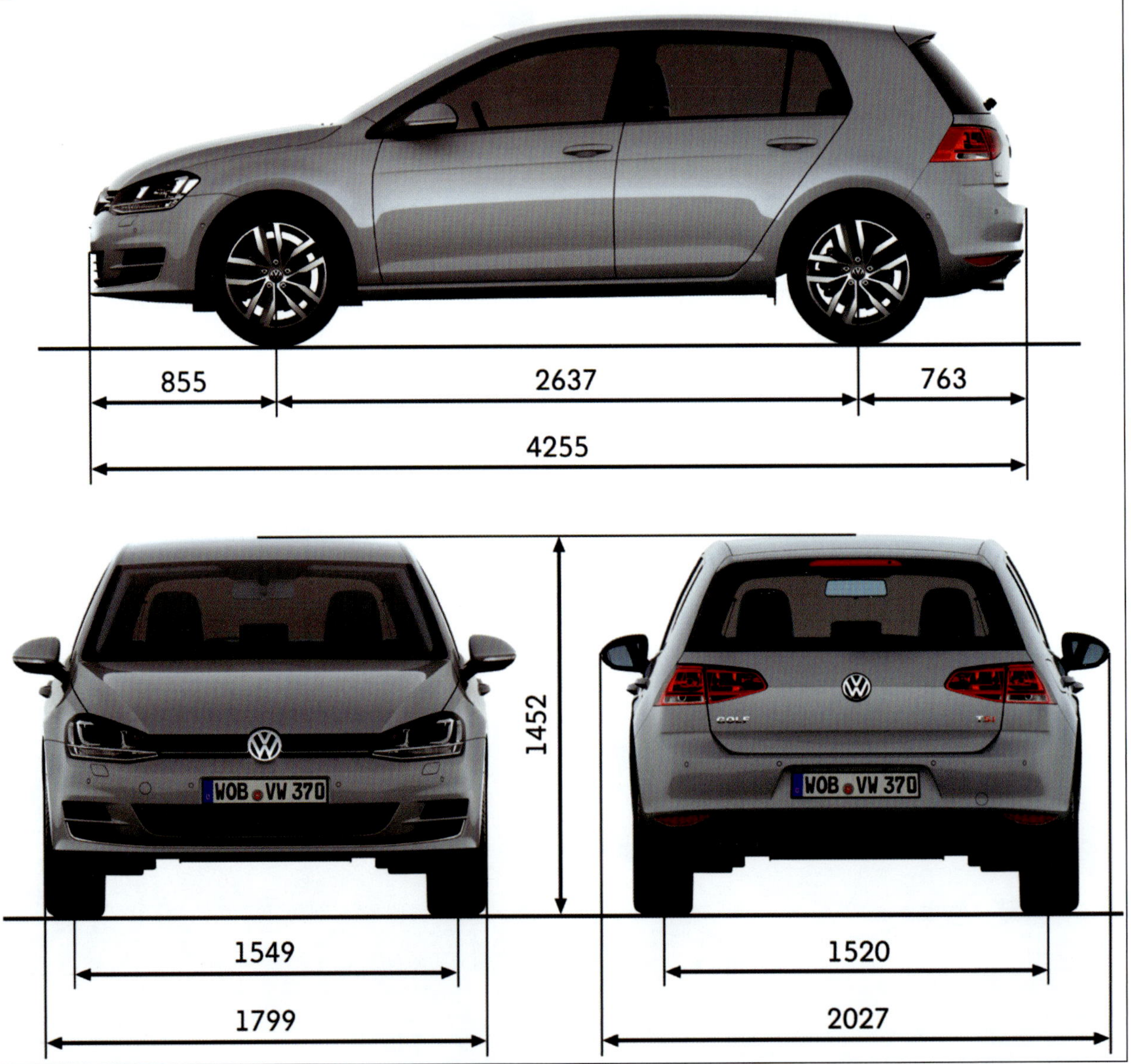

Golf-Dimensionen: Die neue Generation definiert wieder maßgeblich die Abmessungen in der Golf- Klasse. Die Außenlänge über alles beträgt 4.255 mm, die Breite ohne/mit Spiegel 1.799/2.027 mm, die Außenhöhe 1.452 mm. Der Radstand beträgt 2.637 mm, die Spurweite vorn 1549 mm und hinten 1520 mm. Bei 2,19 m^2 Stirnfläche erreicht der cW-Wert 0,27.

gemacht für die scharfen Euro-6-Grenzwerte, mit motornaher Abgasnachbehandlung, mit einer Einspritzanlage, die künftig bis zu 2500 bar Druck aufbauen kann. Es beginnt beim 110 PS starken 1.6 TDI mit 3,8 Liter Verbrauch und 99 Gramm CO_2-Ausstoß. Top-Diesel sind die Zweiliter mit 150 und 184 PS. Nur 5,2 Liter pro 100 Kilometer bei 119 Gramm CO_2 pro Kilometer soll laut Liste der 1.4 TSI mit 150 PS und Zylinderabschaltung verbrauchen und emittieren. Neuer Basis-Benziner ist ein 1,2-Liter TSI (Volkswagen nennt diesen Motortyp Turbocharger) mit 86 PS, Top-Motor ist der 2,0-Liter TSI Turbocharger mit einer maximalen Leistung von 300 PS.

Die Modelle mit dem 1,2-Liter-TSI oder dem 1,6-Liter-TDI erhalten eine Verbundlenker-Hinterachse. Die stärkeren Motoren werden mit einer komplexeren Mehrlenkerachse kombiniert.

Für mehr Sicherheit und Komfort

Im Golf VII kommt eine ganze Reihe von Sicherheits- und Komfortsystemen zum Einsatz, teils allerdings

5

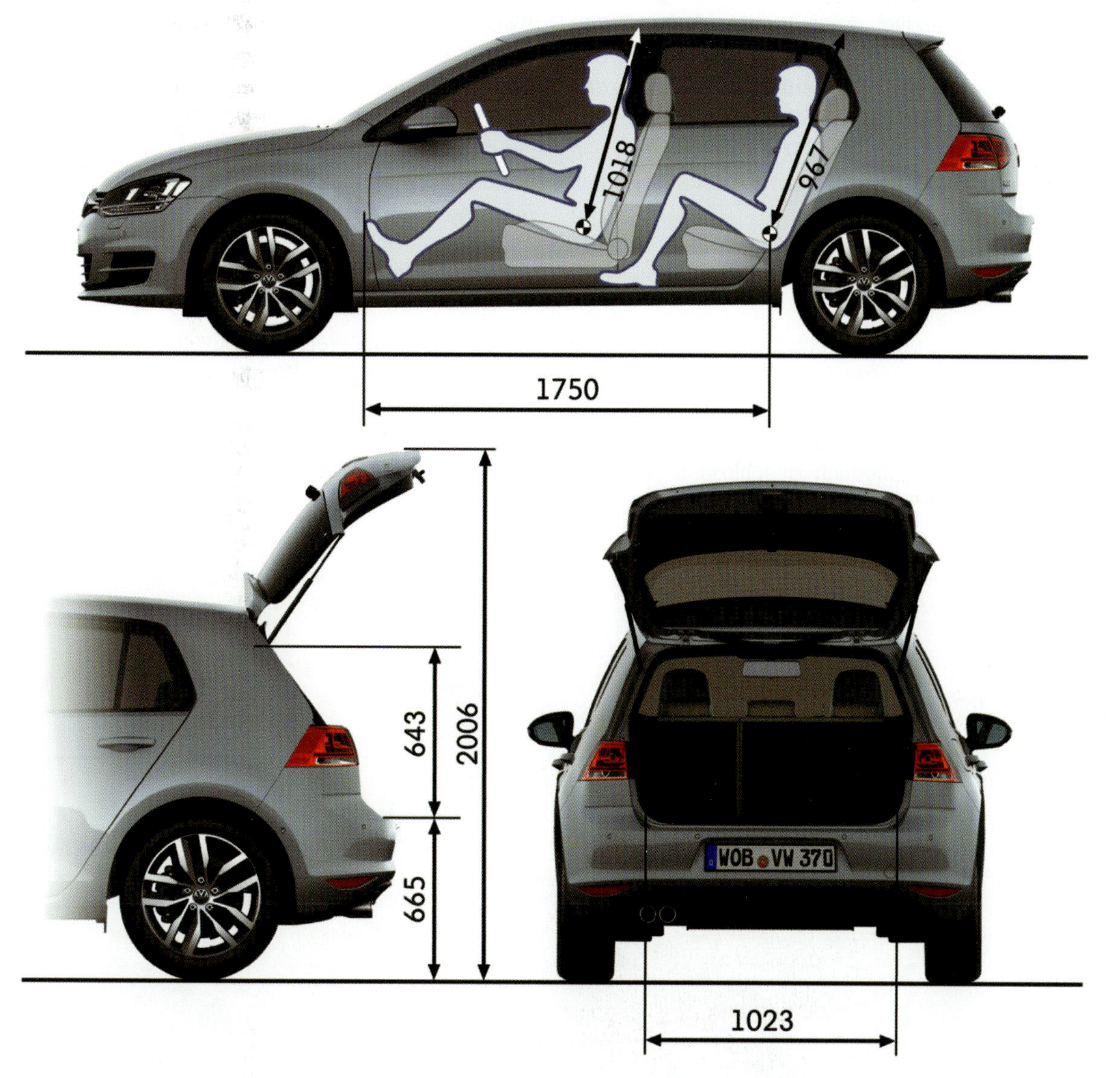

Viel Raum für Fahrgäste und Gepäck: Die parallel zu den Rücklehnen gemessene Höhe über den Sitzen vorn (maximal 1018 mm) und hinten (maximal 967 mm) lässt genügend Raum über dem Kopf. Bei 685 mm Ladekantenhöhe beträgt das Kofferraum-Volumen 380 Liter. Die Innenraumlänge misst 1.750 mm, der Schulterraum vorne und hinten 1.420 mm.

gegen Aufpreis. Neben den im Anschluss erläuterten Systemen ist serienmäßig die aus dem Golf GTI bekannte Differenzialsperre XDS an Bord. Es gibt eine Verkehrszeichenerkennung, den Parkassistenten und eine Fahrprofilauswahl mit den fünf Programmen »Eco«, »Sport«, »Normal«, »Individual« und »Comfort«. Außerdem bietet der neue Golf Ergonomiesitze, Fehlbetankungsschutz für die Diesel-Modelle und eine Klimakomfortscheibe.

Multikollisionsbremse

Sie soll nach einem Unfall die kinetische Energie reduzieren und wenn möglich einen zweiten Aufprall verhindern oder die Schwere des Aufpralls reduzieren. Das System bremst, basierend auf diversen Sensordaten, das Fahrzeug über das ESP-Steuergerät mit maximal 0,6 g automatisch ab. Nach VW-Angaben soll der Fahrer jederzeit das Fahrzeug trotz der automatischen Bremsung beherrschen können.

Proaktiver Insassenschutz »Pre Crash«

Das System erkennt eine mögliche Unfallsituation und spannt die Sicherheitsgurte für Fahrer und Beifahrer vor. Außerdem werden bei einem kritischen Fahrverhalten, bei dem ein ESP-Eingriff erfolgt, die Seitenfenster und das Schiebedach geschlossen (Bild 7). Damit wird es möglich, dass sich die Airbags entsprechend abstützen können.

Adaptive Cruise Control

Dieses ACC-System hält ein gewähltes Tempo und einen Sicherheitsabstand ein. Es beschleunigt oder bremst automatisch im fließenden Verkehr. Mit manuellem Getriebe arbeitet ACC im Tempobereich von 30 bis 150 km/h. In Verbindung mit DSG bremst ACC den Golf VII bis zum Stillstand ab, so dass es in Stop-and-Go-Situationen vollautomatisch arbeitet.

City-Notbremsfunktion

Das System ist eine ganz erhebliche Erweiterung des ACC. Es scannt per Lasertechnologie den Bereich vor dem Fahrzeug. Droht eine Kollision mit einem fahrenden oder stehenden Objekt, ohne dass der Fahrer eine Reaktion zeigt, wird in drei Stufen bis zur Vollbremsung automatisch reagiert (Bild 8). Des Weiteren unterstützt das System den Fahrer, wenn er nur unzureichend bremsen sollte.

Müdigkeitserkennung

Zum Fahrtantritt wertet das System das Lenkverhalten des Fahrers aus. Wenn sich im Laufe der Fahrt zum Beispiel der Lenkwinkel verändert, erhält der Fahrer eine optische Warnung im Kombiinstrument und akustische Warnung von fünf Sekunden. Nach vier Stunden schlägt das System dem Fahrer eine Pause vor.

7

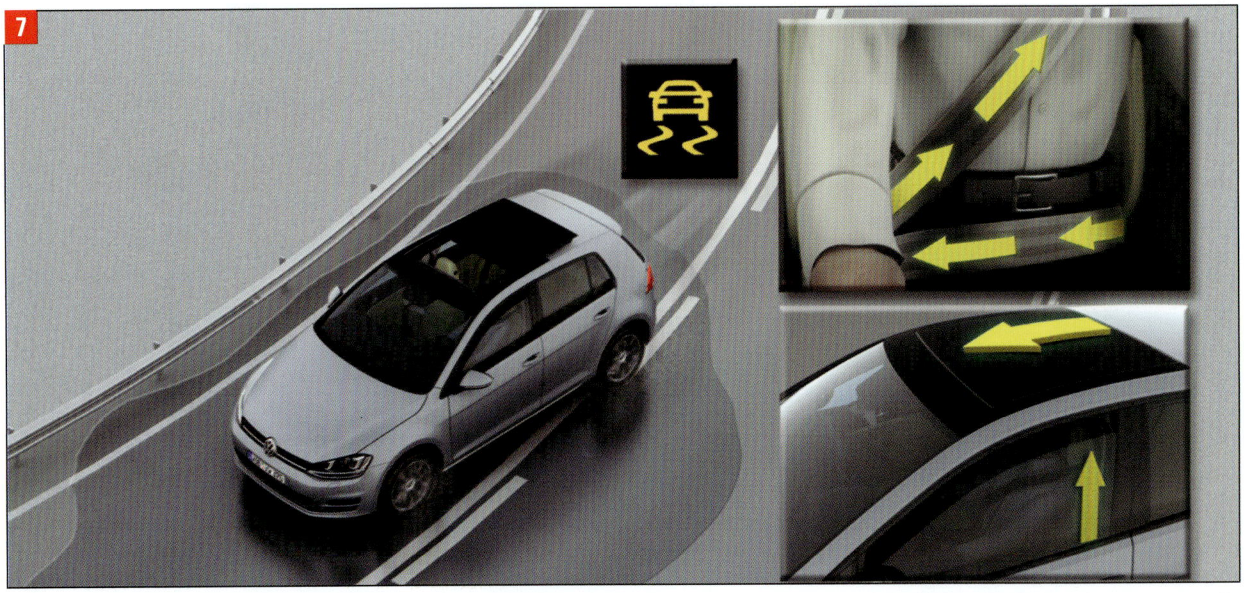

Hilfen für mehr Sicherheit: »Lane Assist« hält den Wagen in der Spur, »Pre Crash« spannt die Gurte der Vordersitze und schließt vorsichtshalber Dach- und Seitenfenster.

8

Hilfe beim Bremsen: Die City-Notbremsfunktion reagiert bei drohender Kollision in drei Stufen bis zur Vollbremsung.

Lane Assist

Neu bei dem kamerabasierten Spurhalteassistenten ist die Mittenführung. Dabei kann das System kontinuierlich den Fahrer »in der Spur halten«. Wechselt er ohne zu blinken die Spur oder überfährt er eine Markierung (Bild 7), vibriert das Lenkrad und das System lenkt gegen.

Progressivlenkung

Mit dem Modularen Querbaukasten wird diese neu entwickelte Lenkung eingesetzt. Variable Verzahnung von Zahnstange und Ritzel sowie stärkerer E-Motor machen den Übergang zwischen dem indirekten Lenken bei der Geradeausfahrt und dem direkten Lenken bei der Kurvenfahrt weniger spürbar. Die Lenkung bei dynamischer Fahrweise wird »agiler«.

Elektronische Parkbremse

Statt am Handbremshebel aktiviert der Fahrer die Handbremse per Knopfdruck am Armaturenträger. Des Weiteren gibt es in der Mittelkonsole einen Auto Hold-Schalter, um das Anfahren am Berg zu vereinfachen und das Rollen aus dem Stillstand zu verhindern.

Light Assist

Bei den Standardscheinwerfern im neuen Golf ist dies die Fernlichtautomatik, die über die Kamera im Innenspiegel den Verkehr beobachtet und das Ein- und Ausschalten des Fernlichts ab 65 km/h übernimmt (Bild 8). Noch weiter geht »Dynamic Light Assist«. Diese Hilfe erfasst per Kamera an der Windschutzscheibe den vorausfahrenden Verkehr und den Gegenverkehr. Ab 65 km/h wird automatisch das Fernlicht der Xenon-Scheinwerfer mit Kurvenfahrlicht aktiviert. Es wird mit besonderer Blendengeometerie nur in den Bereichen abgeblendet, in denen andere Verkehrsteilnehmer gestört werden können.

Komfortsitze

In den beiden höheren Ausstattungsversionen Comfortline und Highline gibt es serienmäßig eine 2-

Wege-Lordosenunterstützung für Fahrer und Beifahrersitz. Gegen weiteren Aufpreis gibt es die 12-Wege-Vordersitze mit elektrischer Verstellung

Flaggschiff »Golf R«

2013 war, um es so zu formulieren, das »Jahr des Golf«. Nachdem die Generation VII (Ende 2012) auf den Markt gekommen war, debütierten nämlich innerhalb der ersten sechs Monate 2013 die neuen Golf GTI und GTD, der Golf Variant und die Modellversion TDI BlueMotion, die es für Golf, für Variant und für den 2014 auf den Markt gekommenen Golf Sportsvan gibt. Fortgesetzt wurde die Produktoffensive mit dem Flaggschiff der Baureihe, dem neuen Golf R (Bilder 9 und 10). Der »R« ist eine VW-eigene getunte Sportversion des Golf GTI. Sie kommt dem verbreiteten Trend entgegen, dass am Golf so viel geschraubt wird wie an kaum einem anderen Modell. Vielen Hobby-Konstrukteuren dient die Golf-Karosse als Grundlage für Anfertigungen nach der Devise: Möglichst auffällig, möglichst schnell, möglichst tief gelegt.
Angetrieben wird der Sportwagen von einem neu konstruierten 300-PS-TSI (221 kW). Wie alle drei Golf R zuvor, bringt das neue Modell die Kraft des Turbomotors über permanenten Allradantrieb auf die Straße: 4MOTION-System mit einer Haldexkupplung der fünften Generation. Für pure Dynamik sorgen zudem ein neu ausgelegtes Sportfahrwerk (20 mm abgesenkt), die neue Progressivlenkung und das für die Rennstrecke komplett deaktivierbare »ESC Sport«. Optionales Highlight: Adaptive Fahrwerksregelung DCC samt Fahrprofilauswahl mit neuem Race-Modus.

Der neue Golf Variant

Der Variant in Generation fünf ist länger geworden, breiter und niedriger. Schon wegen dieser »schärferen« Proportionen wirkt er sportlicher und markanter als der Vorgänger. In dieses Bild passt das neue Design: Perfektion im Detail spiegeln markante Elemente wie die D-Säulen wider. Die spannungsreiche Form der für den Golf typischen C-Säulen (siehe Bild 3) ist geglückt auf die D-Säulen des Variant übertragen worden (Bilder 11 und 12). Das Design mit seinen präzisen Linien selbst wirkt ebenso sportlich wie souverän.
Die Dynamik der Proportionen bildet die Ausgangsbasis für ein außerordentlich souveränes Design; es folgt bis zum Abschluss der vorderen Türen der präzisen Linienführung des Golf Schrägheckmodells. Ab den B-Säulen entwickelt sich dann allerdings der eigenständigste und auch optisch dynamischste Golf Variant seit Bestehen der Baureihe. Der Kombi war stets ein planmäßiges Mitglied der Baureihe – das neue Variant Modell wurde vor diesem Hintergrund nicht vom Viertürer abgeleitet, sondern parallel entwickelt.

Elegant und geräumig

Im Interieur punktet der neue Variant mit seiner großen Variabilität, dem bis zu 1620 Liter großen Laderaum sowie einer Materialqualität, die die Schranken zur gehobenen Mittelklasse

9

Das »Flaggschiff« als Variant: In dieser Version sieht das »R«-Modell ganz besonders kraftvoll und dynamisch aus.

10

Auch von hinten typisch Golf: Die zweiteiligen Rückleuchten zeigen die Zugehörigkeit zu Baureihe und Marke.

durchbricht. Die 60:40 teilbaren Rücksitzlehnen werden über einfach zu handhabende Entriegelungshebel in den Seitenwänden des Kofferraums aus ihrer Arretierung gelöst. Danach kippen sie automatisch nach vorn und bilden zusammen mit dem Ladeboden eine nahezu ebene Staufläche (Bild 13). Wieder hochgeklappt, ist dank farblich markierter Stifte im Außenbereich der Rücksitzbank sofort erkennbar, ob die Lehnen richtig eingerastet sind.
Das Kofferraumvolumen beträgt stattliche 605 Liter (bis zur Rücksitzlehne beladen). Wird der Stauraum mit der Mindestbreite von 1003 mm und Mindesthöhe von 936 mm bis an die Lehnen der Vordersitze und unter das Dach genutzt, bietet er ein Volumen von 1620 Litern. Die Laderaumlänge bis zur Rückbank beträgt 1055 mm, bis zu den Rücklehnen der Vordersitze 1831 mm.

Touchscreen und e-Parkbremse

In der breiten Mittelkonsole unterhalb des Warnblinkschalters befinden sich Infotainment-

11

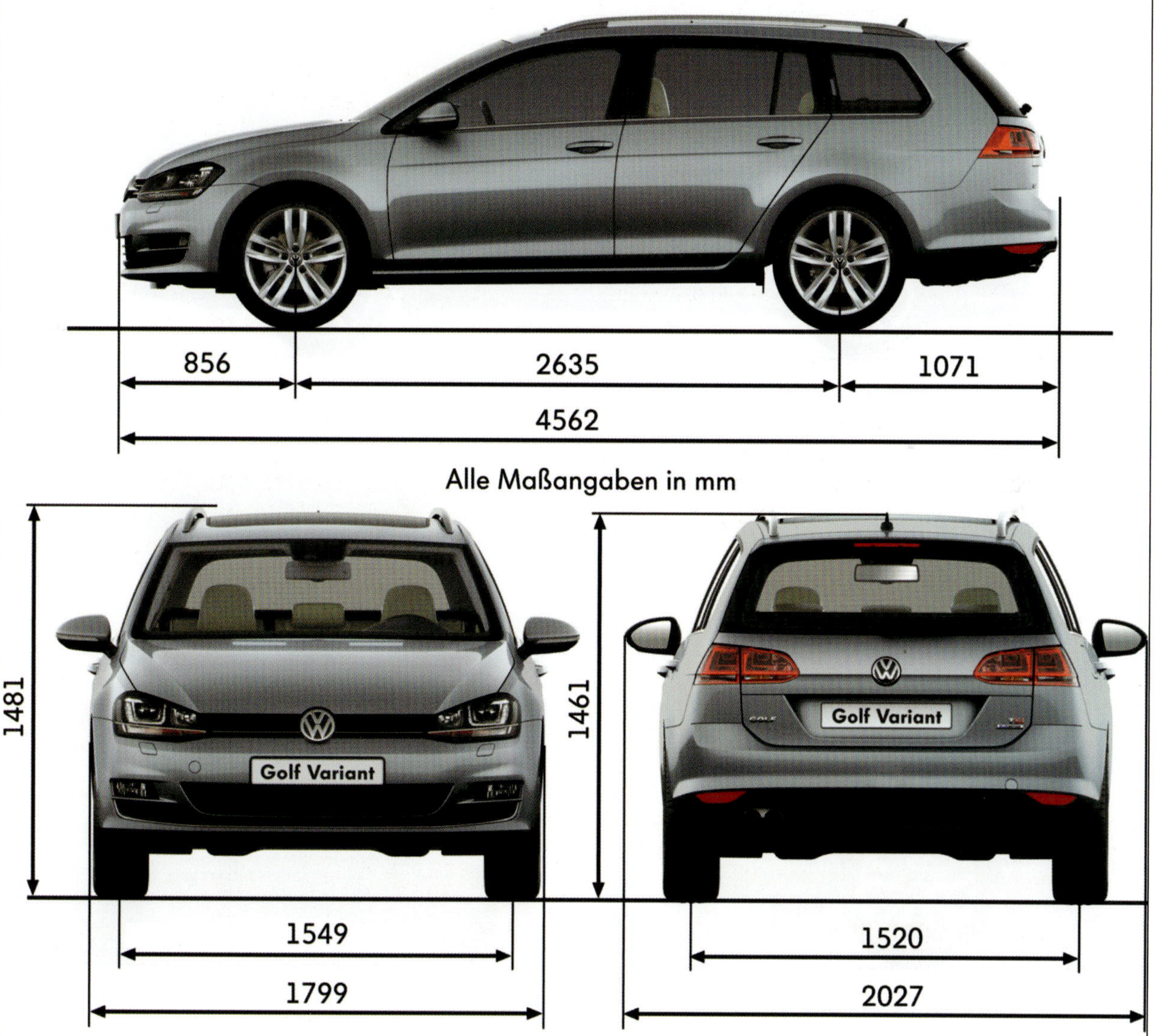

Die Außenmaße des Golf Variant: Lang ist der neue Golf Variant 4562 mm, breit ohne Außenspiegel 1799 mm und hoch inklusive serienmäßiger Dachreling 1481 mm. Länger wurde mit 2635 mm auch der Radstand.

Touchscreen, Hauptmenütasten und Drehregler. Erstmals ist eine Touchscreen-Generation mit Annäherungssensorik sowie Wisch- und Zoomgestik verfügbar. Im unteren Bereich der Mittelkonsole befinden sich rechts vom Fahrer die Tasten für die neue elektronische Parkbremse und die Auto Hold-Funktion.

Ungemein große Variantenvielfalt

Golf VII und der Variant werden in den Ausstattungslinien Trendline, Comfortline und Highline angeboten. Zudem gibt es den Golf in neun und den Variant in vier Modellversionen. Golf und Variant gemeinsam sind dabei die Baureihen »R«, »TDI BlueMotion« und »TGI BlueMotion«. Nur der Golf tritt bisher mit Elektroantrieb als e-Golf auf. Neben Golf und Variant bietet VW ferner den »Golf Alltrack«, das Golf Cabriolet (mit GTI und R) sowie den Golf Sportsvan an. Ohne die Ausstattungsvarianten ergibt das bereits 20 Modellversionen. Das Listenwerk technischer Daten von VW verzeichnet für den Golf 17, für den Variant zehn, für das

12

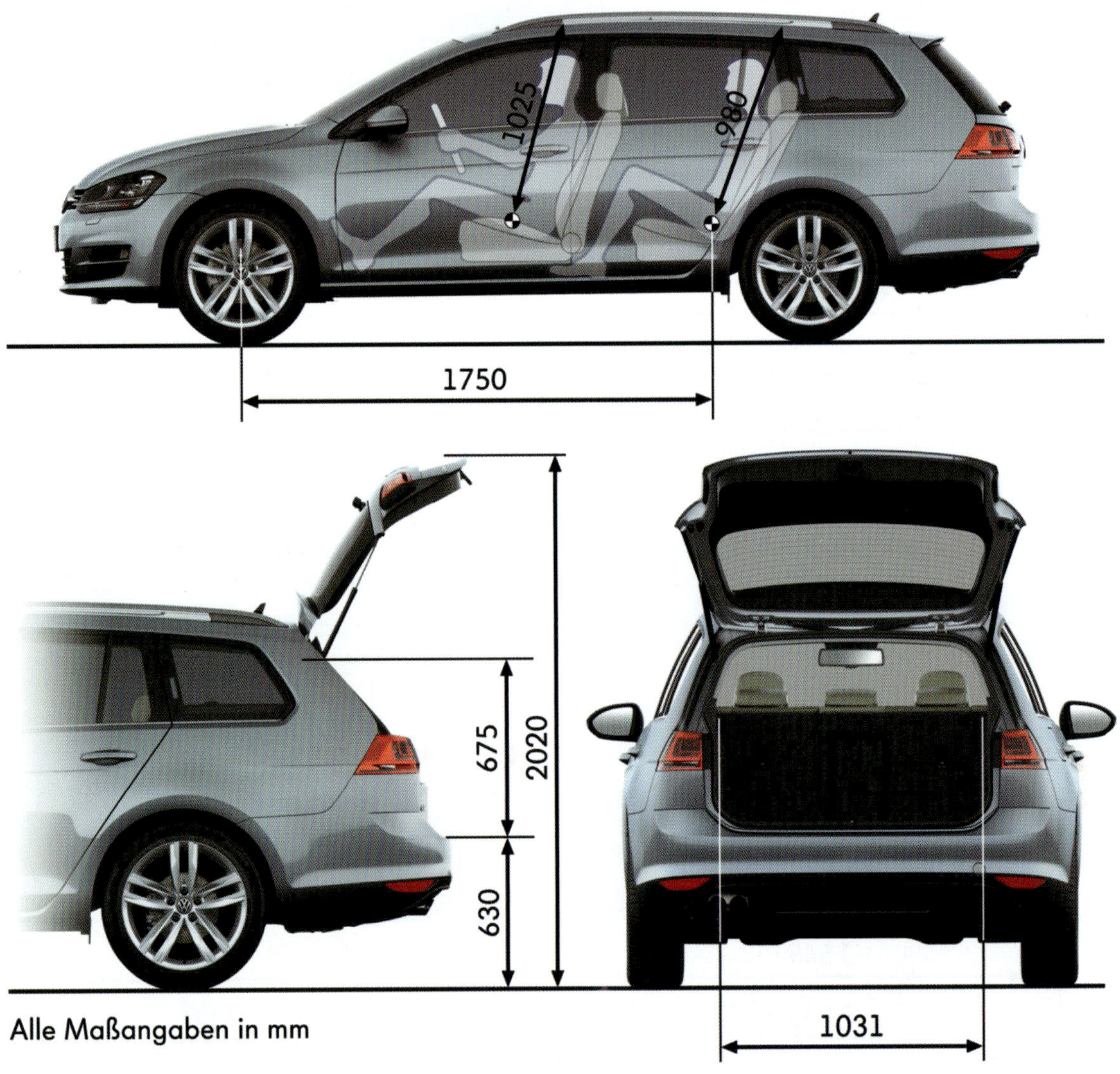

Viel Platz für Reisende und Gepäck: Die Ladekante ist lediglich 630 mm hoch. Die Heckklappenöffnung ist – senkrecht gemessen – 675 mm, im direkten Abstand zwischen Unter- und Oberkante – also diagonal gemessen – sogar 762 mm hoch. Breit ist sie 1031 mm.

Cabriolet neun, den Sportsvan sieben und den Alltrack drei Blätter. Diese Kombinationen von Motoren und Getrieben summieren sich also zu 46 Varianten. Wir müssen uns bei der detaillierten Betrachtung in den einzelnen Kapiteln unseres Buches demnach auf Grundmodelle beschränken, die Golf-Familie ist zu umfangreich geworden.
Wir behandeln daher nur Golf und Golf Variant, weil sie infolge der Verwendung der »Querbaukästen« auch exemplarisch für die anderen Modellvarianten stehen bzw. weil Varianten wie Cabriolet und Sportsvan zu einem großen Teil eigenständige Fahrzeugmodelle sind, deren Einbeziehung in unsere Kapitel den Rahmen des Buches sprengen würde. Dennoch möchten wir an dieser Stelle noch kurz auf den Golf Sportsvan eingehen.

Ablösung für den »Golf Plus«

Beginnend mit dem Frühjahr 2014, komplettiert ein Kompaktvan die Golf Familie. Auf der IAA 2013 in Frankfurt/Main hatte Volkswagen die Studie des neuen Fahrzeugs präsentiert. Ab Ende Mai 2014 nun ersetzt der »Sportsvan« den Golf Plus nach dem Motto: Die Kunden wollen hoch sitzen und einen schönen Van fahren.
Die neueste Golf-Version bietet geräumiges und variables Interieur sowie modernste Assistenzsysteme. Die Rücksitzbank ist um 180 mm in der Länge verschiebbar, das Kofferraumvolumen beträgt mehr als 1500 Liter. Bereits die Grundversion wird serienmäßig mit XDS+, Multikollisionsbremse, Klimaanlage, sieben Airbags, der neuen elektronischen Parkbremse, einem 5-Zoll-Touchscreen, variablem Ladeboden und Gepäckraumabdeckung komplettiert. Der Sportsvan steht neben dem Variant als dritte Karosserieversion des Golf VII.
Neueste Assistenzsysteme für den Golf werden erstmals in diesem Sportsvan angeboten. Der Blind Spot Sensor mit Ausparkassistent ist eine solche Neuheit. Er warnt während der Fahrt vor Fahrzeugen im toten Winkel. Beim rückwärts Ausparken warnt das System auch vor seitlich hinter dem Wagen herannahenden und damit für den Fahrer oftmals nur schwer auszumachenden Verkehrsteilnehmern. Droht eine Kollision, zieht die Elektronik des Ausparkassistenten sozusagen die Notbremse.

Sechs moderne Motoren

Die sechs neuen Motoren für den Golf Sportsvan sind vier TSI (Turbocharger) und zwei TDI Common Rail mit Dieselpartikelfilter. Sie decken ein Leistungsspektrum von 63 kW/85 PS bis 110 kW/150 PS ab. Serienmäßig sind die Fahrzeuge mit dem Kraftstoff sparenden Start-Stopp-System ausgestattet. Alle Motorisierungen erfüllen die Euro-6-Abgasnorm. Sie sollen bis 19 Prozent sparsamer als die Vorgängervarianten sein. Einen Spitzenwert an Effizienz bietet der 1.6 TDI BlueMotion mit 110 PS. Er soll nur 3,8 l/100 km verbrauchen (CO_2: 99 g/km).

13

Viel Stauraum: Die Ladefläche bis an die Vordersitze und unter das Dach bietet maximal über 1500 Liter.

14

Multifunktionsdrehknopf Touch: Diese Hilfe am beheizten Lederlenkrad vereinfacht die Bedienung für Behinderte.

Die Golf-Story – Highlights seit 1974

1974 ist die Stimmung in Autodeutschland auf einem Tiefpunkt: Ölkrise, steigende Spritpreise, gesperrte Autobahnen. Der Pkw-Absatz bricht um ein Viertel ein. Der veraltete Käfer verkauft sich nicht mehr gut. Retter in der Not soll ein neues Massenauto sein, das VW vor einer drohenden Pleite bewahrt. Die Vorzeichen sind alles andere als gut, und doch kommt es für den »Neuen« besser als erhofft. Seit vier Jahrzehnten ist der Golf nun ohne Unterbrechung das meistverkaufte Auto in und aus Deutschland. Die wichtigsten Meilensteine dieser ganz eigenen Erfolgsstory sind hier als Übersicht zusammengefasst.

Prototyp EA 266: Das Mittelmotorkonzept von Porsche mit Luftkühlung. Für den Serienbau leider untauglich, da zu teuer und nicht für eine Modellfamilie geeignet. Der Stopp erfolgte erst nach Fertigstellung der Produktionsanlagen.

Juni 1974 Die Geburtsstunde des Golf

Der Käfer-Nachfolger setzt mit Frontmotor und Frontantrieb technisch auf ein völlig anderes Konzept. Nachdem in der konzeptionellen Phase die hauseigenen Designmodelle von Porsche und VW selbst nicht überzeugen können, holt sich VW den Designer Giorgetto Giugiaro zu Hilfe. Sein Entwurf sorgt für Begeisterung und schafft es in die Serie.
Der Golf baut auf einer selbsttragenden Karosserie mit großer Heckklappe auf, Antrieb sind quereingebaute, wassergekühlte Vierzylindermotoren. Die leichte Fahrwerkskonstruktion besteht aus Federbein-Vorderachse und Verbundlenker-Hinterachse. Ein Golf mit 1,1-l-Motor kommt mit 37 kW (50 PS) auf eine Höchstgeschwindigkeit von 140 km/h. Der 1,5-l-Motor leistet 70 PS und schafft Tempo 160.

Knallgelb und froschgrün: Der Beginn der »Ära Golf«.

Juni - Sept. 1976 GTI und GLD

Schon zwei Jahre noch Modelleinführung ist der 500.000. Golf vom Band gelaufen. Da schreibt Volkswagen mit zwei neuen Golfmodellen Automobilgeschichte: Der 110 PS starke Golf GTI (Juni) überholt die Konkurrenz mit seiner Spurtkraft, während der Golf GLD (September) mit seiner Sparsamkeit die Tankstellen links liegen lässt. Der »Grand Turisme In-

Spart zwei Liter Kraftstoff: Der Golf GLD von 1976.

Die Golf-Story – Highlights seit 1974

jection« GTI ist für Langstrecken und sportliches Fahren geeignet. Sein Einspritzmotor leistet 81 kW (110 PS) aus 1,6 Liter Hubraum. Höchstgeschwindigkeit: 181 km/h. Er wird zum Kultauto ganzer Generationen.
Der GLD hat einen leichten und kultivierten Dieselmotor mit 1,5 Liter Hubraum. Bei rund 2 Liter weniger Verbrauch auf 100 km fährt sich der Selbstzünder wie ein Benziner.

März 1979 Golf Cabriolet

Das offene Auto auf Basis des Golf 1 bleibt 14 Jahre im Programm. Der Überollbügel, welcher der Karosserie mehr Steifigkeit verleiht, beschert dem Golf Cabrio seinen Kosenamen »Erdbeerkörbchen«. Bis zum Ende der Produktion 1993 werden 388 522 Exemplare gefertigt. Damit ist der »Oben-ohne-Golf« das meistverkaufte Cabriolet der Welt.

August 1983 Der Golf II

Nach mehr als 6,7 Millionen verkauften Einheiten folgt die Ablösung durch ein neues Modell. Die zweite Generation ist größer, der Radstand verlängert sich auf 2,47 Meter. Zum vergrößerten Innenraum kommt nun auch mehr Kofferraumvolumen. Die markant breite C-Säule als Designelement behält auch der neue Golf bei. Der Innenraum wirkt hochwertiger und komfortabler. Auch beim Fahrwerk haben sich die Entwickler ins Zeug gelegt: Eine neue Verbundlenker-Hinterachse sorgt für verbesserte Fahreigenschaften. Die Motorenpalette umfasst Aggregate von 1,3 l bis 1,8 l Hubraum sowie einen Turbodiesel. In seiner zehnjährigen Produktionszeit wird der Golf II insgesamt 6,3 Millionen mal hergestellt.

März 1986 Vierventilmotor

Der Golf 16V erreicht mit 102 kW/139 PS maximal Tempo 210. GTI und 16V werden als erste Fahrzeuge der Baureihe auch mit geregeltem Katalysator ausgerüstet.

Weltrekord: Kein anderes Cabrio wurde öfter gebaut.

Golf II: Größer, komfortabler und besser verarbeitet.

Doppelscheinwerfer, roter Grill, Pirelli-Felgen: Vom GTI gibt es 1983 ein Pirelli-Sondermodell. Es wurde 40.000mal gebaut, aber heute existieren nur noch knapp 250.

Beliebt in den 80ern: Der GTI hatte bereits geregelten Kat.

Die Golf-Story - Highlights seit 1974

April 1986 **Allrad-Golf**

Eine Visco-Kupplung dient dem Golf syncro als elastisches Bindeglied zwischen Vorder- und Hinterachse. Der Allrad Golf erreicht als Rallye-Golf G60 mit einem Spiral-Lader 118 kW (160 PS) und ist als Golf Limited mit Vierventil-Technik und 210 PS stärkster Golf.
1990 kommt der Golf-Country als höhergelegter Offroader mit Allradantrieb. Mit einer Stückzahl von knapp 8.000 Einheiten erfüllt er aber nicht die in ihn gesetzten Erwartungen.

Golf Country: Missglückter Ausflug ins Offroader-Segment

Januar 1990 **Aufladung und Oxy-Kat**

Bei den Turbo-Dieselmotoren zieht die Ladeluftkühlung ein. In Verbindung mit Oxidationskatalysatoren führt das zu höherer Leistung und besserer Abgasreinigung.

August 1991 **Golf III**

Ovale Scheinwerfer und fließende Formen kennzeichnen ein neues Gesicht. Als im August 1992 Airbags für Fahrer und Beifahrer eingeführt werden, kann die Golf-Limousine mit besten Crash-Eigenschaften dienen.

Verkaufsrekord: 1992 werden vom Golf III 431.835 Fahrzeuge verkauft. So viel wie nie zuvor

November 1991 **Golf VR6**

Der Golf VR6 kommt als erster 6-Zylinder in der Kompaktklasse. Für den Quereinbau wurde eine Maschine mit sechs in spitzen Winkel (15°) verschränkten Zylindern entwickelt, ein V-Motor fast in Reihe.

Februar 1993 **syncro und VR6syncro**

Golf III in der Allrad-Version syncro, kurz darauf als Golf VR6-syncro – nun schon mit 2,9 l Hubraum und 140 kw (190 PS) Leistung. Beim Diesel hält die Direkteinspritzung Einzug.

Golf-Sechszylinder VR6: Dem kleinen Winkel zwischen den in Reihe gebauten Zylindern verdankt er seinen Namen

Die Golf-Story – Highlights seit 1974

August 1993 **Neues Golf Cabrio**

Der Cabrio-Nachfolger behält den markanten Überrollbügel aus Sicherheitsgründen bei und wird mit modifizierter Front auch noch zur Laufzeit des Nachfolgers Golf IV gebaut. Die Ablösung erfolgt 2006 durch den EOS. Womit das legendäre Golf-Cabrio vorerst leider Geschichte ist.

Wieder mit Bügel: Das zweite Golf Cabrio

September 1993 **Erster Golf Variant**

Der Variant erweitert die Modellpalette um einen praktischen Kombi mit bis zu 1.426 Liter Stauvolumen. Die Entscheidung zum Bau fällt in Wolfsburg sehr spät. Erst durch das deutliche Wachstum beim Passat kann die Befürchtung, der Golf Variant würde für hausgemachte Konkurrenz sorgen, beigelegt werden. Beliebt sind die flotten und damals noch konkurrenzlosen Diesel-Direkteinspritzer.

Lastesel: Die Dachreling kostete aber damals noch extra

März 1996 **GTI mit Diesel – ABS in Serie**

Der GTI wird 20 und kommt als Sondermodell mit rotvernähtem Lederpaket sowie dem Retrolook Golfball-Schaltknauf. Erstmals wird er auch mit einem Turbodieselmotor (110 PS) ausgerüstet. Im Zuge der gestiegenen Kundenansprüche, auch was die Fahrzeugsicherheit angeht, wird der Golf nun serienmäßig mit ABS gebaut.

20 Jahre GTI: Fans freuen sich über das Editionsmodell

September 1997 **Golf IV**

Der Golf IV löst seinen Vorgänger nach knapp siebenjähriger Bauzeit ab. Die Außenlänge ist wieder einmal gewachsen und der Innenraum setzt durch seine Qualität neue Maßstäbe in der unteren Mittelklasse. Sein Leistungsspektrum ist so breit wie nie zuvor.
Auch bei der Sicherheitsausstattung setzt der Golf IV mit ABS und vier Airbags serienmäßig ein Zeichen. ESP kommt in den Modellen ab 1999 hinzu.

Golf IV: Wieder einmal in Länge und Breite gewachsen

Die Golf-Story – Konzepte für beispiellose Vielfalt

Die Golf-Geschichte stellt sich so erfolgreich dar, weil jede Modellgeneration zu ihrer Zeit Standards gesetzt hat, ohne sich dem Zeitgeist zu beugen. Dabei wurde das ehedem als revolutionär betrachtete Grundkonzept über alle Generationen gewahrt:

- Eine selbsttragende Karosserie mit
- ausreichend bemessenen Knautschzonen,
- großer Heckklappe und
- erweiterbarem Gepäckraum.
- Dazu Frontantrieb,
- wassergekühlte, sparsame Vierzylindermotoren und
- ein straffes Fahrwerk mit
- leicht untersteuernd ausgelegter Lenkung.

Der Golf hatte einfach von Anfang an alles, was ihn zum Vorbild der Kompaktklasse machte. Mittlerweile hat Volkswagen mehr als 30 Millionen Golf produziert (30 Millionen bis Juni 2013) und ein Ende dieser Erfolgsgeschichte ist nicht abzusehen. Die siebente Generation bietet nicht nur viele Ausstattungsoptionen der Oberklasse, sondern auch deren Fertigungsqualität.

Gehobene Ausstattung: Navigationstechnik, weiß erleuchtete Rundinstrumente und elektronische Parkbremse.

2013 / 2014 Beispiellose Vielfalt

Heute ist kaum ein neuer Golf wie der andere. Er ist als Kurzheck, als Raumwunder Variant, mit höherer Karosserie als Golf Sportsvan, in der Modellreihe »R« oder mit Elektromotor als e-Golf erhältlich. Sein Konzept »Modularer Querbaukasten« ist die technische Basis für viele erfolgreiche VW-Fahrzeugversionen.

Statistisch gesehen gleichen sich pro Jahr weltweit nur drei Autos der Golf-Familie in der Kombination Ausstattung, Farbe und Motorisierung. Heute gibt es Golfmodelle rund um den Globus mit Motoren von 86 bis 300 PS, es gibt manuelle Getriebe mit fünf und sechs Gängen, Doppelkupplungsgetriebe mit sechs und sieben Gängen, Vorderrad- und Allradantrieb (4Motion), Saugmotoren und Turbomotoren in Kombination mit Diesel- oder Benzindirekteinspritzung.

Erhältlich als Sonderausstattung: Das Panorama-Aufstell-Schiebedach mit Panoramadach hinten.

Die Golf-Story – Variant, BlueMotion und Sportsvan

2009 / 2013 **Variant**

Seit September 2009 wird der erfolgreiche Variant, damals als vierte, inzwischen als fünfte Generation, in den Ausstattungen Trendline, Comfortline und Highline angeboten. Highline löste die vorherige Sportline-Version als Topausstattung ab. Stets Serie sind in allen Varianten sechs Airbags, das elektronische Stabilisierungsprogramm ESP (ESC) mit Gegenlenkunterstützung und Gespannstabilisierung sowie eine Klimaanlage.
Der Golf Variant von 2013 ist auch als exclusive Version »R« von VW zu haben. Unter diesem Label kommen besonders attraktive Modelle und Sonderausstattungen für die Golf-Baureihen auf den Markt.

Der Stärkste: In der Modellreihe »R« wird der jüngste Golf mit einem 2.0 TSI mit 300 PS angeboten.

Sommer 2013 **BlueMotion III**

Die dritte Generation des Golf BlueMotion kommt auf den Markt. Turbotechnik, Start-Stopp-System und Bremsenergie-Rückgewinnung sorgen für Spitzenwerte in seiner Klasse. Mit durchschnittlich 3,8 l/100 km Verbrauch bei einem CO_2-Ausstoß von nur 99 g/km empfiehlt er sich als der sparsamste Golf aller Zeiten. Weitere Golf BlueMotion Features außer automatischer Motorabschaltung im Stand: rollwiderstandsoptimierte Reifen, besonders leichte und strömungsgünstige Felgen sowie ein aerodynamischer Karosserie-Feinschliff.

Der Umwelt zuliebe: »Golf BlueMotion« als Benziner TSI oder Diesel TDI ist sparsam bei Verbrauch und Emissionen.

Mai 2014 **Golf Sportsvan**

Der Golf Sportsvan, komplett neu entwickelter und bis zu 90 kg leichterer Nachfolger des Golf Plus, geht an den Start. Als TDI BlueMotion setzt er mit einem Verbrauch von 3,6 l/100 km und 95 g/km CO_2 Bestwerte. Der »Van unter den Golf« bietet einen höchst variablen Innenraum mit längs verschiebbarer Rückbank. In ihm haben trotz kompakter Dimensionen fünf Personen plus Gepäck reichlich Raum zum Reisen. Basis: Modularer Querbaukasten MQB.

Bequeme Sitzhöhe im schönen Van: Der »Golf Sportsvan« löste 2014 den »Golf Plus« ab.

Reparatur, Wartung, Pflege

Wenn der Arbeitsplatz geeignet ist, das nötige Material zur Verfügung steht und die Ausrüstung stimmt, haben Sie am Reparieren auch Spaß. Als Arbeitsplatz taugt eine breite, gut beleuchtete Garage mit Stromanschluss, die durchaus so schlicht eingerichtet sein kann wie die im Bild. Wartung und Pflege, selbst wenn sie im Freien erfolgen müssen, sind nun mal wichtig für den Werterhalt.

Arbeitsplatz und Ausrüstung

Vor allem bei älteren Wagen sinkt die Lust, Arbeiten in der Werkstatt erledigen zu lassen. Garantieansprüche gibt es nicht mehr zu verlieren, und bei Stundensätzen weit über 50 Euro lässt sich für denjenigen, der handwerklich geschickt ist, eine ganze Menge Geld sparen. Aber auch an neueren Fahrzeugen lassen sich viele Arbeiten von der gründlichen Aufbereitung bis zum kleinen Unfallschaden selbst erledigen. Verfügen Sie nicht über eine Garage, können Sie auch im Freien zum Werkzeug greifen, wenn eine ebene und befestigte Fläche vorhanden ist.

Die beste Empfehlung für Selbstschrauber aber sind Mietwerkstätten. Sie bieten meist mehrere Arbeitsplätze, die allerdings während der Woche eher frei sind als am Wochenende. Adressen finden Sie in den Gelben Seiten, in Zeitungen, in den von Automobilverbänden empfohlenen Verzeichnissen und im Internet.

Was bietet mir die Mietwerkstatt?

In Mietwerkstätten ist es möglich, eine Hebebühne zu nutzen. Im Entgelt für die Werkstattbenutzung ist ein Werkzeugsatz inklusive. Spezialwerkzeug wie Kolbenrücksetzer für Scheibenbremsen kann extra gemietet werden, und oft steht auch ein Fachmann mit gutem Rat und Praxistipps zur Verfügung.

Als Beispiel möchten wir hier das Profil einer derartigen Einrichtung in Berlin vorführen, die Sie im Internet unter der Adresse

www.selbstreparatur-werkstatt.de

auch zunächst einmal virtuell besuchen können. Diese »Schöneberger Selbstreparatur-Werkstatt« steht sieben Tage die Woche von 09.00 Uhr bis 18.00 Uhr zur Verfügung, für Sonntag allerdings und auch nach 18.00 Uhr müssen Terminvereinbarungen getroffen werden. Auch feiertags ist zumeist geöffnet.

Wer »eine kostengünstige Alternative« sucht, »der ist bei uns genau richtig«, verspricht die Homepage. Gut beleuchtete, im Winter beheizte Räumlichkeiten, griffbereites Werkzeug, hilfsbereite Leute und auch schon mal eine Tasse Kaffee stehen zur Verfügung. Auf diese Weise seien »Service-, Wartungs- und Reparaturarbeiten problemlos« durchführbar.

Die einzelnen Werkräume sind jeweils mit Hebebühne und Werkbank ausgestattet, gemietet werden kann

1 ***Mini-Hebebühne:*** Diese Geräte von ATH-Heinl sind gut für den Reifenservice und für Arbeiten an den Bremsen.

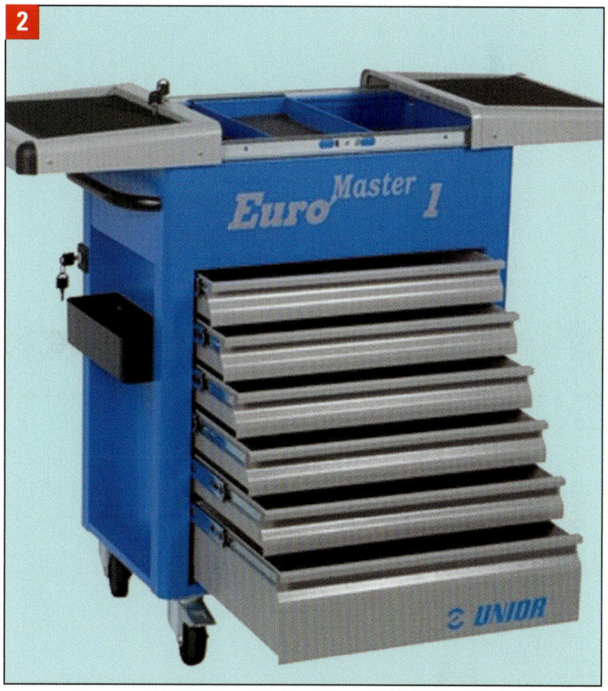

2 ***Werkstattwagen:*** Ordnung und bequemen Werkzeugtransport bringen Helfer wie dieser von ATH für 550,0 Euro.

stundenweise. Die Stunde mit Hebebühne, inklusive Grundwerkzeug: Koffer mit gängigen Schlüsseln, Pressluftschrauber, Hammer und eine Lampe kostet 10,0 Euro. Bei längerer Mietzeit gibt es Rabatt.

Womit muss ich außerdem rechnen?

Alt-Öl wird für 1,0 Euro je Liter angenommen, Schutzgas-Schweißen kostet 15,0 Euro und für den Satz Federspanner muss man pro angefangene 60 Minuten 5,0 Euro zahlen. Wird Hilfe gebraucht, steht ein Kfz-Meister zur Verfügung. Spezialwerkzeuge sind vorhanden und können ebenfalls gemietet werden.

Arbeit in der Mietwerkstatt lohnt sich aber nur, wenn die Reparatur flott von der Hand geht und eine angefangene Arbeit auch direkt zu Ende geführt werden kann. Reparaturen, die man nicht genau abzuschätzen vermag, sollten unbedingt auf einen Termin gelegt werden, der einen außerplanmäßigen Besuch beim Händler zum Kauf von Ersatzteilen erlaubt.

Was ist beim Teilekauf zu beachten?

Die benötigten Ersatzteile sollten spätestens am Tag der Arbeit parat sein, denn jede Werkstattstunde kostet ja. Kaufen Sie nach Liste und denken Sie an Zubehör wie Dichtungen, Sicherungsringe, Schlauchschellen, Clipselemente oder selbstsichernde Muttern. Sie müssen um die 10 Euro Kosten einplanen, wenn die Arbeiten abends nicht fertig werden und das Auto über Nacht in der Werkstatt stehen bleibt.

Achten Sie beim Ersatzteilkauf auf den Preis, denn Unterschiede bis zu 35 Prozent sind die Regel. Bei typenoffenen Serviceketten kann der Kunde manchmal bis zu 60 Prozent sparen, 20 Prozent sind jedenfalls immer drin – und zwar für dieselbe Qualität, meist sogar für die exakt gleichen Ersatzteile.

Vorsicht vor minderwertigen Teilen

Auf No-name-Produkte sollten Sie beim Ersatzteilkauf allerdings verzichten. Solche Käufe machen die eventuell fehlende Beratung beim Kauf von Verschleißteilen nicht wett, und zweitens könnte die Garantie auf das betreffende Teil und von ihm in Mitleidenschaft gezogene Teile in Gefahr geraten. Bei sicherheitsrelevanten Ersatzteilen ist Sparsamkeit ohnehin fehl am Platz. Bremsbeläge, Bremsscheiben, Radlager, Antriebswellen und Gelenke sollte man grundsätzlich in Originalqualität kaufen.

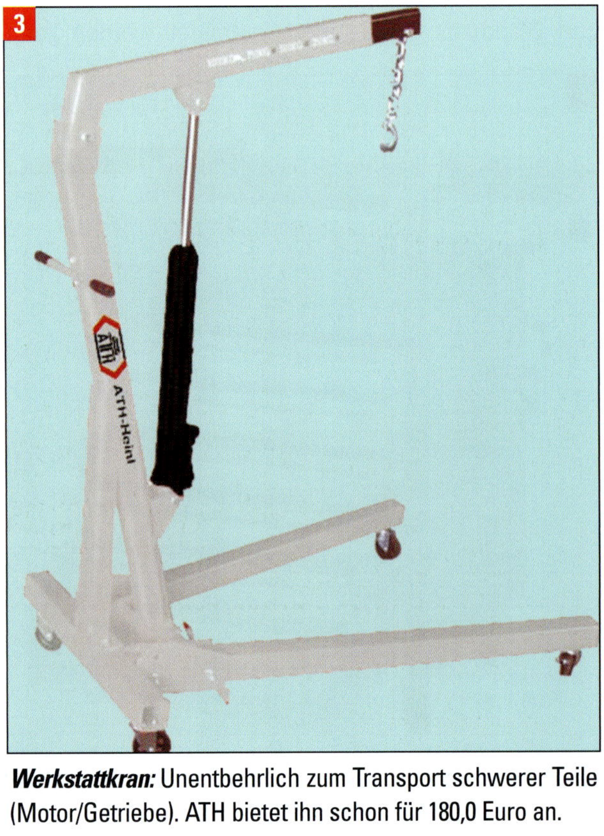

Werkstattkran: Unentbehrlich zum Transport schwerer Teile (Motor/Getriebe). ATH bietet ihn schon für 180,0 Euro an.

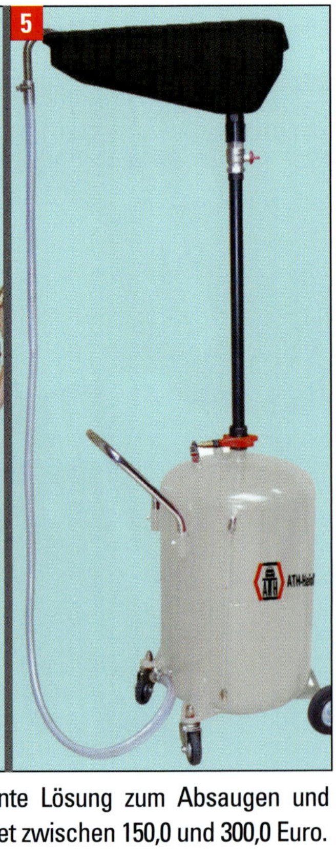

Ölabsauggeräte: Die elegante Lösung zum Absaugen und Auffangen von Motoröl kostet zwischen 150,0 und 300,0 Euro.

Bei Schäden an Kurbeltrieb, Kolben und Ölwanne lohnt sich der Kauf eines Teilmotors. Zylinderkopf und Nebenaggregate übernimmt man vom alten Motor. Bei gut erhaltenen Fahrzeugen macht ein Austauschmotor Sinn. Firmen, die auf die Überholung von Motoren spezialisiert sind und Reparaturen nach Qualitätsrichtlinien garantieren, finden Sie im Internet unter **www.vmi-ev.de** oder beim
Verband der Motoreninstandsetzungsbetriebe
Christinenstr. 3 / 40880 Ratingen
Tel.: 0 21 02/ 44 72 22 / Fax: 0 21 02/ 44 72 25
E-mail: info@vmi-ev.de

Welches Werkzeug brauche ich?

Nur vollständiges und gutes Werkzeug garantiert Ihnen das gewünschte Ergebnis. Überprüfen Sie daher Ihre Ausrüstung, bevor Sie mit der Arbeit be-

6

Handstablampe: Für viele Fälle nützlich, oft gar unentbehrlich.

Vorsicht bei der Arbeit!

GEFAHRHINWEISE

- Tragen Sie beim Blechtrennen oder bei Arbeiten mit laufendem Motor Ohrenschützer und beim Bohren, Schleifen, Meißeln und Arbeiten unter dem Fahrzeug stets eine Schutzbrille.
- Arbeitshandschuhe sind gut gegen Schmutz oder Abschürfungen an scharfem Blech. Wenn Sie mit der Handbohrmaschine arbeiten, sollten Sie wegen der Gefahr durch das rotierende Bohrfutter aber besser keine Handschuhe tragen.
- Achten Sie in Montagegruben und beim Lackieren größerer Flächen am Fahrzeug auf gute Belüftung. Beim Lackieren Schutzmaske tragen!
- Durchgebrannte Sicherungen müssen Sie immer durch neue Sicherungen desselben Typs und identischer Stromstärke in Ampere (A) ersetzen. Niemals Drahtbrücken einbauen! Die Folge solcher Behelfsmaßnahmen können Schäden an Bauteilen im betreffenden Stromkreis oder sogar Kabelbrände sein.
- Sprühdosen, Altöl, Bremsflüssigkeit, alte Bremsbeläge oder Farbdosen sind Sondermüll. Sie müssen entsprechend entsorgt werden.
- Bei allen Wartungs- und Reparaturarbeiten sollte das Rauchen strikt unterbleiben.
- Oberste Vorsicht ist an Zündanlagen geboten! Prüfungen sollten konsequent nur bei Motorstillstand durchgeführt werden. Bei unbedingt nötigem Motorlauf darf am Aggregat keinesfalls Hand angelegt werden, es treten Spannungen bis 30.000 Volt auf!

7

8

Unterstellböcke: Einfache klappbare Ausführung (7) und Finkbeiner-Abstützbock mit Spindel, Feder und Lenkrollen (8).

9

Rangierwagenheber: Sicherer als der Spindelwagenheber.

ginnen. Schlechtes Werkzeug, das sich schon bei der ersten verrosteten Schraube verbiegt oder ausbricht, bringt Probleme und verdirbt jede Freude am Werken. Achten Sie also beim Kauf auf Qualität!

Gute Werkzeuge werden aus einwandfreiem Material hergestellt und arbeiten stets maßgenau. Sie haben natürlich ihren Preis, der für einen 10er-Satz wirklich guter Ring-/Maulschlüssel bei 80 Euro liegen kann. Ein Steckschlüssel-Kasten mit knapp 20 Teilen – Umschaltknarre, Stecknüsse und Verlängerungen – kostet an die 200 Euro. Für die komplette Werkstattausrüstung in Profiqualität sind 8.000 Euro nicht zu hoch gegriffen. So etwas rentiert sich natürlich nur bei häufigem Einsatz über 10 bis 20 Jahre hinweg.

Grundwerkzeuge:

- Schraubendreher, Ring-, Maul- gekröpfte und Inbusschlüssel (Bilder 11 und 12).
- Seitenschneider, Kombizange und Wasserpumpenzange mit mindestens 240 mm Länge. Damit trennen, biegen, halten und drehen Sie so ziemlich alle Werkstoffe und -stücke.
- Kunststoff- oder Gummihammer für empfindliche Bauteile wie Lager, gegossene oder gehärtete Teile. Damit vermeiden Sie etwaige Schäden (Bild 11).
- Der Schlosserhammer wird benutzt, um z. B. mit einem Durchschlag festsitzende Bolzen zu lösen.
- Durchschläge (Durchmesser 3 und 6 mm) sind bei Montage- und Demontagearbeiten an Fahrwerk, Motor und Bremsen universell einsetzbar.
- Ein Körner hilft bei Bohrarbeiten an Metallen.
- Flachmeißel mit gehärteter Schneide werden oft an deformierten oder festgerosteten Schraubverbindungen gebraucht.
- Quetschzange, isolierte Kombizange, Phasenprüflampe mit Nadelspitze und Massekabel sowie isolierte Schraubendreher sind für die Elektrik nötig.
- Für Motorraum und unterm Fahrzeug brauchen Sie einen Steckschlüsselsatz mit den Größen 10 bis 32 mm und Umschaltknarre mit 1/2-Zoll-Antrieb (Bild 12).
- Für den Innenraum ist der Schlüsselsatz 6 bis 13 mm, 1/4-Zoll-Umschaltknarre erforderlich.
- Gripzange und Schraubzwingen: Die Maulweite

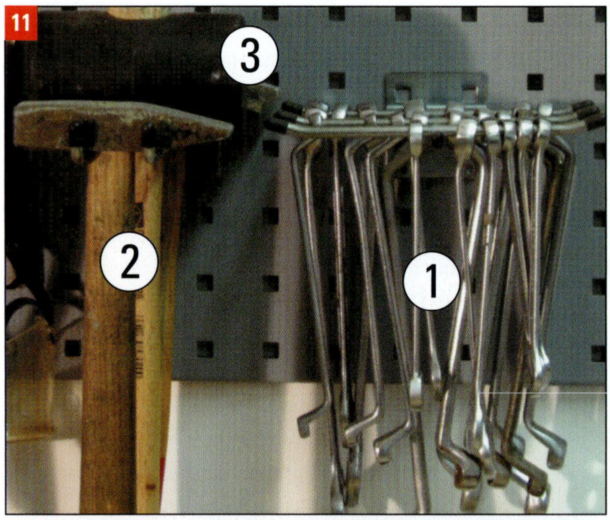

Bild 10 Bordwerkzeug: (1) Spindelwagenheber, (2) Schraubendreher zur Montage und zum Abhebeln von Abdeckungen, (3) Abschleppöse, (4) Radkappen-Haken, (5) Adapter für gesicherte Radschraube, (6) Radschraubenschlüssel.

Bilder 11 und 12 Grundwerkzeuge: (1) Gekröpfte Ringschlüssel, (2) Schlosser- und (3) Gummihammer, (4) Flach-, Kreuzschlitz und Torxschraubendreher sowie (5) Knarre mit Steckeinsätzen, so genannten »Stecknüssen«. Das Hakenbrett für die Werkzeuge in Bild 11 hängt über der Werkbank. Flexibler ist man mit Box (Bild 12) oder Werkstattwagen wie in Bild 2.

der Gripzange kann am Griffteil exakt eingestellt werden. Eine Schraubzwinge, die in vielen Größen erhältlich ist, fungiert beim Montieren äußerst hilfreich als Ihre »dritte Hand«.

■ Abzieher (Bild 13) gehören zur Grundausstattung jeder Autowerkstatt.

Auch für Heimwerker lohnt sich die Anschaffung in allerdings geeigneten Dimensionen und Ausführungen. Damit lassen sich Radnaben lösen, Achsgelenke aus der Führung pressen o. Ä.

Spezialwerkzeuge:

Mit der Grundausstattung können Sie viele Wartungen und Reparaturen selbst erledigen. Sie ist unentbehrlich für vernünftige Arbeit, reicht aber für viele Fälle nicht aus. Sinnvolle weitere Anschaffungen sind:

■ Handstablampe (Bild 6): Gut fürs Schrauben unter dem Auto oder im Motorraum, im Innenraum und in weniger gut beleuchteten Garagen. Wasserdicht, mit Blendschutz, ölresistent und schlagsicher.

■ Ein Paar Unterstellböcke und ein hydraulischer (»Rangier«-)Wagenheber (Bilder 7, 8 und 9).

■ Batterietester zum Prüfen von Batteriezustand und Ladestatus (ähnlich Bild 14). Regelmäßig überprüfen, um das Liegenbleiben wegen schwächelnder Batterie vor allem in der kalten Jahreszeit zu vermeiden.

■ Elektronisches Akkuladegerät (Bild 15). Solch ein Gerät (hier das empfehlenswerte CTEK MXS 5.0 von Conrad) mit Ladestromanpassung ist bei häufigen Kurzstreckenfahrten im Winter sehr gut!

■ Drehmomentschlüssel (Automatikschlüssel): Zur präzisen Beachtung von Anzugsdrehmomenten.

■ Ölfilterschlüssel: Wichtig für den Ölwechsel. Günstig ist ein Universalschlüssel.

■ Fühlerblattlehre zum Prüfen das Ventilspiels oder des Spaltmaßes von Gebern (Drehzahlgeber etc.).

■ Messinstrument (Multimeter): Unerlässlich für genaue Messungen an elektronischen Bauteilen. Es gibt auf die Autoelektrik abgestimmte Geräte.

■ Durchgangsprüfer und Abisolierzange sind weitere wichtige Geräte für Arbeiten an der Fahrzeugelektrik. Die Prüferlampe liefert eine zuverlässige Aussage, ob Spannung an den Prüfspitzen anliegt.

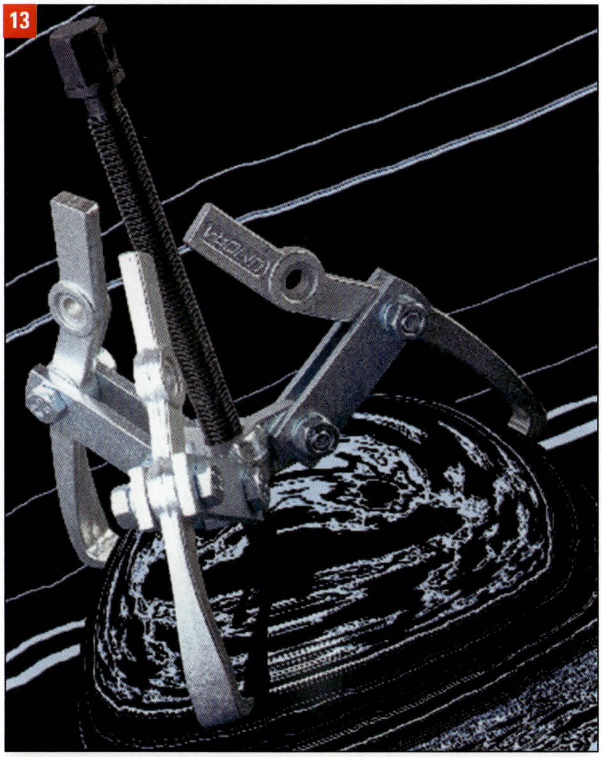

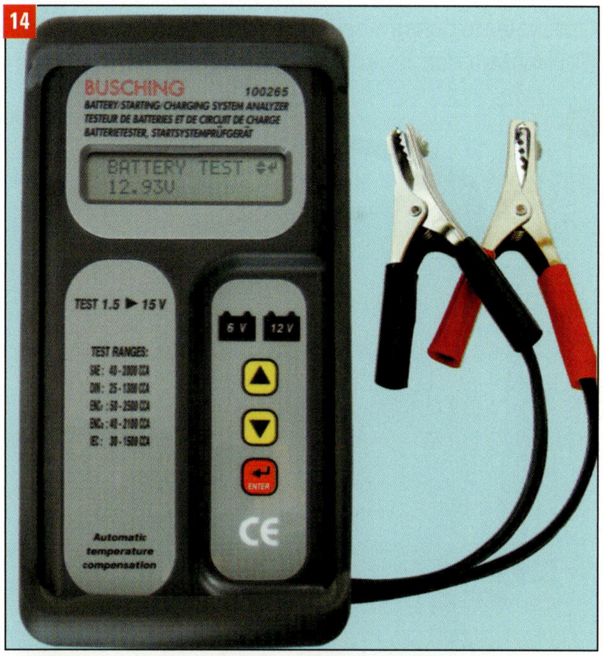

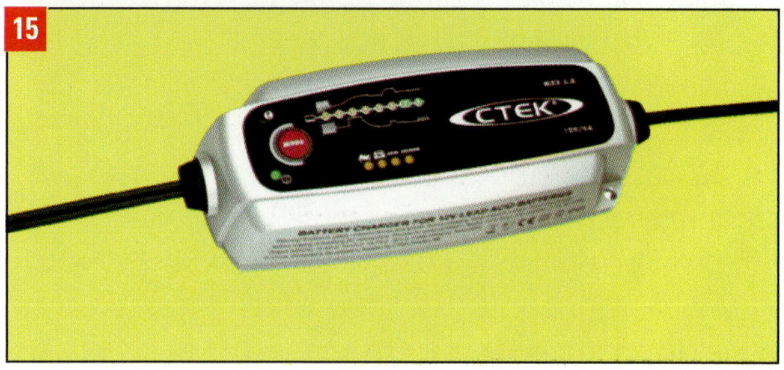

Spezialwerkzeug: Abzieher, hier stilisiert für den entsprechenden Katalog von ATH (Bild 13), Startsystemtester zur Prüfung der Bordbatterie (Bild 14) und automatisches Batterie-Ladegerät (Bild 15). Tester und Ladegerät sind vor allem im Winter und bei älteren Batterien unverzichtbar, weil dann die meisten Pannen durch schwache Akkus verursacht werden.

Nützliches Zubehör:

- Felgenbaum mit Abdeckhusse aus Nylongewebe (Bilder 16/17). Die Reifen vor dem Stapeln und Abdecken mit Kreide kennzeichnen, damit sie wieder an ursprünglicher Position eingebaut werden können.
- Teilereiniger, Sprühfett, Kupferpaste und andere »chemische Helfer«. Sie werden selten gebraucht und sind im Einzelfall umstritten; also Rat einholen.
- Auffahrrampen und ein zum Hocker faltbares Rollbrett sind außerordentlich nützlich, und auch durchaus noch kein Luxus.

Braucht man eine Hebebühne?

Diese kostspieligen und auch platzaufwändigen Gerätschaften gehen natürlich über das Übliche schon weit hinaus. Wer dafür in Garage, Remise oder umfunktionierter Scheune Raum hat, wer häufig und fachlich versiert schraubt, wer neben dem eigenen auch noch den Zweitwagen und/oder Autos von Freunden betreut, für den kann sich die Anschaffung durchaus lohnen.
Optimale Arbeitsfreiheit bietet die mobile 2-Säulen-Hebebühne von Finkbeiner (Bild 18). Es ist keine Befestigung auf dem Boden nötig, die freie Zugänglichkeit zum Fahrzeugboden ist gewährleistet, türfrei in jeder Hubhöhe. Das Gerät hat hydraulischen Antrieb, ist absolut unempfindlich und nahezu wartungsfrei. Tragfähigkeit: 3.000 kg auf vier asymmetrischen Gelenkarmen. Die Hubhöhe von max. 1850 mm wird in ca. 40 Sekunden erreicht.
Die stationäre elektrohydraulische Einsäulenhebebühne ATH 1.25S (Bild 19) ist für netto 2.845,00 Euro zu haben. Sie hat Profiqualität und ist auch bei wenig Platz einsetzbar. Die stabile Säulenkonstruktion mit Teleskoparmen kann 2.500 kg in 36 Sekunden bis knapp zwei Meter hoch heben und in 34 Sekunden wieder absenken.
Dieses nützliche Gerät ist jedoch wegen seines Eigengewichts von 680 kg und des geforderten Wechselstromanschlusses von 400 V eher etwas für für Lackier- und Karosseriebetriebe, Bremsen- und Reifendienste - oder für den sehr versierten Schrauber.

Was muss ich unbedingt beachten?

Sicherheit hat beim Heimwerken absolute Priorität. Wagen Sie sich nur an Arbeiten, die Sie sich wirklich

16

17

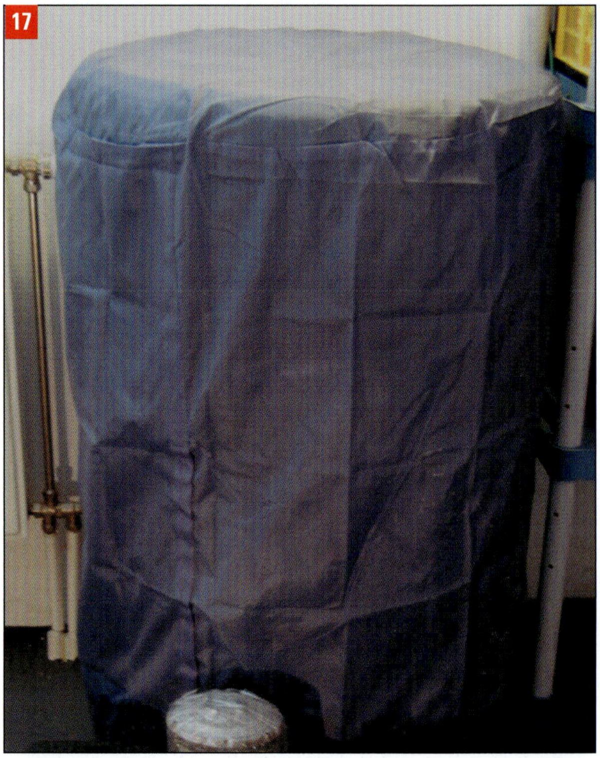

Felgenbaum: Zur saisonalen Reifenlagerung zu empfehlen. Das preisgünstige Stapelgerät erlaubt platzsparendes und reifenschonendes Einlagern in Garage oder Keller.

zutrauen können. Nehmen Sie handwerkliche Aufgaben, mit denen Sie in der Praxis wenig oder gar keine Erfahrung haben, nicht auf die leichte Schulter. Mangelhaft ausgeführte Arbeiten können im Straßenverkehr fatale Folgen haben, für Sie und für Dritte. Um diese zu vermeiden, geben wir Ihnen stets auch die entsprechenden »Gefahrenhinweise«.

18
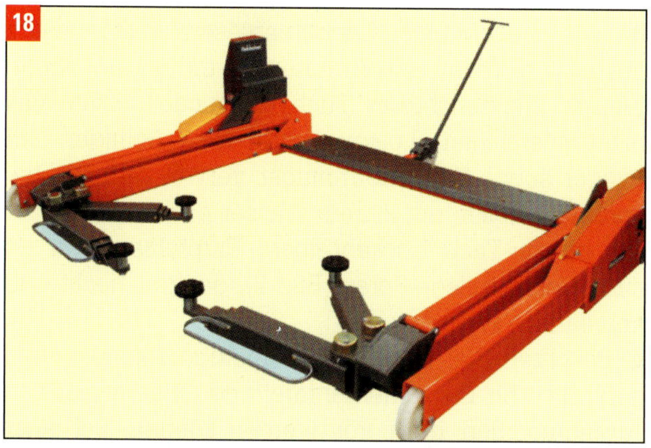

Hebebühnen für daheim: Nicht unmöglich, aber wohl eher eine Frage der Räumlichkeiten und der Effektivität. Wer viel Platz hat und häufig schraubt, kann sie brauchen..

19
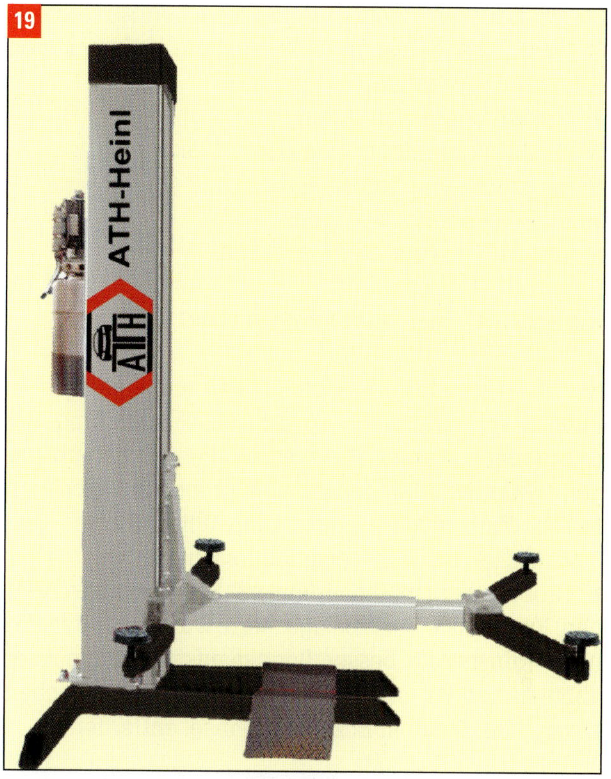

Werterhalt durch Pflege

In diesem Unterkapitel beantworten wir die wichtigsten Fragen zu Reinigung, Lack- und Glaspflege sowie Beseitigung kleinerer Karosserieschäden. Ausführlicher behandeln wir dieses Thema in unseren beiden Sonderbänden 175 und 275 »Die Autokarosserie«.

Die Pflege des Innenraums

Jeder Wagen braucht sorgfältige Pflege, wenn er beim Wiederverkauf sein Geld einbringen und bei den Prüfern von TÜV und DEKRA gute Chancen sichern soll. Den Innenraum sollten Sie bei Pflegeaktionen zuerst in Angriff nehmen. Wenn Sie sich diese Arbeit bis zuletzt aufheben, verschmutzen die Staubwolken aus Polstern und Fußmatten nämlich wieder die frisch gewaschene Außenseite.
Für die Säuberung verwenden Sie am besten spezielle Autopflegemittel. Scheiben, Polster und Kunststoffoberflächen sind durch Witterung, Staub, Schmutz und Feuchtigkeit extremen Belastungen ausgesetzt, denen nur besondere Pflegesubstanzen wirklich gewachsen sind. Spezialreiniger sind ihr Geld wert.

1

Reiben mit dem Schwamm: Polster reinigen macht wenig Spaß, bedeutet aber Werterhalt und Wertsteigerung.

Zur gründlichen Innenreinigung brauchen Sie ferner:
- Nicht flusende Lappen zum feuchten und trockenen Ab- und Auswischen;
- Kleider- oder Polsterbürste;
- Staubsauger mit verschiedenen Düsen;
- Handfeger und Kehrschaufel;
- ein Fensterleder und einen
- feinporigen Kunststoffschwamm.

So gehen Sie am besten vor:

- Wagen ausräumen, Ascher leeren und auswischen. Fußmatten nach innen zusammenschlagen und herausnehmen, ausschütteln, ausklopfen und staubsaugen. Gummimatten feucht abwischen und trocknen lassen. Eine feuchte Matte kann üblen Geruch und Stockflecken im Textilbelag verursachen.
- Grobschmutz im Innenraum mit Staubsauger entfernen. Für weiche Textilbeläge starre Düsenaufsätze, für harte Kunststoffe besser Borstenaufsätze. Sitzpolster abbürsten oder staubsaugen, Kunststoffoberflächen abwischen. Staub in Ecken mit Pinsel entfernen.
- Bei stark verschmutzten Sicherheitsgurten kann das Aufrollen des Automatikgurts beeinträchtigt werden. Deshalb Gurte trocken abbürsten oder bei starker Verschmutzung mit milder Seifenlauge abwaschen, dazu aber niemals ausbauen. Chemische Reinigungsmittel können das Gewebe zerstören. Vor dem wieder Aufrollen müssen die Gurte trocken sein.
- Zum Reinigen von Kunststoffteilen, Lederverkleidungen, Dachhimmel, Leuchtengläsern, mattschwarz gespritzten Teilen und Armaturenbrett ein mit klarem Wasser angefeuchtetes Tuch verwenden. Sollte das nicht ausreichen: Lösungsmittel freie Reiniger und Pfleger sowie Kunststoffreiniger verwenden. Die besprühten Stellen mit klarem Wasser nachwischen und mit einem Tuch trockenreiben. Empfehlenswert ist auch Cockpitpflege-Spray (Bild 2), das gut riecht und antistatisch wirkt.
- Beachten Sie: Lösungsmittelhaltige Reiniger sind gefährlich für Instrumententafel und Oberflächen von Airbagmodulen, die porös werden können. Bei einer Airbagauslösung sind dann Verletzungen durch sich lösende Kunststoffteile möglich!

2

3

Cockpitpflege: Damit werden Kunststoffoberflächen sauber, glänzender und auch antistatisch.

Innenfenster-Reinigungswerkzeug: Es werden immer wieder Neuerungen angeboten, mit denen die Arbeit erleichtert werden soll. Einen Versuch sind sie sicher wert, aber oft genug erweist sich die »konservative« Art mit dem Ledertuch als effektiver: Innenseiten der Fenster mit feuchtem Waschleder oder sauberem weichem Lappen reinigen. Bei starker Verschmutzung mit Spiritus oder Salmiakgeist und warmem Wasser oder mit Glasreiniger behandeln. Trocken nachpolieren.

■ Den Dachhimmel nur bei starker Verschmutzung reinigen und auf keinen Fall durchfeuchten. Himmel mit Reiniger großflächig einsprühen. Mit Schwamm und Frottierhandtuch nachwischen. Behandlung bei Bedarf wiederholen. Nicht auf die verschmutzten Stellen beschränken, weil hässliche Platten mit Rändern entstehen können.

■ Polsterstoffe und Stoffverkleidungen werden mit speziellen Reinigungsmitteln oder mit Trockenschaum und feuchtem Schwamm behandelt (Bild 1). Die Polster noch feucht gründlich absaugen. Der Schmutz löst sich so am besten.

■ Leder von Sitzbezügen und Verkleidungen (Bilder 4 und 5) reagiert empfindlich auf Sonneneinstrahlung, vor allem aber auf Öle, Fette und Verschmutzungen. Das gilt auch für Mikrofaserfabrikate (»Alcantara«), bei vor allem den Highline-Modellen.

■ Zur Lederreinigung einen Baumwoll- oder Wolllappen mit Wasser, bei stärkerer Verschmutzung mit einer Seifenlösung leicht anfeuchten und die verschmutzten Stellen wischen. Das Leder soll aber nicht durchfeuchtet werden! Fett- und Ölflecke oder anderen hartnäckigen Schmutz vorsichtig mit Schwamm und Spezialreiniger behandeln. Mit weichem, trockenem Tuch nachwischen und trocknen lassen.

■ Regelmäßig alle zwei, mindestens aber alle sechs Monate ein Lederpflegemittel anwenden. Nur spezielle Lederpflegemittel nehmen, die auch die Nähte flexibel und geschmeidig halten. Die versiegelnde Pflege-Lotion sparsam auftragen und nach Einwirkung mit weichem Lappen (Microfasertuch) nachwischen. Das Leder wird geschmeidiger, die Farben wirken frischer. Für Alcantara niemals Lederpflegemittel, sondern nur Wasser oder verdünnten Spiritus verwenden!

■ Türdichtungen mit Gummipflegemittel geschmeidig halten (Bild 6). So werden auch Quietschen und Knarren beim Türenschließen vermieden. Regelmäßige Pflege mit Hirschtalgstift oder silikonhaltigem Pflegemittel verlängert die Lebensdauer.

■ Zur Innenfenster-Reinigung bietet der Fachhandel ein Reinigungswerkzeug mit auswechselbarem Vliesbelag an (Bild 3), mit dem man besser in alle Ecken kommen soll. Ausprobieren schadet nicht!

■ Gegen Rauchgeruch im Innenraum und in den Pols-

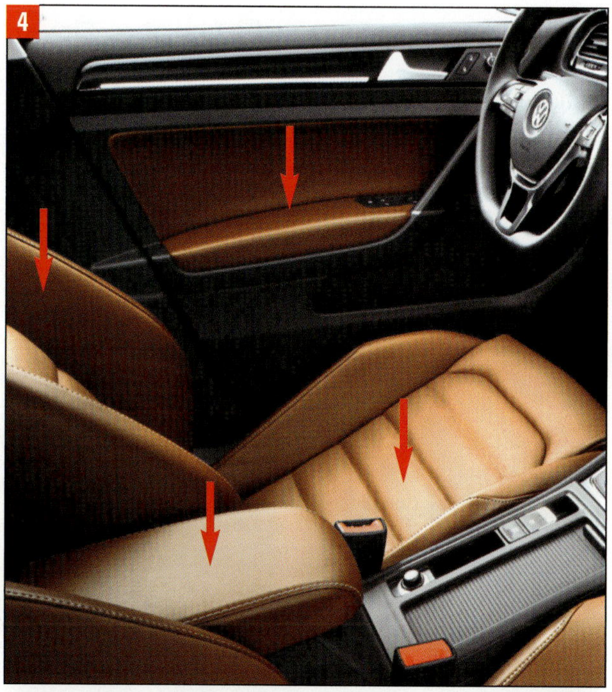

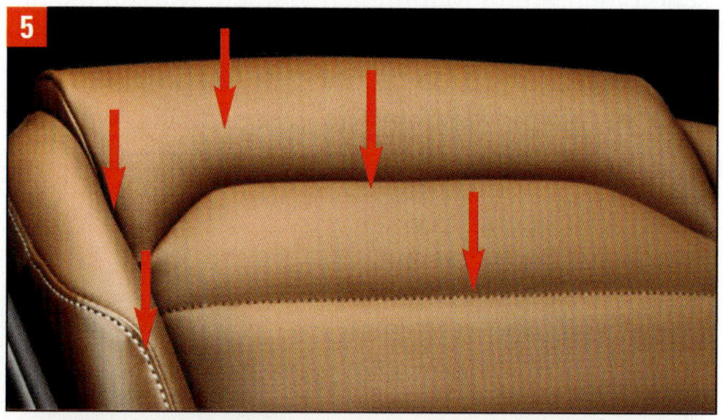

Leder und Gummi: Reinigen mit Seifenwasser und Pflegemittel. Sitzbezüge und Verkleidungen aus Leder (Bild 4) sind sehr empfindlich. Staub und Schmutzpartikel in Poren, Falten und Nähten (Bild 5) können scheuern und die Oberfläche beschädigen. Regelmäßig die Sitze absaugen!
Die Dichtungen an Fenstern und Türen mit einem Hirschtalgstift oder Silikon aus der Flasche (Bild 6) pflegen.

tern helfen Markenprodukte aus Zubehör- oder Tankstellenshops. Im Auto mit Klimaanlage aber sollten Sie bei Umluftbetrieb besser gar nicht rauchen. Der angesaugte Rauch setzt sich auf dem Verdampfer ab und verursacht dauerhafte Geruchsbelästigung.

■ Vor dem Verkauf eines Raucher-Autos wird eine Behandlung mit neutralisierendem Ozon empfohlen. Diese dauert aber meist zwei Tage und kann allerhand Geld kosten.

Die richtige Außenwäsche

Autowaschen auf der Straße ist heute so gut wie überall verboten. Denn mit dem Schmutzwasser der Wagenreinigung könnten Ölrückstände und andere die Umwelt schädigende Substanzen in die Kanalisation und ins Grundwasser geraten.

Eine saubere Sache ist dagegen die Wagenwäsche in einer automatischen Waschanlage. Die verwendeten Wassermengen sind großzügig, die Wäsche ist relativ schonend. Ölabscheider und Wasseraufbereitungsanlagen sorgen für Umweltschutz. Sie können meist zwischen mehreren Programmen wählen. Nutzen Sie auf jeden Fall Waschen und Pflege mit Vorwäsche.

Unabhängig davon, ob mit Bürsten, Textilstreifen oder Schaumstoff gewaschen wird: Beansprucht wird der Lack immer. Man kann durchaus des Guten zuviel tun, wenn man zu häufig wäscht. Ist der Lack noch in Ordnung, gibt es keinen zwingenden Grund, das Auto ständig zu waschen. Mit Ausnahme von aggressivem Vogelkot oder Säuren werden die meisten Schmutzangriffe von gutem Lack mühelos verkraftet.

Nach dem Waschgang müssen Sie die Sauberkeit kontrollieren und an manchen Stellen nachputzen. Die Bürsten behandeln Radhäuser, Radläufe, Türschwellerkanten, Türrahmen und Ritzen nachlässig. Handarbeit mit Schwamm und Putztuch ist angesagt.

Selbstwaschanlagen benutzen

Ihren Wagen selbst zu waschen, ist durchaus empfehlenswert. Die Waschplätze an der Tankstelle (SB-Wäsche) bieten gute Möglichkeiten. Dort stehen Ihnen alle Hilfsmittel zur Verfügung.

■ Waschen Sie Ihr Fahrzeug nicht in der prallen Sonne, weil das dem Lack schaden kann.

■ Vor Arbeitsbeginn den Zustand der Waschbürsten prüfen. Eventuellen groben Dreck vom Vorgänger beseitigen, wenn Sie keine Kratzer riskieren möchten.

Zur wirksamen Außenwäsche brauchen Sie:

■ Jede Menge Wasser. Wird der Schmutz mit zu wenig Wasser abgewischt, schmirgeln Staub- und Sandkörnchen über den Lack und zerkratzen ihn.

Bilder 7 bis 9 Profis machen es vor: Nach einem VW-Event werden Fahrzeuge wieder auf Vordermann gebracht.

■ Mindestens zwei Eimer, wenn kein Schlauch zur Verfügung steht. Sie müssen immer frisches Nachspülwasser parat haben.

■ Möglichst eine Sprühdüse aus Kunststoff für den Schlauch, sofern dieser verfügbar ist. Sie können dann wie mit dem Hochdruckreiniger (Bild 7) arbeiten.

■ Wenn Schlauchanschluss möglich und Schlauch vorhanden, eine Schlauchbürste. Bei deren Einsatz kann das durchfließende Wasser den abgebürsteten Schmutz wegschwemmen.

■ Waschhandschuh oder Schwamm. Nach jedem zweiten oder dritten Waschstrich in den vollen Wassereimer tauchen und ausdrücken.

■ Eine langstielige Waschbürste, die sich besonders für Felgen und Radkästen eignet. Setzen Sie Spezialreiniger gegen Bremsstaub an Felgen ein (Bild 8).

■ Fensterleder, das man in einem anderen Eimer auswäscht, damit es sauber bleibt. Evtl. mit Glasreiniger nachpolieren (Bild 9).

■ Einen großporigen Viskoseschwamm und einen Fliegenschwamm für Insektenrückstände sowie ein großflächiges echtes Leder zum Trockenreiben.

9

GEFAHRHINWEISE

Vorsicht mit Dampfstrahlern

■ Wird der Dampfstrahler eingesetzt, dann die Wassertemperatur auf maximal 60 °C (zu heißes Wasser greift Gummi und Versiegelungen an) und den Druckregler auf maximal 30 bar einstellen.

■ Einen Abstand zum Auto von 60 bis 80, wenigstens jedoch 50 Zentimeter einhalten. Den Hochdruckreiniger auch vom Kühler fernhalten, weil der scharfe Strahl die feinen Lamellen deformieren könnte.

■ Gut geeignet ist das Gerät zur Felgensäuberung. Hier aber gilt: Nicht den Reifen zu nahe kommen! Die Reifenflanken selbst der stabilen modernen Pneus können durch den hohen Druck des Wasserstrahls Schaden nehmen.

■ Heißes Wasser aus Druckdüsen löst fast jede verhärtete Schmutzschicht, natürlich auch dicke Ölkrusten an Motor und Getriebe. Von Druckwäsche am Motor müssen wir aber abraten: Eindringende Nässe kann die Elektronik lahm legen oder über den Ansaugtrakt in den Motor gelangen. Ein kapitaler Schaden mit hohen Kosten z. B. für ein neues Motorsteuergerät wäre die Folge. Motorwäsche daher nur mit Kaltreinigern in Handarbeit vornehmen.

Taugt Motorwäsche in Eigenregie?

Motorraumwäsche ist nicht nur Schönheitskur für den Motor, sondern auch eine wichtige Pflegemaßnahme zur Aufrechterhaltung ungestörter Funktion. Die Motorwäsche darf allerdings nur dort erfolgen, wo es einen Ölabscheider gibt. In einer Selbstwaschanlage oder auf einem Waschplatz geht das also. Wenn Sie diese Arbeit nicht einem Profi überlassen wollen, dann verwenden Sie auf jeden Fall als Fettlösemittel einen Kaltreiniger aus der nachfüllbaren Pumpflasche. Damit können Sie den Schmutz in allen Ecken und Winkeln gut aufweichen, vor allem, wenn Sie den Reiniger noch mit einem alten Lappen gut verteilen. Dann das Reinigungsmittel mit viel Wasser abspülen. Das muss sehr vorsichtig geschehen, um keine Schäden an der Elektronik anzurichten.
Kontrollieren Sie nach getaner Arbeit, ob noch genug Schmierfett an neuralgischen Punkten vorhanden ist. Bei Bedarf sollten Sie maßvoll nachfetten. Gut geeignet sind Festschmierstoffpasten oder Spezialfette.

PRAXISTIPP

Schmierfette für Fahrzeuge

Schmierfette sind nach ihrer Beständigkeit gegenüber Knetbelastung eingeteilt. Je höher der »Walkpenetrationswert« (zwischen 100 und 500), desto niedriger ist die »NLGI-Konsistenz-Nummer« (zwischen 6 und 000) und desto weicher also ist das Fett.

Abschmierfette: Calciumseifen-Fette, NLGI-Kl. 1. Wasserbeständig, wasserabweisend. Für Fahrgestellbauteile.

Blattfederfette: Mit Graphitzusätzen. Gutes Haftvermögen, Wasser abweisend, gut bei Notlauf.

Fließfette: Lithium-12-OH-Stearat-Fette, NLGI-Klasse 00/000. Halbfließende Schmierfette mit gutem Korrosionsschutz.

Komplexfette: Calcium-Komplexseifen-Fette, NLGI-Kl. 2. Hochgradig walkstabil, wasserbeständig und drukkaufnahmefähig.

Langzeitschmierfette: Li-Seifen-Fette mit Molybdändisulfid. Zur Hochdruck- und Langzeitschmierung.

Mehrzweckfette: Li-Seifen-Fette, NLGI-Kl. 2. Für alle Schmierstellen, die keine Spezialfette brauchen. Gute Gesamteigenschaften, guter Korrosionsschutz.

Wälzlagerfette: Li-Komplexseifen-Fette, NLGI-Kl. 2. Speziell für Pkw-Vorderradlager. Hoher Tropfpunkt, ausgezeichnete Walkstabilität.

Alle Fette zwischen -10 und +90 °C, meist zwischen -30 und +130 °C (Extremfall: +170 °C) einsetzbar.

Damit sich der Schmutz auf dem Motor nicht zu schnell wieder festsetzt, können Sie Motorblock und Anbauteile mit einem besonders hitzefesten Motorschutzlack versiegeln. Für die Umgebung reichen ein Konservierungsspray oder -wachs.

Motorschutzlack versiegelt auf der Basis hochwertiger Acryllacke, bringt neuen Glanz auf Motor, Aggregate oder Schläuche und bildet einen hoch elastischen Schutzfilm gegen Nässe und Schmutz. Gute Produkte sind hochglänzend, haften zuverlässig, sind temperaturbeständig bis 100 °C und gilbfest. Sie werden auf die gründlich gereinigten und getrockneten Flächen bei ausgeschalteter Zündung gleichmäßig aufgetragen. Normale Klarlacke aus Spraydosen würden verbrennen oder zumindest reißen.

Fetten und Schmieren

Schmierfette sollen Reibung und Verschleiß verringern, Korrosion verhindern, Schmierstellen abdichten und gegenüber den Betriebstemperaturen beständig sein. Für Scharniere und Gelenke mit engen Durchgängen, in die kein Fett eindringen kann, sind Öl oder Schmierspray gut geeignet. Gegeneinander reibende Flächen werden günstiger gefettet oder mit einer Schmierpaste bzw. mit Sprühfett in Gelform behandelt. Paste und Gel haften besser an vertikalen Flächen, die Öl herabrinnen lassen.

Schmierfette bestehen aus Mineral- oder Syntheseöl mit Verdickungsmittel und Additiven, die Oxidation und Korrosion aufhalten, Haftung verbessern und Reibwert verändern (Graphit und Molybdändisulfid). Hochwertige Schmierfette zeichnen sich durch optimale Kombination von Grundölen, Verdickungsmitteln und Additiven aus.

Hersteller und Verbraucher bezeichnen die Schmierfette unterschiedlich. Die Produzenten unterscheiden nach den verwendeten Verdickungsmitteln (Calcium-, Natrium und Lithiumseifenfette), die Anwender nach dem praktischen Einsatz: Wälzlagerfette, Abschmierfette oder Wasserpumpenfette.

So gehen Sie vor:

■ Scharniere an Türen und Klappen gelegentlich mit einem Spritzer Öl (Mehrzweckfett) versorgen.

■ Nach der Wagenwäsche ist ein knapp dosierter Einsatz von Öl (Fließfett) für das Türschloss gut. Schließzapfen und -ösen mit Fließfett behandeln.

■ Türfeststeller am unteren Scharnier mit Mehrzweckfett, Vorderradnaben mit Hochtemperatur-Wälzlagerfett bestreichen.

10

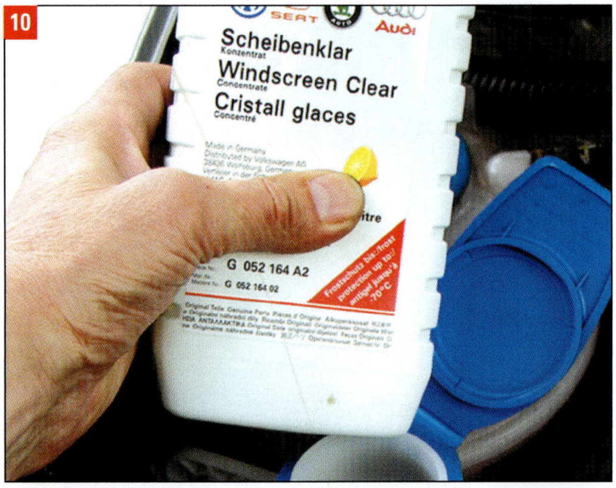

Waschwasser-Zusatz: Erst Reinigungsmittel (Winter: plus Frostschutz), dann Wasser in die Scheibenwaschanlage.

■ Schlüsselschlitz der Schließzylinder: Im Herbst mit Rostlöser-Isolierspray einsprühen. Schmiert, verdrängt Feuchtigkeit, schützt vor Rost und Einfrieren.

■ Spezielles Schlossöl bewahrt vor Zufrieren und taut zugefrorene Schlösser auf.

■ Kupplungsteile mit Langzeitschmierfett, Schmierstellen außer Radnaben mit Abschmierfett behandeln.

Scheiben und Scheinwerferglas

Um bei Staub, Regen und Schnee den Durchblick zu erhalten, ist das Fahrzeug mit einer Waschanlage ausgestattet. Ihr Wasserbehälter (rechts vorn im Motorraum) soll immer gut mit Wasser plus Zusatzmittel befüllt sein (Bild 10). Die Anlage reinigt Front- und Heckscheiben sowie das Abdeckglas der Hauptscheinwerfer (Bild 11) über Spritzdüsen.
An dieser Stelle möchten wir nur darauf hinweisen, dass diese Spritzdüsen für alle Pflegefälle immer einsatzbereit sein müssen. Beste Wischresultate werden nämlich nur dann erzielt, wenn die Strahlen der Spritzdüsen das Waschwasser präzise auf die definierten Bereiche der Windschutzscheibe und der Heckscheibe sprühen.
Verstopfte Scheibenwaschdüsen müssen daher mit einer geeigneten Nadel gereinigt oder/und mit Druckluft durchgeblasen werden. Die Düsen dabei niemals entgegen Spritzrichtung reinigen! Hilft Reinigen nicht, muss die Düse ausgewechselt werden. Schauen Sie in die Fahrzeug-Bedienungsanleitung: Vom Reinigen mit Nadeln wird manchmal abgeraten.

Lackpflege nach dem Waschen

Dem besten Lack haben nach zwei, drei Jahren Sonne, Regen, Schmutz und Wagenwäschen so zugesetzt, dass er eine sanfte Grundreinigung nötig hat. Wenn Wassertropfen auf dem sauberen Lack mit unscharfen Rändern zerfließen, ist es Zeit für die Lackpflege. Dabei genügt für gut erhaltenen Lack eine milde Politur. Sie glättet die aufgeraute Lackierung, indem sie die mikroskopisch kleinen Furchen in der oberen Schicht abschmirgelt. Eine Politur enthält Wachskomponenten, die das Blechkleid konservieren.
Bevor Sie einem ins Alter gekommenen Wagen eine Neulackierung spendieren, sollten Sie es mit einem Lackreiniger versuchen. Wenn der verwendete Reiniger keine konservierenden Komponenten enthält, müssen Sie den aufbereiteten Lack in einem neuen Arbeitsgang mit einem Autowachs versiegeln. Lackreiniger funktioniert wie eine Politur. Er enthält jedoch gröbere Schleifmittel, die auch mit stärkeren Verschmutzungen fertig werden.

Pigmente überdecken Kratzer:
Bestimmte Pflegemittel frischen gleichzeitig Farben auf und bringen Glanz. Solche Produkte enthalten Farbpigmente, die in ähnlichen Tönen wie die Wagenfarbe gewählt werden können. Die Pigmente überdecken kleine Kratzer, die Wachskomponente bietet Langzeitschutz für mehrere Monate.
Während der Fahrt verüben aufwirbelnde Steine immer wieder Anschläge auf die Karosserie. Bei hohem Tempo schlagen selbst winzige Sandkörner wie Meteoriten im Lack ein. Im Winter sind vor allem

11 ***Licht gibt Sicherheit:*** Die Scheinwerfer-Reinigungsanlage bereitet den Grund...

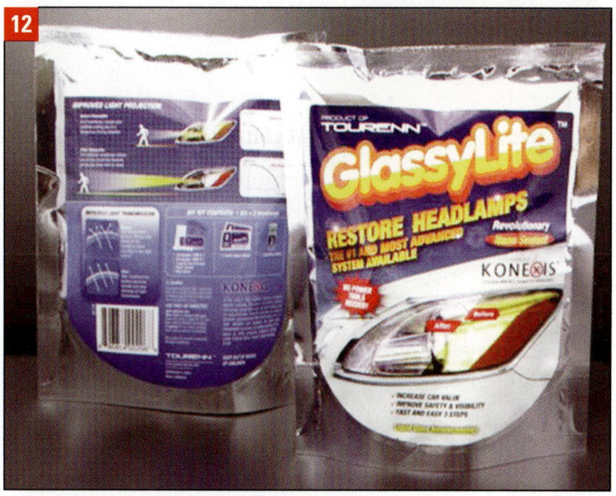

12 ... Schwamm, Tücher, viel Wasser und kratzfreie Spezialreiniger (hier ein Mittel aus den USA) besorgen den Rest.

Frontpartie und Motorhaube durch Rollsplitt gefährdet. Derartige Schäden sollen möglichst schnell ausgebessert werden. Auch ein Parkrempler mit Kratzern und Schrammen bietet keinen Anlass zur Panik. Solche Stellen lassen sich ebenso wie Fremdlack mit Lackreiniger oder Schleifpolitur oft einfach auspolieren. Lackbezeichnung und Code für die Farbe Ihres Wagens finden Sie in Ihren Fahrzeugpapieren.
Viele Hersteller bieten für Lackschäden durch Steinschlag (etwa in der Größe eines Stecknadelkopfes) Reparatursets an, die sich leicht handhaben lassen. Eine Alternative ist Tupflack, bei dem der Krater mit einem Pinsel in mehreren Lackschichten aufgefüllt wird.

So gehen Sie bei der Lackpflege vor:

■ Fahrzeug gründlich waschen und trocknen. An unauffälliger Stelle prüfen, ob der Autolack die Politur verträgt. Bei Lackreinigern immer nur dünne Schichten in mehreren Durchgängen auftragen.

■ Politur oder Lackreiniger mit Baumwoll- oder Synthesewatte (Bild 13) in handballengroßen Stücken oder mit weichem Schwamm oder Tuch (kein Kunstfaserlappen) auftragen.

■ Mit sanftem Druck in kreisförmigen Bewegungen einreiben (Bild 14). Immer nur kleine Flächen vornehmen. Nach kurzer Einwirkzeit bildet sich ein trockener weißer Belag, der mit einem Watteballen in kreisenden Bewegungen auspoliert wird. Vorsicht an Kanten bei verwittertem Lack: Nicht zu lange dieselbe Stelle bearbeiten und Watteballen oft wenden oder erneuern. Abschließend mit sauberem Baumwolllappen Poliermittelreste und Watteflusen entfernen.

13

Lackpflege: Kombimittel aus Politur und Wachs mehrmalig dünn und gründlich auftragen. Mittel mit Farbpigmenten (im Bild von Sonax) erlauben das Kaschieren kleiner Kratzer.

■ Autowachs mit Watte auftragen. Die Größe der zu bearbeitenden Fläche hängt vom verwendeten Produkt ab. Am besten geeignet sind lösungsmittelfreie Konservierer auf Wasserbasis.

■ Die Flüssigkeit mit Watteballen in kreisenden Bewegungen gleichmäßig und druckvoll einreiben. So erzeugt man den besten Tiefenglanz! Die Watte muss mit nur wenig Widerstand über den Lack gleiten können. Häufig die Watte wenden und wechseln.

■ Mittel mit Farbpigmenten nach dem Auftragen nicht antrocknen lassen, sondern sofort auspolieren.

■ Weist der Lack nach dem Konservieren Streifen oder Wolken auf, liegt das meist an verschmierten Farbpartikeln einer früheren Politur. An diesen Stellen nochmals mit einer Politur beginnen.

Kleine Lackschäden beseitigen

Wenn Politur und Wachs nicht mehr ausreichen, muss eine vorsichtige Lackreparatur versucht werden. Wenn Sie vorsichtig vorgehen und etwas Erfahrung haben, brauchen Sie dafür noch keinen Profi.

■ Stehen rund um den Lackkrater (Steinschlag) Ränder ab: Mit Nadel abheben. Stelle mit Waschbenzin oder Verdünnung reinigen, gründlich trocknen.

■ Haftgrund in den Sprühdosendeckel spritzen und mit Tupfpinsel oder Fingerkuppe von dort dünn an der Schadstelle auftragen. Haftgrund trocknen lassen.

■ Abgeriebene Fremdfarbe mit Polierwatte, Schleifpolitur oder Lackreiniger in mehreren Arbeitsgängen aus dem Decklack reiben. Polierfläche klein halten.

● Ein wenig Spachtel bündig zur Umgebung in den Krater drücken und trocknen lassen. Mit Lappen und Verdünnung die Spachtelflecken vom Lack wischen.

● Raue Ränder mit feinstem Nassschleifpapier (mindestens Körnung 600) behutsam glatt schleifen. Das

Schleifpapier dabei immer wieder anfeuchten und auswechseln, wenn die Körnung verschmiert ist.

■ Lack in Dosendeckel sprühen, kurz ablüften, mit Fingerkuppe oder spitzem Pinsel auftragen. Lack vollständig trocknen lassen, im Sommer etwa zwei, im Winter fünf Tage. Die Stelle mit Politur, die Übergänge bei Bedarf mit einem Lackreiniger bearbeiten.

■ Bei tiefen Schrammen an Stoßfänger oder Kotflügel das Karosserieteil ausbauen. Fläche mit Schleifpapier (Körnung 80 oder 100) eben schleifen.

■ Sollte Rost vorhanden sein, bis aufs blanke Blech schleifen, Rostumwandler auftragen, eine Stunde wirken lassen. Mit Waschbenzin oder Verdünnung reinigen und entfetten, trocknen lassen.

■ Spachtel und Härter mischen. Immer nur kleine Mengen gleichmäßig und zügig in mehreren dünnen Schichten auftragen. Riefen mit Spritzspachtel ausgleichen. Nach etwa einer Stunde Aushärtung Unebenheiten mit Trockenschleifpapier (Körnung 240) vorsichtig abschmirgeln. Feinschliff mit Nassschleifpapier (Körnung 400) und wenig Druck. Schleifstaub sorgfältig abwischen.

■ Schadstelle mit wasserfestem, dehnbarem Lackierer-Klebeband sowie einer Folie abkleben. Haftgrund (Füller) sprühen und trocknen lassen, mit Nassschleifpapier (Körnung 600) plan schleifen. Decklack aus der Sprühdose (Abstand 20 bis 30 Zentimeter) gleichmäßig in mehreren Schichten auftragen (Bild 15).

■ Klebeband an der Reparaturstelle lösen, umknicken und diese Stellen nachsprühen. Das macht den Übergang zum Originallack unscharf.

■ Trocknen lassen, ausgebesserte Stelle mit Politur, die Übergänge mit Lackreiniger bearbeiten.

■ Mit Wachs konservieren und nochmals polieren.

WISSENSWERTES

Hilfreiche Nanotechnologie

Hersteller wie der Volkswagen-Konzern bieten Fahrzeuge mit einer so genannten Nanoschicht im Klarlack an. Sie sorgt für höhere Resistenz gegen mechanische Beanspruchung und Korrosion, also für mehr Kratzfestigkeit der Autolackierung.

Auch Pflegefachbetriebe bieten Nanobeschichtung an, die bei ähnlichen Kosten länger halten soll als eine Wachsschicht – nämlich bis zu drei Jahren. Der Sammelbegriff »Nano« gründet auf Größenordnungen vom Einzelatom bis zu 100 nm. 1 nm (Nanometer) ist 1 Milliardstel Meter.

14

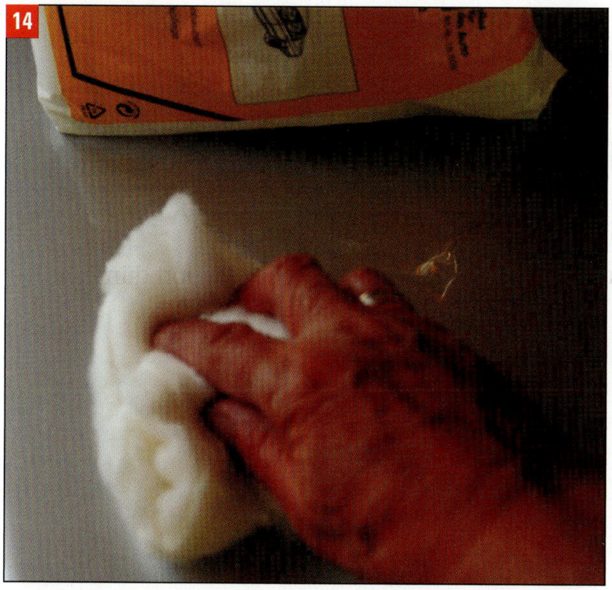

Polierwatte: Damit der Wattebausch immer mit wenig Widerstand über das lackierte Blech gleitet, sind häufiges Wenden und rechtzeiger Wechsel erforderlich.

15

Lackreparatur: Die Schadstelle an Kotflügel und Hinterwagen wurde geschliffen und gespachtelt. Dann abkleben und gesamtes Umfeld mit Lack in Wagenfarbe sprühen.

Fit durch den Winter

Ein gutes und gepflegtes Fahrzeug wie Ihr Golf bereitet Fahrspaß selbst bei heftigem Schnee. Es muss zwar nicht gleich so dick kommen wie in unseren Bildern, die einen Test unter winterlichen Bedingungen zeigen, aber entsprechend auf den Winter vorbereitet sollte der Wagen schon sein. Auf die kalte Jahreszeit mit ihren besonderen Tücken muss man sich umsichtig einstellen.

Antrieb und Fahrwerk gut geeignet

Mit seinem Frontantrieb und dem tendenziell untersteuernden Fahrwerk, das in schnellen Kurven über die Vorderachse schiebt, hat der Golf im Schnee gute Karten. Noch besser dran sind Sie beim Allrad-Golf 4Motion. Ein Übriges tut die Steuerelektronik: ASR und ABS hatte schon der Golf V, seit Golf VI gibt es das Elektronische Stabilitätsprogramm ESP serienmäßig. Zwar können die physikalischen Grenzen auch durch das beste Regelsystem nicht außer Kraft gesetzt werden. Aber das immer stärker optimierte ESP kann gerade im Schnee eine hervorragende Fahrhilfe sein.

Winterausrüstung dabei haben!

Für alle wetterbedingten Fälle empfehlen wir Ihnen darüber hinaus, in einer »Winterbox« einige wichtige Utensilien (Bild 1) mitzuführen: Unbedingt eine warme Decke, falls Sie festsitzen und der Sprit ausgeht; eine kleine Schaufel für eine immer mögliche Tiefschneehavarie, um den Schnee vor den Rädern wegschaufeln zu können; eine Handlampe auf jeden Fall, aber viel besser noch eine Kopflampe, um im lang anhaltenden Winterdunkel die Hände frei zu haben; Starthilfekabel und Abschleppseil oder Schwerlast-Spanngurt; eine

Frostschutzzusatz: Anteil G13 oder G12 plus plus (1) im Kühlwasser checken (2). Für Scheiben Fertigmix (3).

Winter-Grundausrüstung: Immer dabei haben sollten Sie (von links) Starthilfekabel mit isolierten Klemmen, Frostschutz für die Waschanlage (fertig gemischt oder Konzentrat), Lampe und Eiskratzer, Gummipflegemittel, Decke, kleine Schaufel, Sicherheitsweste und Abschleppseil. Auch zu empfehlen: Reservekanister, Kopflampe, Rettungsdecke.

fertige Mischung Frostschutz oder Konzentrat für die Scheibenwaschanlage sowie Frostschutzzusatz zum Kühlwasser (Bilder 1 und 2). Damit Benzin oder Diesel möglichst nicht ausgehen können, ist ein gefüllter Reservekanister gut. Der Spanngurt kann helfen, ein abgeglittenes Fahrzeug aus dem Graben zu ziehen. Mit Hilfe von Rätsche und Baum können Sie sich damit sogar selbst helfen.

Startschwierigkeiten vermeiden

Der Motorstart wird bei anhaltendem Frost häufig zu einem Problemfall. Das Motoröl wird dickflüssiger, die Batterie gibt weniger Leistung ab. Gerade dann aber brauchen Anlasser und Motor mehr Leistung. Machen Sie es der Batterie so leicht wie möglich, indem Sie auf stromfressende Funktionen bei stehendem Motor verzichten (Heckscheibenheizung, Radio etc.).
Obgleich das im Augenblick des Startens automatisch geschieht, schalten Sie vor dem Start besser alle unnötigen Verbraucher wie Lüftung, Radio, Licht oder Sitzheizung ab. So wird die Batterie am wenigsten in Anspruch genommen, was das Risiko von Startschwierigkeiten mindert.

Spezielle Reifen im Winter

Grundvoraussetzung für sicheres Vorankommen bei Frost, Eis und Schnee ist die richtige Bereifung. Seit 2006 schreibt selbst die Straßenverkehrsordnung eine »geeignete Bereifung« (§2 Abs.3a) für den Winter vor. Gefordert sind entsprechende Profilformen, die Kennzeichnung M+S und das »Schneeflockensymbol«. Ganzjahresreifen müssen für die Winterfahrt ebenfalls durch die Schneeflocke ausgewiesen sein.

Wann und wofür Winterreifen?

Weder die geübte Hand noch die Elektronik können bei falscher Bereifung und damit schlechter Bodenhaftung das Fahrzeug noch kontrollieren. Gehen Sie auf Nummer sicher und verwenden Sie einen vernünftigen Satz Winterreifen. Zwar können noch bei Temperaturen knapp über dem Gefrierpunkt mit Sommerreifen sowohl auf nasser als auch auf trockener Fahrbahn kürzere Bremswege erzielt werden als mit vergleichbaren Winterreifen. Diese sind jedoch ganz eindeutig die bessere Wahl für winterliche Straßenverhältnisse. Ihre kälteresistente Gummimischung verhärtet bei Minustemperaturen weniger und ermög-

WISSENSWERTES

Das Schneeflockensymbol

Der Deutsche Verkehrssicherheitsrat empfiehlt den Winterreifen mit Schneeflockensymbol als Favorit für die sichere Fahrt (Bilder 3 und 4). Die Schneeflocke auf der Reifenflanke hat sich im Jahr 2002 europaweit als freiwilliges Hersteller-Kennzeichen von Winterreifen zusätzlich zur M+S-Markierung durchgesetzt. Sie darf nur an Reifen eingeprägt sein, die auch streng den Spezifikationen entsprechen.

Diese müssen im Vergleich mit einem Standard-Referenzreifen mindestens sieben Prozent mehr Traktion auf Schnee bieten und einen ebenfalls sieben Prozent kürzeren Bremsweg ermöglichen. M+S-Reifen hingegen müssen nur ein besonders grobes Profil haben. Eine bestimmte Schnee-Performance ist nicht gefordert.

Das Schneeflocken-Symbol ist als Antwort auf den zum Teil betriebenen Missbrauch mit der M+S-Kennung (engl.: Mud and Snow = Matsch und Schnee) entstanden. Nicht alle mit M+S gekennzeichneten Reifen weisen die Lamelleneinschnitte in den Profilblöcken auf, die für gute Traktion auf Schnee sorgen. Auch Reifen für den Geländeeinsatz tragen das M+S-Symbol. Doch gerade gröbere Allradreifen sind für den Einsatz im Winter gar nicht so gut geeignet.

Garant für Wintertauglichkeit: Reifen mit der Schneeflocke (weißer Pfeil) zusätzlich zur M+S Kennung (roter Pfeil).

licht damit eine bessere Verzahnung mit dem Untergrund, was bessere Kraftübertragung bedeutet.

Gute Haftung dank Lamellen

Winterreifen sind mit dem M+S-Symbol (englisch: Mud and Snow, deutsch: Matsch und Schnee) und einer stilisierten Schneeflocke gekennzeichnet (Bilder 3 und 4 sowie Info-Kasten). Sie dürfen einen niedrigeren Geschwindigkeitsindex haben als im Fahrzeugschein ausgewiesen. Dafür muss dann allerdings ein Aufkleber »XXX km/h« zur ständigen Erinnerung und Mahnung in Fahrersicht angebracht werden.
Wichtig bei Winterreifen sind neben der kälteresistenten Gummimischung die Lamellen-Einschnitte und Rillen der einzelnen Profilblöcke (Bild 5). Sie dienen als scharfe Greifkanten beim Abrollen des Rades. Der dynamische Prozess an der Auflagefläche erhöht die Verzahnungskräfte besonders mit losem Untergrund wie Schnee. Lamellierte Reifen haben mehr »Grip«.

Mindestens 4 mm Profil sind nötig

Die Lamellen sind andererseits auch ein guter Verschleißindikator: Bei Abnutzung verschwinden sie allmählich, ihre Wirkung nimmt ab. Unter 4 mm Profildicke verlieren Winterreifen auf Schnee ihren Nutzen, im Frühjahr kann man sie aber durchaus noch bis auf eine Profiltiefe von rund 3 mm aufbrauchen.

5

Winterreifen-Profil: Die Blöcke sind verschieden groß und haben Lamellen. Folge: Besserer Grip, ruhigeres Abrollen.

PRAXISTIPP

Gebrauchte Winterreifen

Seit Januar 2006 sind Autofahrer verpflichtet, im Winter ihr Fahrzeug mit »geeigneter Bereifung« auszurüsten. Ohne Winterreifen riskieren Sie ein Bußgeld und bei Unfall sogar Verlust des Versicherungsschutzes.

- Der Erwerb eines Komplettsatzes von Reifen und Felgen ist natürlich eine Kostenfrage. Sparen lässt sich mit gebrauchten Winterrädern, die Sie zum Beispiel bei speziellen Börsen, meist Anfang November, finden können. Achten Sie auf Zeitungsanzeigen oder Internet-Hinweise (Seiten des ADAC).
- Notieren Sie sich vor dem Kauf die für Ihr Fahrzeug passenden Reifengrößen (Fahrzeugschein).
- Einige Reifenhersteller wie z. B. Continental bieten auf ihren Internetseiten mit dem »Reifenkonfigurator« eine gute Hilfe an, Klarheit zu schaffen. Nach Eingabe der Schlüsselnummer laut Fahrzeugschein werden auch alternative Reifengrößen aufgeführt.
- Wenn Sie einen passenden Satz gefunden haben, untersuchen Sie ihn nach den Prüfkriterien Profiltiefe, Reifenalter und Erscheinungsbild (Beschädigungen etc.), bevor Sie zugreifen.

Die Lamellenprofile gestatten eine geringere Höhe der einzelnen Blöcke. Dadurch werden die Eigenschwingungen reduziert, was die Reifen leiser macht. Zum anderen werden die Profilblöcke unterschiedlich groß gestaltet, so dass sie beim Nachschwingen nach dem Abrollen verschiedene Frequenzen haben. Eigendynamisches und geräuschvolles Schwingen bei einer bestimmten Geschwindigkeit wird so unterbunden.

Welche Reifen sind richtig?

Die Wahl der richtigen Winterreifen für den Golf fällt bei dem großen Angebot nicht leicht. Internet-Anbieter wie beispielsweise **»www.reifendirekt.de/Winterreifen«** oder **»www.reifen.com«** warten mit zig Felgen-Reifen-Kombinationen auf. Bei **»www.reifentiefpreis.de«**, wozu wir aber nicht raten, finden Sie Reifen wenig bekannter Firmen wie EP Tyres, Fate, Avon, Matador oder Debica zu Preisen, die bis zu 80% unter denen von Markenfabrikaten liegen können. Ob sie je-

doch in jedem Fall die geforderten Kriterien erfüllen, ist äußerst fraglich.
Volkswagen empfiehlt seit längerem Markenreifen, die auch den jüngsten ADAC-Tests (2014) zufolge als »besonders empfehlenswert« gelten:

- Continental: ContiWinterContact TS 850;
- Dunlop: SP Winter Sport 4 D;
- Bridgestone Blizzak LM 001;
- Semperit Speed-Grip 2.

Akzeptabel sind ferner

- Uniroyal MS plus 77
- Michelin Alpin 5 und
- Pirelli Snowcontrol Serie 3.

Die gründlichen ADAC-Tests geben immer verlässliche Hinweise, welche Winterreifen auch in den Golf-Dimensionen (Reifen: 195/65 R 15 91H; 205/55 R 16 91H; 205/50 R 17 93H; 225/40 R 18 92V. Räder: 6 J x 15; 6 1/2 J x 16; 7 J x 17; 7 1/2 J x 17) gut und empfehlenswert und welche weniger geeignet sind.

Schneeketten anlegen

Schneeketten für den Golf gibt's im Autohaus (Bild 6: Demonstration bei VW/Audi-Zemke in Bernau) und im Zubehörhandel. Das Set umfasst zwei Ketten im wasserfesten Transportbeutel, der im Kofferraum verstaubar ist und sich auch als Unterlage bei der Montage verwenden lässt. Ketten können beim ADAC ausgeliehen werden, wenn sie nur mal für eine Fahrt in Gebiete mit Schneeketten-Vorschrift nötig sind.
Schneeketten gehören auf die angetriebenen Räder, also nach vorn. Üben Sie einmal in Ruhe das Anlegen, damit es schnell genug geht, wenn Sie es bei Frost tun müssen. Arbeitshandschuhe und Gebrauchsanleitung am besten in einer Folienhülle zu den Ketten legen.

6

Dichtgummis und Türschlossenteiser

Die Dichtungsgummis sind bei Minustemperaturen besonderen Anforderungen ausgesetzt. Kaputte Dichtungen sind optisch ein Problem und können im Extremfall zu Wassereinbruch und übermäßigem Scheibenbeschlag führen. Das Auswechseln defekter Dichtungen aber ist aufwändig und nicht billig. Verwenden Sie lieber regelmäßig einen Gummipflegestift (Hirschtalg oder Silikon; Bild 7). Dieser verhindert im Winter das Festfrieren von Türen, Scheiben und Kofferraumdeckeln. Das Gummi wird geschmeidig gehalten.
Ein Türschlossenteiser in der Tasche kann nicht schaden, wenngleich Sie die Türen Ihres Golf so gut wie immer per Funkschlüssel öffnen. Der Enteiser, ein spezielles Schlossöl (Bild 8), gehört nicht ins Fahrzeug! Das Erhitzen des Schlüssels per Feuerzeug ist keine Alternative: Sie riskieren einen Schaden am integrierten Speicherchip, u. a. mit den Daten der Wegfahrsperre. Womöglich kommen Sie dann gar nicht vom Fleck.

7

8

Winterräder richtig montieren

Das Montieren von Rädern mit Winterreifen können Sie relativ schnell und auch sicher selbst erledigen. Beachten Sie aber beim Anheben des Fahrzeugs die Sicherheitshinweise, die wir später im Unterkapitel »Kleine Schäden und Pannen« geben (»Fahrzeug richtig heben und aufbocken«).
Nach der Demontage müssen die Sommerreifen kühl und trocken eingelagert werden. Empfehlenswert ist hierzu der schon früher erwähnte, zusammensteckbare Felgenbaum (Bild 1). Er verhindert, dass Flanken oder Laufflächen während der Einlagerung belastet werden. Zum Felgenbaum gehört üblicherweise eine Schutzhülle mit Klettverschluss (Bild 2), die während des Einlagerns Staub von den Rädern fernhält.

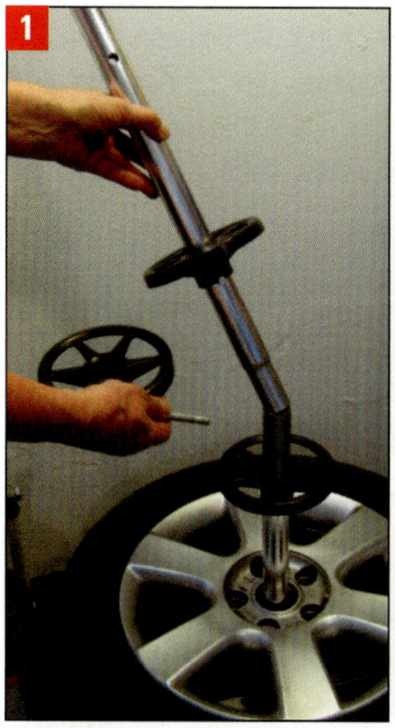

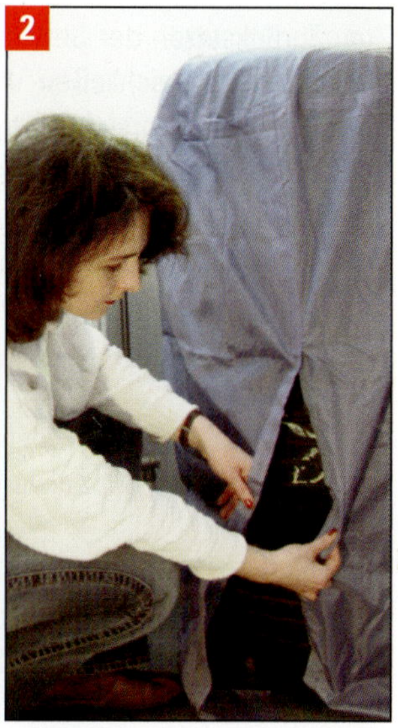

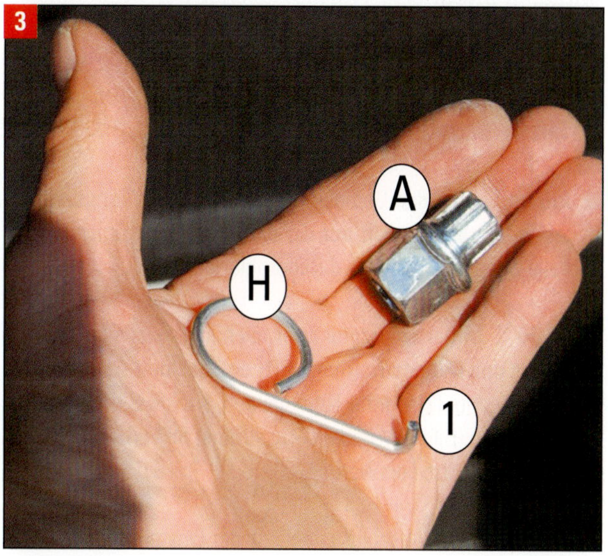

Vorgehen beim Radwechsel

■ Werkstattboden oder andere ebene Stelle mit festem Untergrund für den sicheren Radwechsel suchen.

■ Aus dem Bordwerkzeug neben Wagenheber und Radschraubenschlüssel den Abziehhaken (H) für Abdeckkappen und Radmittenblenden sowie den Adapter (A) zum Lösen diebstahlhemmender Radschrauben (Bild 3) entnehmen.

■ Drahtbügel (1) des in Bild 3 gezeigten Abziehhakens durch die Öffnung in der Abdeckkappe der Radschrauben stecken. Kappe abziehen.

■ Ziehen Sie die Handbremse fest an und lösen Sie alle Radbolzen zunächst um eine viertel Umdrehung. Für die diebstahlhemmende Radschraube den Adapter einsetzen.

■ Heben Sie nun das Fahrzeug so weit an, bis das Rad ein paar Zentimeter über dem Boden hängt. Dabei die Hinweise aus dem Abschnitt »Fahrzeug richtig aufbocken« beachten!

■ Die fünf Radbolzen herausdrehen und das Rad abnehmen. Wechseln Sie immer ein Rad nach dem anderen!

■ Radnabe kontrollieren und gegebenenfalls mit der Drahtbürste säubern. Tragen Sie eine hauchdünne Schicht Kupferpaste auf. Das schützt vor weiterer Korrosion.

■ Setzen Sie jetzt das Rad mit den Winterreifen an. Drehen Sie alle Radbolzen so fest wie möglich ein und achten Sie darauf, dass das Rad gerade und nicht verkantet an der Nabe anliegt. Heber entfernen, Golf fest auf alle Räder stellen.

■ Radbolzen mit 110 bis maximal 120 Nm anziehen. Nicht fester anknallen und auch niemals einen Schlagschrauber verwenden, weil das zu schweren Schäden am Rad führen kann. Nach rund 50 km Fahrt die Radschrauben nachziehen!

■ VW Hinweis: Die Verwendung von Schneeketten auf dem Notrad ist nicht zulässig. Muss mit Schneeketten gefahren werden, bei Vorderradpanne das Notrad an der Hinterachse einsetzen. Freigewordenes Hinterrad dann vorn montieren.

Heizung prüfen / Staubfilter wechseln

Damit im Winter die Scheiben auch von innen möglichst schnell und zuverlässig frei werden, müssen Heizung, Lüftung und Klimaanlage in tadellosem Zustand sein. Die Klimaanlage kann auch im Winter wertvolle Dienste leisten: Sie trocknet die Luft im Fahrzeug und vermindert dadurch das Beschlagen der Scheiben. Beachten Sie, dass aber der im Frischluftkanal integrierte Wärmetauscher der Klimaanlage die Frischluftzufuhr von außen behindert; Gebläse im Winter immer mindestens Stufe 1 mitlaufen lassen!

Arbeitsschritte beim Prüfen:

■ Prüfen Sie, ob das Gebläse in allen Stufen wirkungsvoll arbeitet, indem Sie die Luft auf die mittleren Ausströmer lenken und alle Schalterstellungen durchprobieren (Bild 1).

■ Ab 60 °C Motortemperatur oder nach spätestens 5 km Fahrt muss aus den Mittenausströmern (1) und aus den Ausströmern links und rechts (2) warme Luft kommen, sobald Sie die Regler (Pfeile) öffnen (Bild 1). Auch die Ausströmer im Fußraum und im Fond sollten kontrolliert werden.

■ Prüfen Sie zum Abschluss noch, ob der Einsteller für die Luftverteilung (Hand oder automatisch) funktioniert. Sie können das an den jeweiligen Düsen erfühlen und auch hören. Wenn die Luft nicht ungehindert strömt, ist der Pollenfilter zu wechseln.

Aus-/Einbau des Staub-/Pollenfilters:

■ Bringen Sie zunächst die Klappe des Handschuhfachs in die Servicestellung. Dazu den Handschufachdeckel (2) öffnen, die Anschläge (1) für den Deckel nach oben drücken (Pfeile A) und gleichzeitig den Deckel weiter öffnen (Pfeil B). Dabei die Zahnstange des Bremselements vorsichtig aus dem Dämpfungselement herausziehen (Bild 2).
Zum Zurücksetzen der Servicestellung den Handschuhfachdeckel langsam schließen und dabei die Zahnstange des Bremselements vorsichtig in das Dämpfungselement einschieben. Handschufachdeckel weiter schließen und hinter den Endanschlägen verrasten.

■ **Ausbau:** Abdeckung (1) in Pfeilrichtung (A) entriegeln und abnehmen (Bild 3).

■ Unter den Staub- und Pollenfilter (1) eine flache Abdeckplatte (2) schieben: VW-Spezialwerkzeug T10532 (Bild 4 oben).

■ Abdeckung (1) in den Staub- und Pollenfilter (2) einhaken (Pfeil B, Bild 5). Die Abdeckplatte muss korrekt sitzen, damit das Frischluftgebläse (siehe 1 in Bild 4) nicht durch herabfallenden Schmutz aus dem Staub- und Pollenfilter beschädigt wird.

■ Den Staub- und Pollenfilter vorsichtig herausziehen, dabei die Abdeckplatte gegenhalten (Bild 4 unten).

Gebläse kontrollieren: Luft zu den mittleren (1) und eventuell auch seitlichen (2) Ausströmern lenken. Pfeile: Regler an den Luftausströmern. (3) ist das Handschuhfach.

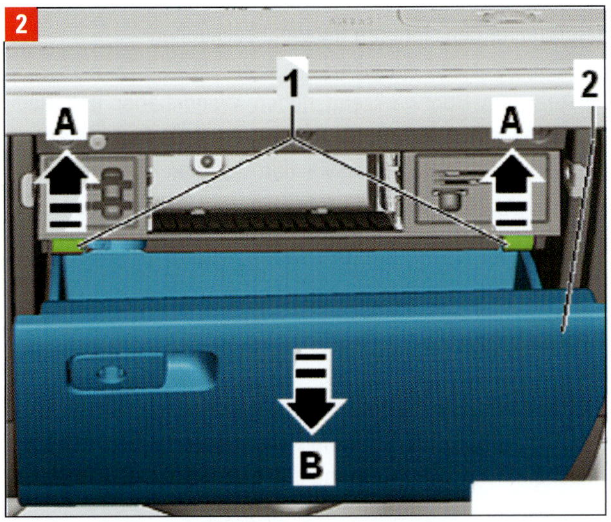

Servicestellung des Handschuhfach-Deckels: (1) Anschläge für den (2) Handschuhfach-Deckel. Pfeile (A) = Anschläge nach oben drücken, Pfeil (B) = Öffnungsrichtung des Deckels.

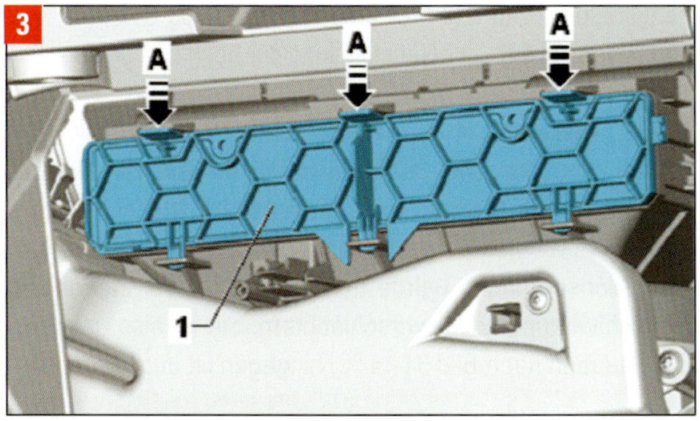

■ Abdeckung (1) in Pfeilrichtung (C) herausziehen (Bild 5). Darauf achten, dass die Abdeckplatte (T10532) nicht mit herausgezogen wird.

■ Schmutz- und Laubreste von der Abdeckplatte (T10532) mit einem handelsüblichen Staubsauger beseitigen.

■ **Einbau:** Neuen Staub- und Pollenfilter in umgekehrter Reihenfolge zu den Arbeitsschritten des Ausbaus einbauen. Bei der Montage unbedingt die vorgefundene Einbaulage des Staub- und Pollenfilters beachten.

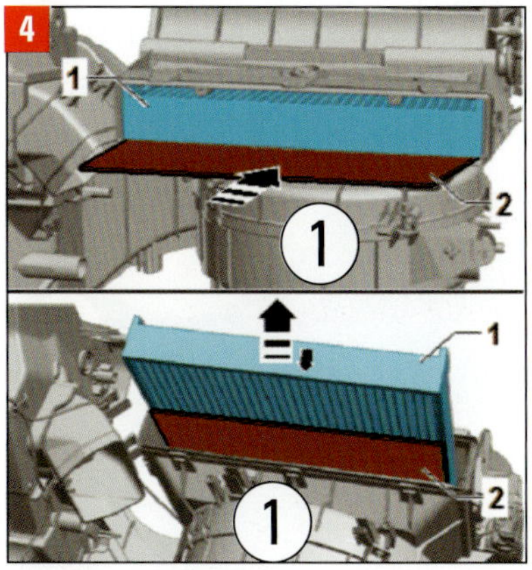

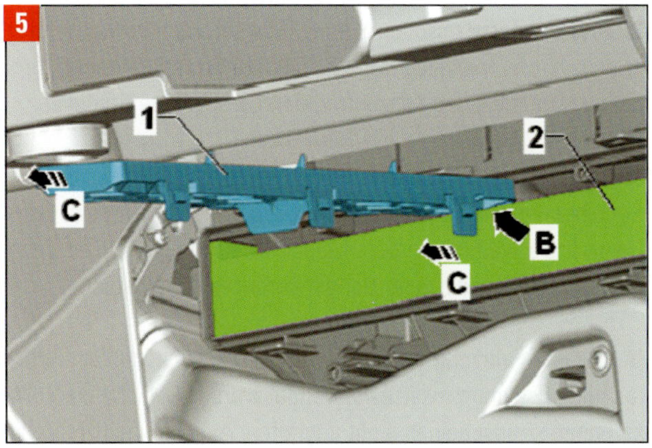

Flüssigkeiten: Frostschutz sichern

■ Dem Waschwasser (Bild 1: Einfüllstutzen vorn links) soll als Frostschutzmittel das **Scheibenreinigungskonzentrat** »G 052 164« beigemischt werden. Es schützt die Spritzdüsen, den Behälter für Scheibenwaschanlage und Verbindungsschläuche vor dem Einfrieren. Alle Fahrzeuge mit Fächerdüsen müssen unbedingt mit G 052 164 befüllt werden, weil diese Flüssigkeit eine geringe Viskosität bei Minusgraden aufweist. Andernfalls kann das komplizierte Düsensystem durch kristallisierte Waschflüssigkeit verstopfen und die Fächerwirkung des Sprühstrahls zunichte machen. In der warmen Jahreszeit entfernt G 052 164 durch seine starke Reinigungskraft wachsartige und ölige Rückstände von der Scheibe.

■ Das **Frostschutzmittel für den Kühlkreislauf** (Bild 2: Kühlmittelausgleichsbehälter hinten rechts) darf nur ein Zusatz nach »Elektronischem Teilekatalog (ETKA)« von VW sein. Andere Kühlmittelzusätze können vor allem die Korrosionsschutzwirkung erheblich beeinträchtigen. Daraus resultierende Schäden können zu Kühlmittelverlust und zu schweren Motorschäden führen. Kühlmittel im richtigen Mischungsverhältnis verhindert Frost- und Korrosionsschäden sowie

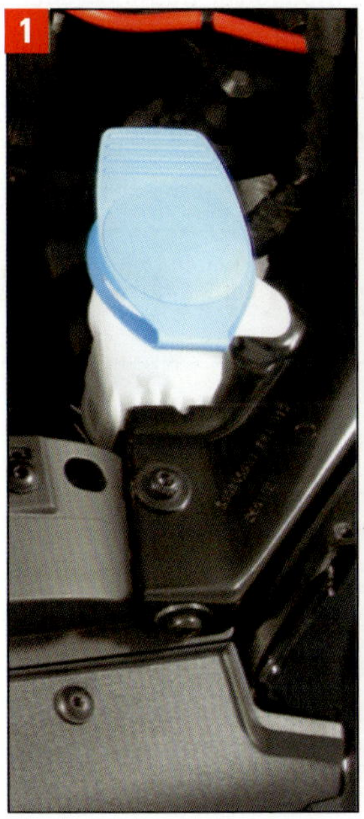

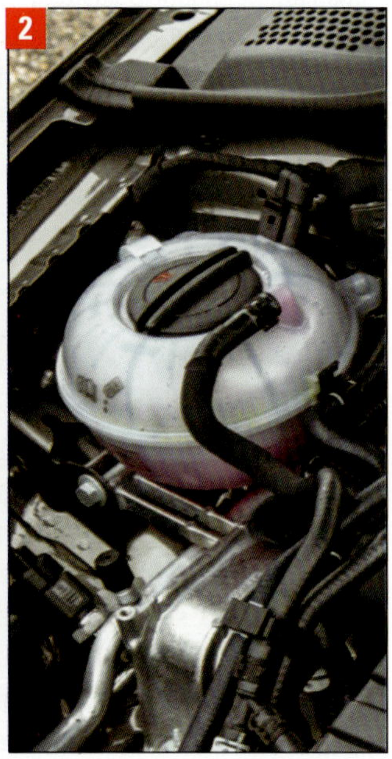

Kalkansatz. Außerdem wird die Siedetemperatur angehoben. Aus diesem Grund muss das Kühlsystem (siehe entsprechendes Kapitel) unbedingt ganzjährig mit Kühlmittelzusatz befüllt sein.

■ Der Vorratsbehälter für Waschwasser sitzt beim Golf VII im Gegensatz zum Vorgängermodell im Motorraum ganz links vorn (Bild 1).

■ Der Ausgleichsbehälter für das Kühlmittel (Bild 2) befindet sich im Motorraum ganz hinten rechts.

Richtige Sorte und Menge

■ **Waschwasser** mischen Sie mit Frostschutzmittel-Konzentrat in dem für die maximale Minus-Temperatur angegebenen Verhältnis. Zunächst das Konzentrat, dann erst Wasser einfüllen.

■ Je nach angegebenem Temperaturbereich kann für die Scheibenwaschanlage auch ein fertiges Wasser-Frostschutz-Gemisch verwendet werden. Menge zwischen 3 und 5 Litern je nach Vorhandensein einer Scheinwerferreinigungsanlage.

■ Hat das Fahrzeug eine Scheinwerferreinigungsanlage, dürfen nur Frostschutzzusätze verwendet werden, welche die Polykarbonat-Streuscheiben nicht angreifen. Auch deshalb schreibt VW ganzjährig das Mittel G 052 164 vor, das die Scheiben nicht angreift, die Fächerdüsen frei hält und Spritzdüsen, Flüssigkeitsbehälter sowie Schläuche vor dem Einfrieren bewahrt.

■ **Kühlmittel:** Die Zusätze zum Wasser verhindern Frost- und Korrosionsschäden sowie Kalkansatz und erhöhen den Siedepunkt des Kühlmittels. In Ländern mit tropischem Klima trägt das Kühlmittel bei hoher Belastung des Motors zur Betriebssicherheit bei. Kühlmittelzusätze sind unbedingt ganzjährig zu benutzen. Die (violetten) Kühlmittelzusätze aus dem Katalog von VW entsprechen Norm TL VW 774 F (Typ G13). Sie sind mit den Vorgängersubstanzen G12 Plus Plus und falls nötig G12 Plus, G12 und G11 mischbar. Zur Neueinfüllung nur noch G13 nehmen!

■ Der **Frostschutz** muss bis etwa -25 °C, in Ländern mit arktischem Klima bis etwa -35 °C gewahrleistet sein. Ist stärkerer Frostschutz erforderlich, kann der Anteil bis zu 60% Konzentrat erhöht werden (Frostschutz bis -40 °C). Eine weitere Konzentrationserhöhung würde den Frostschutz verringern und die Kühlwirkung sogar verschlechtern. Sie ist also unsinnig. Die Situation nach Bild 3 (-14 °C) hingegen ist ungenügend.

■ Mit **Frostschutzprüfgeräten** (Bild 3), wie sie im Zubehörhandel erhältlich sind, wird durch Betätigen des Balges (1) Flüssigkeit eingesaugt (2). Die Skala (3) zeigt, wie weit der Frostschutz reicht. Im Bild sind es -14 °C (Pfeil), -25 bis -30 °C sollten es sein.

3

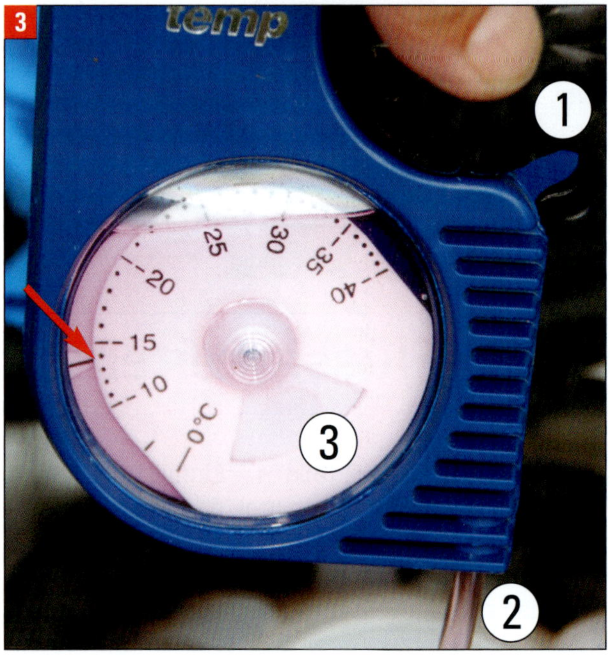

Waschdüsen und Wischereinstellung prüfen

Ohne Garage oder Carport gehören zugefrorene Scheiben im Winter zum alltäglichen morgendlichen Graus. Wer dann nur ein kleines Guckloch freilegt und losfährt, begibt sich und bringt andere in höchste Gefahr. Bei einem Unfall kann er haftbar sein.

Der §23 StVO schreibt vor, dafür zu sorgen, dass die Sicht weder durch Beladung noch »durch den Zustand des Fahrzeugs beeinträchtigt« ist. Eine gute, die Scheiben auch vor Zerkratzen bewahrende Möglichkeit ist die Verwendung von Scheiben-Enteiser in Spray- oder Pumpdosen. Dieses alkoholische Konzentrat sorgt dafür, dass die Eisschicht abtaut.

Wird die Scheibe gleichmäßig benetzt, ist das Mittel gut in der Wirkung. Die mechanische Beanspruchung beim Wischen ist dann gering. Kontrollieren Sie häufig die Wischerblätter auf Rillen und Risse. Austausch kann öfters nötig sein, denn vereiste Scheiben setzen dem bei Kälte härteren Gummi ganz erheblich zu.

Arbeitsabläufe:

■ **Waschwasser kontrollieren:** Füllstand im Behälter prüfen! Vor langen Fahrten immer vollständig auffüllen. Die widrigen Verhältnisse erfordern häufiges Waschen der Scheiben. Sicht nach hinten wird bei schnee- oder regennasser Fahrbahn durch aufgewirbeltes, meist schlammiges Wasser schnell beeinträchtigt. Heckwischerkontrolle nicht vernachlässigen! Die Waschdüsen vorn und ggf. einstellen oder/und säubern.

■ **Waschdüsen vorn verstellen:** Auf korrekte Höhe und Verteilung der Sprühstrahlen achten! Sind die Düsen richtig eingestellt (wie ab Werk), ergeben sich gut gefächerteSpritzfelder, die links und rechts in gleicher Höhe liegen müssen (Bild 1).
Sonst Fächerdüse (3 in Bild 2) mit Schraubendreher am Einsteller (2), der mit Torx Größe 8 bedienbar ist, wie benötigt korrigieren: Im Uhrzeigersinn höher, gegen Uhrzeigersinn tiefer.

■ **Waschdüsen vorn reinigen:** Bei ungleichmäßigem Spritzfeld infolge verunreinigter Spritzdüse muss diese ausgebaut und gereinigt werden. Wasserschlauch und Schutzkappe abziehen, Düsenelement zusammen mit dem Einsteller entnehmen.
Entgegen Spritzrichtung mit klarem Wasser durchspülen. Ein anschließendes Durchblasen mit Druckluft entgegen der Spritzrichtung ist zulässig. Nicht erlaubt ist es, zum Reinigen irgendwelche Gegenstände wie z. B. Nadeln zu verwenden! Treten die Strahlen weiterhin ungleichmäßig aus, muss die jeweilige Waschdüse ersetzt werden.

■ **Waschdüse hinten verstellen:** Der Wasserstrahl der Düse hinten, die in der hochgesetzten Bremsleuchte platziert ist, muss im oberen Drittel der Heckscheibe auftreffen. Für diese Düse gibt es das an der Spitze nadelförmige VW-Einstellwerkzeug T10127. Düsenstellung damit korrigieren.

■ **Düsen der Scheinwerferreinigungsanlage:** Der Sprühstrahl soll mittig auf auf Höhe der Scheinwerferlampen auftreffen. Um das zu überprüfen, folgendermaßen vorgehen: Abblendlicht einschalten und die Scheibenwaschanlage für die Frontscheibe betätigen. Wenn der Wischerhebel mindestens 1,5 Sekunden in Wischstellung gehalten wird, werden die Spritzdüsen ausgefahren. Der Sprühstrahl kann dann überprüft werden. Auch diese Düsen können mit dem Werkzeug T10167 (oder auch mit der Einstellvorrichtung 3019A) verstellt werden. Die Spritzrichtung der jeweiligen Düse wird an der Oberkante des Scheinwerfers orientiert.
Wenn die Düsen verschmutzt sind, müssen sie ausgebaut werden (Verschraubung lösen, Schlauch abziehen). Die Reinigung erfolgt dann wie für die Spritzdüsen der Frontscheibe.

■ **Ruhestellung Frontwischer:** Nach Wischerwechsel ist es erforderlich, die Scheibenwischerarme richtig in Ruhestellung zu bringen. Scheibenwischer ein- und ausschalten und in Endstellung laufen lassen. Dabei nicht die »Überhub-Endstellung« benutzen, wie sie nach jedem zweiten Ausschalten des Wischermotors eingenommen wird (Motor läuft nach Erreichen der Endstellung wieder ein kleines Stück nach oben), sondern Motor direkt in Endstellung laufen lassen, ggf. nochmals »Tippwischen«. Zündung ausschalten. Scheibenwischerarm mit montiertem Wischerblatt an der Wischerachse ansetzen. Das Blatt an der Frontscheibe so ausrichten, dass die Wischerblattspitzen des oben liegenden Blattes 0 bis 10 mm und die des unteren Blattes 7 bis 17 mm Abstand zum Rand des Windlaufgrills an der Scheibenunterkante stehen.
Scheibenwischerarme mit 17 Nm an den Muttern festziehen.

■ **Ruhestellung Heckwischer:** Scheibenwischer in Endstellung laufen lassen. Zündung ausschalten. Scheibenwischerarm mit montiertem Wischerblatt an der Wischerachse ansetzen. Die Spitze des Scheibenwischerblattes auf einen Abstand von 19 mm + 5 mm zur Scheibenunterkante einstellen.

1

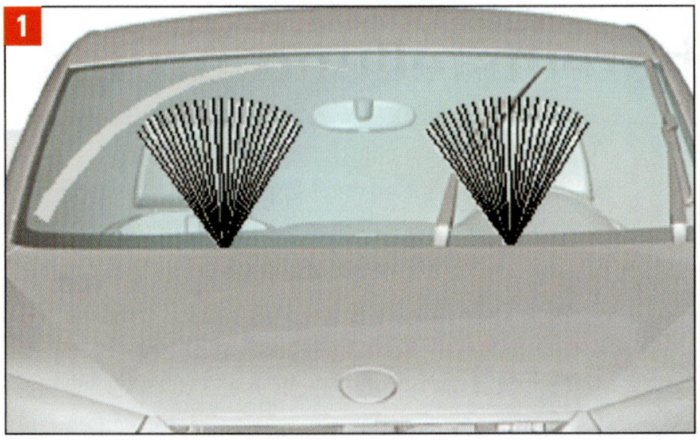

Einwandfreie Funktion der Spritzdüsen: Die gefächerten Felder müssen gleichmäßig und auf gleicher Höhe sein.

2

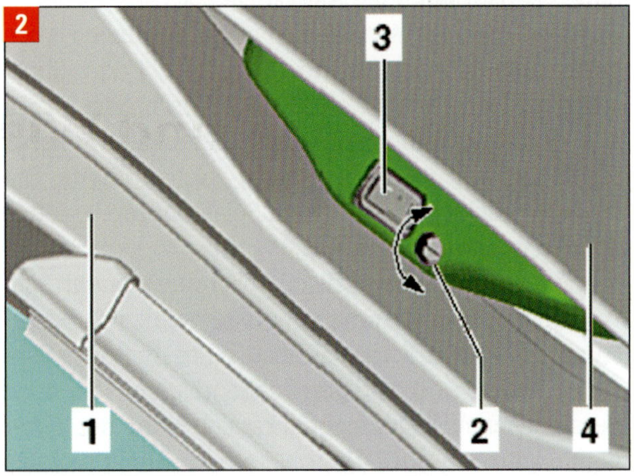

Spritzdüsen korrigieren: (1) Windlaufblech vor der Frontscheibe, (2) Einsteller, (3) Fächerdüse, (4) Motorhaube.

Starthilfebooster

Bei Fahrten in entlegene Wintergebiete ist ein Starthelfer an Bord sehr ratsam. Er springt ein, wenn die Starterbatterie infolge extremer Kälte oder schlechten Ladezustands den Dienst versagt. Der Starthilfebooster (Bild) lässt Ihren Golf auch bei müdester Batterie starten.

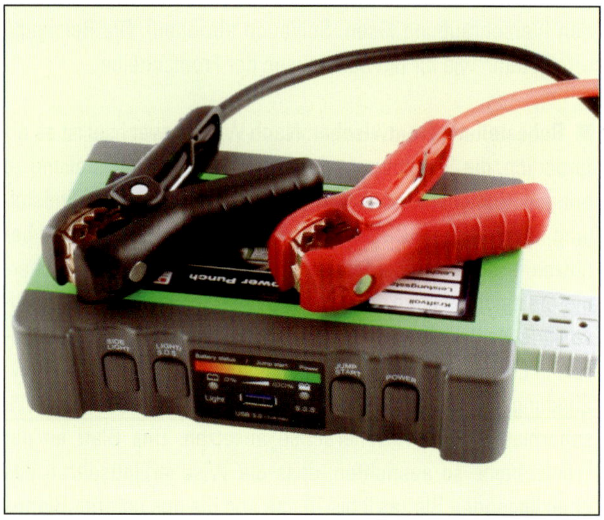

Filter mit Aktivkohle einbauen / wechseln

Den Staub- und Pollenfilter (Aus- und Einbau siehe Seiten 52/53) gibt es in hochwertiger Ausführung mit einer Einlage aus Aktivkohle. Solche »Reinluftfilter« werden serienmäßig bei Klimaanlagen gehobenerer Ausstattung eingebaut. Standardmäßige Klimageräte haben Papierfilter ohne Aktivkohle.

Da der Filter mit Aktivkohleeinlage zusätzlich auch gasförmige Schadstoffe wie Ozon, Benzol oder Stickstoffdioxid und andere gasförmige Verunreinigungen aus der durchströmenden Luft herausfiltern kann, empfehlen wir den Einbau eines solchen Filters. Die Aktivkohleschicht hält nämlich Belastungsspitzen aus dem Fahrgastraum fern.

Die Verwendung des Aktivkohle-Filters empfiehlt sich vor allem in Gebieten mit dauernder starker Luftbelastung. Bei zusätzlichem Einbau eines Luftgüte-Sensors aus dem einschlägigen Zubehörhandel oder noch besser nach VW-Originalteilekatalog wird der Filter durch automatisches Umschalten auf Umluftbetrieb bei Schadstoffspitzen geschont. Anderenfalls ist er rasch gesättigt und muss öfter gewechselt werden.

Richtige Öle, kürzere Wechselintervalle

Winterkälte und dann vielleicht noch Kurzstreckenfahrten mit ihren häufigen Kaltstarts sind die stärksten Stressfaktoren für das Motoröl. Sie wirken trotz aller Erfolge der letzten Jahre hinsichtlich der Wechselintervalle zwangsläufig Intervall verkürzend.

Öl schmiert ja nicht nur, es soll auch Verbrennungsrückstände lösen, um zum Beispiel das so genannte Kolbenringstecken zu verhindern, und die gelösten Bestandteile in der Schwebe halten, damit sie nicht bei geringer Fließgeschwindigkeit als Schlamm abgelagert werden können.

Filter, auch die besten, können feinste Partikel nicht aus dem Öl herausbekommen. Die Partikelgröße der festen Fremdstoffe ist geringer als die Porenweite sogar der Feinstölfilter. Auch können dem Öl antioxidative Additive durch Adhäsion am Filter entzogen werden. Dann ist natürlich die Öloxidation höher, und diese bei Motorbetrieb im Öl gelösten oxidativen Bestandteile fallen noch zusätzlich als feste Fremdstoffe aus. Dadurch bilden sich »kaltfeste« Kompressionsringe am Kolben. Sie beeinflussen Kaltstartfähigkeit und Emissionen und führen zu heißfesten Ringen und damit zum Motortotalausfall durch Kolbenfresser. Auch auf dem heutigen Entwicklungsstand lassen sich Ölwechselintervalle deshalb keinesfalls beliebig verlängern. Im Winter gilt: Öl öfter wechseln.

PRAXISTIPP – Kaltstart mit Vorsicht angehen

Früher sagte man, jeder Kaltstart bringe Verschleiß wie 300 Kilometer bei Vollgas. Ganz so schlimm ist das heute nicht mehr, aber ein Kaltstart belastet den Motor nach wie vor sehr stark. Für die Motoren ist hochwertiges Synthetic-Öl vorgeschrieben. Dessen Viscositätsklasse »0« gewährleistet, dass es auch bei strengen Minusgraden dünnflüssig genug bleibt, um schnell an die wichtigen Schmierstellen wie Nockenwellen, Hydrostößel, Zylinderlaufbahnen oder Turbolader zu kommen.

- Nach dem Anlassen den Motor zunächst ein paar Sekunden im Leerlauf belassen, ohne Gas zu geben.
- Langsam losfahren und während der ersten Kilometer auf die Unterstützung des Turboladers verzichten.
- Während der Warmlaufphase stets die Gänge so wählen, dass die Drehzahl nicht über 2.000 bis 3.500 Umdrehungen ansteigt. Das schont den Motor und verlängert seine Lebensdauer erheblich.

CHECKLISTE

Fit für den Winter

Bereich	Worauf Sie achten sollten	Was zu tun ist
A Motor	**1** Motoröl.	Das Motoröl wird durch extreme Kaltstarts und die großen Temperaturschwankungen stärker belastet als im Sommer. Kürzere Intervalle fahren und ein gutes Öl mit niedriger Viskosität verwenden. (Hinweise im Kapitel »Antrieb / Das Schmiersystem« beachten!)
	2 Kühlmittel	Ist der Frostschutzgehalt zu niedrig und das Kühlwasser friert ein, kann das Eis den Motor sprengen. Also rechtzeitig messen und einen ohnehin bevorstehenden Kühlmittelwechsel auf den Herbst legen.
	3 Thermostat	Wenn im Winter der Thermostat nicht vollständig schließt, braucht der Motor lange, um warm zu werden. Beobachten und bei zu langer Warmlaufphase den Thermostat wechseln.
B Räder und Reifen	**1** Winterreifen	Winterreifen funktionieren auf Schnee nur dann gut, wenn noch mindestens 4 mm Profiltiefe übrig ist. Reifen im Oktober montieren. Falls Sie neue Reifen brauchen: Nicht auf die ersten Schneeflocken warten, denn dann herrscht Hochbetrieb beim Reifenhändler.
C Licht und Sicht	**1** Beleuchtung	Kontrollieren Sie regelmäßig die Beleuchtungsanlage und reinigen Sie die Klarglasabdeckungen der Scheinwerfer. Im Winter sind einwandfrei funktionierende Scheinwerfer unentbehrlich.
	2 Verglasung	Scheiben frei von Kratzern und Steinschlägen halten
	3 Scheibenwischer	Neue Wischerblätter und genügend Frostschutz
D Karosserie	**1** Türen und Hauben	Sprühen Sie gegen Festfrieren die Dichtungen mit Silikonspray ein oder nehmen Sie den Hirschtalgstift.
	2 Schlösser und Scharniere	Öl oder Fett gegen Quietschen und Korrosion.
	3 Lack	Jetzt sollte der Wagen häufiger gewaschen werden, damit sich erst gar keine Salzkruste festsetzt.
E Elektrik	**1** Batterie	Batterie-Kurzschlussprüfung um festzustellen, wie viel Kapazität noch vorhanden ist. Batterien leiden unter Kälte, was auch für den Funkschlüssel gilt.
	2 Heizung und Lüftung	Eventuell den Staub- und Pollenfilter wechseln.

Große Fahrt – kleine Pannen

Auf großer Fahrt in den Urlaub macht der Golf eine gute Figur. Kompaktlimousine und Variant, vor allem auch der Golf Sportsvan sind hervorragende Reisefahrzeuge. Große Gepäckräume und hoher Komfort im Innenraum, sparsame und starke Motoren sowie optimierte Fahrwerke machen diese Wagen fit und geeignet für lange Strecken. Vorher aber ist ein technischer Check-up angeraten.

Reifenfülldruck und Profiltiefe

Erste Regel, die Sie befolgen müssen, ist die Anpassung des Reifenfülldrucks an die Beladung. Mit zwei Personen an Bord und wenig Gepäck reichen 2 bar Reifendruck vorn wie hinten aus. Ist der Wagen voll besetzt und voll beladen, sind für alle Reifengrößen im Sommer vorn 2,3 und hinten 2,8 bar gefordert. Sie finden diese Werte innen auf der Tankklappe.
Vergewissern Sie sich, ob die (Sommer-)Reifen noch mindestens die gesetzlich vorgeschriebenen 1,6 mm Profiltiefe haben. Verschlissene Reifen sind an den Abnutzungsanzeigern (TWI – Tread Wear Indicator) in den Hauptprofilrillen der Reifenschulter zu erkennen (Bilder 1 und 2). Wenn das Profil bis auf diese Anzeiger abgefahren ist, muss unbedingt neue Bereifung her. TWI zeigen die gesetzliche Mindestvorgabe an. Besser ist es, frühzeitig zu messen und zu wechseln. Experten der Kfz-Innung raten zu mindestens 3 mm statt der erlaubten 1,6 mm Profil (Sommerreifen!).
Für grobe Abschätzung reichen Euro-Münzen. Der goldene Rand (1 Euro) ist 3 mm, der silberne (2 Euro) ist 4 mm breit. Messen Sie in den Hauptprofilrillen der abgefahrensten Stellen. Bleibt der Münzenrand noch bedeckt, ist alles in Ordnung. Genauer ermitteln Sie die Daten mit einem Profiltiefemesser (Bild 2).

Flüssigkeits-Füllstände

Kontrollieren Sie alle wichtigen Betriebsstoffe, vor allem Kühlmittelstand, Ölstand, Bremsflüssigkeit und Füllung der Scheibenwaschanlage. Für alle unvorher-

Auf die Bereifung achten

WISSENSWERTES

- Moderne Reifen (bis zu 16 verschiedene Gummimischungen sind üblich) müssen vielen Anforderungen genügen: Geringst möglicher Abrieb, Rissfestigkeit, Rutschwiderstand, geringer Rollwiderstand, dynamische Beständigkeit, Luftdichtigkeit, Laufruhe und Alterungsbeständigkeit.

- Auf der Fahrt in den Urlaub sollte der Bereifung ganz besondere Aufmerksamkeit geschenkt werden. Gerade vor größeren Reisen bei meist auch noch höheren Temperaturen mit erhöhtem Fahrzeuggewicht und sportlicher Geschwindigkeit tut detaillierte Reifenkontrolle not. Beachten Sie Reifendruck, Beschädigungen an Lauffläche, Seitenwand und Ventilabdichtung sowie die Profiltiefe!

- Neue Reifen haben 8 mm Profil (Bild 2). Bei nur noch 1,6 mm verlängert sich bei Nässe der Bremsweg eines 100 km/h schnellen Wagens von 70 auf 100 m, bei noch 3 mm Profil aber auf immerhin »nur« 87 m. Das Gesetz gestattet Mindestwerte von nur 1,6 mm (Sommer) und 4 mm (Winter); die Praxis aber fordert für Sommerreifen ein Minimum von 3 mm.

- Bei nasser Fahrbahn müssen die Drainagerillen pro Sekunde bei 80 km/h bis zu 25 und bei 140 km/h bis zu 43 Liter Wasser kanalisieren. Gehen Sie daher beim einzigen Bindeglied zwischen Ihnen und dem Straßenbelag keine unnötigen Risiken ein, kontrollieren Sie regelmäßig Ihre Fahrzeugbereifung!

1

2

Verschleiß und Profil: TWI-Anzeiger in Hauptprofilrillen (rote Pfeile Bild 1, weiße in Bild 2) markieren die Verschleißgrenze. Roter Pfeil in Bild 2 zeigt Profiltiefe 8 mm.

gesehenen Fälle ist ein Reservetank mit einigen Litern Kraftstoff an Bord empfehlenswert.
Immer mit voller Füllung Scheibenwaschwasser losfahren, jedenfalls zu längeren Reisen. Füllen Sie etwas Reinigungszusatz ein und dann mit Wasser auf bis fast zum Überlaufen. Den Ölstand überprüfen Sie mit dem bekannten Ölmessstab. Im Kapitel »Antrieb / Schmiersystem« erläutern wir den Gebrauch von Messstab und Prüfgerät für Ölstandsanzeige.
Am Kühlmittelausgleichsbehälter lässt sich von außen der Stand im Verhältnis zu Minimum- und Maximum-Markierungen ablesen (Pfeil in Bild 3). Bei Erfordernis vorsichtig den Deckel zunächst leicht aufdrehen und vor dem vollständigen Öffnen Druck ablassen. Vorsichtshalber sollten Sie ein genügend großes Tuch auf den Verschlussdeckel legen (Bild 4), ehe Sie ihn aufdrehen. Dann den Deckel ganz herausschrauben und Wasser auffüllen. Zum Kühlmittelzusatz (VW-Vorgabe G13) siehe entsprechende Passagen in »Fit durch den Winter« und »Antrieb / Kühlsystem«.
Auffüllen oder Erneuern der (aggressiven und giftigen) Bremsflüssigkeit ist Serviceauftrag der Fachwerkstatt. Nach beanspruchenden Touren mit häufigem starkem Bremsen (Bergfahrt) ist Kontrolle aber durchaus ratsam. Der hinten im Wasserkasten gut zugängliche Bremsflüssigkeitsbehälter (Bild 5) hat Markierungen. Der Flüssigkeitsstand ist abhängig vom Verschleißgrad der Bremsbeläge. Sind diese neu, sollte er bei der MAX-Markierung, aber auch nicht darüber liegen. Normal ist Füllstand zwischen MAX und MIN. Bei stark verschlissenen Bremsbelägen darf er bei MIN oder leicht darüber liegen. Bei Flüssigkeitsstand unter MIN muss vor Nachfüllen das Bremssystem in der Werkstatt überprüft werden.

Undichtigkeiten

Eine wichtige Kontrolle ist die Sichtprüfung des Motors und seiner Umgebung. Dazu müssen die Motorabdeckungen abgenommen werden. Sie sind vorsichtig und keinesfalls ruckartig sowie an allen Seiten gleichmäßig nach oben von den Haltebolzen abzuziehen. Motor und Motorraum auf Undichtigkeiten und Beschädigungen prüfen:.

- Leitungen, Schläuche und Anschlüsse der Kraftstoffanlage, des Kühl- und Heizsystems und der Bremsanlage auf Undichtigkeiten, Scheuerstellen, Porosität und Brüchigkeit untersuchen. Nach Anheben des Fahrzeugs und Abbau der unteren Abdeckung auch von unten prüfen.
- Beim Wiedereinbau der Motorabdeckungen nicht mit der Faust oder mit einem Werkzeug auf die Kunststoffabdeckung schlagen, um Beschädigung zu vermeiden.
- Die Abdeckung genau auf dem Motor positionieren und dabei den Öleinfüllstutzen beachten.
- Die Abdeckung mit beiden Händen in die Gummitüllen drücken.

3

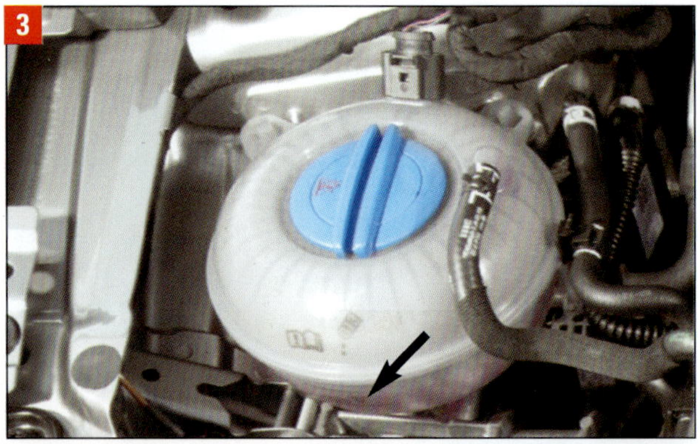

4

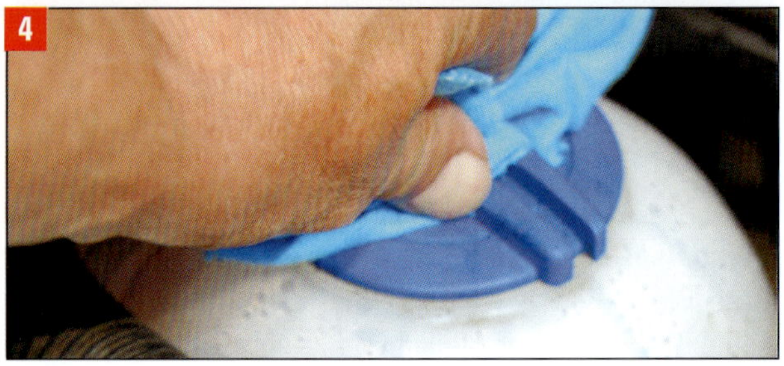

5

Bilder 3 und 4 Kühlmittel: Füllstand (Pfeil) zwischen MIN und MAX, bei kaltem Motor nicht unter MIN. Verschlussdeckel langsam mit Lappen aufdrehen, um Druck abzubauen.
Bild 5 Bremsflüssigkeit: Innen am Verschlussdeckel befindet sich der Schwimmer im Sieb.

Die Klimaanlage

Ein vom Motor angetriebener Kompressor verdichtet das dampfförmige Kältemittel, das sich dabei erhitzt (Bild 6: Kältemittelhinweis auf dem Schlossträger). Im Kondensator vor dem Kühlergrill wird das Mittel abgekühlt und wieder flüssig und dann per Ventil in den Verdampfer eingespritzt. Beim Verdampfen wird der am Waben- und Röhrensystem vorbeiströmenden Luft aus dem Fahrgastraum Wärme und Feuchtigkeit entzogen. Die abgekühlte Luft wird wieder in den Innenraum geleitet. Geregelt wird der Prozess über den Luftdurchsatz und die eingestellte Temperatur..

Vollautomatische Regelung

Die Klimatisierung des Golf VII geschieht
- mit manuell-elektrisch arbeitender Heizungs- und Lüftungsanlage,
- mit manuell-elektrisch geregelter Klimaanlage oder
- mit 2-Zonen-Climatronic. Diese Komfortklima-Automatik hat für linke und rechte Fahrzeugseite getrennt regelbare Kreise (Bild 7). Die Climatronic berücksichtigt auch starke Sonneneinstrahlung. Nachregeln von Hand ist überflüssig. Bei Temperatureinstellung 22 °C und Drücken der Taste AUTO wird am schnellsten das richtige Klima erreicht.

Beachten: Der Lufteinlass vor der Windschutzscheibe muss frei von Eis, Schnee und Blättern sein. Bei Umluftbetrieb im Fahrzeug nicht rauchen, es kann zu dauerhafter Geruchsbelästigung kommen.

Gründe für Fehlfunktion: Außentemperatur liegt unter +5 °C, der Klimakompressor hat wegen zu warmem Fahrzeugmotor vorübergehend abgeschaltet oder eine Sicherung ist durchgebrannt.

GEFAHRENHINWEIS – Vorsicht beim Kältemittel!

Die Bauteile des Klimasystems sowie die Kältemittelschläuche und -leitungen befinden sich neben und vor dem Motor. Arbeiten dürfen Sie allerdings auch als erfahrener Schrauber nicht daran! Die Komponenten bergen gesundheitliche Risiken und könnten durch Reparaturversuche Schaden nehmen. Kältemittel können bei Berührung Erfrierungen verursachen. Weil sie schwerer als Luft sind, können sie am Boden oder in Montagegruben zum Ersticken führen.

Riskieren Sie keine gesundheitlichen Schäden oder teure Nachreparaturen! Öffnen Sie keinesfalls den Kältemittelkreislauf der Klimaanlage. Das Neubefüllen ist Werkstatt-Sache. Bei unsachgemäßer Handhabung könnten Sie sich auch strafbar machen: Das Ablassen von Kältemittel in die Umwelt ist eine strafbare Handlung. Klimaanlagen des Golf dürfen nur von VW oder in Service-Stützpunktwerkstätten instand gesetzt bzw. gewartet oder ersetzt werden.

PRAXISTIPP – Klimaanlage richtig benutzen

- Bei Sonne und großer Wärme heizt sich der Innenraum Ihres Fahrzeugs bis zu 60 °C oder sogar noch stärker auf. Deshalb vor dem Losfahren erst einmal alle Türen öffnen und die heiße Luft genügend lange entweichen lassen.

- Fahrt antreten und zum zügigen Herunterkühlen zunächst die volle Gebläsestufe wählen. Dann rasch zurückschalten, um Zugluft zu vermeiden. Auf Automatik schalten: Temperatur, Gebläse und Luftverteilung werden dann selbsttätig geregelt.

- Ob Automatik oder Regelung von Hand: Die günstigste Innenraum-Temperatur beträgt im Sommer 22 °C. Bei extremer Hitze kann 3 bis 4 °C höher eingestellt werden. Im Winter wird übrigens eine Idealtemperatur von 21 °C empfohlen.

6

7

Klimaanlage: Bild 6 Kältemittel-Spezifikation, Bild 7 getrennte Regelung für Fahrer- und Beifahrersitz (Pfeile).

Anhängerkupplung zusätzlich anbauen

Nützliche Verbesserung ist der nachträgliche Einbau einer Anhängevorrichtung, was allerdings eine recht anspruchsvolle Aufgabe ist. Nötig sind Montagearbeiten an tragenden Teilen, nämlich den hinteren Längsträgern. Dazu müssen die Stoßfängerabdeckung und der Aufprallträger abgebaut werden. Stattdessen wird ein Träger mit der Anhängerkupplung montiert. Für die Elektrik des Anhängers (Beleuchtung und Aggregate) müssen Leitungen verlegt und eine Zusatz-Steckdose angebracht werden.
Anhängevorrichtungen sind Sicherheitsteile. Es dürfen nur für den Golf entwickelte und bauartgenehmigte Vorrichtungen verwendet werden. Wir empfehlen hier ausdrücklich, Anhängerkupplungen aus dem VW-Zubehörprogramm (Abbildung) zu verwenden, da sie mit den werkseitig eingebauten Vorrichtungen identisch sind. Die für diese Anhängerkupplungen mitgelieferte Einbauanweisung ist mit VW abgestimmt, was bei Problemen oder im Schadensfall stets von Vorteil ist.

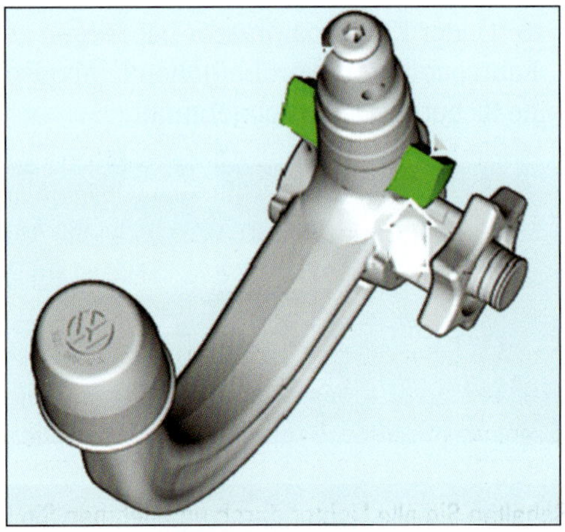

Volkswagen liefert den Nachrüstsatz mit der nötigen Elektrikausstattung. Die Anhängersteckdose kann 7-polig oder 13-polig sein, wonach sich der erforderliche Leitungssatz bestimmt (bei der von uns empfohlenen 13-poligen Steckdose muss das ein 12-adriges Kabel sein). Zum Bausatz gehören ferner die Dichtung der Steckdose, eine Durchführungstülle, das Steuergerät und passendes Befestigungsmaterial (Schrauben, Muttern, Kabelbinder). Wird der Anbausatz eines anderen Anbieters gekauft, müssen Sie auf diese Details unbedingt achten. Mit dem Originalsatz von VW erfolgt auch eine Gespannstabilisierung über ESP.
Die 13-polige Anhängersteckdose ist wesentlich vorteilhafter als die 7-polige. Über die 13 Anschlusskontakte können zum Beispiel Rückfahrscheinwerfer oder Dauerstrom- und Ladeleitung am Anhänger genutzt werden. Wenn ein Fahrradträger auf der Anhängerkupplung montiert oder ein ganzer Wohnwagen gezogen werden sollen, wird eine 13-polige Anhängersteckdose immer empfohlen. Die Steckerbelegung ist übrigens vereinheitlicht (siehe Tabelle).
Die Nachrüstsätze sind in den Abmessungen leicht unterschiedlich für Golf und Variant, worauf beim Kauf zu achten ist. Wir beschreiben Aus- und Einbau der Stoßfängerabdeckung im Kapitel »Fahrzeugaufbau / Karosserie«. Zum Einbau der originalen VW-Anhängevorrichtung brauchen Sie fachlichen Beistand.
Zu beachten ist das Gespanngewicht. Es setzt sich zusammen aus den tatsächlichen Gewichten von Zugwagen und Anhänger. Die zulässigen Gesamtgewichte dürfen nicht überschritten werden. Wenn die zulässige Anhängelast ausgenutzt werden soll, muss eventuell das Gewicht des Zugwagens reduziert werden.

WISSENSWERTES: Steckerbelegung 13-polig

Die Belegung der Stecker ist nach DIN ISO 11 446 wie nachfolgend aufgeführt genormt:

Steckerpol	Belegung	Kabelfarbe
1	Blinker links	gelb
2	Nebelschlussleuchte	blau
3	Masse Stromkreis 1-8	weiß
4	Blinker rechts	grün
5	Fahrleuchte rechts	braun
6	Bremsleuchten	rot
7	Fahrleuchte links	schwarz
8	Rückfahrleuchte	pink
9	Stromversorgung (Dauer+ / Klemme 30)	orange
10	Klemme 15 (Batterieladen Anhänger)	grau
11 und 12	frei	
13	Masse für Klemmen 15 und 30	weiß/rot

CHECKLISTE

Vor und nach jeder großen Fahrt kontrollieren

Bereich	Worauf Sie achten sollten	Was zu tun ist
A Motor	**1** Motorölstand	Wurde der Motor lange auf Kurzstrecken betrieben, sammeln sich flüchtige Substanzen. Deshalb kann es sein, dass der Ölstand bei heißem Motor schlagartig absinkt. Nach den ersten 100 Kilometern nachmessen.
	2 Kühlmittelstand	Kühlmittel im Ausgleichsbehälter im kalten Zustand auf Maximum auffüllen.
	3 Zustand der Schläuche	Alle Wasserschläuche müssen dicht und elastisch sein. Schläuche kräftig kneten. Kalkablagerungen an den Anschlüssen und harte oder poröse Schläuche sind kein gutes Zeichen. Im Zweifel: austauschen.
	4 Kühlerventilator prüfen	Lassen Sie den Motor im Leerlauf drehen, bis sich der Kühlerventilator ein- und später wieder ausschaltet. Sie werden ihn brauchen, wenn Sie im Stau stehen!
B Räder und Reifen	**1** Luftdruck	Der Luftdruck in den Reifen muss an die Beladung angepasst werden. Nach der Reise nicht vergessen, den Druck wieder abzusenken.
	2 Zustand	Die Reifen sollten natürlich auch am Ende der Reise noch genügend Profil haben. Nachmessen!
C Fahrwerk	**1** Stoßdämpfer	Wird das Auto richtig vollgeladen, sind die Stoßdämpfer besonders gefordert. Fahnden Sie nach Ölspuren und lassen Sie beim kleinsten Verdacht einen Stoßdämpfertest durchführen. Mit Wippen an der Karosserie lassen sich schwache Dämpfer nicht erkennen.
	2 Manschetten und Gelenke	Sind Achsmanschetten oder die Gummis der Gelenke rissig und porös, werden die Teile bei hoher Belastung rasant verschleißen. Besser vorher austauschen!
D Sonstiges	**1** Beleuchtung	Schalten Sie alle Lichter durch und nehmen Sie Ersatzlampen für Scheinwerfer und Rückleuchten mit.
	2 Scheibenwaschanlage	Prüfen Sie die Einstellung der Spritzdüsen und füllen Sie den Vorratsbehälter mit geeignetem Gemisch bis zum Maximum auf.
	3 Zubehör	Einen 5-Liter-Reservekanister, einen Liter Motoröl und eine Rolle starkes Textilklebeband mit auf die Reise nehmen!

Kleine Schäden und Pannen

Es ist Winter, ungemütlich kalt und dunkel. Sie müssen zur Arbeit und sind spät dran. Schnell den Schlüssel ins Zündschloss oder die Starttaste gedrückt - aber nichts passiert. Das Startproblem geht mit großer Sicherheit auf Ihr Konto. Es wäre mit etwas mehr Pflege und Aufmerksamkeit durchaus zu vermeiden gewesen, doch die leere Batterie ist ein Klassiker unter den kleinen Pannen. Für die gelben Engel vom ADAC ist es Winter für Winter langweilige Routine.

Auf mögliche Gefahren achten

Auf den folgenden Seiten wollen wir Ihnen zeigen, was in einem solchen Fall zu tun ist. Genauso wie bei der ebenso unbeliebten Reifenpanne, die allerdings ziemlich eindeutig Pech ist. Denn statistisch gesehen erlebt jeder Autofahrer nur etwa alle 70.000 km dieses Malheur, bei dem man richtig reagieren und umsichtig handeln muss.
Schätzen Sie immer die Situation hinsichtlich eventueller Gefahren ein: Können Sie an dieser Stelle einen Radwechsel oder eine andere Schnellreparatur vornehmen, ohne sich zu gefährden? Auf einer zweispurigen Autobahn ohne Standstreifen sollten Sie besser sofort Hilfe per Handy oder Notrufsäule holen und sich zum nächsten Rastplatz schleppen lassen.

Weiterfahren oder warten?

Der Golf gilt als außerordentlich zuverlässig. Falls er mal nicht fährt, ist er meist richtig kaputt. In den Graubereichen dazwischen müssen Sie selbst entscheiden. Für solche Fälle können wir nur Ratschläge geben oder Empfehlungen aussprechen. Verzichten Sie im Zweifelsfall lieber auf einen Reparaturversuch vor Ort. Man sollte auch unbedingt wissen, wann es besser ist, nicht mehr weiter zu fahren. Sie ersparen sich damit nicht nur teure Folgeschäden, sondern setzen auch nicht Ihre Gesundheit und die Ihrer Mitmenschen aufs Spiel. Wir haben in unseren Störungsbeiständen die wichtigsten Symptome aufgeführt, die auf einen schlimmen Schaden hindeuten, und weisen auch auf Dinge hin, die einen schlimmen Schaden verursachen können.

Lässt sich ein Abschleppen zur Werkstatt nicht vermeiden, sollten Sie folgende Dinge beachten:

- Mitgliedschaft in einem Automobilclub und spezieller Schutzbrief sind immer von Vorteil.
- Legen Sie die in Ihren Papieren angegebene Notrufnummer ins Handschuhfach.
- Bestellen Sie einen Abschleppwagen nur über diese Nummer und
- lassen Sie sich vom Fahrer eine Bestätigung über seinen Auftraggeber zeigen.

Werkstatt ausführlich informieren

Schildern Sie der Werkstatt in Ruhe und chronologisch den Schadenshergang. Je mehr man dort weiß, umso kürzer ist die Zeit für die Fehlersuche. Wichtige Informationen sind: In welchem Betriebszustand hinsichtlich Temperatur, Geschwindigkeit oder Drehzahl trat der Schaden auf? Haben Sie vorher ungewohnte Geräusche oder ein ungewöhnliches Fahrverhalten bemerkt? Wie ist die Vorgeschichte des Wagens bezüglich Reparaturen oder Inspektionen? Denken Sie an:

- schriftlichen Auftrag,
- Kostenvoranschlag,
- finanzielle Grenze ohne Rücksprache mit Ihnen.

1

2

Gründlich untersucht: Trotz aller Hochtechnik beim Hersteller und eigener Umsicht – Schäden sind nie auszuschließen.

Fahrzeug richtig heben und aufbocken

Im Bordwerkzeug finden Sie den erwähnten Spindelwagenheber (Bild 1). Damit lässt sich das Fahrzeug für die meisten Arbeiten hoch genug anheben. Mit einer untergelegten Bohle können Sie die Hubhöhe etwas vergrößern.
Ratsam vor allem bei weichem Untergrund (Sand) ist es, ein kleines Brett mit 30 x 30 cm Seitenlänge und 2 cm Dicke unter den Heberfuß zu legen. Das verringert die Gefahr, dass der Heberfuß in den Boden einsinken kann.
Bequemer, effektiver und auch sicherer ist ein Werkstattwagenheber (Bild 2), auch Rangierwagenheber genannt. Er läuft auf Rollen (Pfeile), die nicht zu klein sein sollten. Gehoben wird hydraulisch unterstützt mit Hebelkraft, was die Arbeit erleichtert.
Wenn Sie unter dem Fahrzeug arbeiten müssen, raten wir dringend zur Verwendung eines Paars Unterstellböcke (Bild 3). Nur so können Sie Ihren angehobenen Golf sichern. Arbeiten Sie nicht unter dem angehobenen Wagen, wenn er nicht durch Unterstellböcke gesichert ist, Sie begeben sich sonst in Lebensgefahr!

Benötigtes Werkzeug und Materialien:

■ Holz- oder Kunststoffkeil zum Absichern der Räder gegen unbeabsichtigtes Rollen;

■ Wagenheber aus dem Bordwerkzeug oder Rangierwagenheber;

■ Holzklötze, Unterlegbrett;

■ Unterstellböcke.

Arbeitsschritte:

■ Wagen sicher auf festen, ebenen Untergrund stellen.

■ Handbremse anziehen und zumindest eines der Räder gegenüber der Anhebestelle mit Holzkeilen, notfalls mit geeigneten Steinen gegen Wegrollen sichern. Die angezogene Bremse allein reicht nicht! Manchmal muss sie sogar gelöst werden.

■ Wagenheber (Bild 1) aus dem Bordwerkzeug-Set im Reserverad nehmen. Die Kurbel (5) durch Verdrehen ausklappen und

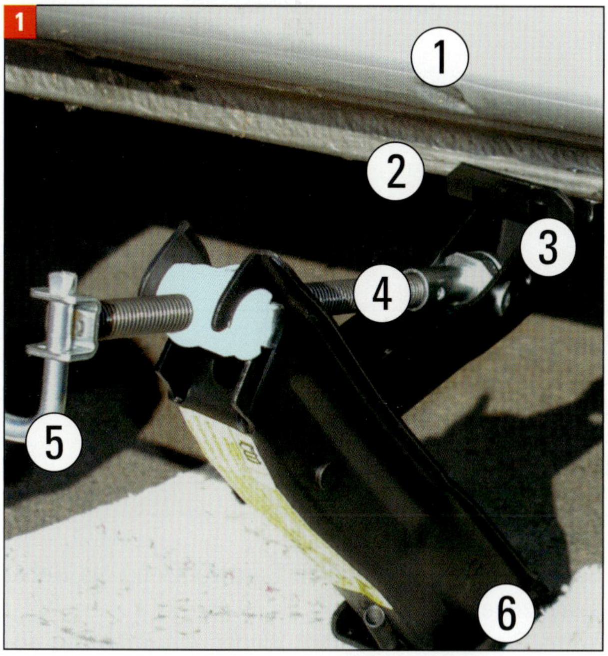

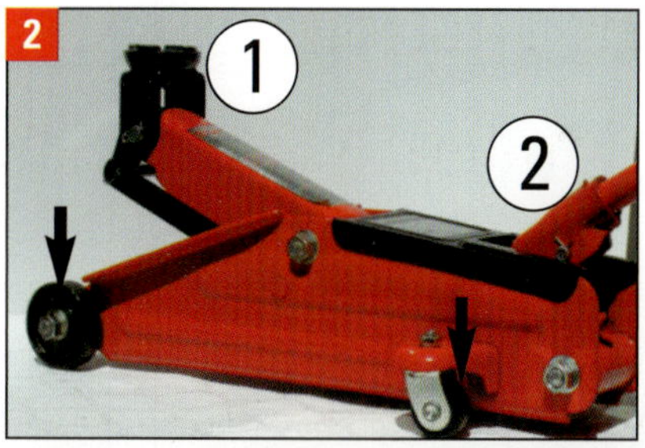

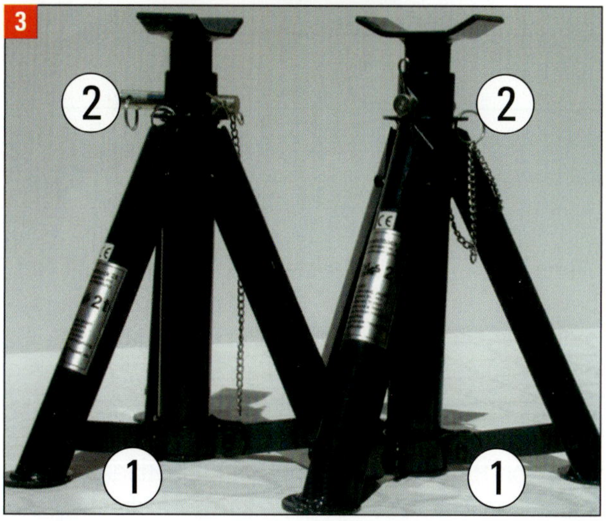

Bild 1 Spindelwagenheber: (1) Markierung, (2) Unterholm, (3) Heberkopf, (4) Spindel, (5) Kurbel, (6) Wagenheberfuß.
Bild 2 Werkstattwagenheber: (1) Aufnahmeteller, (2) unterer Teil der Betätigungsstange für die Hebehydraulik.
Bild 3 Unterstellböcke: (1) Klappmechanik, (2) Sicherung.

den Heber um etwa fünf Umdrehungen der Spindel (4) mit der Kurbel so weit öffnen, dass er noch gut unter den Wagen passt.

■ Den Wagenheber senkrecht zum Aufnahmepunkt (1) am Unterholm ansetzen und weiter hochkurbeln. Der Schlitz des Wagenheberkopfes (3) muss waagerecht in den Aufnahmepunkt greifen. Um Beschädigungen am Fahrzeugboden oder ein Abkippen des Wagens zu vermeiden, das Fahrzeug nur an diesen extra verstärkten Aufnahmestellen anheben!

■ Wagenheberkopf mit der linken Hand gegen die Aufnahme drücken. Mit der rechten Hand die Kurbel im Uhrzeigersinn drehen und den Heberfuß (6) gegen den Boden pressen. Darauf achten, dass der Wagenheber senkrecht steht und nicht nach einer Seite abkippt! Ist der senkrechte Stand nicht gewährleistet, den Heber neu ansetzen. Erst dann auf nötige Höhe kurbeln.

■ Die markierten, vom Hersteller dafür vorgesehenen Aufnahmepunkte (Bilder 4 und 5) gelten natürlich in erster Linie auch für Werkstattwagenheber und Hebebühnen. Auch ein Unterstellbock darf nur an diesen Bodenverstärkungen angesetzt werden. Zwischen Auflage des Bocks und Fahrzeugboden einen Gummi- oder Hartholzklotz legen, der die Last verteilt. Kontrollieren Sie vor dem Ansetzen des Bockes, ob eventuell ein Blechfalz im Weg ist, der eingedrückt werden könnte, oder ob die Bremsleitung eingeklemmt werden kann.

■ Der Dreibein-Unterstellbock (Bild 3) steht am sichersten, wenn eines seiner Beine nach außen und zwei zur Wagenmitte hin zeigen. Achten Sie auf diese Stellung, wenn Sie das Fahrzeug aufbocken. Sonst kann es passieren, dass beim Anheben des Wagens der auf der anderen Seite bereits angesetzte Unterstellbock seitlich weggedrückt wird.

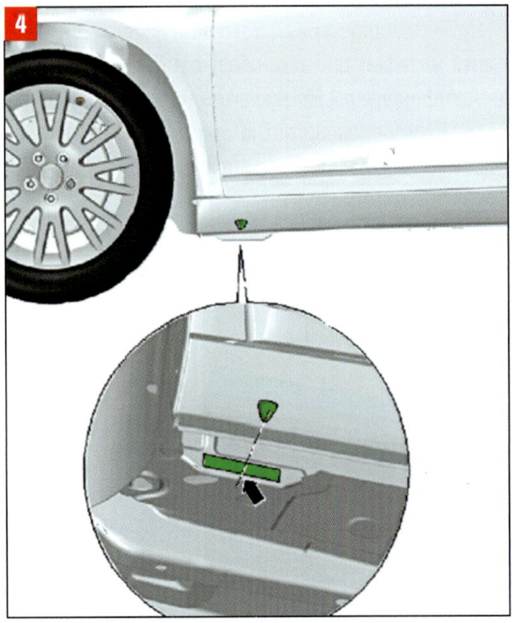

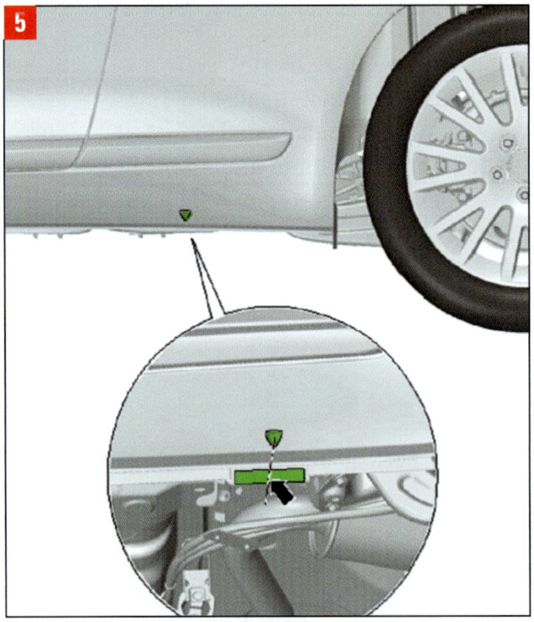

Aufnahmepunkte: Die VW-Bilder zeigen die markierten Unterholmstellen vorn (Bild 4) und hinten (Bild 5).

Fahrzeug abschleppen

Wenn sich Ihr Golf nicht mehr aus eigener Kraft fortbewegen lässt, muss er abgeschleppt werden, zumeist bis zur nächsten Werkstatt. Die Aufnahme für die Abschleppöse ist hinter einer kleinen Abdeckung im Stoßfänger versteckt (Pfeil in Bild 1). Die Öse selbst finden Sie im Bordwerkzeugset im Reserverad. Sie wird von Hand eingeschraubt und mit Hilfe des Radschraubenschlüssels (Bild 2) oder des recht robusten Schraubendrehers aus dem Bordwerkzeug als Hebel festgezogen.

Wenn Sie selbst mit Ihrem Wagen ein Fahrzeug abschleppen müssen: Die Öse hinten einschrauben. Auch dort ist das Einschraubgewinde unter einer Abdeckung im Stoßfänger zu finden (Pfeil in Bild 3).

Beachten Sie beim Abschleppen unbedingt die folgenden Grundsätze:

- Nie weiter als 50 km schleppen;
- Nicht schneller als mit 50 km/h schleppen;
- Fahrzeuge mit Automatikgetriebe sollen nicht über längere Strecken abgeschleppt werden, 50 km können schon zu viel sein. Ohne laufenden Motor arbeitet die Getriebeölpumpe nicht, weshalb es schlimmstenfalls zu einem Getriebeschaden kommen kann. Am besten mit angehobener Vorderachse abschleppen. Bei Fahrzeugen mit Allradantrieb ist das aber nicht möglich, sie dürfen nicht auf einer Achse geschleppt werden. Generell bleibt das Abschleppen eines Automatik-Fahrzeugs stets ein riskantes Unternehmen.
- Für nötiges Abschleppen gibt es verschiedene Ursachen, vom »Schwächeln« der Batterie bis zum Motorschaden. Auf Batterieprobleme gehen wir gleich noch genauer ein.

1

WISSENSWERTES

Vorschriften beim Abschleppen

Beachten Sie nach einer Havarie beim Abschleppen die Grundsätze nach § 15a der Straßenverkehrsordnung:

- Beim Abschleppen eines auf der Autobahn liegengebliebenen Fahrzeugs ist die Autobahn bei der nächsten Ausfahrt zu verlassen. Ist Ihr Fahrzeug außerhalb der Autobahn liegengeblieben, dürfen Sie nicht auf die Autobahn auffahren.
- Während des Abschleppens müssen beide Fahrzeuge das Warnblinklicht einschalten. Der Nothilfegedanke steht im Vordergrund, also ein abzuschleppendes Fahrzeug nicht über weite Strecken, sondern nur bis zur nächsten geeigneten Werkstatt, zum Fahrzeugverwerter, zum Schrottplatz oder zum nächsten Verladebahnhof schleppen. Denn bei mehr als 50 km Entfernung zum Zielort muss das Kfz verladen werden.
- Der Fahrzeugführer des abschleppenden Kfz benötigt eine Fahrerlaubnis mindestens der Klasse B, jedenfalls der Klasse, zu dem das ziehende Kfz gehört. Der Lenker des abgeschleppten Fahrzeugs benötigt keine Fahrerlaubnis, muss aber mit der sicheren Bedienung des Fahrzeugs vertraut sein.
- Sonderfall des Abschleppens ist das Anschleppen, bei dem unter Ausnutzung der Triebkraft des ziehenden Fahrzeugs der Motor des gezogenen Fahrzeuges zum Anspringen gebracht werden soll.

2

3

Wasserverlust durch Überhitzung

Wird der Motor zu heiß, droht ein Schaden an der Zylinderkopfdichtung, irgendwann sogar ein kapitaler Motorschaden. In den meisten Fällen von Überhitzung fehlt dem Motor Kühlwasser. Vor dem dann nötigen Auffüllen von Kühlwasser sollten Sie aber besser die genaue Ursache der Überhitzung ergründen:

- Falls der Ventilator streikt und der Motor nur im Stand zu heiß wird, können Sie die Fahrt bei freier Strecke fortsetzen. Im Stand und an roten Ampeln den Motor abstellen. Nachsehen, ob die betreffende Sicherung noch in Ordnung ist. Brennt auch eine neue Sicherung sofort wieder durch, liegt ein Kurzschluss vor oder der Elektromotor des Lüfters ist durchgebrannt.

■ Klemmt der Thermostat, können Sie diesen eventuell ausbauen und die Fahrt ohne fortsetzen. Allerdings muss so schnell wie möglich ein neues Teil eingebaut werden.

■ Ist ein Kühlerschlauch nur leicht undicht, zum Beispiel durch einen Marderbiss, können Sie ihn provisorisch mit festem Gewebeklebeband umwickeln. Der Schlauch muss dazu fettfrei, trocken und am besten kalt sein. Wickeln Sie ein paar Lagen um die schadhafte Stelle.

■ Falls der Schlauch gerissen oder geplatzt ist oder das Gummi ein größeres Loch hat, können Sie die schadhafte Stelle mit einem passenden Rohrstück und zwei Schlauchschellen überbrücken. Schlauch durchschneiden und Rohrstück beidseitig einschieben. Der Rohrdurchmesser sollte ungefähr 4 mm geringer sein als der Außendurchmesser des Schlauches, da die Gummischläuche meist rund 2 mm Materialstärke haben.

■ Wenn Sie Kühlwasser auffüllen, müssen Sie beim Öffnen des Ausgleichsbehälters vorsichtig sein. Heißes oder sogar kochendes Kühlwasser steht unter Druck und sprudelt aus der Öffnung.

■ Füllen Sie bei sehr heißem Motor das Wasser nur in kleinen Schlucken in den Ausgleichsbehälter und und lassen Sie den Motor dabei laufen. Das kalte Wasser kann sonst zu Spannungsrissen innerhalb des Motors führen.

Starthilfekabel richtig anwenden

Wenn der Anlasser (Starter) Ihres Golf nach mehrmaligen Startversuchen von 10 bis 20 Sekunden sich nicht dreht oder den Motor nicht zum Anspringen bringt, ist Starthilfe erforderlich. Die probaten Methoden Anschieben oder Anschleppen sind nicht die beste Wahl. Geht es dabei über eine Strecke von mehr als 50 Metern, kann nämlich der Katalysator ernsthaft geschädigt werden. Wenn der Motor wegen einer defekten Zündanlage nicht startet, sollte man aufs Anschieben oder Anschleppen nun schon ganz und gar verzichten. Vom Defekt der Zündanlage einmal abgesehen, ist die empfehlenswerte Starthilfe die durch ein Fahrzeug mit funktionstüchtigem Akku. Die elektrische Verbindung zwischen beiden Fahrzeugen wird mit einem Starthilfekabel (Bild 1) hergestellt, das bei einem Kupferleiterquerschnitt von 16 mm^2 etwa 3 m lang sein sollte und für 12 bis 24 V geeignet sein muss.

1

Starthilfekabel: Doppelleitung rot / schwarz mit isolierten Polzangen nach DIN 72553 und ISO 6722.

Wie folgt vorgehen:

■ Hilfsfahrzeug dicht an das Fahrzeug mit der leeren Batterie heran fahren, damit die Kabel bequem angeschlossen werden können. Die Karosserien beider Fahrzeuge dürfen sich während der Starthilfe nicht berühren. Ihre Motoren sind abzustellen.

■ Warnblinkanlage des »Spenderautos« einschalten. Motorraum öffnen. Die Batterie des Golf VII befindet sich hinten in der linken Hälfte des Motorraums. Abdeckung aufklappen.

■ Die Batterien beider Fahrzeuge miteinander verbinden, und zwar zuerst die Pluspole der Akkus mit dem roten Kabel. Zuerst die leere, dann die volle Batterie anklemmen.

■ Die eine Polzange des schwarzen Starthilfekabels erst am Minuspol der vollen Batterie des Hilfsfahrzeugs anklemmen, die andere an einen blanken Massepunkt des Fahrzeugs mit entladener Batterie. Im Golf befindet sich dieser Massepunkt rechts vom linken Federbeindom (3 in Bild 2).

■ Motor des Hilfswagens starten und mit erhöhter Drehzahl laufen lassen, aber möglichst nicht mehr als 15 Sekunden. Fahrzeug, dem geholfen wird, starten. Wenn der Motor nicht gleich anspringt, nach weiteren Versuchen immer wieder eine Pause von mindestens einer Minute einlegen, damit der Anlasser abkühlen kann.

■ Zum Abnehmen der Kabel hinsichtlich der Reihenfolge des Abklemmens der Polzangen des Starthilfekabels genau umgekehrt vorgehen:

■ Zuerst die schwarze Kabel-Polzange vom Massepunkt (3 in Bild 2) im Fahrzeug, dem geholfen wurde, abklemmen, dann die andere schwarze Zange vom Minuspol der Fremdbatterie abklemmen. Zuletzt das rote Kabel von den Pluspolen abnehmen: erst von der vollen Batterie, dann von der Leerbatterie.

■ Nach dem Start längere Zeit mit höheren Drehzahlen fahren, damit die Lichtmaschine die Batterie rasch aufladen kann.

2

Batterie-Minus: (1) Batterie, (2) Minus-Polklemme, (3) Massepunkt direkt am Masseband hinten links im Motorraum.

Batterie regelmäßig prüfen

Um Probleme durch Ausfall der Batterie zu vermeiden, sollte sie regelmäßig überprüft werden. Arbeiten an der Batterie beschreiben wir im Kapitel »Fahrzeugelektrik – Bordnetz: Batterie, Generator, Anlasser«. In der Werkstatt kann der Batteriezustand über die geführte Fehlersuche mit dem Diagnosesystem VAS 5051/5052 ausgelesen werden. Marke und Modell eingeben, im Menü die Servicearbeiten wählen und den Anweisungen zur Batterieprüfung folgen.
Im laufenden Fahrbetrieb empfiehlt sich das Testen mit einem einfachen Gerät wie im Bild: In Zigarettenanzünder (Bordsteckdose, im Bild diejenige im Fond) stecken. Der Ladezustand von leer bis voll geladen (Pfeil) wird mit Leuchtdioden angezeigt.

Elektronik im Notlaufprogramm

Bestimmte Pannen und Fehlfunktionen führen dazu, dass die Motorsteuerung nur noch im Notlaufprogramm arbeitet. Wir gehen im »Elektrik«-Kapitel nochmals darauf ein. Hier möchten wir nur sagen, dass Sie auch im Notlauf noch einen sicheren Ort erreichen können, dann allerdings der Sache auf den Grund gehen müssen.
Der Fehler kann mit einem Diagnosegerät aus dem Speicher abgefragt werden. Deshalb sollten Sie sich unbedingt merken, in welchem Betriebszustand er aufgetreten ist. Sie können den Fehlerspeicher nämlich durch längeres Abklemmen der Batterie (zirka eine halbe Stunde) löschen und die Fahrt eventuell unter Vermeidung dieses Betriebszustandes fortsetzen. Oft sind nur ein Massepunkt, ein Stecker mit Kontaktschwierigkeiten oder ein undichter Unterdruckschlauch schuld. Finden Sie die Ursache nicht und tritt der Fehler nach kurzer Zeit erneut auf, sollten Sie so schnell wie möglich den Fehlerspeicher auslesen lassen (Werkstattsystem VAS 505x).

Fahrwerk: Achsen, Servolenkung, Räder

Was Variant und Golf so agil, präzise und spielerisch beweglich macht, sind die optimierten Baugruppen ihrer modernen Fahrwerke. Sportlicher Fahrspaß und hohe Fahrsicherheit wurden in beispielhafter Weise kombiniert.

Golffahrwerk: agil und sicher

Golf und Variant 2013/14 vermitteln dank ihres ausgewogen konzipierten Fahrwerks ein stets direktes Fahrgefühl mit besonderer Agilität und Sicherheit. Vorne ist eine Federbeinachse nach dem McPherson-Prinzip mit unteren Dreieckslenkern (Bild 1) eingebaut. Sie besteht konstruktiv aus einem zentralen Hilfsrahmen, dem Aggregateträger, mit den Dreieckslenkern. Abhängig von der jeweiligen Motorisierung, kommt hinten eine Vierlenker-Achse oder eine Verbundlenker-Hinterachse zum Einsatz.

Die Vorderachse

Der Hilfsrahmen aus Stahl stellt das Herzstück der Vorderachse dar. Er ist an vier Punkten mit der Karosserie verbunden und sorgt für gute akustische und fahrdynamische Eigenschaften. Zusätzlich wird die Karosserie durch zwei weitere Abstützungen an der Vorderachse, an der nur die Spur eingestellt werden. kann, extrem versteift. Die Querlenker sind aus hochfestem Stahl.

Die Federbeinlagerung leitet die Feder- und Dämpferkräfte unabhängig voneinander in die Karosserie ein. Das Lager hat einen Anstellwinkel von 6°. Damit der Sturzwert eingehalten werden kann, muss die Einbaulage beachtet werden (siehe Bild 2). Das Federbeinlager ist optimiert: In Fahrtrichtung ist seine Kennlinie weich, wovon Komfort und Akustik profitieren. In Fahrzeugquerrichtung jedoch ist das Lager steif, was eindeutige Radführung und damit ein spontanes, gut ansprechendes Lenkverhalten bewirkt.

Das Schwenklager (Bild 3) besteht aus Stahl. Das Radlager ist mit drei Schrauben an das Schwenklager geschraubt. Die Aufnahme für das Federbein hat einen Durchmesser von 50 mm.

Die Hinterachse

Als Hinterachse kommen bei Golf und Variant
- eine neue Verbundlenkerachse für Fahrzeuge mit einer Motorleistung bis 89 kW/121 PS und
- eine weiterentwickelte Vierlenkerachse für Fahrzeuge mit einer Motorleistung ab 90 kW/122 PS zum Einsatz. Beide Achsentypen haben die gleichen Befestigungspunkte an der Karosserie, nur die Position von Feder und Hilfsrahmen wird dem Motor angepasst.

Die neu entwickelte Verbundlenkerachse (Bild 4) ist aus hochfesten Stählen ausgeführt. Diese Achse zeich-

2

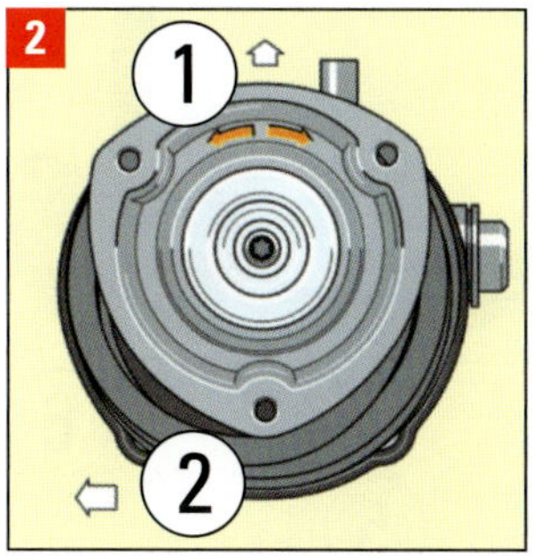

Federbeinlager: Die beiden orange markierten Pfeile innen müssen zum Motor liegen (1). Dabei muss einer der Pfeile in Fahrtrichtung zeigen (2).

1

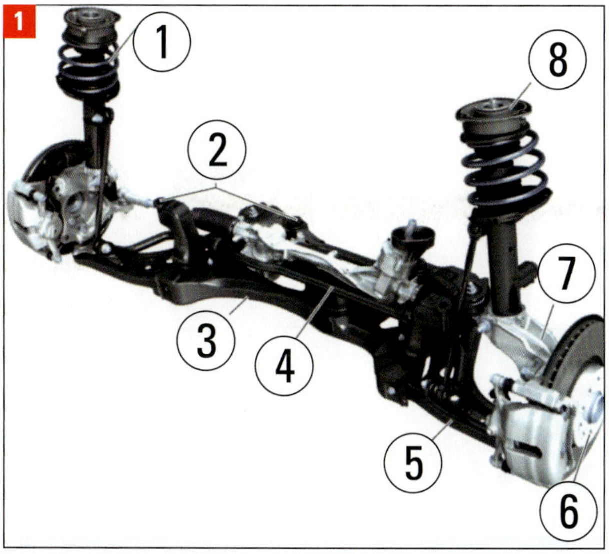

Vorderachse: (1) Federbein, (2) Anschraubpunkte, (3) Aggregateträger, (4) Stabilisator, (5) Querlenker, (6) Radlager/Radnabe, (7) Schwenklager (s. Bild 3), (8) Federbeinlager (s. Bild 2).

3

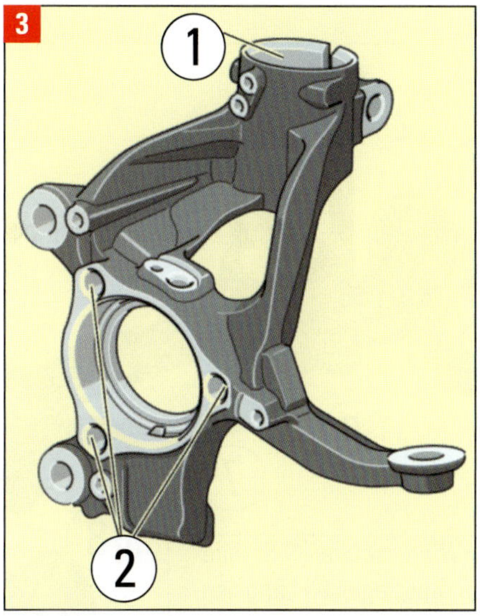

Schwenklager aus Stahl: (1) Aufnahme mit 50 mm Durchmesser für Federbein, (2) drei Schraubpunkte für Radlager.

net sich durch ihre kompakte Bauweise und ihr geringes Gewicht aus. Ihre Federn und Dämpfer sind getrennt angeordnet. Die weit auseinander stehenden Dämpfer ermöglichen breites Durchladen im Heck.

Bleche als Stabilisatoren

Kern der Verbundlenkerachse ist ein nach unten geöffnetes Querprofil, in das an den äußeren Enden Einlegebleche geschweißt sind. Diese dienen als Stabilisator, wobei sie leichter sind als die üblichen Komponenten. Die Achszapfen werden an die Achsplatten geschraubt, in die Sturz- und Vorspurwinkel gefräst sind, also vorgegeben und nicht einstellbar.

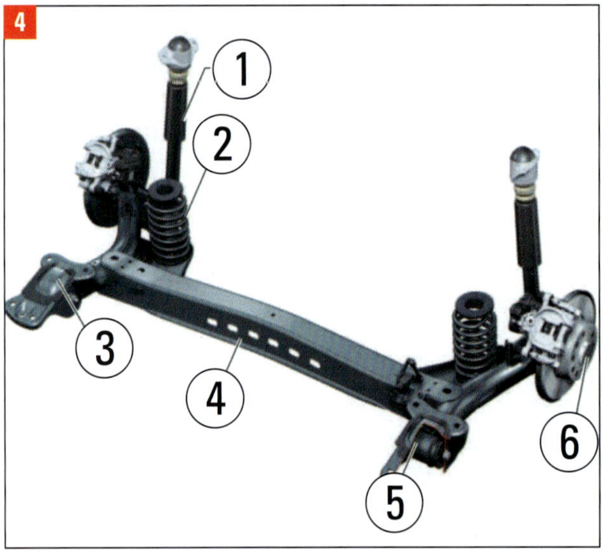

Bild 4 Verbundlenker-Hinterachse: (1) Dämpfer, (2) Stahlfeder , (3) Lagerbock, (4) Querprofil, (5) Lager, (6) Radlager/Radnabe.

Vierlenkerachse für Front und Allrad

Bei der weiterentwickelten Vierlenkerachse für Frontantrieb (Bild 5) und 4Motion-Allradantrieb sind die Anbindungen von Stabilisator und Dämpfer neu. Sie erfolgen jetzt am Federlenker, wodurch sich Länge und Gewicht des Stabilisators verringern. Der Hilfsrahmen ist durch sechs Anschraubpunkte mit der Karosserie verbunden. Die Spur- und Sturzwerte lassen sich über Exzenterschrauben einstellen. Die 4Motion-Vierlenkerachse hat gegenüber derjenigen für Frontantrieb konstruktive Veränderungen an Hilfsrahmen, Radträger und Radlager.
Der Radträger (Bild 6) der Vierlenkerachse hat ein biologischen Systemen nachgestaltetes »bionisches Design«, was eine Gewichtsreduzierung um ca. 20 Prozent gegenüber dem Vorgänger möglich machte.

Elektromechanische Servolenkung

Die Servolenkung erleichtert durch Hilfskraft erheblich die Lenkarbeit. Sie sorgt für größtmöglichen Komfort beim Rangieren und für präzises Lenkgefühl bei schnellen Autobahnfahrten. Sie bietet die Möglichkeit, mit geringem Kraftaufwand am Lenkrad eine relativ

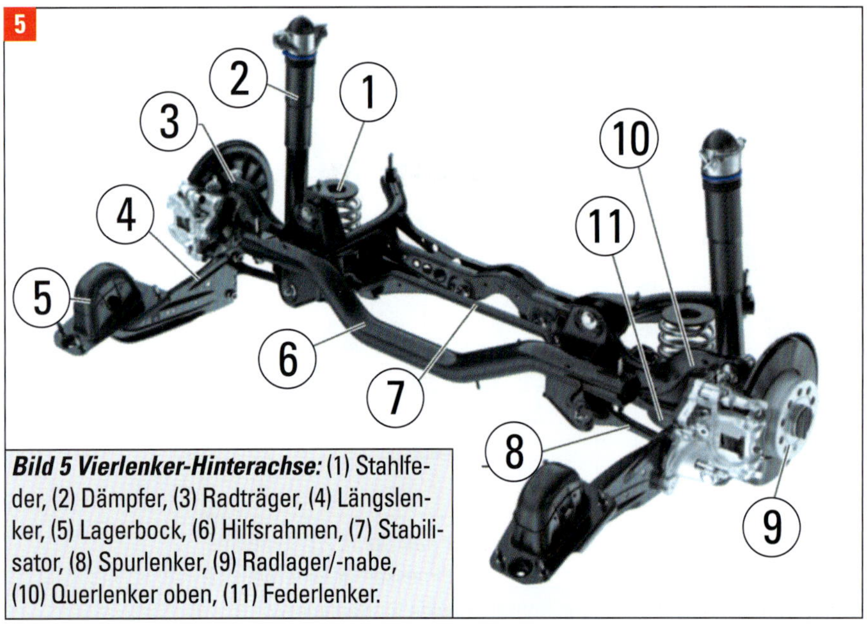

Bild 5 Vierlenker-Hinterachse: (1) Stahlfeder, (2) Dämpfer, (3) Radträger, (4) Längslenker, (5) Lagerbock, (6) Hilfsrahmen, (7) Stabilisator, (8) Spurlenker, (9) Radlager/-nabe, (10) Querlenker oben, (11) Federlenker.

Bild 6 Radträger: Diese Komponente der Vierlenkerachse folgt bionischem Design.

direkte Lenkung zu erreichen, guten Kontakt zur Fahrbahn zu halten und dennoch den Fahrer relativ unbehelligt von den Fahrbahnstößen zu lassen.
Beim Golf 2013 kommt eine elektro-mechanische Servolenkung mit Doppelritzel von der Firma ZF zum Einsatz. Der Grundaufbau und die Funktionsweise wurden im Wesentlichen vom Vorgängersystem übernommen. Wichtigste Neuerungen sind der Einsatz eines bionischen Lenkgetriebegehäuses, die Verwendung eines Synchronmotors anstatt eines Asynchronmotors und eine zwei-Punkt Anbindung. Durch diese Maßnahmen wurde das Gesamtgewicht wesentlich reduziert. Neben dem kleineren Bauraum und damit geringeren Gewicht hat der Synchronmotor noch weitere Vorteile, wie z. B. einen besseren Wirkungsgrad sowie eine geringere Stromaufnahme.

Lenkweise ist wählbar

Im Fahrprofil »Individual« kann über den Touchscreen der Bedien- und Anzeigeeinheit zwischen der Lenkunterstützung »Normal« oder »Sport« gewählt werden. Im Steuergerät für Lenkhilfe J500 (3 in Bild 7) sind verschiedene Kennfelder für die Lenkungscharakteristik abgelegt, die je nach Einstellung aktiviert werden.
Das Golf-Lenksystem (Bild 7) besteht aus dem Lenkgetriebe (4) mit Anbauteilen (1, 5 und 6) und dem Elektromotor (2) mit Steuergerät (3). Die Unterstützungsleistung des parallel zur Zahnstange angeflanschten Elektromotors wird über das EPS-Ritzel (1) auf die Zahnstange übertragen. Das Lenkgetriebe ist auf dem Hilfsrahmen (dem Aggregateträger) der Vorderachse montiert.

Vorsicht bei Reparaturen

Vermeiden Sie Schäden an elektronischen Bauteilen der Servolenkung und Folgeschäden, die Sie teuer zu stehen kommen. Durch fehlerhafte Instandsetzung kann die Servounterstützung beim Lenken ausfallen. Von der Lenkung hängt aber die Fahrsicherheit sehr

8

Lenksäule-Lenkgetriebe: (1) Lenkgetriebe, (2) Torsionsstab, (3) Lenksäule mit Verstellmechanismus, (4) Lenkrad.

7

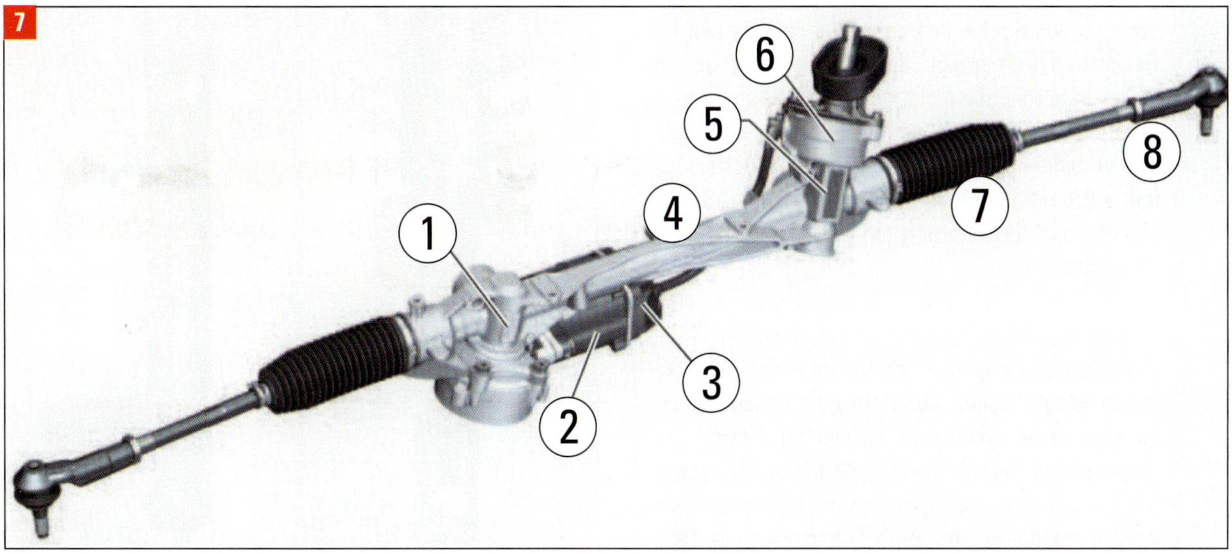

Elektromechanische Servolenkung: (1) EPS-Ritzel, (2) Synchronmotor für elektromechanische Servolenkung, (3) Steuergerät ECU, (4) Lenkgetriebe, (5) Lenkritzel, (6) Lenkwinkelgeber/Lenkmomentgeber, (7) Faltenbalg, (8) Spurstange/-kopf.

WISSENSWERTES

Stabilisierung durch ESP

Elektronisches Stabilitätsprogramm – ESP heißt bei Volkswagen und anderen Herstellern ein System, mit dem ein Fahrzeug bis an die physikalische Grenze stabil gegen Ausbrechen gehalten wird. Das Anti-Schleuderprogramm soll nicht etwa Fahrwerksschwächen kompensieren. ESP erhöht die aktive Fahrsicherheit: Der Wagen bleibt damit selbst in schwierigen und unerwarteten Situationen noch besser beherrschbar. ESP bewirkt in kritischen Fahrsituationen gezielte Bremseingriffe an einzelnen Rädern und eine bedarfsgerechte Anpassung der Motorleistung zur Stabilisierung des Fahrzeugs. Das gilt besonders in Kurven und bei plötzlichen Ausweichmanövern.

ESP erkennt eine fahrdynamisch kritische Situation beispielsweise an einem durchdrehenden Rad. Sofort wird ESP aktiv und bremst je nach Situation und Bedarf eins oder mehrere Räder gezielt ab. Zusätzlich wird, falls vom System als notwendig erkannt, automatisch das Motordrehmoment angepasst. So unterstützt ESP den Fahrer dabei, das Fahrzeug wieder zu stabilisieren. Natürlich kann aber auch ESP nur im Rahmen der fahrphysikalischen Gesetze helfend eingreifen.

Herzstück des Stabilitäts-Programms ist ein Geschwindigkeitsmesser. Er verfolgt ständig die Bewegung des Fahrzeugs um seine Hochachse und vergleicht den gemessenen Ist-Wert mit dem Sollwert, der sich aus der Lenkvorgabe des Fahrers und der Geschwindigkeit ergibt. Sobald das Fahrzeug von dieser Ideallinie abweicht, greift ESP ein und beeinflusst Schleuderbewegungen schon beim Entstehen. ESP verbindet die Funktionen von Anti-Blockier-System ABS und Antriebs-Schlupf-Regelung ASR bei gleichzeitiger Erweiterung um eine wirksame Fahrstabilitätshilfe.

Anhängerstabilisierung ist eine wichtige serienmäßige Zusatzfunktion des ESP. Im Rahmen der physikalischen Möglichkeiten kann sie den Pendelschwingungen eines Anhängers bereits im Ansatz entgegenwirken. Erst wenn ein zusätzliches Abbremsen zur Stabilisierung unumgänglich wird, passt die ESP-Anhängerstabilisierung auch automatisch die Fahrgeschwindigkeit an.

entscheidend ab. Defekte, falsche Einstellungen und fehlerhafte Reparaturarbeiten können fatale Auswirkungen haben.
Nach Unfall und bei Beschädigung der Vorderachse können verschiedene Lenkungsteile ersetzt werden. Aber selbst für die Fachwerkstatt sind oft nur das Ersetzen von Faltenbälgen, Spurstangen und Spurstangenköpfen (7 und 8 in Bild 7) üblich. Das Lenkgetriebe selbst muss bei Beanstandungen komplett ausgetauscht werden.

Weitere Features des Golf-Fahrwerks

Golf VII und der Variant von 2014 haben eine elektromechanische Feststellbremse (EPB) mit der Funktion »AutoHold«. Das Stabilisierungssystem (siehe Kasten) ist vom Typ ABS/ESP Continental MK 100. Neben dem üblichen Frontantrieb sind auch Golf-/Variant-Modelle mit dem Allradantrieb »4Motion« verfügbar. Die Fahrzeuge können ferner mit einem

- Normalfahrwerk,
- einem Sportfahrwerk (15 mm tiefer als normal),
- einem Schlechtwegefahrwerk (15 mm höher) oder
- Fahrwerk mit geregelten Dämpfern/DCC (10 mm tiefer als normal) ausgestattet werden.

Fahrwerksregelung DCC

Unter dem Kürzel DCC ist optional ein Steuerungssys-

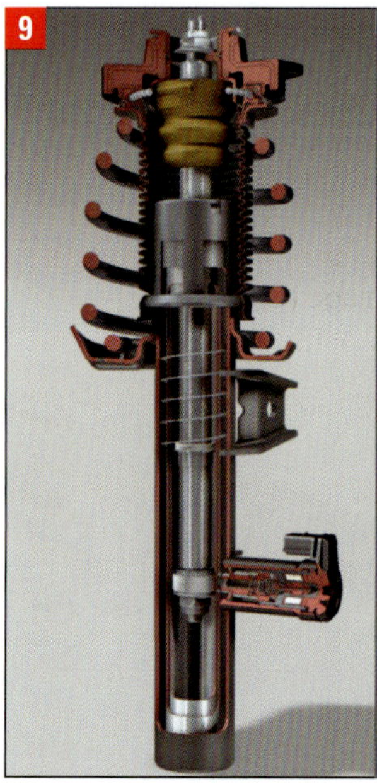
9

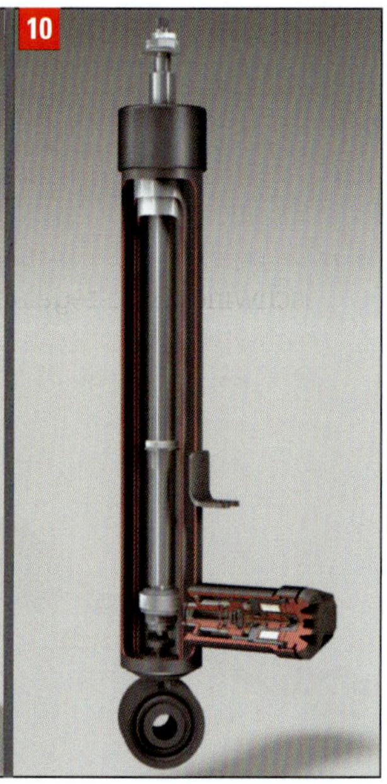
10

Verstelldämpfer: Bild 9 der anpassbare Dämpfer für das vordere Federbein, Bild 10 der Verstelldämpfer der Hinterachse.

tem zur permanenten Anpassung der Dämpfung (Bilder 9 und 10) an Fahrbahn und Fahrsituation erhältlich. Der Fahrer kann damit individuell die Fahrwerkszustände Sport, Comfort oder normal einstellen. Die adaptive Fahrwerksregelung DCC ist mit den selben Funktionsparametern auch für 18-Zoll-Räder zu erhalten. Für den DCC-Sportmodus kann zusätzlich eine Anpassung der Lenkunterstützung erworben werden, allerdings nicht für 18-Zoll-Räder und nicht für die TDI-Motoren unter 103 kW/140 PS.
Für häufiges Fahren auf beanspruchenden Strecken ist das »Schlechtwegefahrwerk« gedacht. Es verfügt über straffere Dämpfung und eine um 15 mm erhöhte Bodenfreiheit. Dieses Sonderfahrwerk ist aber nicht in Verbindung mit der adaptiven Regelung DCC, nicht für 17- und 18-Zoll-Leichtmetallräder, nicht in Verbindung mit Sportpaketen und nicht für den 81 kW/110 PS-TDI bestellbar. Zum Schlechtwegefahrwerk ist auch ein Triebwerksunterschutz erhältlich.

Die Assistenzsysteme

Die jüngste Golf-Generation zeichnet sich durch viele Fahrerassistenzsysteme aus, die häufig nur von Oberklassefahrzeugen bekannt sind. Zu diesen, im Einzelfall allerdings optionalen, Techniken gehören

- Automatische Distanzkontrolle (ACC) mit City Notbremsfunktion (CNB),
- Umfeldbeobachtungssystem (Front Assist),
- Abstandswarner,
- Multikollisionsbremse,
- Frontkamera,
- Spurhalteassistent (Lane Assist),
- Parklenkassistent 2.0 (PLA),
- Reifenkontrollanzeige (RKA),
- Müdigkeitserkennung (MKA),
- Geschwindigkeitsregelanlage (GRA),
- Geschwindigkeitsbegrenzer (Speed Limiter) und
- Parkdistanzkontrolle (PDC).

Leichter durch Optimierung

Ziel bei der Entwicklung des Fahrwerks des Golf 2013 war, die Fahrdynamik und den Fahrkomfort noch weiter zu steigern bei gleichzeitiger Gewichtsoptimierung und Kostenreduzierung. Und geringeres Bauteilgewicht bedeutet stets Absenkung des Verbrauchs und der damit verbundenen CO_2-Emissionen.
Die Gewichtsreduzierung beim Fahrwerk mit Vierlenkerachse um im besten Fall 11 kg gegenüber dem Vorgängermodell mit Vierlenkerachse resultiert aus einer Vielzahl von Einzelteiloptimierungen, dem Einsatz von hochfestem Material wie beim Querlenker sowie dem Einsatz von bionisch geformten Bauteilen wie Schwenklager und Lenkgetriebe-Gehäuse.

Der Sicherheitsfaktor Reifen

Auch ein ausgereiftes Auto wie der Golf VII ist nur dann sicher beherrschbar, wenn die vom Fahrwerk präzise geführten Räder optimal auf Lager, Federn, Dämpfer und Aufhängungen abgestimmt sind. Sie müssen mit Auf- und Abwärtsbewegungen genau so fertig werden wie mit den erheblichen Kräften beim Bremsen, beim Beschleunigen und in Kurven. Fährt der Wagen über Bodenwellen oder schnell durch eine Kurve, verändert sich fortwährend die Geometrie der Räder. Die Reifen dürfen aber nie den Kontakt zur Fahrbahn verlieren, weil sie dann keine Brems- und Lenkkräfte mehr übertragen können.
Reifenunterbau, Gummimischung und ein ausgefeiltes Reifenprofil lassen moderne Reifen daher einen wichtigen Beitrag zur passiven Sicherheit Ihres Golf leisten. Reifen tragen das Gewicht des Fahrzeugs, fangen kleinere Stöße der Fahrbahn ab und übertragen die Kräfte bei Antrieb, Bremsen und Kurvenfahrt. Die Reifen an den Vorderrädern (Bild 11) bringen es erfahrungsgemäß auf eine durchschnittliche Laufleistung von 50.000 bis 60.000 Kilometern, wenn bei mitt-

11

lerer Motorisierung und normaler Straßenbeschaffenheit ausgeglichen gefahren wird. An den Hinterrädern können die Reifen noch ein gutes Stück länger halten. Aber auch wenn Sie Ihr Fahrzeug nur selten bewegen, sind die Reifen spätestens nach sieben bis acht Jahren am Ende. Denn die Mischung des Gummis löst sich mit der Zeit auf.
Der Reifenverschleiß hängt von Motorisierung und Straßenbeschaffenheit, vor allem aber stark von Ihrer Fahrweise ab. So ist heftiges Aufprallen auf die Bordsteinkanten gefährlich. Dabei können Schäden an der Reifenstruktur auftreten, die zunächst unsichtbar sind. Die Gefahr von anfangs unsichtbaren Schäden besteht auch beim Parken, wenn der Reifen an die Bordsteinkante gequetscht wird oder nur auf einem Teil der Aufstandsfläche an einer Kante abgestellt wird. Vollbremsungen mit blockierenden Rädern können zu »Bremsplatten« führen: Der Reifen wird durch extreme Hitzeeinwirkung an einer Stelle erheblich abgeschliffen. Räder mit solchen »Bremsplatten« erzeugen Vibrationen. Sie müssen ausgetauscht werden.

Aufbau in Schichten

Die schlauchlosen Gürtelreifen Ihres Fahrzeugs (Bilder 11 und 14) sind in Schichten aufgebaut (Bild 12). Profil und Mischung des äußeren Laufstreifens (1) beeinflussen entscheidend die Eigenschaften. Die darunter liegende Base (2) senkt den Rollwiderstand. Die Stahlcordlagen (4) unter Nylonbandagen (3) steigern die Fahrstabilität. Form- und Festigkeitsträger des Reifens ist die Karkasse (5). Die Innenseele (6), eine gasdichte Schicht, ersetzt den früher üblichen Schlauch. Das Seitenteil (7) schützt die Karkasse vor Beschädigungen. Kernprofil (8) und Wulstverstärker (10) unterstützen Lenk- und Fahrpräzision und fördern die Fahrstabilität. Der Kern (9) sorgt für festen Sitz auf der Felge.

Bestimmungsgrößen für Reifen

Auf der Flanke eines Reifens befinden sich Ziffern und Buchstaben, mit denen die Hersteller die jeweiligen Reifendaten verschlüsseln (Bild 13). Den Autofahrer interessiert vor allem das Format des Reifens. 205/55 R 16 im Beispielbild bedeutet, dass der Reifenquerschnitt eine Breite von 205 Millimetern aufweist. Die zweite Zahl bestimmt das Verhältnis von Höhe und Breite, Im Beispiel 55 Prozent. Je kleiner dieses Verhältnis, umso flacher und breiter ist der Reifen.
»R« steht für die Radialbauart von Gürtelreifen. Falls eine Zahl dahinter steht, nennt sie den Durchmesser der Felge in Zoll. Welche Reifengrößen und Felgen für Ihr Fahrzeug zugelassen sind, steht in den Kfz-Papieren. Wenn Sie das Reifenformat bei Fahrzeugen mit eingebautem Navigationssystem wechseln, muss das

12

Reifenaufbau: Moderne Reifen wie an den Golf-Rädern ist in Schichten aufgebaut:
1 Laufstreifen und 2 Base,
3 Nylon-Spulbandagen und 4 Stahlcord-Gürtellagen,
5 Karkasse und 6 Innenseele,
7 Seitenteil,
8 Kernprofil und 9 Kern,
10 Wulstverstärker.

13

Reifendaten: Die Zahlen und Buchstaben auf der Flanke dieses Pirelli-Winterreifens haben folgende Bedeutung:
(1) zulässige Geschwindigkeit; P = bis 150 km/h,
(2) Breite in mm (205) und (3) Höhe zu Breite in % (55),
(4) Radialkarkasse (»R«) für Felgendurchmesser 16 Zoll,
(5) Last-Index: Hier für »Standard-Beladung«,
(6) Reifentyp Radial und (7) schlauchlose Bauart (tubeless),
(8) Herstellungsdatum 38. Woche 2001 (bereits überaltert).

System darauf eingestellt, also neu kalibriert werden. In der Abbildung bezeichnet die Ziffer 1 den Kennbuchstaben »P« für die zulässige Höchstgeschwindigkeit 150 km/h (es ist ein Winterreifen). »Q« steht für 160, »S« für 180 und »T« für 190 km/h. Ein Höchsttempo bis 210 km/h gilt für Reifen mit dem Kennbuchstaben »H«, »V« erlaubt 240 km/h Spitze. Für maximal 270 bzw. 300 km/h gelten die Geschwindigkeitssymbole »W« bzw. »Y«. Die Kennzeichnung mit P und Q findet sich normalerweise nur auf M+S-Reifen.

Bestimmungsgrößen für Felgen

Die Größe einer Felge gibt man nach Normvorschrift stets in Zoll an. Die Bezeichnung 6Jx 15 für die üblichste Golf-Felge bezeichnet eine Tiefbettfelge (x) mit einer Breite von 6 und einem Durchmesser von 15 Zoll. Der Buchstabe »J« steht für die Form des Felgenhorns. Eine weitere wichtige Bestimmungsgröße ist die Einpresstiefe ET (üblich beim Golf: ET 47 und ET 50, aber auch ET 54). Aufgrund des Einsatzes hochfester Dualphasen-Stähle wiegt die einzelne Stahlfelge nur knapp 7,6 kg für eine Radlast von 600 kg.

Räder und Reifen beim Golf VII

Golf und Variant »Trendline« werden serienmäßig mit 15-Zoll-Rädern (Stahl 6J x, Leichtmetall 6,5J x) und Reifen der Dimension 195/65 R 15 T oder V ausgerüstet. In den Ausstattungen »Comfortline« und »Highline« kommen 16-, 17- und 18-Zoll-Leichtmetallfelgen (6,5J x, 7J x, 7,5J x) und Reifen der Größen 205/55 R 16 H oder V bzw. 215/40 R 17 W und 225/45 R 17 W zum Einsatz. Wenn ein Notrad als Reserverad an Bord ist, hat es die Dimension T125/70 R 18.
Aktuelle Zubehörkataloge von VW weisen eine Vielzahl attraktiver Leichtmetallfelgen für den Golf VII aus. Klangvolle Namen stehen für eindrucksvolle Designs in silber, anthrazit oder »schwarz, glanzgedreht«. Wenn Sie andere Felgen (oder Reifen) montieren wollen als vorgegeben, brauchen Sie Teilgutachten von TÜV oder DEKRA und Eintrag der Zulassungsstelle.

Datum und ECE-Prüfnummer

Seit Januar 2000 sind Herstellungswoche und Jahr mit einer 4-stelligen Zahl auf den Reifen angegeben. So bedeuten »3801« und »3208« (Bilder 13 und 15), dass die Reifen in der 38. Produktionswoche des Jahres 2001 (schon zu alt) bzw. in der 32. Woche in 2008 (Wechsel steht bevor) hergestellt wurden. Bis Ende 1999 war das Datum der Herstellung mit einer dreistelligen »DOT«-Nummer, seit 1990 mit einem kleinen Dreieck dahinter angegeben. Falls sich noch solch ein »Uraltreifen« findet: 187 plus Dreieck besagt zum Bei-

14

15

16

Bild 14 Rad am Variant R: In den Größen 8 J x 18", 7,5 J x 18" und 7 J x 17" sind rund 20 Leichtmetallfelgen von »Volkswagen Original« oder »Volkswagen Individual« verfügbar.
Bild 15 DOT-Nummer: Die vierstellige Zahl gibt Woche und Jahr der Reifenherstellung an.
Bild 16 ECE-Prüfnummer: »E4« in Europa/Niederlande zugelassen.

spiel, dass er in der 18. Woche im Jahr 1997 produziert wurde.
Reifen, die nach dem 1. Oktober 1998 hergestellt wurden, müssen eine ECE-Prüfnummer auf der Reifenflanke tragen. Diese Nummer (»E« und eine Code-Zahl für das Zulassungsland, z. B. »4« wie in Bild 16 für die Niederlande) besagt, dass der Pneu typgeprüft entsprechend europäischem Qualitäts-Standard ist.
Diese europäische Prüfnummer gilt auch für viele andere Produkte. Um einen Eindruck zu geben, führen wir hier beispielhaft die ersten Zahlen mit Länderzuordnung aus einer Liste von inzwischen weit über 40 an: 1 Deutschland, 2 Frankreich, 3 Italien, 4 Niederlande, 5 Schweden, 6 Belgien, 7 Ungarn, 8 Tschechien, 9 Spanien. Der Code sagt also aus, in welchem Land das Produkt hergestellt und/oder zugelassen wurde.

Spezialisten für Schnee und Eis

Über Winterreifen, die auf kalter Fahrbahn sowie auf Schnee und Eis sicherer als Sommerreifen rollen, haben wir schon ausführlich im Kapitel »Fit durch den Winter« gesprochen. Wir möchten hier im Zusammenhang mit Rädern und Reifen nochmals auf dieses wichtige Thema eingehen.
Winterreifen werden aus einer Gummimischung mit hohem Anteil Naturkautschuk hergestellt, die bei Temperaturen unter sieben Grad, vor allem aber bei Eis und Schnee besser auf der Fahrbahn haftet. Voraussetzung für die gute Übertragung der Motor- und Bremskräfte auf die Straße ist jedoch ein Profil von mindestens 4,0 mm (Bild 15: Demo eines Internet-Portals) gegenüber der minimal zulässigen Profiltiefe von 1,6 mm (besser sind mindestens 2,0 mm) bei Sommerreifen. Weniger Profil als vier Millimeter ist nicht erlaubt und disqualifiziert den Reifen für den Winter.

Winterreifen auf Felgen montieren

Für einen Winterreifen genügt durchaus eine schmale Ausführung. Investieren Sie das für breitere Pneus gesparte Geld lieber in einen zweiten Satz passender Felgen. Das Ummontieren der Reifen im Frühjahr und Herbst kommt auf die Dauer viel teurer.
Viele Händler und Werkstätten lagern Ihre Winterräder gegen Gebühr bis zum nächsten Tausch. Die Räder müssen übrigens nach jeder Montage neu ausgewuchtet werden. Erhöhen Sie den Luftdruck um 0,2 bar. Zur Höchstgeschwindigkeit der Winterreifen kann ein Sticker ans Armaturenbrett!

Schneeketten feingliedrig wählen

Bei Schnee und Eis sind an den Vorderrädern Schneeketten zulässig. Auf Reifen bestimmter Formate dürfen allerdings keine Schneeketten aufgezogen werden. Informieren Sie sich (Fachwerkstatt), ob das bei Ihrem Fahrzeug der Fall ist.
Nehmen Sie Radzierblenden bei Schneekettenbetrieb ab. Die Radschrauben sollten dann mit Abdeckkappen aus der VW-Werkstatt gesichert werden. Verwenden Sie nur feingliedrige Schneeketten, die einschließlich Kettenschloss nicht mehr als 15 mm auftragen.

Räder richtig tauschen

Haben Sie ein neues Vollrad als Reserverad, können Sie Geld sparen, wenn das gleiche Fabrikat mit demselben Profil noch lieferbar ist. Dann kaufen Sie einen entsprechenden Reifen dazu und haben bereits eine Achse neu bereift.
Sie können den Kauf neuer Reifen auch hinausschieben, indem Sie die Räder jeweils einer Fahrzeugseite (gleiche Laufrichtung, also nicht über Kreuz!) gegeneinander austauschen. Der Abrieb der Reifen erfolgt so gleichmäßiger. Achten Sie beim Tausch der Reifen in jedem Fall darauf, dass Sie auf jeder Achse Reifen des gleichen Fabrikats, mit gleichem Profil und Alter montieren!

Zuverlässige Druckanzeige

Wesentlich für gutes Fahrverhalten und möglichst hohe Laufleistung ist der richtige Reifeninnendruck.

GEFAHRHINWEIS – Risikofaktor Reifeninnendruck

Ein schlecht oder gar nicht gewarteter Reifen kann sich zum Risikofaktor für Fahrer und Auto entwickeln. Fahren Sie zum Beispiel einen Reifen mit zu geringem Luftdruck unter sehr hoher Last, führt das nicht selten zu teilweisen Ablösungen an der Reifenlauffläche, wie wir sie auf Seite 80 im Bild zeigen.

Solche Schäden bleiben jedoch oft längere Zeit verborgen. Wird der vorher geschädigte Reifen dann bei einer längeren Fahrt stark beansprucht, ist meist die Katastrophe nicht mehr ausgeschlossen. Durch die enormen Fliehkräfte bei hohen Geschwindigkeiten können dann sogar einzelne Reifenteile abreißen.

Im neuen Golf setzt Volkswagen optional die innovative Reifendruckkontrollanzeige der zweiten Generation ein. Dies ist eine zuverlässige und intelligente Lösung. Wie ein herkömmliches indirekt messendes System erkennt sie den schnellen Druckverlust bei einer Reifenpanne, erfasst aber auch, an welchem Rad er auftritt.

Das neue System vergleicht auf übliche Weise die Drehzahlen der vier Räder miteinander und beobachtet darüber hinaus die Torsionsschwingungen, die durch die Anregungen von der Straße entstehen. Im Fall eines Druckverlusts ändert sich die Steifigkeit des Reifens und damit seine charakteristische Eigenfrequenz. Daher kann die Reifendruckkontrollanzeige auch registrieren, wenn alle vier Reifen gleichmäßig schleichend Luft verlieren. Dieser Effekt, der durch Diffusion verursacht wird, kann bis zu 0,1 bar pro Monat betragen und bei Nichterkennen am Ende zu einem massiven Schaden führen.

Ins ESP integriert, lässt sich die Reifendruckkontrollanzeige von wechselnden Bedingungen (beladener Kofferraum, Schneeketten oder Schotterpisten) nicht irritieren. Der Fahrer muss nur nach dem Aufpumpen der Reifen das System nach Betriebsanleitung neu kalibrieren. Im Gegensatz zu direkt messenden Techniken, die mit batteriegespeisten Sensoren an den Rädern operieren, benötigt die Reifendruckkontrollanzeige auf Lebenszeit keine Wartung oder Ersatzteile.

Das Reifenlaufbild

Abgenutzte Reifen lassen sich manchmal schon auf den ersten Blick, auf jeden Fall aber bei gründlicher Kontrolle erkennen. Es gibt diverse Erscheinungsformen dafür, auf die Sie achten sollten. Wir möchten die augenfälligsten hier kurz auflisten.

Häufige Abnutzungserscheinungen

- Außenseite (vorn) abgefahren: Zu flotte Fahrweise in Kurven. Evtl. gegen Hinterräder tauschen.
- Außenseiten stärker abgenutzt als Profilmitte: Reifen wurde lange mit niedrigem Luftdruck gefahren.
- Einseitig abgefahrene Laufflächen: Sind meist auf Sturzfehler zurückzuführen (Achsvermessung!).
- Gratbildung am Reifenprofil: Spurfehler, Achsvermessung angeraten.
- Abnutzung in Profilmitte (Bild 16): Reifen bauchen durch Fliehkraft aus, nutzen in der Mitte stärker ab.
- Schräges Profil (Bild 17): Falsche Radeinstellung.
- Starke Abnutzung: Bremsung mit blockiertem Rad führt oft zu diesen schon erwähnten »Bremsplatten«.

18

Profilmitte abgenutzt: Durch häufiges Fahren mit Höchstgeschwindigkeit und zu hohem Reifendruck.

19

Schräg abgefahren: Falsche Radstellung wird manchmal durch zu geringe Einpresstiefe von Felgen begünstigt.

■ Ungleiche Abnutzung: Meist durch Unwucht im Rad. Auswuchten erforderlich.

Die Unwucht

Unwucht macht sich durch Vibrationen am Lenkrad oder Schütteln im Vorderwagen bemerkbar. Ursache ist ungleichmäßige Gewichtsverteilung am Rad. .

■ Dynamische Unwucht kommt beim schnellen Drehen des Rades zur Wirkung. Die übergewichtige Stelle sitzt etwas nach außen bzw. innen versetzt. Das Rad flattert und wackelt bei schneller Fahrt.

■ Statische Unwucht zeigt sich beim Auspendeln des Rades (Wagen aufgebockt): Übergewicht geht nach unten. Ein Rad mit einer statischen Unwucht hüpft beim Fahren, die Stoßdämpfer verschleißen schneller.

Auswuchten

Diese Arbeit ist Sache der Werkstatt. Eine Auswuchtmaschine zeigt die Unwuchten am Rad. An die entsprechenden Stellen der Felgen werden Gewichte geklebt (Bild 18, Pfeile), die unrunden Lauf ausgleichen.

20

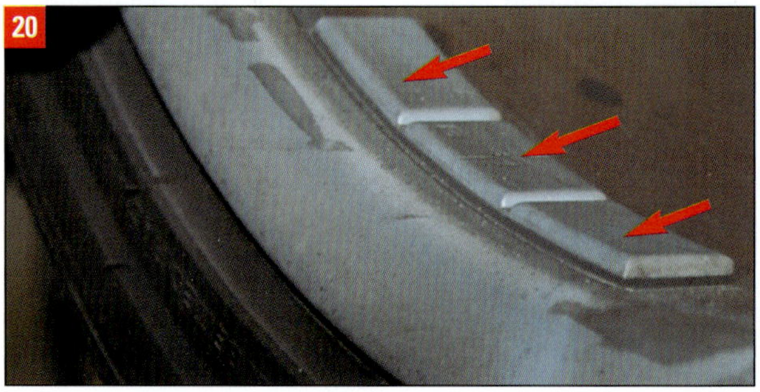

Zustand der Reifen kontrollieren

Die Vorderräder treiben das Fahrzeug an, lenken es und müssen die Hauptbelastung beim Bremsen aushalten. Sie sind schneller verschlissen als die hinteren Pneus. Schonen Sie die Reifen Ihres Wagens durch das Einhalten der folgenden

4 Grundregeln:

■ Reifen müssen zur Höchstgeschwindigkeit passen. Zu hohes Tempo bewirkt mehr Abrieb.

■ Nach längerer Fahrt die »Wärmeprobe« machen: Ist der Reifen handwarm, steht es gut um ihn. Heißer Gummi ist ein Alarmzeichen, das auf zu niedrigen Luftdruck (Bild 1: Abplatzung / Abriss als mögliche Folge) oder beschädigten Unterbau hinweist.

■ Bei häufiger Autobahnfahrt mit Höchsttempo sollten Sie am besten Reifen montieren, deren Geschwindigkeitsindex eine Klasse höher liegt als laut Fahrzeugschein.

■ Nicht mit der Reifenflanke am Bordstein schrammen! Über Bordsteine und Schwellen nur langsam und immer im rechten Winkel rollen.

Auf Druck, Schäden und Profil prüfen:

■ Die Reifen regelmäßig auf ihren **Luftdruck** kontrollieren. Der Reifeninnendruck entscheidet oftmals über Komfort und Spritverbrauch. Der in der Tankklappe Ihres Fahrzeugs angegebene optimale Druck bei unterschiedlichen Beladungszuständen sollte Ihre feste Orientierung sein. Dieser Wert sollte nicht unterschritten werden, aber Sie können ihn durchaus leicht erhöhen. Wer seinen Luftdruck um 0,2-0,4 bar erhöht, der fährt deutlich sparsamer. Allerdings leidet darunter der Komfort ein wenig.

1

■ Berücksichtigen Sie unbedingt, dass der Innendruck von Reifen jeweils einer Achse auch gleich sein muss. Zu Beachten ist auch, dass der Luftdruck an kalten Reifen getestet werden muss. Er ändert sich bei warmen Reifen.

■ Dann am besten den Wagen anheben oder auf jeden Fall aufbocken. Gründliche Reinigung (Bild 2) vor der Kontrolle auf **Schäden** wäre ideal.

■ Jedes Rad komplett durchdrehen. Steinchen (Bild 3) und andere Fremdkörper vorsichtig mit einem flachen Schraubendreher aus den Profillamellen entfernen. Finden sich Glasscherben oder Nägel in der Reifendecke, kann allerdings Luft entweichen!

■ Auf Unregelmäßigkeiten wie Einstiche, Schnitte, Risse und herausgebrochene Profilstücke achten. Bei Schäden kann Feuchtigkeit ins Reifeninnere dringen. Von außen ist aber nicht zu erkennen, ob der stabilisierende Stahlgürtel schon von Rost angefressen ist. Lassen Sie beschädigte Reifen zur Sicherheit vom Fachmann prüfen. Das gilt übrigens auch bei auffälligem Reifenabrieb.

■ PrüfenSie genau: Sind alle Reifen gleichmäßig abgefahren? Gibt es irgendwo Auswaschungen? Finden sich Beulen an den Seitenwänden (Flanken)? Dann kann der Reifenunterbau beschädigt sein.

■ Wenn die auf den Seiten 75 und 79 als eine der »häufigen Abnutzungserscheinungen« erwähnten Bremsplatten gefunden werden, die durch Vollbremsung entstanden sind, müssen die betroffenen Reifen ausgewechselt werden. Dies sind irreparable Schäden. Anders verhält es sich mit den

■ »**Standplatten**«. Diese können entstehen, wenn das Fahrzeug mehrere Wochen auf einer Stelle steht, ohne bewegt zu werden; wenn es nach dem Lackieren in die Trockenkabine der Lackieranlage gestellt wird; wenn es mit warmen Reifen in einer kühlen Garage oder einem anderen Unterstand für längere Zeit abgestellt wird. Auch zu geringer Reifenfülldruck kann Ursache für Standplatten sein.
Solche Platten können »herausgefahren« werden, allerdings möglichst nicht bei winterlichem Wetter: Reifenfülldruck kontrollieren und ggf. korrigieren, dann Autobahnfahrt von 20 bis 30 km bei 120 bis 150 km/h Geschwindigkeit. Danach Fahrzeug sofort anheben, Räder abschrauben und maschinell auswuchten (lassen).

■ Das **Reifenprofil** von Sommerreifen muss über die gesamte Lauffläche mindestens 1,6 mm, sollte aber besser mindestens 2 mm tief sein. Wie bereits mehrfach betont, liegt der Mindestwert für Winterreifen bei 4 mm.
Das Fahrverhalten Ihres Autos wird mit abnehmendem Profil schlechter, vor allem bei Nässe (»Aquaplaning«). Guten »Grip« gewährleistet dann eine Profiltiefe um 8 mm, wie sie neue Reifen aufweisen.

■ Reifen nach dem Sommer/Winter-Wechsel in der zweiten Saison nicht ohne gründlichen Check wieder einsetzen. Selbst ein neuer Reifen kann durch harten Aufprall mit Schädigung des Innenlebens oder durch falsche Lagerung durchaus unbrauchbar geworden sein.

■ ***Fazit:*** Das Thema Reifen nicht unterschätzen, Testergebnisse und Expertenwarnungen ernst nehmen, Unfall infolge mangelnder Wartung vermeiden. Beim Reifenkauf beachten: Sparen am falschen Ende kann gefährlich sein.

2

3

Auf das Euro-Label für Reifen achten

Seit 1. November 2012 müssen neue Autoreifen laut Verordnung des Europäischen Parlaments und des Rates vom November 2009 gekennzeichnet sein. Die pflichtgemäße Kennzeichnung (Banderole, Aufkleber wie im Bild) muss auf den Reifen oder in den Verkaufsstellen aller Reifen der Klassen C1 (Pkw), C2 und C3 gezeigt werden, die seit dem 1. Juli 2012 (DOT 2712) hergestellt wurden. Ziel ist die Steigerung der Sicherheit sowie der wirtschaftlichen und ökologischen Effizienz im Straßenverkehr durch die Förderung kraftstoffeffizienter und sicherer Reifen mit geringem Rollgeräusch.Allerdings werden auf dem Aufkleber nur drei Leistungskriterien gezeigt, während es zur Beurteilung der Qualität eines Reifens ca. 50 gibt.

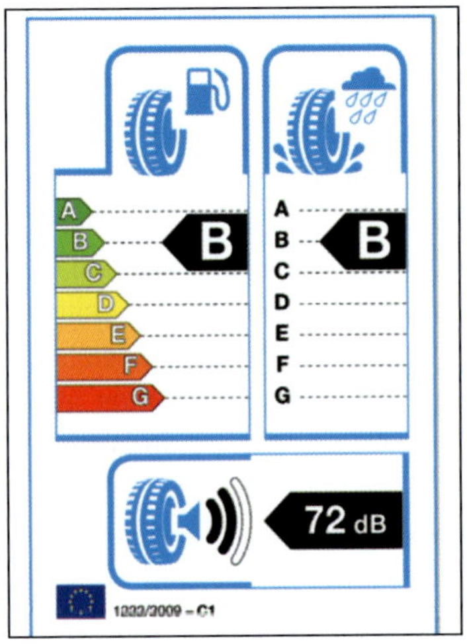

Hilfe bei der Auswahl: Die Kennzeichnung zeigt, wie sparsam, umweltfreundlich und sicher der Reifen ist.

Radeinstellung kontrollieren

Die richtige Stellung der Vorderräder entscheidet darüber, ob Ihr Fahrzeug auf ebener Strecke und in Kurven ruhig und sicher auf der Straße liegt. Nach harter Berührung des Bordsteins, bei verschlissenen Gelenken und Gummilagern oder durch unsachgemäße Reparaturen können die Geometrie der Vorderradaufhängung und damit das Fahrzeugverhalten spürbar gestört sein. Überprüfen Sie das bei einer kurzen Probefahrt. Dazu müssen beide Vorderreifen dieselbe Reifensorte und Profiltiefe aufweisen und den vorgeschriebenen Luftdruck haben.

Lenkgeometrie überprüfen

■ **Noch im Stand:** Stehen die Vorderräder symmetrisch zueinander? Ist das Reifenprofil gleichmäßig abgenutzt? Zeigen die Außenkanten stärkere Verschleißspuren als die Innenseiten? Das sind Anzeichen für falsche Radeinstellung.

■ **Bei der Fahrt:** Läuft das Auto auf ebener Fahrbahn und bei losgelassenem Lenkrad geradeaus? Zieht es zur Seite? Stellt sich die Lenkung nach Kurven von selbst geradeaus? Stehen die Lenkradspeichen bei Geradeausfahrt symmetrisch? Ein schief

1

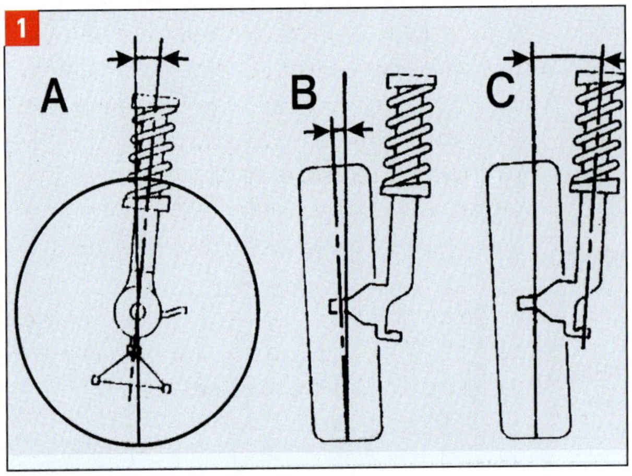

Lenkgeometrie – Die wichtigsten Radeinstellungen: A – Nachlauf, B – Radsturz, C – Spreizung.

2

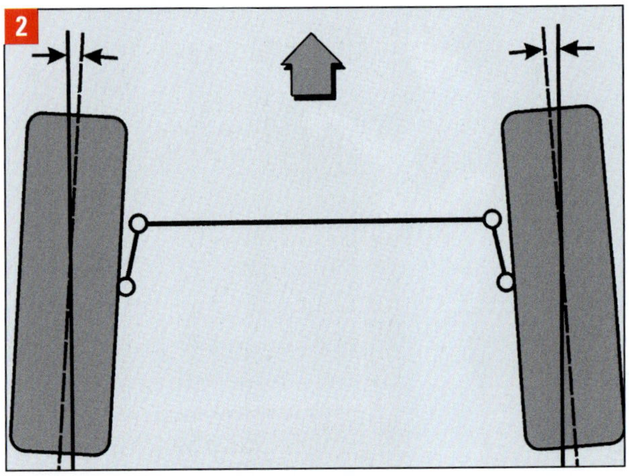

Lenkgeometrie – Der Stand der Räder: Schematische Darstellung der so genannten Vorspur.

sitzendes Lenkrad ist Zeichen für Spurfehler. Wenn Sie Anlass zum Zweifel an der Radeinstellung haben, wenden Sie sich unverzüglich an die Werkstatt zur präzisen Vermessung und ggf. Reparatur. Immer Vorder- und Hinterachse zusammen vermessen lassen.

■ **Vermessung:** Am besten geeignet ist die VW-Werkstatt. Autohersteller bestehen zumeist auf dem Einsatz der von ihnen freigegebenen Achsmessgeräte.

■ **Sollwerte:** Sie werden vom Fahrzeughersteller für beide Achsen vorgegeben und müssen bei der genauen Vermessung ermittelt werden. Es gibt solche Angaben zum Normalfahrwerk, zum Sportfahrwerk mit und ohne 18-Zoll-Räder und zum Schlechtwegefahrwerk. Das Fahrwerk für Ihr Fahrzeug ist über die PR-Nummer an unterster Stelle im 6. Block im Fahrzeugdatenträger definiert. Die Basisfahrwerke sind »2UA«, das Schlechtwegefahrwerk ist »2UB« und mit »2UC« werden die Sportfahrwerke gekennzeichnet. Modelle mit adaptiver Fahrwerksregelung (DCC) haben die PR-Nummern G01 und G03 (Basis) oder G02, G05 und G07 (Sport).

■ Nach diesen PR-Nummern im Fahrzeugdatenträger ermittelt die Werkstatt aus den VW-Vorgaben die geforderten Einstellwinkel für Sturz, Nachlauf, Spurdifferenzwinkel usw. (Bilder 1 und 2 sowie Kasten). Die Daten gelten für alle Motorisierungen und stets für fahrfertige Fahrzeuge mit Leergewicht. Dieses ist definiert ohne Fahrer, aber mit vollständig gefülltem Kraftstoffbehälter, vollem Wasserbehälter für Scheiben- und Scheinwerferreinigungsanlage, Reserverad, Bordwerkzeug und Wagenheber. Wichtig für viele Arbeiten am Fahrzeug ist die Standhöhe »a«, der senkrechte Abstand von der horizontalen Achsen-Mittellinie bis zur Radhausunterkante (Bild 3).

3

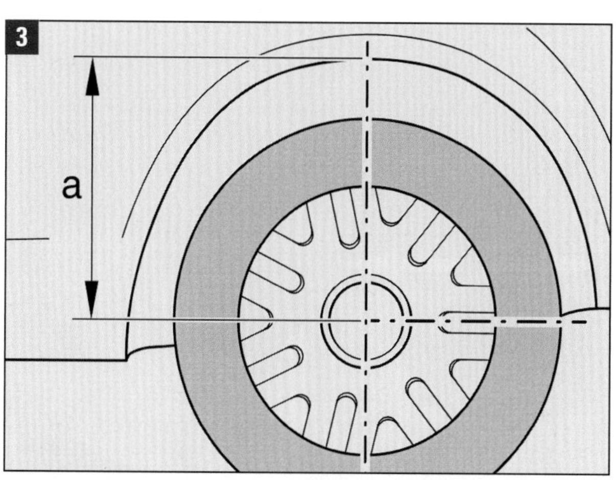

Standhöhe: »a« liegt vorn zwischen 360 und 372 mm und hinten zwischen 360 und 400 mm. Toleranz jeweils +/- 10 mm.

WISSENSWERTES

Begriffe der Lenkgeometrie

Von der Stellung der Vorderräder wird die Straßenlage wesentlich bestimmt. Man unterscheidet:
Nachlauf: Abstand (in Fahrtrichtung) zwischen der gedachten Verlängerungslinie der Lenkdrehachse zum Boden und dem Mittelpunkt der Reifenaufstandsfläche. Durch den Nachlauf werden die Räder gezogen (und nicht geschoben). Sie neigen deshalb dazu, sich von selbst geradeaus zu stellen und diese Stellung auch beizubehalten (A in Bild 1).

Sturz: Die Neigung des Rades zu einer Senkrechten. Vermindert Fahrbahnstöße auf die Teile der Lenkung, reduziert Lenkkräfte und Reibung der Räder auf der Fahrbahn. Die Vorderräder haben positiven Sturz. Sie stehen oben im Radkasten geringfügig weiter auseinander als unten am Boden (B in Bild 1).

Spreizung: Die Neigung der Lenkungsdrehachse zu einer Senkrechten. Denkt man sich eine Linie dieser Achse zum Boden und misst den Abstand zur Mittellinie durch das Rad (Mittelpunkt der Reifenaufstandsfläche), erhält man den Lenkrollradius. Dieser soll möglichst klein sein, um die Störkräfte in der Lenkung zu verringern. Die Spreizung bewirkt zusammen mit dem Nachlauf, dass sich bei eingeschlagenen Rädern das Fahrzeug etwas anhebt. Lässt man das Lenkrad los, stellen sich die Räder selbst in die Mittelstellung zurück (C in Bild 1).

Vorspur: Die Vorderräder stehen vorn enger zusammen als hinten (Bild 2). Das gleicht die Reibung zwischen Rad und Straße aus, die das linke Rad nach links und das rechte nach rechts drücken will. Die Vorspur verhindert Flattern der Räder und Radieren der Reifen. Bei der Fahrt durch eine Kurve schwenkt das kurveninnere Rad zur Unterstützung der Lenkbewegung und der Lenkkräfte stärker ein als das kurvenäußere. Die Vorspur geht in Nachspur über (Räder stehen hinten enger zusammen als vorn).

Spurdifferenzwinkel: Für die Vorderradaufhängung festgelegte Abweichung zwischen den Radeinschlagwinkeln bei Stellung eines Rades auf 20°.

Spiel am Radlager und am Achsgelenk prüfen

Laute Laufgeräusche, vor allem bei Kurvenfahrt, signalisieren oftmals Schäden am Radlager. Treten die Geräusche zum Beispiel in Rechtskurven auf, ist das linke Radlager defekt.
Radlager können nicht eingestellt werden, man muss sie bei Schäden austauschen. Das ist auf jeden Fall für die Lager der Vorderachse eine Sache für die Werkstatt. Lager, Laufringe, Nabe und Lenk-Schwenklager sind in engen Toleranzen gefertigt, die bei der Montage Spezialwerkzeuge erforderlich machen.

Radlagerspiel prüfen

■ Gut prüfen können Sie die Radlager auf etwaiges Spiel, wenn das Fahrzeug wie in Bild 1 leicht angehoben wird. Dazu das Rad kräftig in Querrichtung rütteln.

■ Die Kontrolle funktioniert aber auch im Stand. Stellen Sie den Wagen auf festem Boden ab. Packen Sie das Rad im oberen Bereich und versuchen Sie, es quer zum Wagen zu bewegen. Bei einwandfreien Lagern darf kein Spiel vorhanden sein.

■ Gibt es Spiel an den vorderen Radlagern, lassen Sie einen Helfer die Bremse treten. Wiederholen Sie die Kontrolle! Wenn immer noch Spiel festgestellt wird, müssen die Achsgelenke geprüft werden.

Spiel am Achsgelenk prüfen

■ Zur Prüfung des Axialspiels (Bild 2) müssen Sie am angehobenen Fahrzeug den Achslenker (oder auch das Rad) kräftig nach unten ziehen und wieder hochdrücken. Es darf kein Lager-

spiel erkennbar sein. Falls Spiel registriert wird, müssen Achsgelenke und Gleichlaufgelenke (»Tripodegelenke«) auf Schäden überprüft und im Schadensfall ausgetauscht werden. Allgemein gilt: Schadhafte Gelenke stets ersetzen!

■ Zur Prüfung des Radialspiels (Bild 3) am angehobenen Fahrzeug das Rad unten von beiden Seiten greifen und kräftig nach innen und außen drücken. Es darf wieder kein fühl- oder sichtbares Spiel vorhanden sein. Ist das Achsgelenk defekt, gilt wieder: austauschen!

■ Beim Prüfen von Axialspiel und Radialspiel am Achsgelenk immer auch den Gummibalg (Achsmanschette, roter Pfeil in den Bildern 2 und 3) prüfen. Spiel des Radlagers berücksichtigen.

■ Falls an den Lagern gearbeitet wird und dazu die Gelenkwellen radseitig nur lose verschraubt sind, darf das Lager nicht belastet werden, um Schäden zu vermeiden. Aus gleichem Grund Fahrzeug nicht bewegen, falls die Gelenkwelle ausgebaut wurde. In der Praxis wird dann anstatt der Gelenkwelle ein Außengelenk eingebaut und mit 50 Nm festgeschraubt.

Dichtbälge an Spurstange und Achsgelenken prüfen

Neuralgische Stellen am Fahrwerk werden mit Faltenbälgen oder Manschetten aus Gummi oder Hartkunststoff geschützt (Bild 1). Dazu gehören die Verbindungsstelle zwischen Zahnstange im Lenkgetriebe und Spurstange (1), das Spurstangengelenk zwischen Spurstange mit Spurstangenkopf und Radlagergehäuse (2) sowie äußeres (3) und inneres (4) Achsgelenk an der Gelenkwelle. Die Schutzhüllen sind ganz oder teilweise mit Fett ausgefüllt und dürfen nirgendwo beschädigt sein. Dringen durch einen schadhaften Balg Schmutz und Feuchtigkeit ein, können Lenkritzel und Zahnstange oder die empfindlichen Achsgelenke (Gleichlaufgelenke, Tripodegelenke) geschädigt werden. Eine verschlissene Manschette muss deshalb in

1

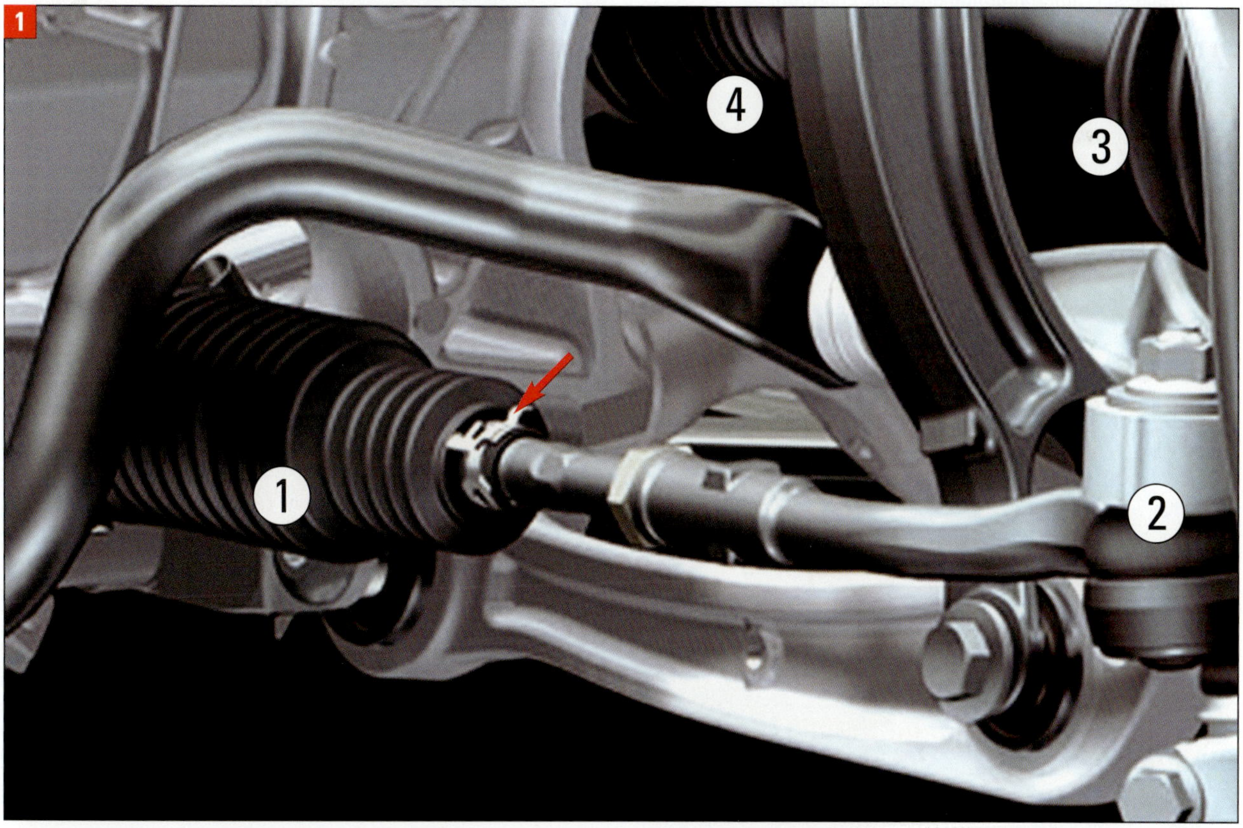

Dichtungsbälge und Manschetten am Fahrwerk: (1) Faltenbalg über Lenkzahnstange/Spurstange, (2) Manschette am Spurstangenkopf, (3) Kunststoff-Schutzhülle am äußeren und (4) Gummimanschette am inneren Achsgelenk. Pfeil: Klemmschelle.

regelmäßigen Kontrollen erkannt und sofort ersetzt werden.
Man kann zwar im Prinzip davon ausgehen, dass die Dichtbälge so gut wie absolut wartungsfrei sind. Die mit Schmierstoff gefüllten Schutzkappen (Pfeile in den Bildern 2, 3, 5) können aber im Fahrbetrieb und bei Montagearbeiten beschädigt werden, vor allem die Achsmanschetten durch die scharfkantigen Federbandschellen (bei hartem Lenkeinschlag; Bild 4).
Gibt es einen Riss, tritt Schmierfett aus. Dann dringen Feuchtigkeit und Staub ein und wirken zusammen mit dem Fett wie eine Schleifpaste. Das jeweilige Lager nimmt dadurch ganz erheblich Schaden und ist bereits nach kurzer Zeit verschlissen und nicht mehr verwendbar.
Prüfen Sie deshalb Manschettenfalten und Dichtungsbälge gründlich auf Beschädigungen und Fettaustritt. Wenn Achsgelenkmanschetten beschädigt sind, gilt ohnehin ganz rigoros: Gelenk austauschen!

Schutzhüllen prüfen:

- Gründlich den Faltenbalg am Lenkgetriebe (Bild 1) und die Schutzhülle am Spurstangengelenk (Bild 2) prüfen.

2
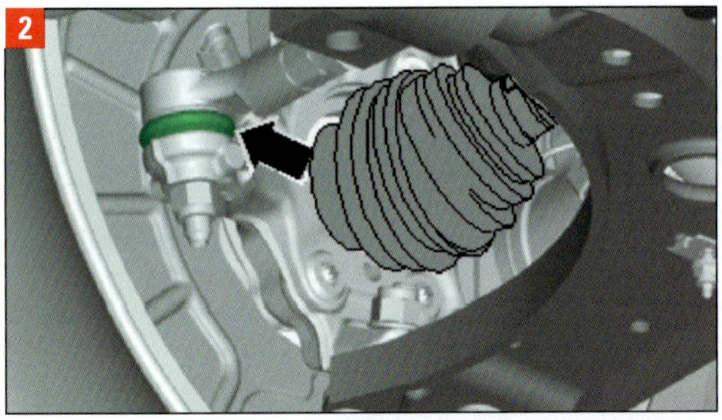

3
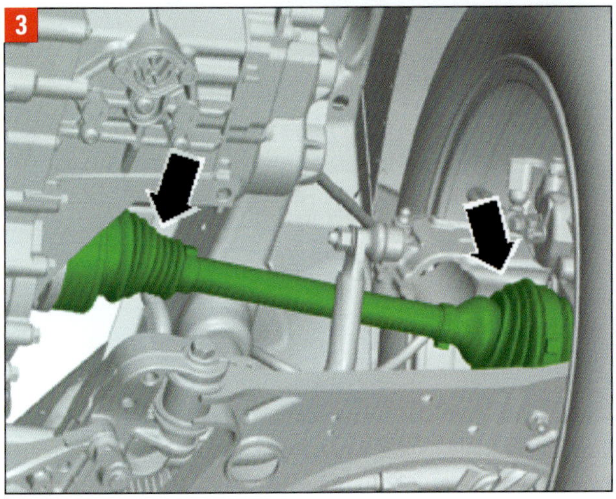

- Fahrzeug anheben oder von außen am Radlager vorbei tief in den Radkasten greifen. Ziehen Sie die Falten des Balgs auseinander und prüfen Sie im Licht einer starken Handlampe sorgfältig jede Falte auf Risse und Schlitze (Bild 4).

- Achten Sie darauf, dass die Faltenbälge auch nirgendwo verdrillt sind, was infolge von Montagearbeiten (Aus-/Einbau des Federbeins) möglich sein könnte.

- Wenn Schäden im frühen Stadium festgestellt werden: Manschetten erneuern. Original-Klemmschellen verwenden und diese mit passender Klemmzange festziehen.

4

5

Dürfen nicht beschädigt sein: Schutzhülle am Spurstangengelenk (Bild 2) und Gelenkschutzhüllen (Bilder 3 bis 5).

Lenkung auf Spiel, Lenksäule auf Schäden prüfen

Die äußerst direkt ansprechende elektromechanische Servolenkung (EPS, Electrical Power Steering; Bilder 1 und 2) trägt erheblich zur Geradeauslaufstabilität des Golf VII bei. Sie ist gekennzeichnet durch ein ausgesprochen harmonisches Lenkverhalten und vermittelt ein ausgeprägtes Lenkgefühl. Diese souveräne und sichere Situation am Volant schließt Lenkungsspiel praktisch völlig aus. Kontrollieren Sie dennoch immer einmal, ob die Lenkung noch einwandfrei und ohne Spiel reagiert.

Lenkungsspiel überprüfen

■ Die Räder geradeaus stellen. Greifen Sie von außen durchs geöffnete Fenster und drehen Sie das Lenkrad kurz hin und her.

■ Achten Sie auf die Felge, ob sich das Vorderrad wie erforderlich sofort mitbewegt. Der elastische Reifen ist für diese Kontrolle weniger gut geeignet, da er einen Teil des Einschlags schlucken kann, ehe er sich bewegt.

2

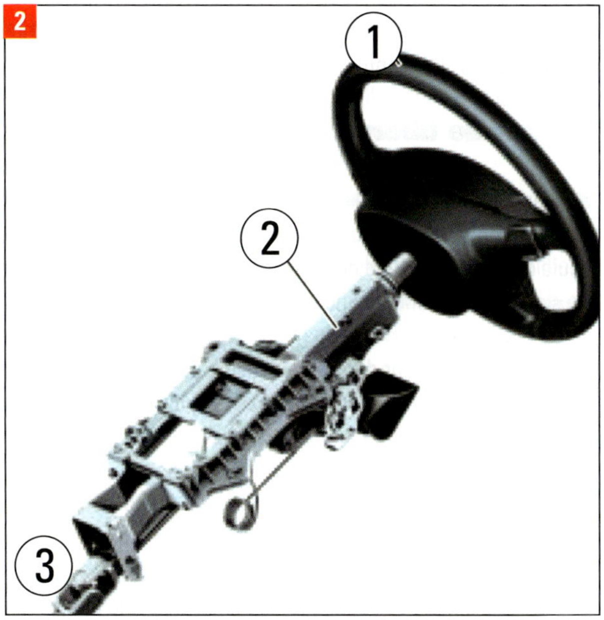

Servolenkung bedienen: (1) Lenkrad, (2) Lenksäule, (3) Kreuzgelenkwelle zum Lenkgetriebe.

1

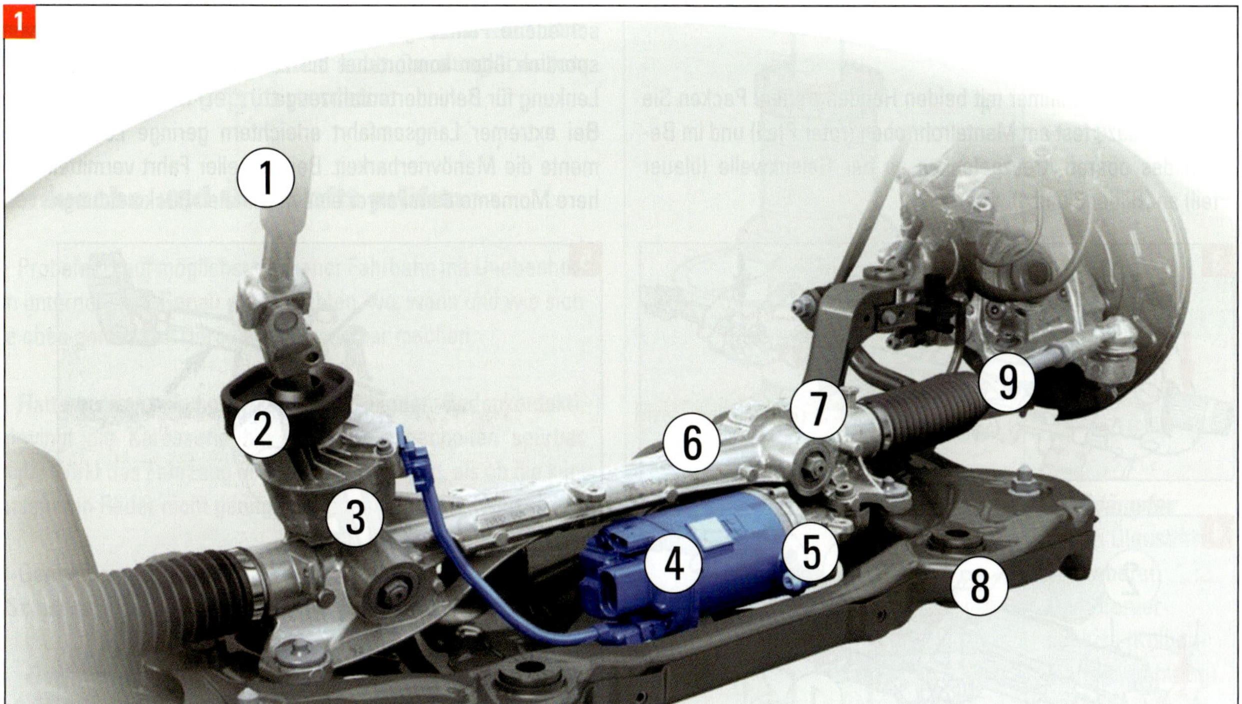

Elektromechanische Servolenkung: (1) Kreuzgelenkwelle, (2) Geber für Lenkmoment, (3) Lenkritzel, (4) Steuergerät, (5) Synchronmotor, (6) Lenkgetriebe mit Zahnstange, (7) Antriebsritzel, (8) Aggregateträger, (9) Spurstange mit -gelenk am Radlager.

Federbein aus- und einbauen

Der Ausbau des Federbeins verlangt Erfahrung und Spezialwerkzeug. Sie müssen das Fahrzeug anheben können (am besten auf der Hebebühne platziert), und sie brauchen einen Motor-/Getriebeheber, den Sie mit einer speziellen Aufnahme an der Radnabe festschrauben können. Bei VW sind das der Heber V.A.G 1383 A mit der Aufnahme T10149. An weiteren Werkzeugen benötigen Sie einen »Spreizer« (VW-Spezialwerkzeug 3424) mit Knarre und einen Drehmomentschlüssel (bei VW der Typ V.A.G 1332). Wir beschreiben diese Arbeit nur für wirklich geübte Schrauber.

So vorgehen:

■ **Ausbau:** Schraube für die Gelenkwelle an der Nabe (Pfeil in Bild 1) lösen. Das darf vollständig nicht geschehen, wenn das Rad auf der Erde steht, weil sonst das Radlager beschädigt werden könnte. Daher Radzierblende oder Abdeckkappe abziehen und beim stehenden Fahrzeug die Schraube zunächst nur um max. 90° lösen. Dann Fahrzeug so weit anheben, bis die Räder frei sind. Von einem Helfer Bremspedal betätigen lassen, die Schraube herausschrauben und Bremspedal loslassen.

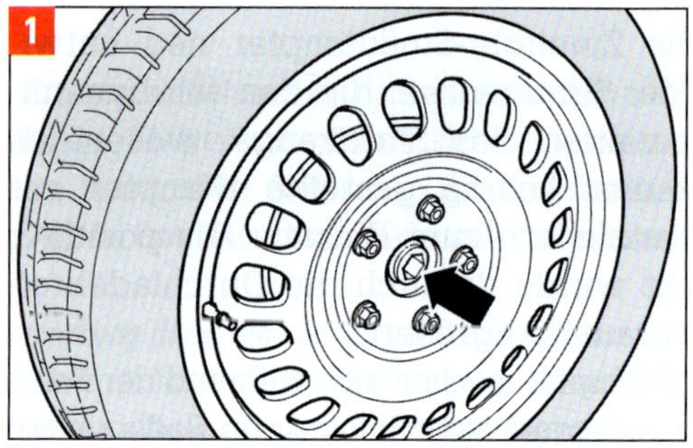

■ Das Rad abbauen. Sechskantmutter (Pfeil) der Koppelstange (1) vom Federbein unten abschrauben (Bild 2). Die Leitung für den Drehzahlfühler vom Federbein aushängen und bei Fahrzeugen mit Xenonlicht (automatische Leuchtweitenregelung) den Geber für Fahrzeugniveau vom Achslenker abschrauben.

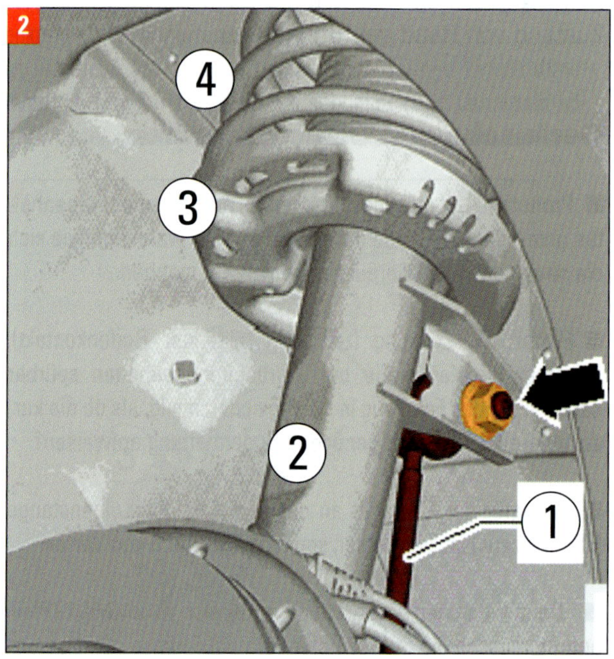

Federbeinunterteil: Pfeil = Sechskantmutter; (1) Koppelstange am (2) Stoßdämpfer des Federbeins, (3) unterer Federteller zur Aufnahme der (4) Stahlfeder des Federbeins der vorderen Radaufhängung.

PRAXISTIPP

Am Fahrwerk arbeiten

■ Schweiß- und Richtarbeiten an tragenden und Rad führenden Bauteilen der Radaufhängung und an Lenkungsteilen sind prinzipiell nicht zulässig. Beschädigte Teile dürfen nicht durch Schweißen repariert, sondern müssen erneuert werden.

■ Bei Arbeit auf der Hebebühne Fahrzeug zwischen den Säulen ausrichten und die vier Aufnahmeteller an den vorgeschriebenen Aufnahmepunkten unten an der Karosserie platzieren.

■ Abgelassenes Hydrauliköl darf nicht wieder verwendet werden.

■ Größte Sauberkeit beachten! Verbindungsstellen und deren Umgebung vor dem Lösen gründlich reinigen. Keine fasernden Lappen verwenden.

■ Ausgebaute Teile auf sauberer Unterlage ablegen. Abdecken, wenn die Reparatur nicht sofort erfolgt. Ersatzteile erst unmittelbar vor dem Einbau aus der Verpackung nehmen. Nur original verpackte Teile verwenden.

■ Geöffnete Bauteile bis zur Reparatur sorgfältig abdecken oder verschließen. Liegen Teile offen, darf nicht mit Druckluft gearbeitet und das Fahrzeug nicht bewegt werden.

■ Fehlerhafte Lenkgeometrie lässt sich weitgehend beim Fahren ergründen; die Vermessung der Radstellung ist Sache der Werkstatt (s. a. weiter vorn).

■ Die drei Muttern der Verschraubung am Radlagergehäuse (Pfeile in Bild 3) abschrauben.

■ Das Radlagergehäuse mit Achsgelenk aus dem Achslenker herausziehen, das Außengelenk der Gelenkwelle aus der Radnabe ziehen und die Gelenkwelle mit Bindedraht am Aufbau befestigen.
Unbedingt beachten: Die Gelenkwelle darf nicht herunterhängen, weil sonst das Innengelenk durch Überbeugen beschädigt wird. Dann Achsgelenk wieder mit Achslenker verschrauben.

3

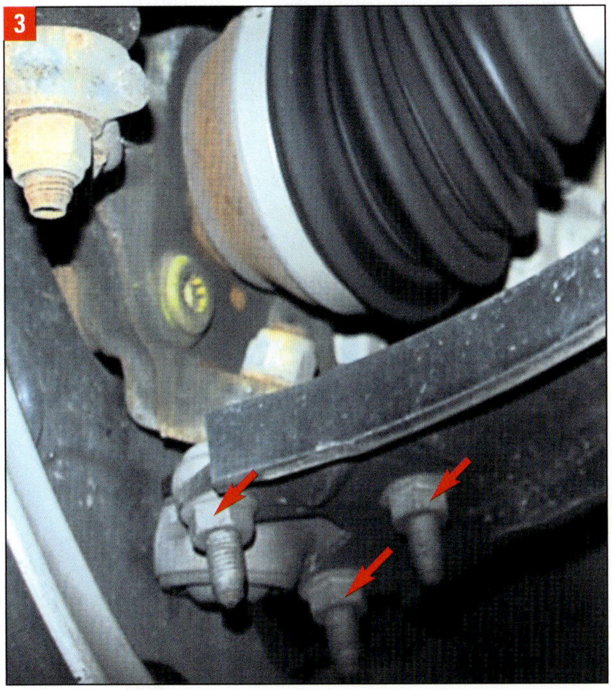

■ Nun kommt ein Motor-/Getriebeheber zum Einsatz. Er wird unter das auf der Hebebühne stehende Fahrzeug geschoben und die entsprechende Aufnahme (bei VW T10149) mit einer Radschraube an der Radnabe befestigt.

■ **Achtung:** Das Fahrzeug darf jetzt nicht mehr angehoben oder abgelassen werden, es könnte sonst von der Hebebühne abrutschen. Der Motor-/Getriebeheber darf auch nur für die kurze Zeit der Montage unter dem Fahrzeug stehen.

■ Die Schraubverbindung zwischen Radlagergehäuse und Federbein trennen.

■ Einen Spreizer (VW-Werkzeug 3424 mit Knarre) in den Schlitz der Federbeinaufnahme einsetzen. Die Knarre um 90° drehen und vom Spreizer abziehen. Mit der Hand auf die Bremsscheibe in Richtung Federbein drücken, damit sich das Dämpferrohr nicht in der Bohrung des Radlagergehäuses verkantet.

■ Radlagergehäuse nach unten vom Dämpferrohr abziehen und mit dem Heber so weit absenken, bis es frei hängt.

■ Radlagergehäuse mit Draht an der Konsole des Aggregateträgers festbinden und den Motor-/Getriebeheber unter dem Radlagegehäuse entfernen.

■ Da sich die Federbeindome unter der Wasserkastenabdeckung befinden: Dichtung der Wasserkastenabdeckung auf der gesamten Länge abziehen, Klammern ausclipsen, Wasserkastenabdeckung um maximal 60 mm anheben.

■ Die drei Sechskantschrauben (1 in Bild 4) für die obere Dämpferbefestigung vom Federbeindom abschrauben und das Federbein herausnehmen.

4

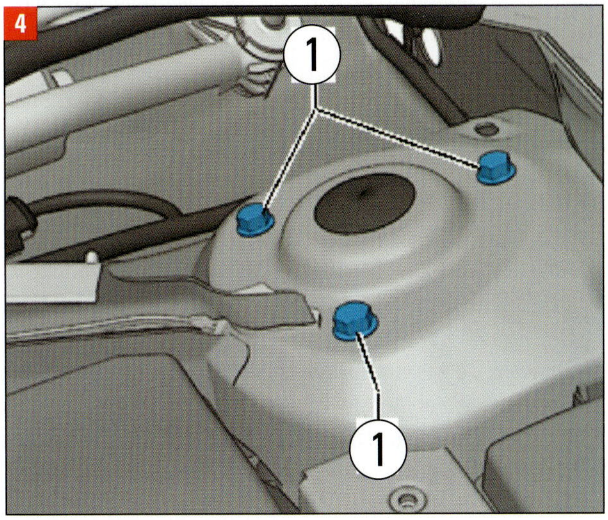

■ Der **Einbau** erfolgt in sinngemäß umgekehrter Reihenfolge. Federbein so positionieren, dass sich die beiden Pfeile am Federteller (siehe Bild 2, Seite 71) immer innen befinden. Einer der Pfeile muss in Fahrtrichtung zeigen.

■ Federbein einsetzen und die drei Sechskantschrauben für die obere Dämpferbefestigung (Bild 4) mit 15 Nm plus 90° festziehen, wozu ggf. eine kleine Stufen-Stehleiter benutzt werden muss. Motor- und Getriebeheber (wie V.A.G 1383 A) unter die Aufnahme (T10149) stellen und Radlagergehäuse sichern. Dann das Radlagergehäuse vom Aggregateträger losbinden.

■ Entsprechend Bild 3 die Muttern (Pfeile) abschrauben und das Radlagergehäuse mit Achsgelenk aus dem Achslenker herausziehen. Radlagergehäuse mit Motor- und Getriebeheber absenken und dann mit dem Heber nach oben drücken und dabei an das Federbein anfädeln Achsgelenk wieder mit Achslenker verschrauben. (Pfeile in Bild 3). Die Muttern werden mit 70 Nm

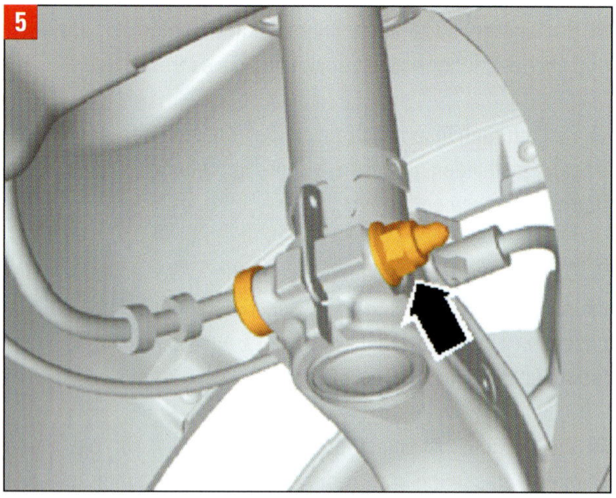

plus 180° festgezogen, also 70 Nm festziehen und dann eine halbe Drehung weiter drehen.

■ Radlagergehäuse weiter nach oben drücken, bis die Endposition am Federbein erreicht ist. Spreizer (3424) ausbauen.

■ Neue Schraube mit der Spitze in Fahrtrichtung einsetzen und das Radlagergehäuse mit neuer Mutter mit dem Federbein mit 70 Nm + 180° verschrauben (Bild 5). Der weitere Einbau erfolgt in umgekehrter Reihenfolge.

■ **Hinweis:** Details zum Fahrwerk wie die eben genannten zur Beschaffenheit der Achslenker sind aus der PR-Nummer im Fahrzeugdatenträger und auch aus einem Farbtupfencode zu erschließen, der sich auf allen Schraubenfedern vorn und hinten findet (Bild 6: an einer der vorderen Schraubenfedern am Federbein eines Golf »Highline«). Aus diesen Hinweisen kann in der Fachwerkstatt das Fahrwerk genau bestimmt werden.

Schraubenfeder ausbauen:

■ Den Federausbau vorn wie hinten können wir Ihnen hier nicht empfehlen, wir verweisen auf den entsprechenden Band unserer Reihe »Reparaturanleitung«. Die Arbeit ist nicht ungefährlich, Sie brauchen unbedingt ein Federspanngerät mit passenden Federhaltern und/oder Adaptern (bei Volkswagen sind das Geräte aus der Reihe 1752), das Stosdämpfer - Set »T10001«, eine handelsübliche Knarre und das Ring-Einsteckwerkzeug von Volkswagen V.A.G 1332/7-

■ Der Arbeitsablauf ist ansonsten relativ einfach: Schraubenfeder (7) des Federbeins mit Spanngerät vorspannen, bis Axialrillenkugellager (8) und Gummi-Metalllager (10) entlastet sind. Sechskantmutter (11) von der Kolbenstange des Dämpfers (2) abschrauben, Einzelteile abnehmen (Bild 7).

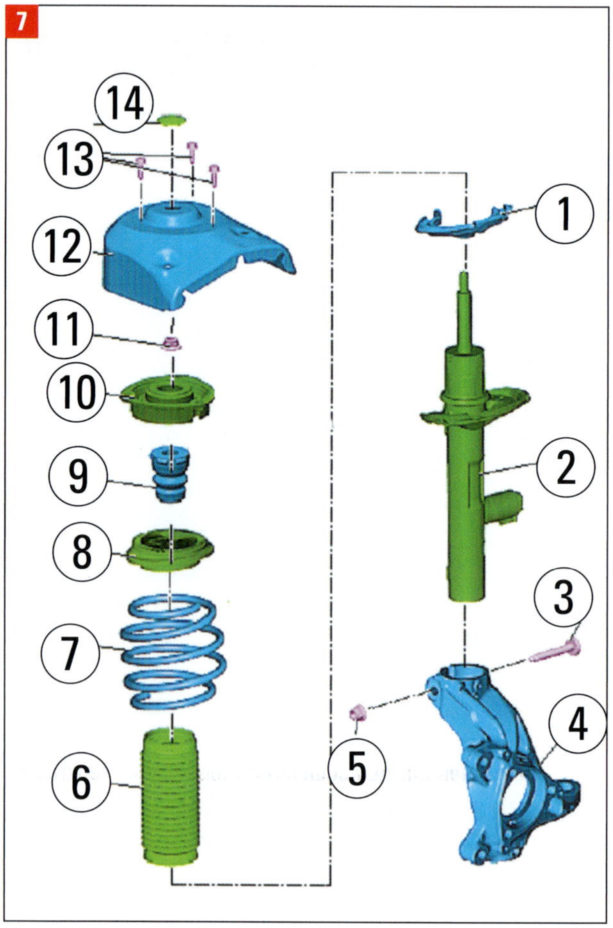

Aufbau des Federbeins: (1) Federauflage, (2) Stoßdämpfer, (3) Schraube 70 Nm + 180°, (4) Radlagergehäuse, (5) Mutter, (6) Schutzhülle, (7) Schraubenfeder; Oberfläche der Federwindung darf nicht beschädigt werden, (8) Axialrillenkugellager, (9) Anschlagpuffer, (10) Federbeinlager, (11) Mutter 60 Nm, (12) Karosserie vorn, (13) Schraube 15 Nm + 90°, (14) Abdeckung.
Anmerkung: Zu den Positionen 2, 4, 6, 8 und 9 gibt es unterschiedliche Ausführungen, »ETKA« beachten!

Stoßdämpfer und Federn hinten ausbauen

Wir demonstrieren den Ausbau der hinteren Federn und Dämpfer hier nur für die Verbundlenkerachse. Die Demontage von Schraubenfeder (4 in Bild 1) und Stoßdämpfer (2 in Bild 1) ist anspruchsvoll; wir verweisen wieder auf die Buchreihe »Reparaturanleitung«. Zum Federausbau brauchen Sie Federspanner mit -halter, zum Dämpferausbau Drehmomentschlüssel und eine geeignete Abstützung. Volkswagen empfiehlt Federspanngerät V.A.G 1752/1 sowie Motor- und Getriebeheber V.A.G 1383 A mit Aufnahme T10149.

Öl/Gas-Teile richtig entsorgen

PRAXISTIPP

Öl- und gasgefüllte Bauteile müssen umweltgerecht entsorgt werden. Deshalb sind die Stoßdämpfer des Golf (vorn und hinten) vor der Verschrottung zu entgasen und zu entleeren.

Stoßdämpfer

■ **Öffnen durch Anbohren:** Stoßdämpfer senkrecht mit der Kolbenstange nach unten in den Schraubstock einspannen. 20 mm von oben ein Loch von 3 mm Durchmesser durch das Außenrohr bohren. Gas entweichen lassen. Weiter bohren (25 mm tief), bis auch das innere Dämpferrohr durchbohrt ist.

■ Jetzt 60 mm von oben ein Loch von 6 mm Durchmesser durch Außen- und Innenrohr bohren.

■ Den auf diese Weise angebohrten Stoßdämpfer über einen Ölauffangbehälter halten, Öl auslaufen lassen. Kolbenstange mehrmals über den gesamten Hub hin und her bewegen, bis kein Öl mehr austritt.

■ **Öffnen mit Rohrschneider:** Stoßdämpfer senkrecht mit der Kolbenstange nach unten in den Schraubstock einspannen. Rund 20 mm von oben einen handelsüblichen Rohrschneider ansetzen und das Außenrohr durchtrennen. Das Gas entweicht.

■ Die Kolbenstange nach oben ziehen. Dabei das Innenrohr mit einer Zange festhalten und nach unten drücken. Beim langsamen Hochziehen der Kolbenstange verbleibt das innere im äußeren Rohr.

■ Kolbenstange völlig vom Innenrohr abziehen und das Öl aus dem Dämpfer in ein Auffanggefäß entleeren.

Achtung: Beim Bohren oder Sägen (mit dem Rohrschneider) Schutzbrille tragen!

Stoßdämpfer hinten aus-/einbauen

■ **Ausbau:** Radschrauben lösen, Fahrzeug anheben und Rad abbauen.

■ Radhausschale hinten ausbauen.

■ Bei Fahrzeugen mit Geber für Fahrzeugniveau die Schraube herausschrauben und den Hebel vom Geber G76 vom Achskörper abziehen.

■ Bei Fahrzeugen mit adaptiver Fahrwerksregelung DCC die Steckverbindung am Stoßdämpfer trennen und die Leitung vom Stoßdämpfer abziehen. Bei Feuchtigkeit im Steckerbereich die Kontakte am Dämpfer und Stecker mit Druckluft ausblasen.

1

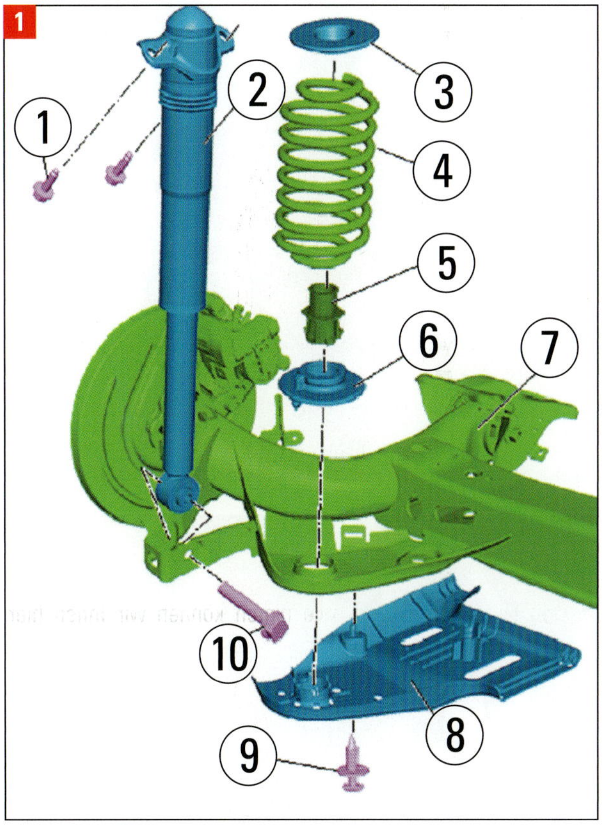

Stoßdämpfer und Feder hinten: (1) Schraube 50 Nm +45°, (2) Stoßdämpfer, (3) Federauflage oben, (4) Feder, (5) Klemmring, (6) Federauflage unten, (7) Achskörper, (8) Steinschlagschutz, (9) Spreizniet, (10) Schraube (Verschraubung in Leergewichtslagemit 70 Nm +180° festziehen). **Anmerkung:** Bild zeigt die Situation an der Verbundlenkerachse. Situation an Mehrlenkerachse ist ähnlich.

■ Federspanngerät (V.A.G 1752/1) mit Federhalter (V.A.G 1752/3) einsetzen und dabei auf den richtigen Sitz der Schraubenfeder im Federhalter achten (Unfallgefahr). Schraubenfeder so weit spannen, bis der Stoßdämpfer entlastet ist. Die beiden oberen Schrauben (1) für Stoßdämpfer (2) ausbauen (Bild 2).

■ Die untere Schraube (1) herausdrehen und Stoßdämpfer (2) herausnehmen (Bild 3).

■ **Einbau** in umgekehrter Reihenfolge. Die oberen Schrauben am Stoßdämpfer mit 50 Nm +180°, die untere Schraube mit 70Nm +180° festziehen. Bei Fahrzeugen mit Geber für Fahrzeugniveau Grundeinstellung für Raddämpfungselektronik.

Feder an Verbundlenkerachse

■ **Ausbau:** Radschrauben lösen, Fahrzeug anheben, Rad abbauen.

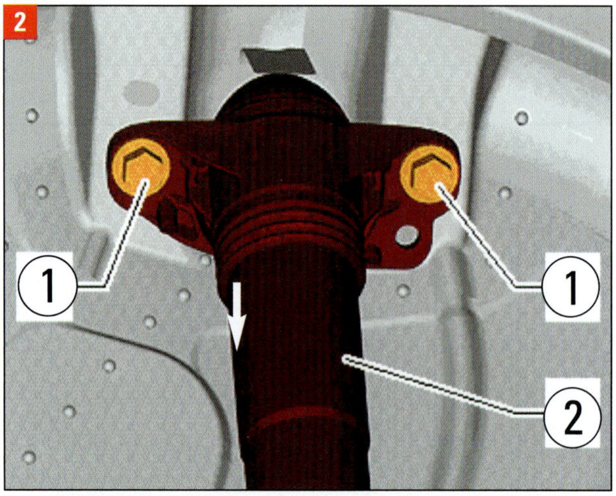

■ Clip (1) in Pfeilrichtung bis Anschlag herausziehen (Bild 4).

■ Federspanngerät (V.A.G 1752/1) mit Federhalter (V.A.G 1752/3) ansetzen und dabei auf richtigen Sitz der Schraubenfeder im Federhalter achten (Unfallgefahr).

■ Schraubenfeder so weit spannen, bis sie herausgenommen werden kann. Zum Zusammendrehen des Federspanngeräts einen Schlüssel oder eine Umschaltknarre verwenden.

■ **Einbau** in umgekehrter Reihenfolge. Dabei prüfen, ob die Unterlage nicht beschädigt ist und gegebenenfalls die Unterlage ersetzen.

■ Unterlage auf die Schraubenfeder unten aufsetzen. Der Federanfang muss am Anschlag der Federauflage unten anliegen.

■ Feder zusammen mit der Federauflage einbauen und beachten, dass die Federauflage unten einen Zapfen hat, der in die Bohrung der Verbundlenkerachse eingesetzt werden muss.

■ Die Federauflage oben in das obere Federende einsetzen. Dabei muss die Wulst der Federauflage richtig an der Schraubenfeder anliegen.

■ Schraubenfeder entspannen, dabei die obere Federauflage auf die Nase der Karosserie aufsetzen.

■ Federspanngerät herausnehmen und Clip (1) entgegengesetzt der Pfeilrichtung (Bild 4) bis zum Anschlag eindrücken.

■ Rad anbauen, Fahrzeug absenken, und die Radschrauben mit 120 Nm festziehen.

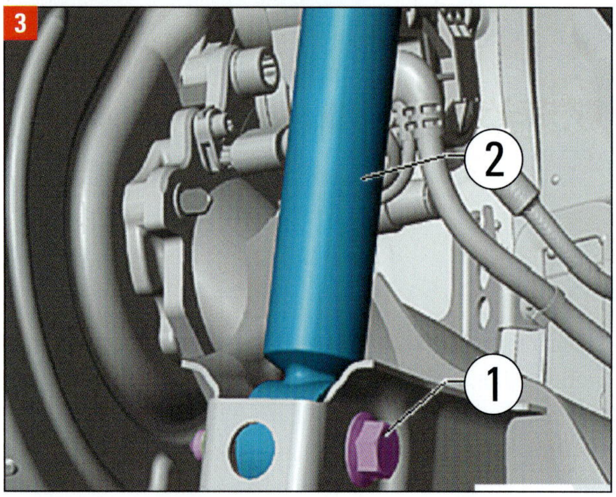

Stoßdämpfer hinten ausbauen: (1) Schrauben oben (Bild 2) und unten (Bild 3) am (2) Stoßdämpfer hinten.

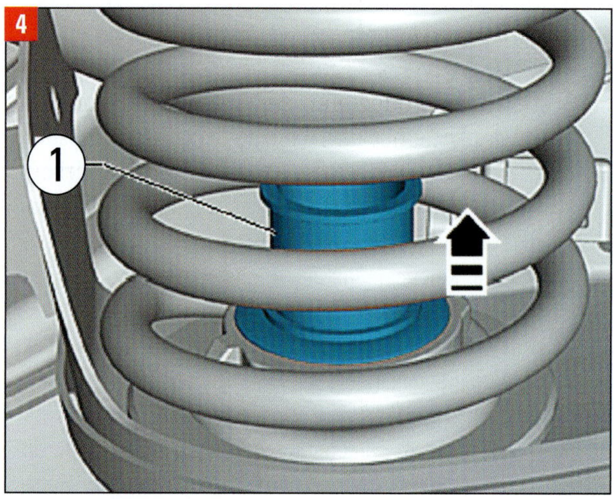

Schraubenfeder hinten aus-/einbauen: (1) Clip. Pfeil = in dieser Richtung Clip beim Ausbau herausziehen.

Fahrwerktuning

Anleitung zum Fahrzeugtuning liefert in Deutschland der Verband der Automobiltuner e.V. (VDAT). Eine VDAT-Grafik beweist, dass dies in erster Linie an Rädern/Reifen und Fahrwerk gewünscht wird (Bild 1):

1

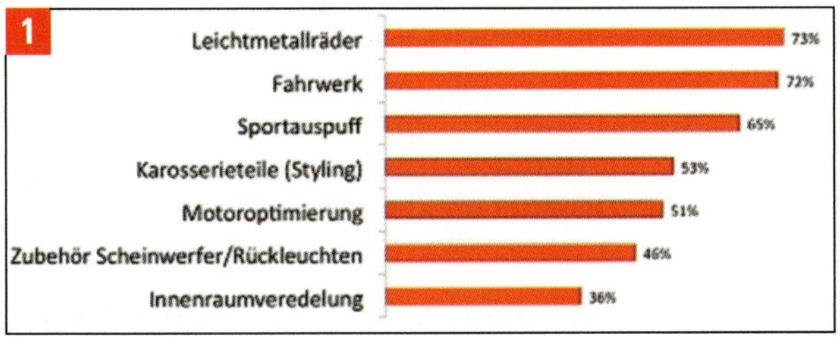

Grundgedanke jedes Tunings am Fahrwerk ist die Verbesserung des Fahrverhaltens bei sportlicher Fahrweise. Denn Tuning will als Fahrzeugveredelung verstanden werden.

Die Technik der führenden Hersteller entsprechender Komponenten verfeinert sich ständig, erklärt der VDAT auf seiner Website. »Ein Stoßdämpfer für ein straßenzugelassenes Sportfahrwerk repräsentiert heute den technischen Stand der Formel 1 vor etwa fünf Jahren«, wird betont. Die Qualitätsprodukte namhafter Hersteller von Sportfahrwerken werden demzufolge nicht zu niedrigen Preisen angeboten. Wer nicht nur Kosmetik oder Firlefanz für die Optik will, muss entsprechend in die Tasche greifen.

Es sind vor allem Fahrzeuge von VW, an denen individuelle Veränderungen vorgenommen werden. Nach VDAT-Statistik auf der Grundlage repräsentativer Befragung rangiert Volkswagen Jahr für Jahr stabil ganz vorn unter den Herstellern, deren Produkte gern »getunt« werden (Bild 2). Die Firmen haben sich darauf eingestellt und produzieren selbst reichlich und vielfältig Originalzubehör fürs Tuning.

Es sind gerade auch junge Leute, die ihr Fahrzeug »veredeln« möchten. Laut DVAT-Erhebung sind Fahrer in der Altersgruppe 18 bis 21 Jahre zu fast 80% Tuner. Natürlich wird es da nicht in allen Fällen immer gleich um Sportfahrwerke gehen. Von den 22- bis 25-Jährigen bekennen sich 54% zum Tuning, dann nehmen die Zahlen rapide ab, und erst die finanzkräftigen über 60jährigen stellen mit 40% wieder eine nennenswerte Tuner-Fraktion.

2

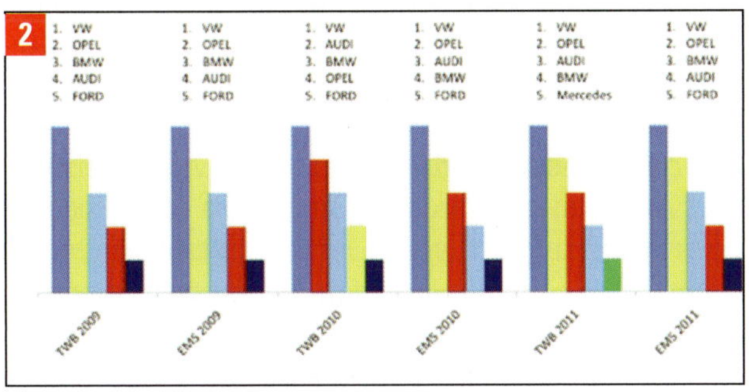

Wir empfehlen dringend, sich unter der Internet-Adresse

www.tune-it-safe.de

Rat zu holen. Dort ist man auch sicher: »Viele Autobesitzer, die es einmal mit Billigprodukten versucht haben, kehren zu den teureren namhaften Qualitätsprodukten zurück. Hier gibt es neben der besseren Leistungsfähigkeit des Fahrwerks auch entsprechende Garantieleistungen des Herstellers und die obligatorische Abnahme.«

Die Initiative »Tune It! Safe!« wurde vom Bundesverkehrsministerium gemeinsam mit dem VDAT ins Leben gerufen, um dem Sicherheitsrisiko durch Tuning effizient zu begegnen. Der vor allem bei jungen Tuningfans verbreiteten Unwissenheit hinsichtlich von Plagiaten und gefälschten Teilegutachten soll durch eine breit angelegte Informationskampagne (Bild 3: Ausschnitt aus einem Magazin der Initiative) entgegengetreten werden. »Bei der Verwendung nicht zugelassener Elemente ... verspielt man nicht nur seinen Versicherungsschutz, sondern gefährdet auch noch Unbeteiligte!«, wird betont.

3

PRODUKTPIRATERIE

Dass die deutschen Tuner in ihrer Branche weltweit führend sind, wirkt sich leider auch negativ in Form ständig wachsender Produktpiraterie aus. Hand in Hand mit den internationalen Justizbehörden kämpft der VDAT e.V., der Verband Deutscher Automobil-Tuner, gegen die internationale Produktpiraterie. Weltweit entstehen den VDAT-Mitgliedern durch Raubkopien Schäden in dreistelliger Millionenhöhe. Noch schwerwiegender ist aber die Tatsache, dass derartige Plagiate keine TÜV-Prüfung absolviert haben und so eine immense Gefahr für den Straßenverkehr darstellen können.

GEFÄLSCHTE TUNINGTEILE

KÖNNEN LEBENSGEFÄHRLICH SEIN!

ORIGINAL FÄLSCHUNG

ORIGINAL FÄLSCHUNG

Auf den ersten Blick kaum vom Original zu unterscheiden: Illegale Kopien entpuppen sich oft erst bei der Montage durch einen weit höheren Aufwand!

Man kann es kaum fassen. Gerade hat man ein neues Tuningteil gekauft, sich noch darüber gefreut, dass man ein paar EURO gespart hat – und dann das:

Das Teil ist gefälscht und man darf es noch nicht einmal einbauen, wenn man keinen Ärger mit der Polizei bekommen und weiterhin sicher fahren möchte. Dies passiert immer öfter, denn es wird in letzter Zeit eine alarmierende Häufung von frechen 1:1-Kopien von Aerodynamikteilen namhafter Tuner wie ELIA, JE-Design, Kamei, MS-Design, MTM, Zender und vielen anderen VDAT-Mitgliedern hergestellt, werden in billigem Polyester abgekupfert und oft sogar mit der Original-Herstellerkennzeichnung versehen. Die Teile werden dann im Internet oder auf Messen unter dem Namen des kopierten Tuners angeboten, besitzen aber selbstverständlich weder die Qualität des Originalteiles noch einen TÜV-Prüfbericht oder eine Allgemeine Betriebserlaubnis (ABE). Bestenfalls wird auf ein Materialgutachten hingewiesen, das aber das Papier, auf dem es kopiert ist, nicht wert ist und niemals zu einer legalen Eintragung in die Fahrzeugpapiere ausreicht.

noch mehr an Aufwand betreiben als die ebenfalls oft kopierte Modebranche. Denn außer in teure Designentwicklungen und Werkzeuge investieren die Tuner und Hersteller von Karosserieteilen zusätzlich in Materialprüfungen hinsichtlich Splittersicherheit und Entflammbarkeit. Dazu kommen Anbau- und Fahrversuche, bei denen Beeinträchtigungen der Fahrsicherheit durch eine veränderte Brem- erfüllen diese Voraussetzungen selbstverständlich nicht und sind zudem in Passform, Montageaufwand und Lackierfähigkeit mangelhaft.

Daher sollte beim Kauf von Tuningteilen nicht auf eine eventuelle kurzfristige Ersparnis geschaut werden, sondern auf

Räder und Reifen tunen

Volkswagen bietet über die Serienausstattungen hinaus zur Fahrzeugaufwertung eine ganze Palette bestens geeigneter Räder an. Drei Beispiele:

- Leichtmetallfelge anthrazit im 10-Speichen-Design, Typ »Motorsport«; 6 J x 16" für Reifen 205/55 R 16

- Aluminium-Gussräder, 10-Speichen, brillantsilber, Tiefbett, Größe 7J x 17" für Reifen 225/45 R17

- Leichtmetallfelge für Winterräder, brillantsilber, Größe 6 J x 15", ET 43, komplett mit Reifen Dunlop, Michelin oder Pirelli, 205/55 R16 91 H

Beachten Sie beim Rädertausch alle bereits gegebenen Hinweise zur richtigen Reifenmontage. Radschrauben müssen auf die Räder abgestimmt sein. Was die Behandlung von Radschrauben, Anlageflächen von Rad/Radnabe und Gewinde in der Radnabe angeht, gibt es widersprüchliche Hinweise. Volkswagen warnt davor, diese Stellen zu wachsen. Gewinde von Radschrauben sollen auch »niemals mit Schmiermitteln oder Korrosionsschutzmitteln« behandelt werden. Andererseits wird auch geraten, Radschrauben an Gewinde, Kalotte und Zwischenraum (zweigeteilte Schrauben) mit Optimol TA-G 052 109 A2 einzufetten.

Fahrzeug tiefer legen

Nicht nur etwa eine andere Reifengröße kann das Fahrverhalten entscheidend verändern. Je nach Fabrikat der Komponenten dazu gibt es ganz bestimmte Philosophien. Ist das eine Produkt im Grenzbereich harmlos und bewältigt spielend die gesteigerte Fahrdynamik, kann das nächste schon in Kombination mit einem Serienfahrwerk im Grenzbereich eher tückisch sein oder ganz einfach Eigenschaften zeigen, die ein härteres Fahrwerk nochmals verstärkt.

Wer es einfach haben will und die Kosten nicht scheut, kann beim Hersteller seines Fahrzeugs bleiben: Auf Wunsch liefert Volkswagen den Golf VII mit einem Sportfahrwerk aus. Das hat straffere Federn und Dämpfer und senkt die Karosserie 15 mm ab. Diese niedrigere Schwerpunktlage schafft schon äußerlich ein »scharfes« Bild und erhöht die Dynamik.

Reifendichtmittel verwenden

Eine echte Verbesserung stellt es dar, anstatt Reserverad oder Notreifen ein weniger platzaufwändiges und leichteres Pannenset an Bord zu haben. Es gibt ein solches Set auch speziell für Golf-Fahrzeuge. Das Set kann unter der Gepäckraumabdeckung untergebracht werden, wo sonst das Reserverad liegt. Es enthält einen Kompressor (elektrische Luftpumpe) und eine Flasche mit Reifendichtmittel (Bilder).

Es gibt aber zwei Dinge, die bei Verwendung des Sets beachtet werden müssen. Zum einen ist das Dichtmittel in der Flasche mit anzuschraubendem Füllschlauch nur begrenzt haltbar. Die Datumsangabe muss also kontinuierlich überprüft werden, wenn man nicht im Notfall ein nicht mehr verwendbares Set an Bord vor-

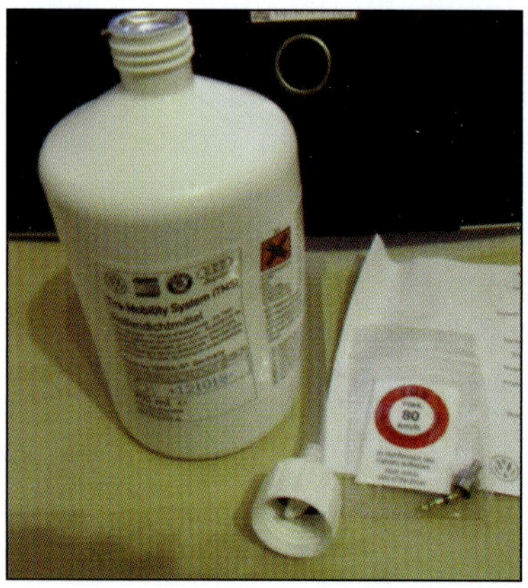

finden will. Desweiteren müssen Reifen, die mit Dichtmittel abgedichtet (also befüllt) wurden, vor einer Demontage entleert werden.

Das gesundheitsschädliche Mittel, das Augenreizung und Allergien verursachen kann, muss unter Sicherheitsvorkehrungen, vor allem Schutzhandschuhe, Schutzbrille, aus dem Reifen abgelassen werden. Dazu Reifen flach hinlegen, vorsichtig ein Loch in den Schulterbereich bohren, Dichtmittel abfließen lassen.

STÖRUNGSBEISTAND

Fahrwerk

Störung	Was kann das sein?	Was kann oder muss ich tun?
A schwammiges Fahrverhalten	**1** Reifen hat zu geringen Luftdruck	Luftdruck prüfen und einstellen
	2 Stoßdämpfer ist undicht	Ölverlust mit dem Finger prüfen. Wenn Öl am Finger bleibt: Dämpfer tauschen
	3 Stoßdämpfer vermutlich verschlissen	Kolbenstange auf Riefen und Abplatzungen prüfen
	4 Spurwerte stimmen nicht	Achsvermessung vornehmen lassen
	5 Federn erlahmt	Federn prüfen, ggf. austauschen
	6 Gummilager am Verbundlenker hinten	Evtl. (nach Prüfung) Gummilager erneuern lassen
B Reifen	**1** Starker, unregelmäßiger Verschleiß	Spurwerte stimmen nicht. Achsvermessung vornehmen lassen
	2 Verschleiß innen	Zu viel negativer Sturz. Einstellung ändern, Reifen erneuern
	3 Verschleiß außen	Zu viel positiver Sturz. Einstellung ändern, Reifen erneuern
	4 Verschleiß in der Mitte	Reifenfülldruck über lange Zeit zu hoch. Ändern, beachten!
	5 Verschleiß innen und außen	Reifenfülldruck über längere Zeit zu niedrig. Reifen erneuern, Druck richtig stellen
	6 Stoßdämpfer verschlissen	Stoßdämpfer prüfen (lassen) und ggf. austauschen
C Schütteln am Lenkrad	**1** Räder unwuchtig	Räder auswuchten lassen
	2 Spiel in der Lenkung	Lenkgetriebe überprüfen lassen
	3 Spiel in Fahrwerksteilen	Traggelenk und Spurstangen prüfen
...beim Bremsen	**4** Bremsscheiben verzogen	Neue Bremsscheiben und Beläge einbauen
D Geräusche bei Kurvenfahrt	**1** Radlager defekt	Richtige Seite durch Wechselkurven feststellen
	2 Spurwerte stimmen nicht	Reifenprofil kontrollieren (siehe B)

Bremsanlage: Zweikreis-Bremse und ESP

Ihr Golf verfügt über eine leistungsfähige Bremsanlage, denn die Modelle fahren 220, 244 oder gar 250 km/h Spitze bei, voll beladen, fast 2 t Gewicht. Das hydraulische Zweikreissystem besteht aus Unterdruckverstärker, Hauptbremszylinder, Scheibenbremsen vorn (Bild) und hinten sowie bewährten Regel- und Assistenzsystemen. Die Feststellbremse arbeitet elektromechanisch.

Die Zweikreis-Bremsanlage

Die StVZO (Straßenverkehrs-Zulassungsordnung) fordert für jedes Kfz zwei Bremsanlagen, die unabhängig voneinander arbeiten. Wenn ein System ausfällt, soll das andere das Fahrzeug immer noch abbremsen können. Deshalb verfügt auch Ihr Golf über eine diagonal aufgeteilte Zweikreisbremsanlage analog Bild 1: Ein Bremskreis ist für linkes Vorderrad (1) und rechtes Hinterrad (2), der andere für rechtes Vorderrad (3) und linkes Hinterrad (4) zuständig. Fällt ein Bremskreis aus, bleiben ein Vorder- und ein Hinterrad bremsfähig. Man muss kräftiger aufs Pedal steigen, es lässt sich weiter durchtreten, der Anhalteweg wird länger.

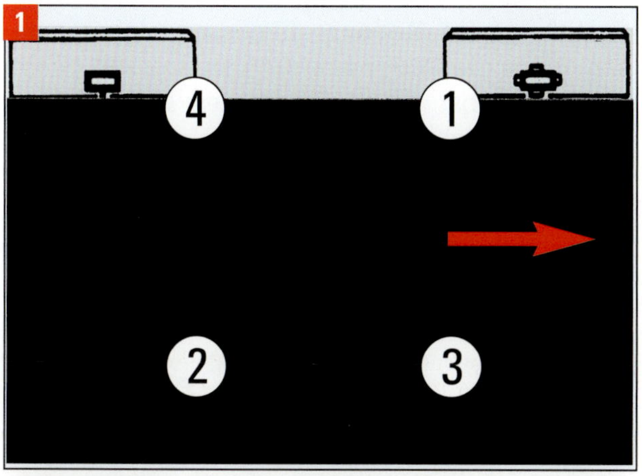

Hydraulik und Pneumatik

Beim Bremsen presst eine Druckstange am Pedal einen Doppelkolben in den Hauptbremszylinder (2). Dieser bildet mit dem Bremskraftverstärker (1) eine Einheit, weshalb man auch vom »Tandem-Hauptbremszylinder« spricht. Die Kolben übertragen die Fußkraft auf die in den Ausgleichs- oder Vorratsbehälter (3) eingefüllte und von dort über Bremsleitungen ins System verteilte Bremsflüssigkeit (Bilder 2 und 3).
Der hydraulische Druck wird in dem mit pneumatischem Unterdruck (Vakuum) versorgten Bremskraftverstärker etwa verdoppelt. Dieser bringt so etwa 60% der Bremskraft auf. Das Vakuum wird durch die »Unterdruckpumpe« erzeugt. Der hydraulische Systemdruck geht sodann über Leitungen zur »Hydraulikeinheit«.

Die Radbremsen des Golf VII

Schon seit der fünften Generation hat der Golf eine völlig neue Bremsanlage. Integraler Bestandteil ist seitdem als Standard der Marke eine Kombination von ABS, ESP und Bremsassistent (Dual Brake Assist). Die Bremsanlage zeichnet sich durch hervorragende Standfestigkeit, hohen Betätigungskomfort, kurze Ansprechzeiten und generell sehr kurze Bremswege aus. Den für alle Bremsen typischen kon-

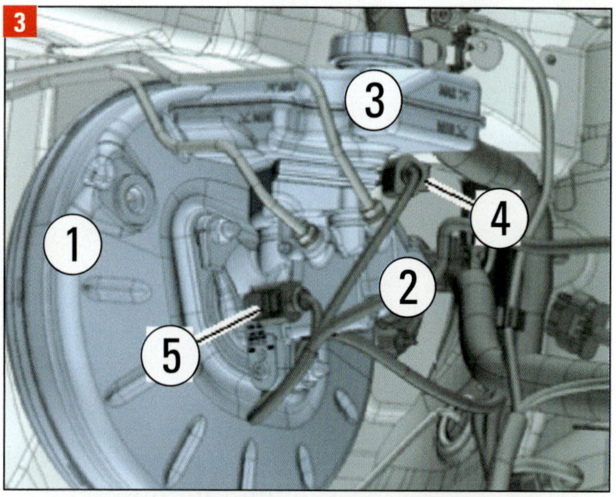

Bilder 2/3 Hydraulik-Komponenten von links/rechts:
(1) Bremskraftverstärker, (2) Hauptbremszylinder, (3) Bremsflüssigkeitsbehälter, (4) Stecker für den Warnkontakt zum Bremsflüssigkeitsstand, (5) Stecker für den Bremslichtschalter »F«.

struktiven Widerspruch zwischen sehr schnellem Ansprechverhalten und dennoch sehr guter Dosierbarkeit lösten die Entwickler mit einem neu konzipierten Bremskraftverstärker (BKV; Bilder 2 und 3).
Vorne kommen in allen Versionen des Golf innenbelüftete Scheibenbremsen zum Einsatz (Bilder 4 und 5). Je nach Motorisierung sind das Bremsen für 15- bis 17-Zoll-Felgen bei Scheibendurchmessern von 288 bis 340 mm. Die Bremsscheiben der Hinterachse (Bild 6) weisen in der Basisversion einen Durchmesser von 253 mm, im Falle der stärksten Antriebsstufe 272 mm auf. Wir bringen VW-Montage-Bilder und tabellarische Übersichten der einzelnen Bremsendaten auf den Seiten 102/103.
In diesen Tabellen nicht erfasst sind folgende Bestimmungsgrößen der Bremsanlage:

- Der Hauptbremszylinder hat in Abhängigkeit von der Motorisierung einen Durchmesser von 23,81 oder 25,4 mm.
- Der Bremskraftverstärker der von uns ausschließlich behandelten Linkslenker-Fahrzeuge hat motorabhängig einen Durchmesser von 10 oder 11 Zoll.

Standfeste Bremsbeläge

Vom Bremskraftverstärker setzt sich der Druck über Schlauch- und Rohrleitungen zu den Bremssätteln fort. Dort drücken die Kolben der Radbremszylinder die Bremsklötze gegen die Bremsscheiben. Beim Lösen des Bremspedals werden die Kolben und dadurch die Bremssättel von den Bremsscheiben zurückgezogen. Diese können dann wieder frei drehen.
Die modernen Bremsbeläge der Golf-Bremsen vereinen hohe und stabile Reibwerte mit geringer Neigung zum Fading (Nachlassen der Bremswirkung) selbst bei äußerst hoher Beanspruchung. Dank des Designs der Bremssättel und aller Felgen lässt sich die Reststärke der Bremsbeläge mit einem einfachen Werkzeug, ähnlich einem Reifenprofilmesser, sicher messen, ohne die Räder abbauen zu müssen (siehe später). Selbst wenn Sie dieses kleine Messwerkzeug nicht haben oder ausleihen können, so ist die Messmöglichkeit jedenfalls wertvoll bei der Service-Annahme Ihres Fahrzeugs.
Das Pedalgefühl ist straff und präzise. Diese exakte »Rückmeldung« ermöglicht es, die

4

Bremse vorn links: (1) Bremssattel mit (2) Bremsträger und (roter Pfeil) Bremsbelägen, (3) innenbelüftete Bremsscheibe, (4) Felge. Die Belagführungsflächen müssen leicht mit Lithium-Schmierfett »G 052150 A2« gefettet werden.

5

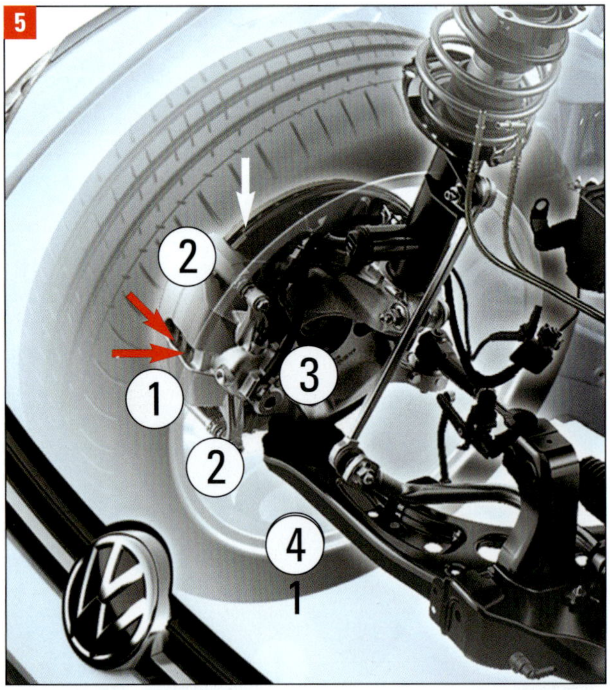

Bremse vorn rechts: (1) Bremssattel mit (2) Bremsträger, (3) Bremsschlauch mit Ringstutzen und Hohlschraube, (4) Felge. Weißer Pfeil: Bremsbelag-Verschleißanzeige (nur vorn rechts), rote Pfeile: Bremsbeläge.

Bremse mit niedriger Bedienkraft perfekt zu dosieren. Die angepasste Kennlinie des Bremskraftverstärkers unterstützt den Fahrer sehr wirkungsvoll.

Elektromechanische Bremse

Im Golf Modelljahr 2013 / Golf Variant Modelljahr 2014 wird erstmalig für diese Fahrzeugklasse eine elektromechanische Feststellbremse (»Elektronische Park-Bremse EPB«) der Firma Continental verbaut. Da auch die ESP-Einheit (Hydraulikeinheit) von Continental ist, wurde die Steuerung (VW-Bauteil J540) in das ABS-Steuergerät (VW-Bauteil J104) einbezogen. Das Bremsensteuergerät kann somit auch nicht einzeln gewechselt werden.
Die EPB ist rechts und links in den Bremssattel (2) der Hinterräder integriert. Mit Hilfe eines Elektromotors (links V282, rechts V283), eines zweistufigen Schneckentriebes und eines Spindeltriebes im »Aktuator« (1) wird der Befehl »Feststellbremse betätigen« in eine zielgerichtete Kraft umgesetzt, welche die Bremsbeläge (in 2) an die Bremsscheiben (3) anlegt (Bild 7).

Taster statt Handbremshebel

Statt Handbremshebel gibt es bei der elektrisch betätigten Feststell- oder Park-Bremse in der Mittelkonsole nur einen Taster (E538). Dadurch hat man mehr Ablagenplatz auf der Konsole zwischen den Vordersitzen. Sowohl die Kontrollleuchte für Bremsanlage im Kombiinstrument (K118) sowie eine Kontrollleuchte im Taster (K213) zeigen an, ob die Parkbremse aktiviert ist. Überdies vermittelt ein »Arbeitsgeräusch«, dass die Bremse geschlossen wird. Die mechanischen Bauteile dieser Bremse sind dabei so ausgelegt, dass sie auch bei Verlust der Bordnetzspannung das geparkte Fahrzeug sicher halten. Die elektromechanische Feststellbremse bietet neben der einfachen Bedienung per Taster noch die zusätzliche Komfort- und Sicherheitsfunktion »Auto Hold«.

Funktion »Auto Hold«

Diese Funktion mit Taster gleich hinter dem Parkbremstaster links neben dem Schalthebel in der Mittelkonsole verhindert, dass das Fahr-

Bremse hinten links: (1) Bremssattel mit (2) Bremsträger, der mit Federn die Bremsbeläge hält, (3) Bremsscheibe. Die Fotografik zeigt den Blick von außen auf die Felge und dahinter die Bremse.

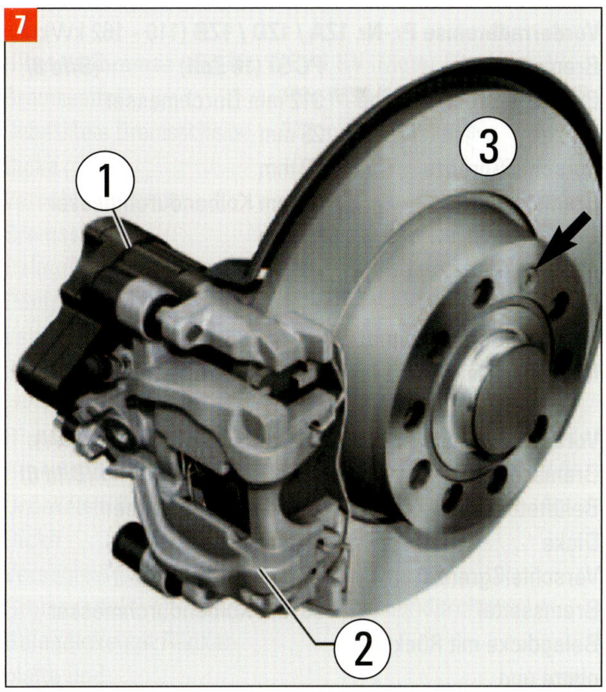

Elektromechanische Feststellbremse EPB: (1) Aktuator mit Elektromotor plus Schnecken- und Spindeltrieb, (2) Bremssattel mit Bremsträger plus Belägen, (3) (unbelüftete) Bremsscheibe. Pfeil: Schraube zur Scheibenmontage.

Die Bremsflüssigkeit

WISSENSWERTES

Da Bremsflüssigkeit hygroskopisch ist, nimmt sie u. a. durch undichte Bremsschläuche und Gummimanschetten Wasser auf. Um nicht Luftfeuchtigkeit aufzunehmen, muss sie in verschlossenen, gut abgedichteten Vorratsbehältern aufbewahrt werden. Durch Wasseraufnahme sinkt der Siedepunkt. Bei einem Wassergehalt von 3,5 Prozent liegt er nur noch bei 150 °C (kritische Grenze).

In diesem Fall können sich bei stark erhitzten Bremsen (Gebirgsfahrt, Vollbremsungen) Dampfblasen in der Bremsflüssigkeit bilden. Diese werden beim Bremsen zusammengepresst, das System kann keinen stabilen Bremsdruck aufbauen, das Pedal lässt sich tief durchtreten, die Bremsen können sogar ganz ausfallen. Zweijährlich möglichst im Frühjahr soll Bremsflüssigkeit daher gewechselt werden. Golf-Bremsflüssigkeit nach VW-Standard garantiert Betriebssicherheit und hohen Siedepunkt über die gesamte Gebrauchsdauer.

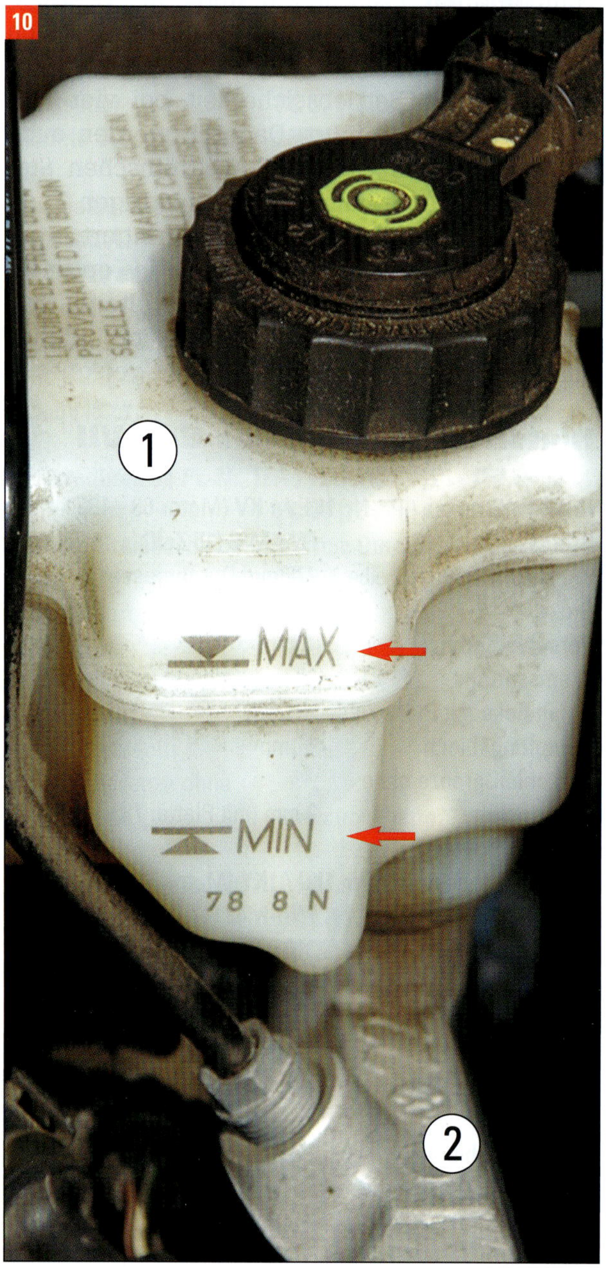

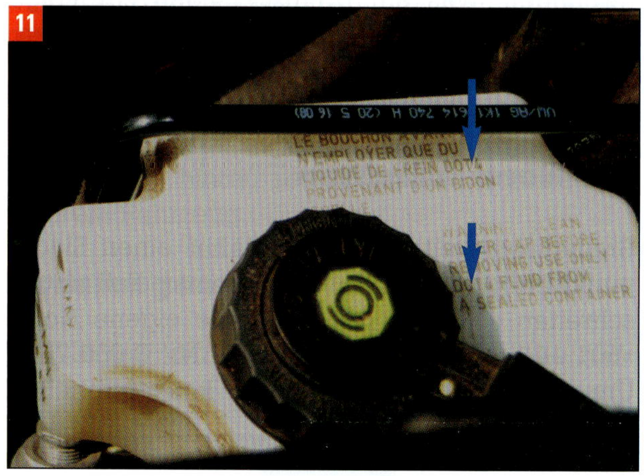

Bremsflüssigkeit: (1) Behälter, (2) Hauptbremszylinder. Rote Pfeile = Füllstand, blaue Pfeile = DOT-4-Norm.

ABS/ESP Continental MK 100

Die ESP-Einheit ist auf dem rechten Längsträger im Motorraum verbaut. Sie besteht aus dem Steuergerät für ABS J104 und der Hydraulikeinheit. Beim Golf 2013 kommen zwei Varianten des ESP-Aggregates der Produktfamilie Continental MK 100 zum Einsatz:

- ABS/ESP MK 100 für Fahrzeuge mit ACC + Direktschaltgetriebe (DSG)
- ABS/ESP MK 100 für Fahrzeuge mit ACC + Handschaltgetriebe oder ohne ACC.

Dabei bedeutet ACC »Adaptive Geschwindigkeitsregelung«, also Tempomat mit Einbeziehung des Abstands zu einem vorausfahrenden Auto. Neben den bekannten Funktionalitäten ABS, ESP, ASR usw. steuert das ESP-Aggregat noch die »Multikollisionsbremse«, die Automatische Distanzkontrolle (ACC), den »Front Assist« und die »City Notbremsfunktion«.

Das Steuerprogramm ESP

WISSENSWERTES

Durch das von VW und anderen Herstellern als »Elektronisches Stabilitätsprogramm - ESP« bezeichnete System wird ein Fahrzeug bis an die physikalische Grenze stabil gegen Ausbrechen. Der Wagen bleibt damit selbst in schwierigen und unerwarteten Situationen noch besser beherrschbar. ESP bewirkt gezielte Bremseingriffe an einzelnen Rädern und eine bedarfsgerechte Anpassung der Motorleistung zur Stabilisierung des Fahrzeugs, besonders in Kurven und bei plötzlichen Ausweichmanövern. Dreht ein Rad durch, bremst ESP die Räder gezielt ab und passt automatisch das Motordrehmoment an.

Beim ESP verfolgt ein Geschwindigkeitsmesser ständig die Bewegung des Fahrzeugs um seine Hochachse und vergleicht mit dem Sollwert aus Lenkvorgabe und Geschwindigkeit. Sobald das Fahrzeug von der Ideallinie abweicht, greift ESP ein und beeinflusst Schleuderbewegungen schon beim Entstehen.

Arbeiten an der Bremsanlage

Viele Arbeiten an der Bremsanlage, vor allem Wartungen, können Sie selbst ausführen. Auch bei einer intakten Bremsanlage kann zum Beispiel der Bremsflüssigkeits-Pegel sinken. Ursache ist der Verschleiß an den Bremsbelägen. Ein sinkender Pegel kann aber auch mit Defekten am Kupplungssystem zusammenhängen. Regelmäßige Kontrolle des Standes ist auf jeden Fall eine gute Wartungsarbeit.
Nach statistischen Erhebungen muss seit Jahren jedes fünfte Kraftfahrzeug auf deutschen Straßen wegen Mängeln an der Bremsanlage beanstandet werden. Die Sachverständigenorganisation DEKRA verweist immer wieder darauf, dass sehr viele Fahrzeuge mit Bremsflüssigkeit unzulänglicher Qualität unterwegs sind. Bei 20 Prozent der auf Bremsflüssigkeit überprüften Fahrzeuge wird der äußerst kritische Siedepunkt von 150 °C (neuwertige Bremsflüssigkeit: 270 bis 300 °C!) unterschritten. Das kann zum Versagen der Bremsen führen, weshalb der Wechsel aller zwei Jahre dringend zu empfehlen ist. Sie benötigen etwas mehr als einen Liter frische Bremsflüssigkeit nach der oben erläuterten Spezifikation (VW-Norm 501 14).
Kontrollieren Sie regelmäßig die Stärke der Bremsbeläge, mindestens jedoch alle 15.000 km oder einmal im Jahr. Bei einer Belagdicke von 7 mm einschließlich Rückenplatte haben die Beläge ihre Verschleißgrenze erreicht und müssen unbedingt ersetzt werden. Zur Prüfung von Scheiben und Bremsbelägen können Sie durch einen Raddurchbruch schauen. Dabei sind Handlampe, Spiegel und Schieblehre hilfreich. Die exakte Messung der Belagdicke verlangt allerdings meist den Ausbau der Räder (Bild 12). Kontrollieren Sie den Zustand der Bremsscheiben stets gemeinsam mit dem der Beläge.

Beläge / Scheiben paarweise tauschen

Beim Erneuern von Bremsbelägen beachten: grundsätzlich immer auf beiden Seiten austauschen! Mit neuen Bremsbelägen sollten Sie auf den ersten 200 Kilometern häufige Vollbremsungen vermeiden. Der Belag kann verhärten (»verglasen«) und erreicht dann nicht mehr seine beste Bremswirkung.
Bremsbeläge, die Sie weiter verwenden können, sollten Sie beim Ausbau kennzeichnen. Sie müssen an gleicher Stelle wieder eingebaut werden. Beachten Sie beim Radausbau die Schutzkappen über den Radschrauben! Sie müssen mit dem Ringhaken (Bordwerkzeug) herausgezogen werden (Bild 13).
Gelangt Luft ins Bremssystem, müssen Sie die Anlage

12

Bremsbelagdicke: »a« darf 2 mm nicht unterschreiten.

entlüften. Das gilt für alle Arbeiten, bei denen Sie die Bremsschläuche abnehmen oder die Bremsleitungen öffnen. Meist genügt es, wenn Sie nur den Bremskreis entlüften, an dem Sie gearbeitet haben.
Wirkt die Bremse an den Rädern ungleichmäßig, kann das an Korrosion an den Gleitflächen von Bremssattel und Bremszange liegen. Denn der Bremssattel wird dadurch schwergängig. Es können aber auch infolge einer defekten oder nachlässig montierten Staubmanschette Schmutz und Feuchtigkeit in das Bremssattelgehäuse eindringen. Wenn die Funktion des Kolbens durch solche Verunreinigungen gestört ist, muss er gründlich gereinigt werden. Dann ist der Ausbau des Kolbens angesagt (Buchreihe »Reparaturanleitung« oder Werkstattarbeit).

Rad abmontieren:
Bei Leichtmetallfelgen ohne extra Radzierblenden haben die Radschrauben Kunststoffkappen, die mit dem Haken aus dem Bordwerkzeug abgezogen werden.

Funktion und Dichtheit der Bremsen kontrollieren

Regelmäßige Kontrolle der Bremsanlage ist für Autofahrer die beste Lebensversicherung. Im Straßenverkehr entscheiden die Bremsen über Ihre Sicherheit und die anderer Verkehrsteilnehmer. Scheuen Sie sich nicht, die Räder abzunehmen und den Zustand von Bremsscheiben und Bremsbelägen gründlich zu prüfen!
Ans Schrauben sollten Sie sich nur dann wagen, wenn Sie sich wirklich auskennen. Suchen Sie sonst besser die Werkstatt auf. Beim Reinigen der Anlage fällt Bremsstaub an, der zu schweren gesundheitlichen Schäden führen kann. Niemals Bremsstaub einatmen! Immer strikt darauf achten, dass Mineralöl, Schmierfett o. Ä. nicht in die Bremsanlage gelangen.

Die einzelnen Prüfungen:

■ **Sichtprüfung:** Bremskraftverstärker, Hauptbremszylinder (Montage-Einheit mit Bremsflüssigkeitsbehälter links hinten im Motorraum; Bild 10 Seite 104) und Bremssättel auf Beschädigungen und Undichtigkeiten prüfen. Alle Anschlüsse und Verbindungen von Schläuchen und Rohrleitungen auf richtigen Sitz, Undichtigkeiten und Korrosion untersuchen. Auf dunkle und feuchte Flecken achten.

■ **Sichtprüfung:** Kontrollieren Sie besonders, ob Hydraulikleitungen geknickt oder Anschlüsse an der Hydraulikeinheit

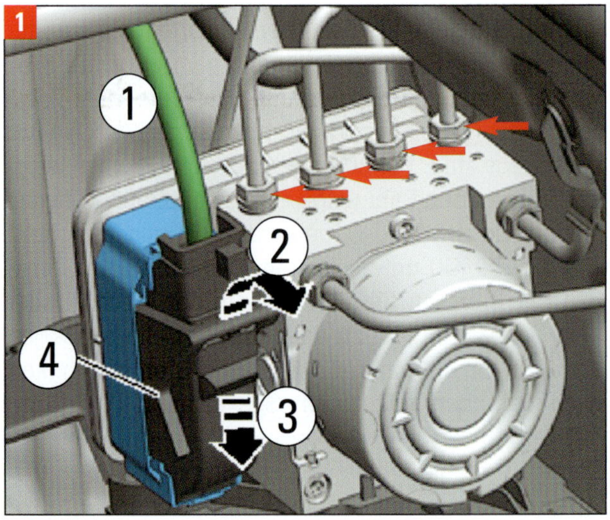

(Pfeile in Bild 1, Seite 106) undicht sind. Undichtigkeiten und Schmutznester am Hydrauliksystem beseitigen!

■ **Sichtprüfung:** Bremsschläuche dürfen nicht in sich verdreht und nirgendwo porös und brüchig sein. Bei maximalem Lenkeinschlag muss ihr Abstand zu anderen Achsteilen mindestens 15 mm betragen. Die Rastnasen der Leitungen müssen einwandfrei in den Haltern sitzen.

■ **Sichtprüfung:** Wenn Bremsschläuche, elektrische Leitungen (1), Sicherungsschieber (2), Steckerverriegelung (3) und elektrische Steckverbindungen (4; alle Positionen Bild 1) Scheuerstellen aufweisen und Schläuche feucht oder aufgequollen sind: auswechseln!

■ **Funktionsprüfung:** Eine Minute lang mit voller Kraft aufs Bremspedal treten. Das Pedal darf nicht nachgeben.

■ **Funktionsprüfung:** Auf 50 km/h beschleunigen, Lenkrad loslassen, Hände griffbereit halten. Zuerst sanft, dann scharf bis zum Stillstand bremsen. Fahrzeug soll die Spur halten. Nach dem Test auf leicht abschüssiger Strecke Fahrzeug aus dem Stand losrollen lassen. Drehen die Räder frei?

■ **Wärmeprobe / kalt:** Räder anfassen. Alle vier Felgen müssen gleich warm sein. Eine einzelne kalte Felge weist auf mangelhafte Bremsfunktion an diesem Rad hin.

■ **Wärmeprobe / warm:** Wenn eine Felge ungewöhnlich warm ist (oder wenn Ihnen das bei allen Felgen so scheint), muss weiter gesucht werden.

■ **Warme Bremse:** Ursache für zu hohe Temperatur können z. B. schleifende Bremsen oder defekte Radlager sein.

PRAXISTIPP

Kein Öl in die Bremsanlage!

■ Wird Mineralöl in der Bremsanlage festgestellt, müssen Hauptbremszylinder und Ausgleichsbehälter für Bremsflüssigkeit erneuert, die gesamte Bremsanlage mit neuer Bremsflüssigkeit durchgespült, alle Baugruppen mit Bestandteilen aus Gummi ausgewechselt und die Bremsanlage entlüftet werden.

■ Bremsbeläge sind Bestandteil der Allgemeinen Betriebserlaubnis (ABE), außerdem vom Werk auf das jeweilige Fahrzeug abgestimmt. Deshalb dürfen nur vom Automobilhersteller beziehungsweise vom Kraftfahrtbundesamt (KBA) freigegebene Bremsbeläge (mit KBA-Freigabenummer) verwendet werden.

■ **Professionelle Bremsenprüfung:** Erfolgt auf 1-Achs-Rollenprüfstand. Von Volkswagen freigegebene Anlagen erfüllen die Bedingung, dass die Prüfgeschwindigkeit 6 km/h nicht überschreitet (Bild 2), da sonst beim zeitversetzten Anlaufen der Rollen Bremseingriffe durch das ABS/ESP-System erfolgen. Für Prüfstand-Kontrollen ist ein diagnosefähiges Werkstattsystem (VAS 5051, 5052, 5053 oder höher) erforderlich. Jeweils eine Achse auf die Rollen fahren. Handgeschaltete Autos in den Leerlauf, automatisch geschaltete in Stellung »N« schalten. Der Antrieb erfolgt durch die Rollen.

■ **Auswertung:** Ratsam ist es, die Bremsentests von DEKRA, TÜV oder ADAC in Anspruch zu nehmen. Alle dabei festgestellten Mängel und auch von Ihnen ohne Geräte oder mit VW-fremdem Diagnosesystem (Bild 3) gefundenen Fehlfunktionen müssen unverzüglich in eigener Arbeit oder durch die Werkstatt beseitigt werden.

2

3

Bremsscheiben und Bremsbeläge kontrollieren

Zur wirkungsvollen Kontrolle müssen Sie die Räder abschrauben und die Bremsscheiben genau ansehen (Bilder 1 und 2). Eine bläuliche Verfärbung der Scheibe ist normal. Regelmäßig, mindestens jedoch alle 15.000 Kilometer oder einmal im Jahr sollte die Stärke der Bremsbeläge kontrolliert werden. Wenn es ans Austauschen geht: Bremsbeläge grundsätzlich immer auf beiden Seiten erneuern. Mit neuen Bremsbelägen auf den ersten 200 Kilometern häufige Vollbremsungen vermeiden, der Belag verändert sonst seine Struktur. Er verhärtet (»verglast«) und erreicht dadurch nicht seine beste Bremswirkung. Die Bremsbelag-Verschleißanzeige für den Golf VII ist vorn rechts verbaut.

Kontrolle der Bremsscheiben

- Sind Risse oder Riefen in den Scheiben? Sie dürfen nicht tiefer als 0,5 mm sein (Pfeile in Bild 2). Die Länge von Haarrisse durch hohe Belastung darf nicht mehr als 25 mm betragen. Bei Rissen, Riefen, sehr starken Verschleißspuren, starkem Rost oder/und Grat am Rand die Bremsscheiben paarweise austauschen, niemals nachbearbeiten!

- Die Dicke der Bremsscheiben messen Sie am besten, indem Sie zwischen Messschieber und Bremsscheibe eine Münze legen. Die Dicke der Münzen müssen Sie dann natürlich vom gemessenen Wert abziehen. Messen Sie die Bremsscheibe an mehreren Punkten. Es gilt der jeweils schlechteste Wert.

- Zu dünne Scheiben müssen immer paarweise ausgetauscht werden. Der Grenzwert in mm liegt je nach Bremse bei 22 oder 77 (vorn) sowie 8 und 20 (hinten). Siehe dazu die Tabellen auf den Seiten 102/103)

Kontrolle der Bremsbeläge

- Bremsklötze (Bild 3) ausbauen, auf Verschmutzung durch Bremsflüssigkeit oder Fett achten.

- Mit dem Messschieber die Belagdicke der Bremsklötze prüfen (Sollwerte und Verschleißgrenzwerte siehe Tabellen).

- Sind die Bremsklötze über die Verschleißgrenze abgefahren, kann der Steg zwischen Dichtungsnut und Staubkappe beschädigt sein. Dann die Bremsanlage mit einem Druckprüfgerät auf Dichtheit prüfen.

1

2

Bilder 1 und 2 Bremsscheibe und -sattel: Die beiden Internet-Beispiele (Bild 1: »bremsscheibe.info«, Bild 2: »motor-talk«) zeigen das Erscheinungsbild von Bremsscheiben bei ausgebautem Rad (Bild 2 komplett ausgebaute Bremse). Während Bild 1 den absoluten Neuzustand ohne jede Abnutzungserscheinung an der Scheibe bietet, zeigt Bild 2 die Bremse nach längerem Fahrbetrieb. Die Bremsscheibe ist etwas abgefahren (Pfeile), aber noch einsatzfähig.

■ Die Prüfung kann bei Bremsen aus dem Volkswagenkonzern häufig ohne Ausbau der Räder erfolgen, wenn der Prüfstift T40139 (oder ein vergleichbares Messwerkzeug) zur Verfügung steht. Zur Ermittlung der Bremsbelagstärke wird ein beweglicher Ring am Stift bis zum Anschlag in Richtung Messspitze geschoben.

■ Dann die Prüfspitze durch einen Durchbruch in der Felge schieben und an der Bremsscheibe anlegen.

■ Den Prüfstift so lange gleichmäßig in Richtung Bremsbelag schieben, bis er bündig auf der Rückenplatte des Bremsbelags aufliegt. Messbasis sind serienmäßige VW-Bremsbeläge wie die für die hier behandelten Bremsen.

■ Prüfstift entnehmen und den Wert ablesen. Die Skala ist mit dem Bremsensymbol kenntlich gemacht. Beim Entnehmen des Stiftes darf der bewegliche Ring nicht verschoben werden, weil das zu falschen Resultaten führt. Der gemessene Wert versteht sich als Belagdicke einschließlich Rückenplatte und, so vorhanden, Dämpfungsblech.

■ Der Prüfstift hat noch eine zweite Skala, die ein Reifensymbol trägt. Damit kann das Werkzeug zum Messen der Profiltiefe verwendet werden.

■ Wenn allerdings die Räder ausgebaut wurden, kann die Belagdicke ganz genau ohne Rückenplatte gemessen werden. Dann darf der gemessene Wert (1) nicht unter dem Verschleißmaß 2 mm liegen (Bild 3). Verschlissene Bremsklötze müssen satzweise erneuert werden, also stets inneren (3) und äußeren Belag (4) links und rechts an jeder Achse ersetzen (Bild 4). Sonst kann sich eine ungleiche Wirkung der beiden Bremsen einer Achse ergeben.

■ Das Prinzip des achsweisen Wechsels gilt natürlich auch für die Bremsscheiben, wie wir bereits im Abschnitt zur Kontrolle der Scheiben angemerkt haben.

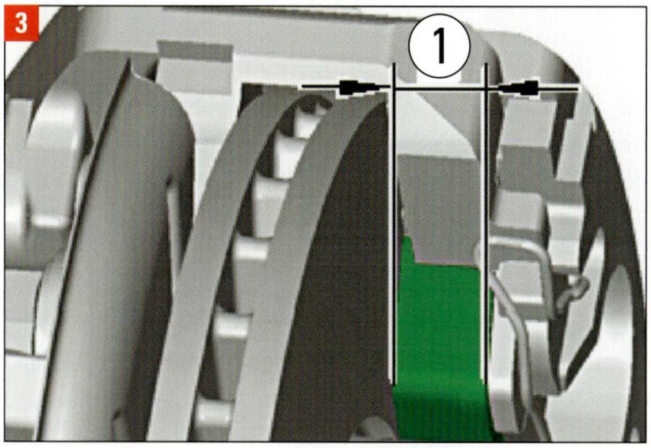

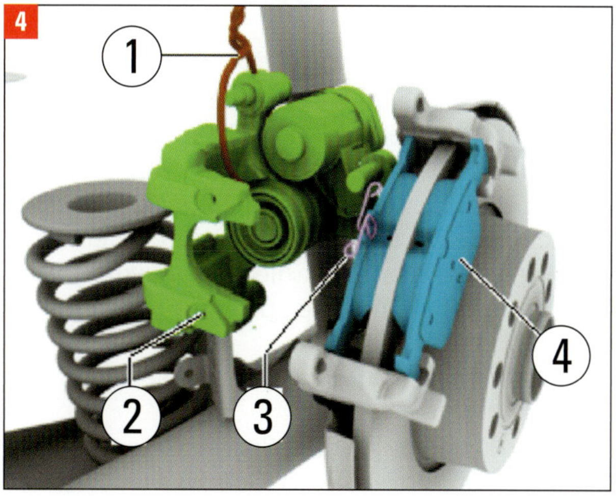

Bild 3: (1) Verschleißmaß 2 mm. ***Bild 4:*** Bremssattel (2) an Draht (1) aufhängen, Bremsbeläge (3) und (4) ausbauen.

Bremskraftverstärker prüfen

■ **Ohne Gerät:** Motor abstellen, Bremspedal öfters durchtreten; in tiefster Stellung halten. Unterdruck wird abgebaut.

■ Bremspedal bei mittlerer Fußkraft in Bremsstellung halten und Motor starten. Bremskraftverstärkung wird wirksam, das Bremspedal gibt unter dem Fuß spürbar nach.

■ Senkt sich das Pedal nicht, liegt eine Störung vor. Meist muss der Bremskraftverstärker komplett ersetzt werden.

■ **Mit Gerät:** Eine genaue quantitative Prüfung ist nur mit Unterdruck- und Druckprüfgerät möglich. Das ist Sache der Werkstatt. Der Ablauf ist dann:

■ Bremspedal mehrmals betätigen; Unterdruckprüfgerät über Prüfanschluss zwischen Bremskraftverstärker und Unterdruckleitung einsetzen.

■ Laufrad abmontieren. Bremsanlage am Bremssattel entlüften (folgt später): Schlauch eines Auffangbehälters auf Entlüftungsventil aufstecken und Ventil öffnen. Bremsflüssigkeit auslaufen lassen, bis sie blasenfrei und sauber austritt.

Entlüftungsventil schließen. Entlüfterschraube aus dem Bremssattel herausschrauben, Stutzen des Druckprüfers anschließen. Motor starten, Gas geben, Unterdruck von knapp 0,8 bar erzeugen.

■ Wird der geforderte Unterdruck nicht erreicht oder fällt er gleich wieder ab: Dichtring (1) zwischen Bremskraftverstärker (2) und Hauptbremszylinder (3) und Rückschlagventil in der Unterdruckleitung (4/5) überprüfen. Schadhafte Bauteile umgehend erneuern. (6) Bremsflüssigkeitsbehälter.

■ Druckprüfgerät mit Anschlussstutzen vom Bremssattel abbauen, Entlüfterschraube eindrehen und festziehen.

■ Das Unterdruckprüfgerät wieder vom Bremskraftverstärker trennen. Bremsanlage am Bremssattel entlüften (siehe später), Laufrad wieder anschrauben.

1

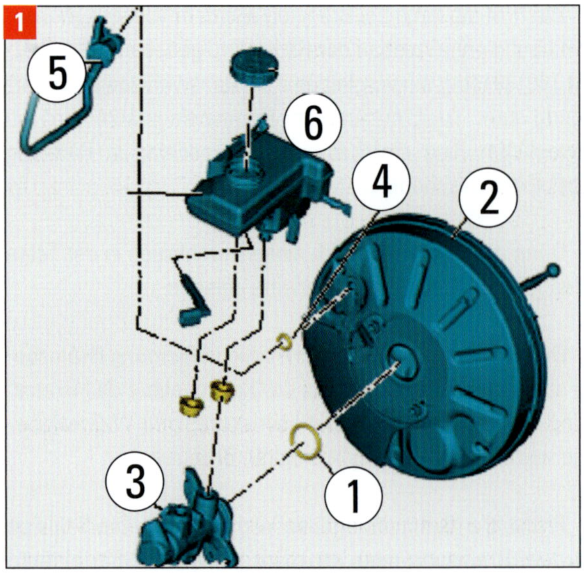

Dichtheit der Bremsanlage per Bremspedal prüfen

Wir haben bereits beschrieben, wie Sie eine Sichtprüfung aller in Frage kommenden Teile der Bremsanlage auf Dichtheit vorzunehmen haben. Darüber hinaus empfiehlt sich aber noch die folgende Dichtheitsprüfung durch Betätigen der Bremse. Dazu muss die Hydraulikbremsanlage entlüftet sein (siehe später).

Arbeitsschritte:

■ Motor abstellen und den »Bremskraftverstärker leer pumpen«. Das geschieht, indem Sie das Bremspedal so oft betätigen, bis keine Bremskraftunterstützung mehr spürbar ist. Das Bremspedal »wird hart«.

■ Bremspedal etwa 20 mm aus der Ruhelage drücken und die Pedalkraft für 20 Sekunden konstant halten. Der Bremspedalweg darf dabei nicht länger werden.

■ Bremspedal lösen und dann mit sehr hoher Fußkraft wiederum drücken. Auch diese Pedalkraft wieder mindestens 20 Sekunden konstant halten. Der Bremspedalweg darf auch in diesem Fall nicht länger werden.

■ Wenn bei einer der beiden Prüfungen »das Bremspedal durchsackt«, wie die Kfz-Fachleute das nennen, muss die Systemprüfung durch Augenschein (»visuelle Prüfung«) wiederholt werden.

■ Wenn bei der visuellen Prüfung erneut keinerlei feuchte Stellen und Leckagen festgestellt werden, ist mit hoher Wahrscheinlichkeit der Hauptbremszylinder undicht. Er muss dann ersetzt werden.

■ Beim Ersetzen des Hauptbremszylinders, das wir später erläutern, darf auf keinen Fall Bremsflüssigkeit in den Bremskraftverstärker gelangen!

Bremsflüssigkeit kontrollieren und nachfüllen

Zu Wartungen und Arbeiten, die Sie selbst an der Anlage vornehmen können, gehört die regelmäßige Kontrolle des Standes der Bremsflüssigkeit. Auch bei intakter Bremsanlage kann der Flüssigkeits-Pegel nämlich sinken.

Ursache können der Verschleiß an den Bremsbelägen oder bei Fahrzeugen mit Handschaltgetriebe Defekte am Kupplungssystem sein. Denn die Kupplungshydraulik ist am System der Bremshydraulik angeschlossen.

Ebenfalls wichtig ist die Kontrolle des Wassergehalts der Bremsflüssigkeit. Untersuchungen haben gezeigt, dass bei vielen in Deutschland rollenden Fahrzeugen die Bremsflüssigkeit infolge Wasseraufnahme den kritischen Siedepunkt von 150 °C unterschreitet. Das kann zum Versagen der Bremsen führen.

Vorgehensweise:

■ Flüssigkeitsstand von außen am Behälter kontrollieren: Der Pegel muss zwischen den Markierungen »MIN« und »MAX« liegen (Bild 10, Seite 104 ältere, Bild 1 auf dieser Seite neuere Ausführung des Behälters).

■ Wenn die Bremsbeläge schon sehr abgefahren sind (und bald erneuert werden müssen), ist ein Pegelstand leicht über »MIN« noch zulässig. Beim Einbau neuer Beläge werden dann nämlich die Bremskolben wieder zurückgedrückt, wodurch der Stand im Bremsflüssigkeitsbehälter wieder ansteigt.

■ Sind aber die Bremsbeläge noch neuwertig und hat die vorangegangene Prüfung keine Undichtigkeit im Bremssystem ergeben, muss zur Überbrückung bis zum nächsten Wechsel der Bremsflüssigkeit etwas nachgefüllt werden.

■ Nachfüllen nur die schon erwähnte Bremsflüssigkeit nach VW-Norm 501 14 , Teilenummer B 000 750. Wie wir erläutert haben, entspricht das der US-Norm DOT 4, worauf auch auf dem Behälterdeckel verwiesen wird.

■ Die Steckverbindung (2 in Bild 1) trennen und den Deckel (in Bild 1 mit dem Hinweis, nur Flüssigkeiten nach DOT 4-Norm zu verwenden) abschrauben. Deckel mit Schwimmereinsatz herausnehmen, das Sieb bleibt im Behälter. Bremsflüssigkeit nachfüllen. Der Füllstand muss stets ausreichend sein, damit keine Luft ins Bremssystem gelangen kann.

■ Wenn Bremsflüssigkeit infolge zu hohen Wassergehalts (siehe Kasten Seite 104) versagt, dann stets ohne Ankündigung. Daher sind immer einmal wieder kurze Tests innerhalb des Wechselintervalls von zwei Jahren keineswegs verkehrt. Ermittelt werden können Siedepunkt und Wassergehalt der Bremsflüssigkeit. Ihre TÜV-Servicestation erledigt den Test für wenige Euro.

■ Sie können die Kontrolle auch selbst durchführen. Für den Test gibt es Geräte verschiedenster Hersteller. Internetanbieter wie »producte24.com« oder »fluidonline.de« präsentieren eine ganze Palette. Dazu gehören »Schnelltester« wie der BFT 02 von RC Rodcraft (Bild 2) für knapp 60 Euro und ähnliche Geräte (Bild 3). Sie zeigen mit Leuchtdioden (Pfeile) über Leitfähigkeitsmessung den Wassergehalt der Bremsflüssigkeit an, der 3,5% nicht überschreiten darf. Grün bedeutet geringer als 1,5%, gelb steht für 1,5 ... 3% und rot für mehr als 3%. Es gibt hierfür auch noch billigere Tester wie den AH6511A von fluidonline für 15 Euro.

■ Wir glauben aber, dass der Schnelltest auf Feuchtigkeitsgehalt langfristig nicht hinreicht, um Ihnen Sicherheit hinsichtlich der Bremsenfunktion zu geben. Das leisten

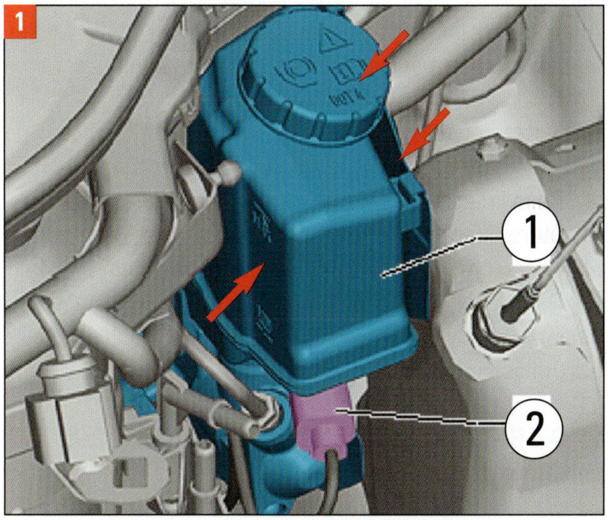

Neue Ausführung des Bremsflüssigkeitsbehälters: (1) Behälter, (2) Steckanschluss Flüssigkeitsstand. Pfeile: Hinweis DOT 4, rechts Wärmeschutz, links Füllstandmarken.

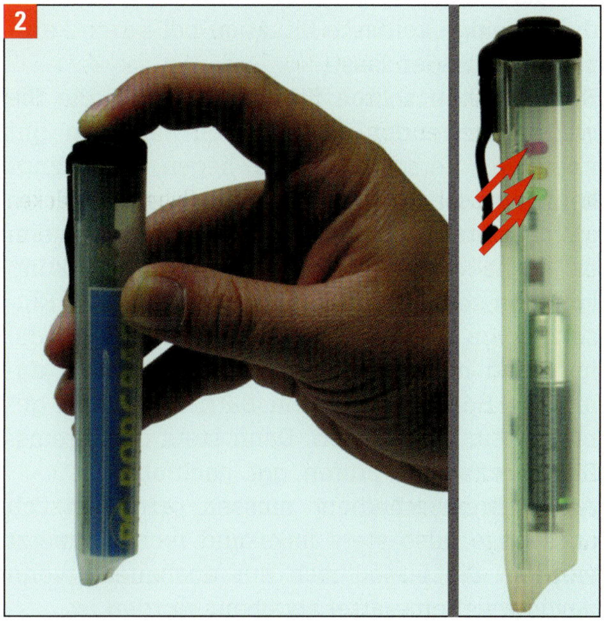

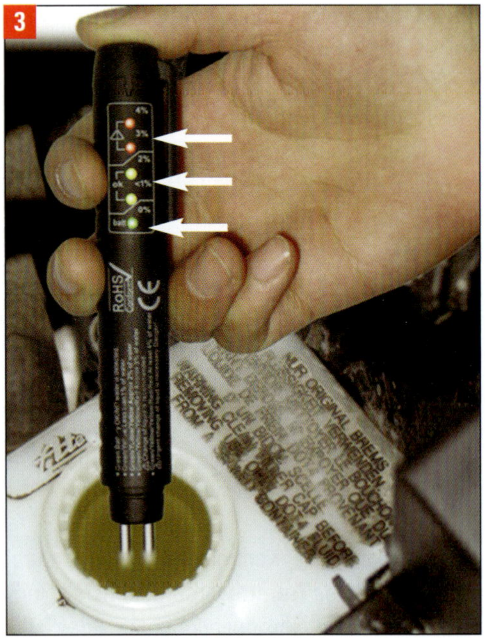

nur Geräte, die den Nass-Siedepunkt bestimmen. Diese haben eine Glühspindel, mit der die Bremsflüssigkeit so lange erhitzt wird, bis sie zu sieden beginnt. Im Display wird der ermittelte Nass-Siedepunkt ausgewiesen (DOT 4 neu: 230 °C). Solche Geräte wie der BFT 320 von ATE (Bild 4) liegen im Preis zwischen 200 und mehr als 500 Euro.

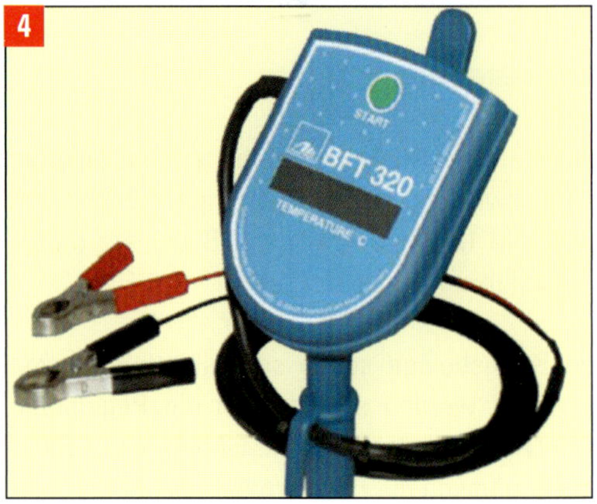

Bremsbeläge und -scheiben ausbauen, wechseln

Im Golf VII sind die Scheibenbremsen **PC57 und C60** (vorne) sowie **FNc-M38 und FNc-M42** (hinten) mit verschiedenen Scheibendurchmessern verbaut (Übersicht S. 102/103). Aus- und Einbau von Scheiben und Belägen sind im Prinzip für alle Bremsentypen gleich. Daher demonstrieren wir die Arbeiten an einzelnen Beispielen als allgemeines Prinzip, das sich dann auf die jeweilige konkrete Situation bei Ihrem Fahrzeug übertragen lässt.

Beim Ausbau sollten Sie Bremsbeläge, die Sie weiter verwenden wollen, weil sie noch gut über der Verschleißgrenze liegen, unbedingt kennzeichnen. Denn die Beläge müssen an gleicher Stelle wieder eingebaut werden, wenn es nicht zu ungleichmäßiger Bremswirkung kommen soll. Nach dem immer paarweisen Einsetzen von Bremsbelägen muss das Bremspedal im Stand mehrfach durchgetreten werden, damit die Beläge ihren dem Betriebszustand gemäßen Sitz einnehmen. Dann stets den Bremsflüssigkeitsstand prüfen, ggf. nachfüllen.

Auch Bremsscheiben müssen grundsätzlich achsweise, also stets links und rechts, ersetzt werden. Sie lassen sich nur ausbauen, wenn zuvor der Bremssattel abgebaut worden ist.

Empfehlenswerte Spezialwerkzeuge

- Drehmomentschlüssel mit Knarreneinsatz (VW: 1331)
- Kolbenrücksetzvorrichtung (VW: T10145)
- Bremspedalbelaster (V.A.G 1869/2).

Bremsbeläge vorn aus- und einbauen

■ **Ausbau:** Weiter zu verwendende Bremsbeläge beim Ausbau kennzeichnen und später an gleicher Stelle wieder einbauen, sonst ungleichmäßige Bremswirkung!

■ Räder abbauen, die Steckverbindung für Bremsbelagverschleißanzeige (vorn rechts verbaut) trennen.

■ Die beiden Befestigungsschrauben vom Bremssattel abschrauben (1), dabei am Führungsbolzen gegenhalten (2). Den Sattel (3) abnehmen und so mit Draht befestigen, dass sein Gewicht den Bremsschlauch (4) nicht belastet bzw. beschädigt (Bild 1).

■ Die Bremsbeläge (vergl. 3 und 4 in Bild 4 auf Seite 109) vom Bremsträger abnehmen.

■ Die Bremse reinigen, aber die Bremsanlage nicht mit Druckluft ausblasen, weil der dabei entstehende Staub gesundheitsschädlich ist. Am Bremsträger die Anlageflächen für die Bremsbeläge gründlich reinigen und Korrosion entfernen. Dann den Bremssattel reinigen. Als Reinigungsmittel darf nur Spiritus verwendet werden.

■ **Einbau:** Bremsflüssigkeit aus dem Behälter absaugen, weil sonst Flüssigkeit auslaufen kann, wenn sie zwischenzeitlich nachgefüllt wurde. Das kann zu Schäden führen.

■ Kolben mit der Rücksetzvorrichtung in den Zylinder zurückdrücken und die Belagführungsflächen am Bremsträger mit Lithium-Schmierfett G 052150 A2 leicht fetten.

■ Wenn vorhanden, Schutzfolie von der Rückenplatte der Bremsbeläge abziehen. Die Bremsbeläge mit den Haltefedern in die Aussparung des Bremsträgers setzen und den richtigen Sitz aller Haltefedern prüfen. Bremssattel vorsichtig auf den Bremsträger setzen.

■ Den Bremssattel mit neuen selbstsichernden Schrauben am Bremsträger mit 35 Nm festziehen, dabei am Führungsbolzen gegenhalten (vergl. Bild 1).

■ Steckverbindung der Bremsbelagverschleißanzeige

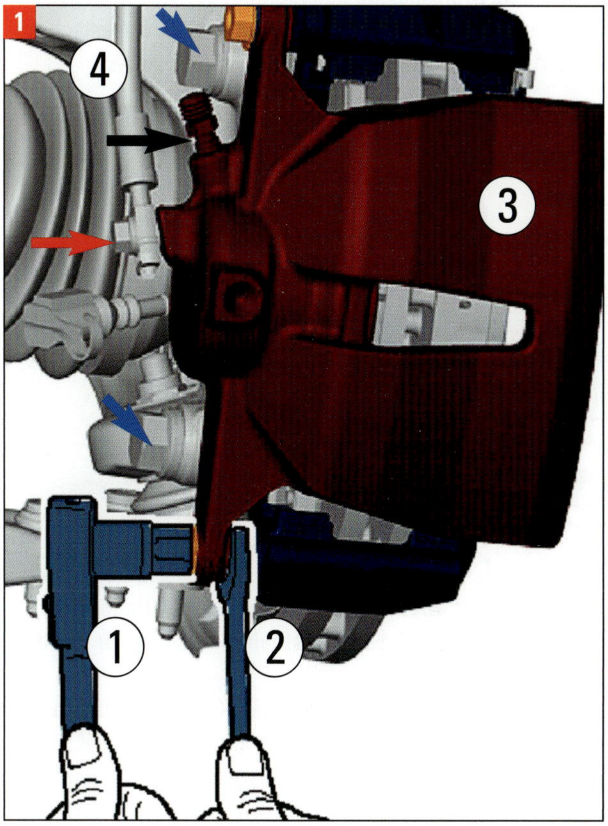

Belagausbau: (1) Abschrauben, (2) Gegenhalten am Führungsbolzen, (3) Bremssattel, (4) Bremsschlauch.

verbinden und Räder montieren. Nach jedem Bremsbelagwechsel das Bremspedal im Stand mehrmals kräftig durchtreten, damit die Bremsbeläge ihren dem Betriebszustand entsprechenden Sitz einnehmen. Dann den Bremsflüssigkeitsstand prüfen.

Bremssattel vorn aus- und einbauen

■ **Ausbau:** Der Arbeitsablauf gilt für Austausch oder Instandsetzungsarbeiten am Bremssattel. Räder abbauen und Steckverbindung für Bremsbelagverschleißanzeige trennen.

■ Schlauch einer Entlüfterflasche auf das Entlüftungsventil des Bremssattels (schwarzer Pfeil in Bild 1) stecken und Ventil öffnen.

■ Bremspedalbelaster (V.A.G 1869/2; Pfeil in Bild 2) einsetzen, das Entlüftungsventil schließen und die Entlüfterflasche abnehmen.

■ Bremsschlauch (4; Bild 1) abschrauben (roter Pfeil im Bild 1), beide Befestigungsschrauben vom Bremssattel ab-

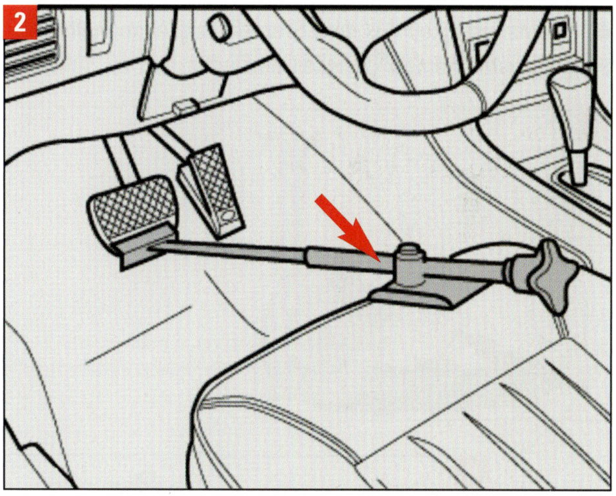

schrauben (am Führungsbolzen gegenhalten. Den Bremssattel vom Bremsträger abziehen und entnehmen. Der Bremsträger bleibt mit beiden Rippschrauben (blaue Pfeile in Bild 1) mit 200 Nm am Radlagergehäuse festgeschraubt.

■ **Einbau:** Kolben zurückdrücken, beide Bremsbeläge mit ihren Haltefedern in die Aussparungen auf dem Bremsträger einsetzen.

■ Bremssattel vorsichtig auf den Bremsträger setzen und mit neuen selbstsichernden Schrauben befestigen, dabei am Führungsbolzen gegenhalten (vergl. Bild 1). Den Bremsschlauch an den Bremssattel schrauben, Bremspedalbelaster herausnehmen, Steckverbindung der Bremsbelagverschleißanzeige verbinden. Bremsanlage entlüften, Räder montieren.

Bremsbeläge hinten aus- und einbauen

■ Benötigt (jedenfalls empfohlen) werden ein Werkzeugsatz zur Bremsenentlüftung (VAS 6564), ein Einsteckwerkzeug mit Ratsche (VAS 6784), ein Biteinsatz SW 7 (T10503), ein Drehmomentschlüssel (wie V.A.G 1331) und eine Kolbenrücksetzvorrichtung (wie T10145).

■ Die Einbaulage des Bremssattels hängt von der Hinterachse ab. Dadurch ändern sich Aus- und Einbau allerdings nur geringfügig. Bild 3 zeigt die Einbaulage für Verbundlenkerachse, Bild 4 die Einbaulage für die Mehrlenkerachse.

■ Noch verwendbare Bremsbeläge kennzeichnen und an gleicher Stelle einbauen, um ungleichmäßige Bremswirkung zu vermeiden. Steckverbinder der Feststellmotoren nicht trennen, elektrische Bremse nicht betätigen. Räder abbauen.

■ Bremsflüssigkeit aus dem Bremsflüssigkeitsbehälter absaugen, damit keine Flüssigkeit auslaufen und zu Schäden führen kann. Die Kolben mit dem Fahrzeugdiagnosetester zurückfahren.

Ausbau: Die Haltefeder (1) für die Bremsbeläge mit einem Schraubendreher (2) aus dem Bremssattel hebeln (Pfeil), dabei die Feder mit der anderen Hand (3) festhalten (Bild 5). Vorsicht vor Verletzungen, die Feder steht unter Spannung.

■ Die Abdeckkappen von den Führungsbolzen abnehmen und beide Bolzen mit Biteinsatz SW 7 (T10503) und einem Einsteckwerkzeug mit Ratsche (VAS 6784) aus dem Bremssattel schrauben. Den Bremssattel abnehmen und so mit Draht befestigen, dass sein Gewicht den Bremsschlauch nicht belastet bzw. beschädigt (vergl. 1 und 2 in Bild 4 auf Seite 109). Kolben mit Tester zurückstellen (siehe Anmerkung zu Bild 5), dann mit der Rücksetzvorrichtung (T10145) endgültig zurückdrücken.

■ Die Bremsbeläge (3 und 4, Bild 4 S. 109) ausbauen und ebenso wie am Bremsträger die Anlageflächen für die Bremsbeläge und den Bremssattel gründlich mit Spiritus (nur damit!) reinigen, Korrosion entfernen.

■ **Einbau:** Bremsbeläge innen und außen in den Bremsträger einsetzen, Bremssattel befestigen (mit 35 Nm festschrauben), Abdeckkappen der Führungsbolzen einsetzen.

3

4

Bild 3: Einbaulage des Bremssattels (2) bei Verbundlenkerachse (1). ***Bild 4:*** Einbaulagedes Bremssattels (2) bei der Mehrlenkerachse (1).

5
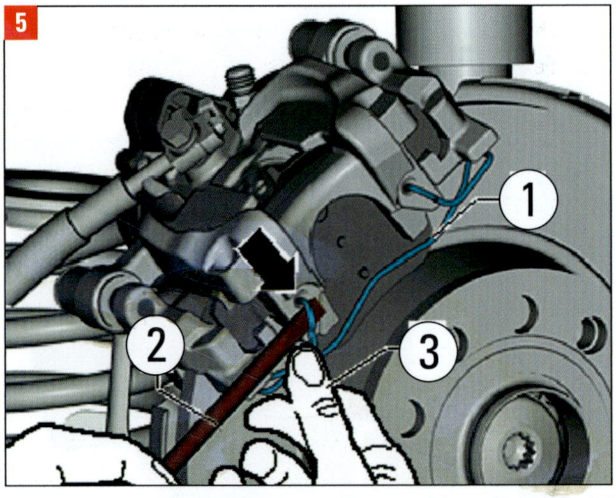

Haltefeder für Bremsbelag ausbauen: (1) Haltefeder, (2) Schraubendreher, (3) Feder festhalten. Pfeil: Feder aus dem Bremssattel hebeln.

Anmerkung: Das Zurückstellen der Kolben mit dem Fahrzeugdiagnosetester ist unbedingt notwendig! Die Druckmutter im Kolben ist gleitend gelagert, dadurch kann der Kolben nur gedrückt und nicht zurückgezogen werden. Es wird nur die Spindel mit der Druckmutter zurückgefahren. Erst dann Rücksetzwerkzeug verwenden.

■ Haltefeder für Bremsbeläge in die Bohrungen des Bremssattels einsetzen und darauf achten, dass die Feder richtig in den Bohrungen sitzt. Mit dem Fahrzeugdiagnosetester die Kolben vorfahren und mit dem Tester die Grundeinstellung der Bremsanlage vornehmen. Räder montieren und den Bremsflüssigkeitsstand prüfen.

Bremssattel hinten aus- und einbauen

■ Die Arbeitsgänge sind anfangs mit dem Aus-/Einbau der Bremsbeläge identisch und erfolgen dann analog dem Vorgehen bei der Vorderradbremse.

■ **Ausbau:** Nach Zurückfahren der Kolben mit dem Fahrzeugdiagnosetester und vor Aufstecken des Entlüfterschlauchs sowie Einsetzen des Bremspedalbelasters müssen die Schrauben für den Feststellmotor herausgedreht werden. Dann den Feststellmotor abziehen und auf die Seite legen, ohne dabei die Steckverbindung zu trennen.

■ **Einbau:** Bremsbeläge mit den Haltefedern in die Bohrungen auf dem Bremsträger einsetzen. Bremssattel mit neuen selbstsichernden Schrauben mit 90 Nm+90° am Bremsträger befestigen. Ringnut und Anlagefläche des Feststellmotors müssen sauber sein. Neuen Dichtring montieren. Die Spindel (des Aktuators) mit Torxeinsatz E11 ein wenig zurück drehen, bis der Feststellmotor richtig angesetzt werden kann. Motor vorsichtig ansetzen, den Sitz des Dichtrings beachten.
Den Feststellmotor so weit verdrehen, bis Schraubenloch und Gewinde zur Deckung kommen. Der Feststellmotor muss bündig am Bremssattel anliegen. Er darf aber keinesfalls mit den Befestigungsschrauben gegen den Bremssattel gezogen werden.

■ Neue Innensechskantschrauben mit Hand ansetzen und dann mit 8 Nm festschrauben, Bremsschlauch mit 35 Nm an den Bremssattel schrauben, Bremsanlage entlüften, mit dem Fahrzeugdiagnosetester die Kolben vorfahren, Grundeinstellung der Bremsanlage durchführen, Räder montieren.

Bremsscheiben aus- und einbauen

■ **Ausbau:** Bremssattel mit Bremsbelägen und Bremsträger wie beschrieben ausbauen. Auch wenn nur die Bremsscheibe ausgebaut werden soll, muss man zuvor Sattel und Träger abschrauben.

■ Befestigungsschraube (Torx) ausbauen. Bremsscheibe nicht durch Gewaltanwendung von der Radnabe trennen, ggf. Rostlöser anwenden, andernfalls kann es zu Schäden an der Scheibe kommen.

■ Die Bremsscheibe abnehmen, ohne sie zu verkanten. Die herausgenommene Bremsscheibe, die Radnabe und die Auflageflächen reinigen.

■ **Einbau:** Bremsscheibe auf die Nabe setzen, ohne die Scheibe zu verkanten.

■ Befestigungs- (Zentrier-)Schraube eindrehen und an der Vorderachse mit 4,5 Nm, hinten mit 8 Nm festziehen. Bremssattel einbauen. Räder montieren (120 Nm).

■ Nach Abschluss aller Arbeiten muss mit einem Werkstattsystem (VW: VAS 505x) die Anpassung erfolgen. Dazu bei ausgeschalteter Zündung das System an die 16-fach-Diagnosesteckdose des Fahrzeugs anschließen.

Hauptbremszylinder/Bremskraftverstärker ausbauen

An der Bremsanlage gibt es wenig zu »tunen« oder zu verbessern, weil sie optimiert ist und weil zur Wahrung der Betriebssicherheit und des Gewährleistungsschutzes weitgehend nur Originalteile verbaut werden dürfen.
Durch Unfall oder anderweitige Beschädigung kann es allerdings nötig werden, den Hauptbremszylinder oder den Bremskraftverstärker auszuwechseln.
Die gesamte Baugruppe aus Bremsflüssigkeitsbehälter, Hauptbremszylinder und Bremskraftverstärker wird mit den Bildern 2 und 3 auf Seite 99 sowie Bild 1 auf Seite 110 dargestellt. Für die folgenden Arbeiten werden ein Bremsenfüll- und -entlüftungsgerät (VAS 5234), ein Drehmomentschlüssel (V.A.G 1331) und das Verschlusswerkzeug »T10249« benötigt. Bei Fahrzeugen mit entsprechendem Radio die Codierung beachten.

■ **Ausbau Hauptbremszylinder:** Batterie abklemmen und ausbauen. Bei Fahrzeugen mit Dieselmotor Motorabdeckung ausbauen, Schlauchschelle lösen und Luftführungsschlauch plus Luftfiltergehäuse ausbauen.

■ Den Batterieträger ausbauen, ausreichend nicht fasernde Lappen im Bereich von Motor und Getriebe auslegen und so viel Bremsflüssigkeit wie möglich mit dem Füll- und Entlüftungsgerät aus dem Bremsflüssigkeitsbehälter absaugen..

■ Bei Fahrzeugen mit Schaltgetriebe den Nachlaufschlauch für Kupplungsgeberzylinder abziehen, mit dem Verschlusswerkzeug (T10249) verschließen und hochbinden oder den Schlauch mit einem handelsüblichen Werkzeug (Hazet 4590) abklemmen und abziehen.

■ Elektrische Steckverbindungen vom Warnkontakt für-Bremsflüssigkeitsstand, vom Unterdruckgeber (G608) und vom Bremslichtschalter »F« abziehen.

■ Die Torx-Schraube herausdrehen, womit der Bremsflüssigkeitsbehälter mit seinem Haltewinkel oben an den Hauptbremszylinder geschraubt ist. Den Behälter aus den Dichtungsstopfen im Hauptbremszylinder ziehen.

■ Die Bremsleitungen am Hauptbremszylinder abschrauben und mit Stopfen aus dem Reparatursatz »1H0 698 311 A« verschließen.

■ Die Muttern abschrauben, womit der Hauptbremszylinder über zwei Stehbolzen am Bremskraftverstärker (BKV) befestigt ist. Das bei manchen Modellen vorhandene Wärmeschutzblech für den BKV abnehmen, den Hauptbremszylinder vorsichtig aus dem Bremskraftverstärker entnehmen und den Bremslichtschalter »F« abschrauben.

■ **Einbau Hauptbremszylinder:** In umgekehrter Reihenfolge. Beim Zusammenbau Hauptbremszylinder/Bremskraftverstärker auf richtigen Sitz der Druckstange im Hauptbremszylinder achten. Im Nachlaufschlauch für Kupplungsgeberzylinder müssen sich die Dichtungen befinden.

■ **Ausbau Bremskraftverstärker:** Bis zum Abschrauben der Bremsleitungen vom Hauptbremszylinder und Verschließen der Leitungen alle Arbeitsschritte wie beim Ausbau des Hauptbremszylinders. Dann weiter: Im Fall von 7-Gang-Doppelkupplungsgetriebe Wählhebelseilzug und Seilzugwiderlager vom Getriebe abbauen.

■ Seitliche Abdeckung für Schalttafel Fahrerseite und Fußraumabdeckung Fahrerseite ausbauen.

■ Abdeckung der Mittelkonsole auf der Fahrerseite, das Ablagefach Fahrerseite und die Schalttafelabdeckung Fahrerseite ausbauen. Knieairbag ausbauen (3 Schrauben).

■ Fußraumausströmer Fahrerseite und das Steuergerät für Diagnose-Interface für Datenbus (J533) ausbauen; J533 zur Seite legen.

■ Die Crashstrebe am Bremspedal abschrauben, aushängen und zur Seite legen. Bremspedal vom Bremskraftverstärker trennen: Fußraumabdeckung Fahrerseite ausbauen, Bremspedal zunächst in Richtung Bremskraftverstärker drücken und festhalten, das VW-Entriegelungswerkzeug »T10159« einsetzen und in Richtung Fahrersitz ziehen, dabei am Bremspedal gegenhalten, das sich jetzt nicht zum Fahrersitz bewegen darf. Die Haltenasen der Aufnahme werden vom Kugelkopf der Druckstange abgedrückt.

■ Fußraumverkleidung abschrauben und in den Innenraum klappen. Dann die beiden Muttern links und rechts vor dem Pedal vom Bremskraftverstärker abschrauben.

■ Bremskraftverstärker gegen die Klebekraft der Dichtung von der Stirnwand ziehen und vorsichtig aus dem Fahrzeug herausnehmen.

■ Die Muttern für den Hauptbremszylinder abschrauben, eventuelles Wärmeschutzblech abbauen und Hauptbremszylinder vorsichtig aus dem Bremskraftverstärker herausnehmen.

■ **Einbau Bremskraftverstärker:** Zusätzlich nötig ist ein Klebestreifenentferner (VAS 6349) und Bohrmaschine bzw. Akkuschrauber oder Geradschleifer. Damit alle Klebereste an der Stirnwand und ggf. am Bremskraftverstärker entfernen. Den Klebestreifenentferner langsam laufen lassen und gegen die Laufrichtung abreiben.

1

■ Die Dichtung ersetzen und in umgekehrter Reihenfolge zum Ausbau alles einbauen. Bremspedal mit Bremskraftverstärker verbinden: Kugelkopf der Druckstange vor die Aufnahme halten und Bremspedal in Richtung Bremskraftverstärker drücken (Bild 1). Kugelkopf muss hörbar einrasten.

■ Verrastung durch ein kurzes Ziehen am Bremspedal prüfen. Bremsanlage und Kupplung entlüften (folgt).

Bremsflüssigkeit wechseln, Bremsanlage entlüften

Nach Aus- und Einbau von Bremsbelägen und Bremsscheiben, nach Erneuern von Bremsschläuchen oder dem Öffnen von Bremsleitungen müssen die Bremsanlage oder Teile von ihr entlüftet werden. Wird die Bremsflüssigkeit gewechselt, muss man die gesamte Anlage entlüften (im Prinzip ist das ein und derselbe Vorgang). In einzelnen Reparaturfällen kann es genügen, nur den Bremskreis zu entlüften, an dem gearbeitet wurde.
Beim gesamten Entlüftungsvorgang darf der Bremsflüssigkeitspegel im Vorratsbehälter auf keinen Fall unter die MIN-Markierung fallen. Ansonsten gelangt Luft ins System.

■ **Allgemein:** Benötigt werden das Bremsenfüll- und -entlüftungsgerät VAS 5234 oder wenigstens ein einfaches Absaugset (Bild 1). Empfehlenswert ist der VW-Werkzeugsatz zur Bremsenentlüftung VAS 6564. Zu beachten ist, dass zum Entlüften der Hydraulikeinheit für ABS (N55) ein Vordruck von 2 bar nötig ist. Bei Fahrzeugen mit 15"-Felgen müssen die Hinterräder abgebaut werden.

■ **Bremsflüssigkeit wechseln:** Motorhaube öffnen und den Verschlussdeckel des Bremsflüssigkeitsbehälters abschrauben. Flüssigkeit mit Pipette oder sauberer Injektionsspritze absaugen und neue Bremsflüssigkeit bis zur MAX-Markierung einfüllen.

■ Professionell ist der Einsatz des Füll- und Entlüftungsgerätes. Den Adapter des VAS 6564 statt Verschlussdeckel auf den Bremsflüssigkeitsbehälter des Fahrzeugs aufschrauben und Befüllschlauch an Adapter anschließen.

■ Bei Verwendung eines Absaugsets in einfacher Ausführung den Saugschlauch (2) des Gerätes in den Bremsflüssigkeitsbehälter einführen, Pumpe (3) betätigen und Bremsflüssigkeit im Auffangbehälter (1) des Gerätes sammeln (Bild 1), das sind bei Flüssigkeitswechsel 1,15 Liter.

■ Den Flüssigkeitsstand beobachten und durch Nachfüllen von Hand immer über »MIN« halten. Fahrzeug mit Wagenheber anheben und aufbocken oder mit einer Hebebühne (Werkstatt) anheben.

■ **Bremsanlage entlüften:** Bei Fahrzeugen mit Schaltgetriebe die Abdeckkappe vom Entlüftungsventil des Kupplungsnehmerzylinders abnehmen. Entlüfterschlauch aufstecken, Schraubventil öffnen. 100 ml Flüssigkeit ablaufen lassen, Ventil schließen. 10 bis 15 Mal schnell das Kupplungspedal betätigen. Ventil öffnen, 50 ml Flüssigkeit ablaufen lassen, wieder zudrehen. Schlauch abnehmen.

■ Abdeckkappen von den Entlüftungsschrauben aller vier Bremssättel abziehen. Das Entlüften am Bremssattel vorn links beginnen. Den Schlauch aufstecken und in einen geeigneten Auffangbehälter für Bremsflüssigkeit hängen, z. B. Set nach Bild 1. Geeigneten Entlüfterschlauch verwenden. Er muss straff auf dem Entlüftungsventil sitzen, damit keine Luft in die Bremsanlage gelangen kann. Entlüftungsschraube (Ventil) mit Schlüssel öffnen und Flüssigkeit ablaufen lassen, bis sie blasenfrei und sauber ist. (Bei Wechsel vorn 200 ml, hinten 300 ml pro Bremssattel.)

■ Vorgang an der Schraube vorn rechts wiederholen: Schlauch aufstecken, Schraube öffnen, Flüssigkeit ablaufen lassen, bis sie blasenfrei läuft. Hinten ebenfalls erst links, dann rechts.

■ Schlauch und Adapter abmontieren. Flüssigkeitsstand im Behälter prüfen und. korrigieren. Deckel aufschrauben. Mehrmals das Bremspedal betätigen, um Druck und Leerweg zu prüfen. Leerweg darf höchstens ein Drittel des gesamten Pedalweges sein. Bei Probefahrt zur Kontrolle mindestens eine Bremsung mit ABS-Regelung!

1

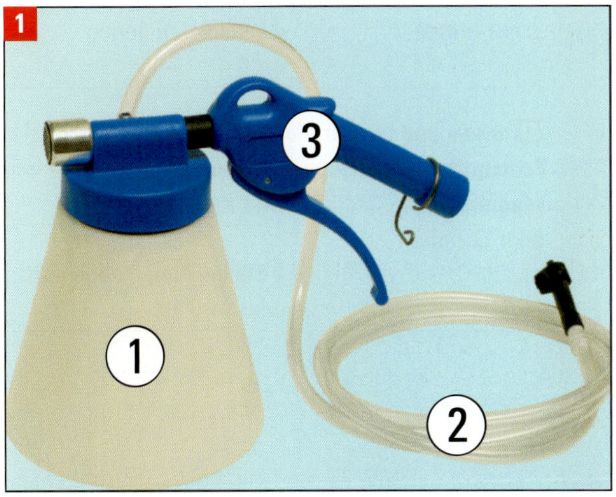

Einfaches Absaugset: (1) Auffangbehälter für Bremsflüssigkeit, (2) Saugschlauch, (3) Handpumpe.

Bremsanlage

Störung	Was kann das sein?	Was kann oder muss ich tun?
A Bremsen quietschen	**1** Hochfrequente Schwingungen	Längskanten der Beläge mit einer Feile anschrägen, dazu Anti-Quietsch-Paste auf Rückseite der Beläge
	2 Verglaste Beläge nach extremer Überhitzung	Die Bremsklötze müssen ersetzt werden; dabei die Scheiben genau prüfen
	3 Beläge verschlissen, der Verschleißanzeiger liegt an	Die Bremsklötze müssen ersetzt werden, dabei die Scheiben genau prüfen
B Schwache Bremswirkung	**1** Ungünstige Materialpaarung zwischen Scheiben und Belägen	Scheiben und Beläge ersetzen und dabei zumindest Teile vom gleichen Hersteller, am besten die original verbauten Teile verwenden
... bei zu hartem Bremspedal	**2** Bremskraftverstärker ausgefallen	Unterdruckanschluss prüfen. Evtl. ein Marderbiss?
... bei zu weichem Bremspedal	**3** Bremse überhitzt	Bei langsamer Fahrt abkühlen lassen
	4 Luft im System	Mit speziellem Gerät entlüften lassen und dabei die Bremsflüssigkeit erneuern
C Übermäßiger Verschleiß	**1** Überstrapazieren der Bremse	Lieber etwas stärker und dafür weniger lange bremsen
... an einer Bremse	**2** Schwergängiger Sattel oder Belag verklemmt	Zerlegen und reinigen. Etwas stärkerer Verschleiß an der Kolbenseite ist jedoch normal
... nur vorne	**3** Ungünstige Materialpaarung	Scheiben und Beläge ersetzen und dabei Originalteile verwenden. Evtl. größere Bremsanlage verwenden
... nur hinten	**4** Luftspiel zu gering	Park- und Feststellbremse überprüfen. Sie sollte erst nach der ersten Tastung greifen
D Park- und Feststellbremse reagiert träge oder gar nicht	**1** Die Elektromechanik funktioniert nicht einwandfrei	Steuergerät für elektromechanische Feststellbremse überprüfen und ggf. austauschen. Wenn das Steuergerät in Ordnung ist: Stellmotor prüfen und ggf. austauschen
	2 Beläge hinten abgenutzt oder verglast	Bremsbeläge tauschen und dabei die Bremsscheibe genau inspizieren. Bei Riefen austauschen

STÖRUNGSBEISTAND

Bremsanlage

Störung	Was kann das sein?	Was kann oder muss ich tun?
E Bremsflüssigkeitsstand zu niedrig	**1** Starker Verschleiß an den Bremsbelägen	Alle Bremsen auf Verschleiß prüfen und ggf. ersetzen. Beim Zurücksetzen der Kolben steigt der Stand an
	2 Flüssigkeitsverlust	Undichte Stelle lokalisieren (Bremsleitungen?). Bei deutlichem Leck: Auto abschleppen lassen
F Warnleuchte geht an	**1** Bremsflüssigkeitsstand prüfen	Wenn nötig, etwas nachfüllen
	2 ABS- und/oder ESP-Ausfall	Wagen neu starten. Den Fehlerspeicher auslesen lassen. Manchmal ist der Bremslichtschalter schuld
G Schiefziehen beim Bremsen	**1** Reifenzustand fehlerhaft	Reifenprofil und Luftdruck überprüfen
	2 Eine Bremse ist defekt	An den Felgen die Temperatur erfühlen. Ist eine heißer als die anderen, hängt der Bremssattel; ist eine zu kalt, kommt hier kein Bremsdruck an
H Hässliche Schleifgeräusche beim Bremsen	**1** Bremsscheiben angerostet	Vor und nach längeren Standphasen die Bremsanlage freibremsen
	2 Bremsbeläge verschlissen	Prüfen, ob der Verschleißanzeiger bereits an der Bremsscheibe kratzt
	3 Fremdkörper in der Bremsanlage	Fahren Sie ein paarmal rückwärts und bremsen sie dann
I Vibrationen beim Bremsen	**1** Bremsscheiben verzogen	Scheiben genau anschauen! Blaue Verfärbung deutet auf thermische Überlastung hin, dabei können sich die Scheiben verzogen haben
	2 Bremsscheiben verschmiert	Auf den Scheiben können Spuren von Fremdmaterial verblieben sein, die für ein Rubbeln sorgen
	3 Spiel in der Radaufhängung	Querlenker und andere Bauteile prüfen
	4 Ungünstige Materialpaarung	Scheiben und Beläge ersetzen und dabei Originalteile verwenden. Falsche Fahrwerk- und Lenkungsteile können zu Bremsflattern führen

Fahrzeugaufbau: Die Karosserie

Modernste Produktionsverfahren auf der Grundlage jahrzehntelanger Forschungsarbeit verleihen der Rohkarosserie und jedem Anbauteil des Golf hohe Qualität auf Spitzenniveau. Was man im Bedarfsfall selbst warten und reparieren kann, wollen wir in diesem Kapitel zeigen.

Bis zu 100 kg je nach Ausstattungsvariante hat der Golf VII im Vergleich zum Vorgänger-Modell abgespeckt, obwohl er geräumiger ist. 38 kg gehen auf das Konto des Aufbaus, allein 23 kg davon auf das der Karosseriestruktur. Das geringere Gewicht hilft im Schnitt fast 14 Prozent Kraftstoff sparen, in einigen Fällen sogar 23 Prozent.

Karosserie auf MQB-Basis

Nach dem Audi A3, der nur wenige Monate Vorsprung hatte, ist der Golf Modelljahr 2013 das zweite Fahrzeug auf der Grundlage des neuen Modularen Querbaukastens (MQB). Am Ende sollen sich rund 60 Modelle des VW-Konzerns aus dem Baukasten-System bedienen.
Das oberste Ziel bei der Entwicklung des neuen Golf war die Senkung des Fahrzeuggewichts bei gleichzeitig gestiegenen Anforderungen an die Fahrzeugsicherheit und an den Komfort. Basierend auf dem MQB in Stahlleichtbau, erreicht der neue Golf neben der deutlichen Gewichtseinsparung auch eine Reduzierung der Materialkosten und der Fertigungszeit. Der MQB ist flexibler als die ehemalige Plattformstrategie. Das Auto kann in Breite, Länge und Höhe, in Radstand, Spurbreite und Radgrößen variiert werden. Der Aufbau der Türen, die Aufbaufolge der Karosserie gehören dazu.
So lassen sich auf einer einzigen Baukastenstruktur die unterschiedlichsten Fahrzeugsegmente ableiten, vom Cabrio über die Limousine bis zum SUV. 65 bis 70 Prozent Gleichteile über einige Millionen Stück - so das Ziel - das wäre Rekord in der Branche. Und das reduziert auch die Kosten (Auftaktbild und Bild 1).

Steigerung der Materialgüten

Die Karosserie vom Golf 2013 ist auf Basis des von den Entwicklern in Wolfsburg geschaffenen MQB komplett neu konstruiert worden. Durch die deutliche Steigerung der eingesetzten Materialgüten, insbesondere aber der ultrahochfesten (warmumgeformten) Bauteile (siehe Bilder 2 und 3), konnte eine Gewichtseinsparung zur Vorgängerplattform von 18 kg erreicht werden. Der Fahrzeugboden ist gekennzeichnet durch eine Rahmenstruktur aus ultrahochfesten Bauteilen, die durch Tunnel, oberen und unteren Fußraumquerträger, Schweller innen und Querträger hinten gebildet wird. Eine zusätzliche seitliche Abstützung erfolgt durch den hochfesten Sitzquerträger (Pfeil in Bild 1). Damit ist der Modulare Querbaukasten auch be-

1

Stahlstruktur: Durch den MQB in Stahlleichtbau erreicht der neue Golf neben deutlicher Gewichtseinsparung auch eine Reduzierung der Materialkosten und der Fertigungszeit. (1) geschlossene Stirnwand, Pfeil = hochfester Sitzquerträger.

stens für die zukünftigen, alternativen Antriebssysteme wie Elektro- oder Plug-In-Hybride vorbereitet.

Bodenbleche bestimmen Radstand

Die Stirnwand ist geschlossen (1 in Bild 1). Sie ist durch die Geometrie der Profile und die Versickung der Flächen optimiert worden. Diese Sickenbilder verbessern die akustischen Eigenschaften und die Steifigkeit. Dadurch sind die Bleche dünner gestaltet, auf eine schwere Dämmmatte wird verzichtet. Für die Steifigkeit der Federbeinanbindungen im Vorderwagen sorgt eine optimale Profilgestaltung im Bereich des Wasserkastens.

Der Modularc Querbaukasten ist Fahrzeugklassen übergreifend ausgelegt, das heißt die Variabilität im Radstand wird über die Länge der Bodenbleche gesteuert. Dabei ist ein einziges Werkzeug in der Lage, die fünf unterschiedlich langen Bodenbleche mit einem Längenunterschied von 165 mm herzustellen. Die Breitenvariabilität wird allein über die Schweller innen und die Federbeinaufnahmen in den Radhäusern sichergestellt. Škoda Superb, Passat, Touran, Tiguan, Škoda Octavia, Golf, Audi A3 zweitürig und Seat Leon sind damit zu produzieren.

Beispiel hinterer Querträger

Für Crashresistenz und Steifigkeit ist auch der Querträger unter dem Boden zwischen den beiden hinteren Radhäusern ultrahochfest, also warm umgeformt. Am Übergang vom vorderen zum hinteren Boden übernimmt der ultrahochfeste Querträger die Lastverteilung beim Seitencrash. Die maßgeschneiderte Blechdickenverteilung durch die so genannte Tailored-Rolled-Blank-Technologie zwischen min. 0,95 mm und max. 1,70 mm ermöglicht Deformationszonen an richtigen Stellen und 2,0 kg weniger Gewicht allein für dieses Bauteil.

Beispiel vordere Längsträger

Die Längsträger sind im vorderen Bereich als C-Profil innen mit 2,0 mm und einem äußeren

2

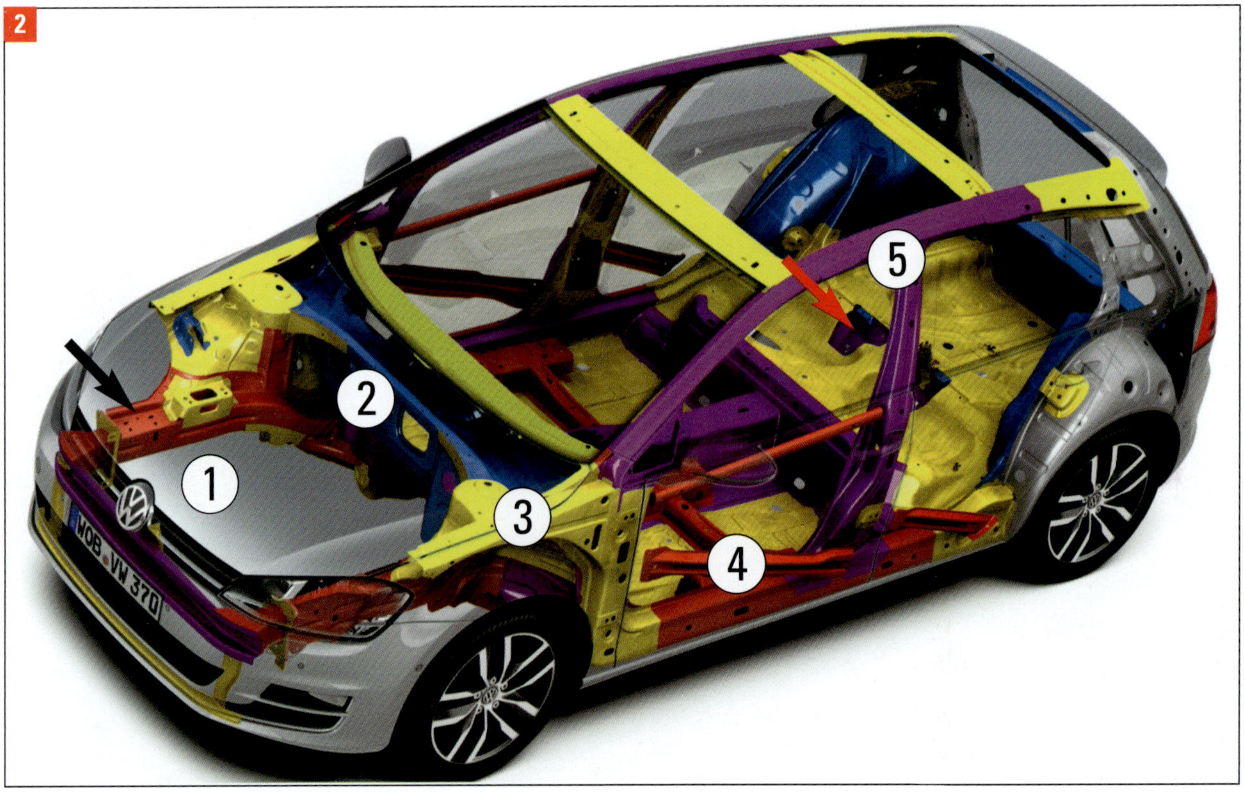

Stahlfestigkeiten der Karosserie-Sicherheitsstruktur: (1) grau = normal und weich, (2) blau = hochfest, (3) gelb = höherfest, (4) rot = höchstfest, (5) violett = ultrahochfest, warmumgeformt. Pfeile: rot = Querträger hinten, schwarz = Längsträger vorn.

Schließteil in gleicher Güte mit 1,5 mm ausgeführt. Der Übergangsbereich des Längsträgers bis unter den Boden vorn ist aus ultrahochfestem (warm umgeformtem) Stahl auch 2,0 mm stark. Der Längsträger unter dem Fahrzeugboden vom Übergang zum Querträger hinten ist ebenfalls ein Tailored-Rolled-Blank-Bauteil: Vorderer Bereich 1,75 mm, hinterer 1,0 mm.

Die Längsträgerkräfte zwischen Vorderwagen und Fahrgastzelle werden durch den profilbildenden oberen und unteren Fußraumquerträger in Fahrzeugmitte vom ebenfalls ultrahochfesten, einteiligen Tunnel sowie nach außen hin durch die ultrahochfesten Schweller innen verteilt. Durch die Einbettung des Getriebelagers in den Längsträger konnten die lokale Steifigkeit gesteigert und trotzdem Gewicht eingespart werden. Die Höhe der Längsträger wuchs um 25 %.

Hochfeste Bauteile für den »Hut«

Im Golf 2013 werden auch beim Hutaufbau ultrahochfeste Bauteile verwendet. Sie gewährleisten optimale Sicherheit und höchsten Komfort bei weiter gestiegenen Crash- und Steifigkeitsanforderungen sowie bei größeren Fahrzeugabmessungen. Neu ist ein durchlaufendes Schwellerkonzept mit der aufgesetzten B-Säulenverstärkung und der inneren A-Säulenverstärkung. Beides sind ultrahochfeste Bauteile. Aus diesem Grund gibt es im oberen Bereich der A-Säule im Dachholm Crashfalten Bild 4). Diese dienen bei einem Pfahl-Seitencrash als Materialüberschuss, damit die Energien aufgenommen werden können. Dadurch wird die Bauteilfestigkeit des Dachrahmens erhöht.

Stoßfänger und Schlossträger

Der Schlossträger besteht aus Polyamid-Glasfaserverstärktem Kunststoff 40 %. Er wird in zwei Ausführungen verbaut und hat im Bereich der Kühlergrillbefestigung Schraublöcher für eine Reparaturbefestigung des Kühlergrills. Der Fußgängerschutzträger ist an den Querträger genietet. Der Halter für den ACC-Sensor ist am Querträger verschraubt. Der Schlossträger ist

3

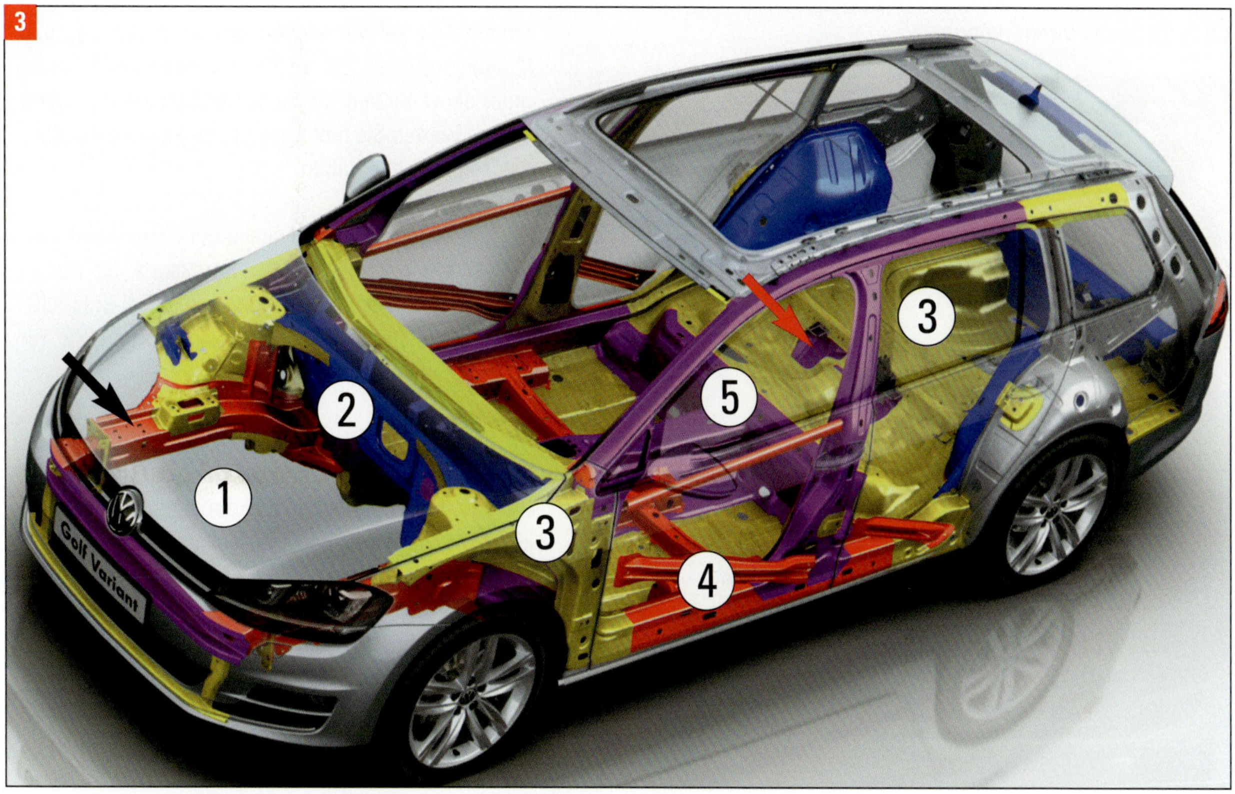

Die Sicherheitsstruktur ist beim Golf Variant ebenso: (1) grau = normal und weich, (2) blau = hochfest, (3) gelb = höherfest, (4) rot = höchstfest, (5) violett = ultrahochfest, warmumgeformt. Pfeile: rot = Querträger hinten, schwarz = Längsträger vorn.

im Bedarfsfall trocken ausbaubar. Die Kühlerkomponenten werden mit neuen Haltern im Frontend verrastet, die gegen Fehlverbau passende Nuten in Lagerzapfen am Kühler haben.

Silberschicht heizt Frontscheibe

Neu in der Karosserie ist eine optionale »Klimakomfortscheibe«. In dieser Frontscheibe sind Wärmeschutz und Heizfunktion ohne sichtbare Heizdrähte integriert. Bei einem in der Sonne geparkten Fahrzeug ermöglicht die reflektierende Infrarotschutzbeschichtung eine Temperatursenkung bis zu 15 °C im Innenraum gegenüber einer herkömmlichen Grünglasscheibe. Durch die »versilberte« Scheibe gelangen 60 % der Sonnenwärme nicht in den Fahrzeuginnenraum. Die zusätzliche Heizfunktion sorgt bei Kälte dafür, dass die Frontscheibe im Innenraum nicht beschlägt. Diese Scheiben sind in

4

Verstärkung beim Hutaufbau: (1) Crashfalte im Dachholm, (2) A-Säule mit Verstärkung.

5

Dauerhafter Karosserieschutz: Der hochentwickelte Lack des Golf in der Trockenkammer.

GEFAHRHINWEISE

Gurt, Klimaanlage, Elektrik

- Die Gurtstraffer des Golf, die bei einem Crash die Sicherheitsgurte schlagartig anziehen, zwingen zu besonderer Vorsicht bei Arbeiten außen und innen an der Karosserie. Aktiviert werden die Gurtstraffer von elektrisch gezündeten Gasgeneratoren. An diesen Rückhaltesystemen ist jedes Do-it-yourself untersagt. Montage und Demontage der Gurtstraffer sind Sache der Werkstatt, die dabei strenge Sicherheitsvorschriften einhalten muss. Wenn Sie an der Karosserie werken, dürfen Sie nicht ohne weiteres in der Umgebung der Gurtrolle mit Schlagschrauber oder Hammer arbeiten. Die Gurtstraffer reagieren empfindlich auf Vibrationen und harte Schläge und können auslösen. Ziehen Sie auch vor allen Arbeiten unter dem Fahrzeug die Sicherung für die Gurtstraffer ab und warten Sie fünf Minuten, bis sich die Kondensatoren entladen haben.

- Eine zweite Gefahrenquelle bei Karosseriearbeiten ist die Verzinkung. Die Karosserie ist außen elektrolytisch und innen feuerverzinkt. Bei Schweißarbeiten entsteht giftiges Zinkoxid. Sorgen Sie für gute Belüftung am Arbeitsplatz.

- Ein weiteres Tabu betrifft die Klimaanlage. Es dürfen keine Schweiß- oder Lötarbeiten durchgeführt werden, bei denen sich Teile der Anlage erwärmen könnten. Der Kältemittelkreislauf darf auch keinesfalls geöffnet werden!

- Die empfindliche und nicht ungefährliche elektrische Anlage fordert ebenfalls Vorsicht. Soweit Schweißarbeiten oder andere Funken erzeugende Arbeiten durchgeführt werden, müssen grundsätzlich die Batterie abgeklemmt und beide Batterieklemmen (Plus und Minus) sorgfältig isoliert werden.

der Codierung (Scheibenstempel) zusätzlich mit IR-H (Infrarot-Reflektierend-Heizbar) gekennzeichnet.
Der Infrarotschutz besteht aus einer sehr dünnen Silberbeschichtung auf der Außenseite der Innenscheibe. Der geringere Wärmeeintrag ins Fahrzeug entlastet die Klimaanlage und senkt den Kraftstoffverbrauch. Außerdem gibt es weniger kalte Zugluft, was den Komfort erhöht.
Wird die Silberbeschichtung elektrisch angesteuert, erwärmt sich die Scheibe. Bei leichtem Frost und nur gering zugefrorener Außenfläche kann die solcherart drahtlos beheizbare Frontscheibe als Abtauhilfe dienen. Bei mittlerem Frost und dickerer Eis- oder Schneeauflage muss allerdings doch der Eiskratzer her. Außerdem gibt es im oberen Bereich der Frontscheibe nichtbeschichtete Flächen, damit Regensensor, Multifunktionskamera und Mauterfassung arbeiten können. Auch dieser Bereich muss im Bedarfsfall manuell von Eis befreit werden.

Panorama-Ausstell-Schiebedach

Das Panorama-Ausstell-Schiebedach ist eingeklebt und als außengeführtes Dachsystem verbaut. Es ist eine Weiterentwicklung des Ausstelldachs mit der zusätzlichen Schiebefunktion über das Dach des Fahrzeugs und mit einem handbedienten Sonnenschutzrollo ausgestattet. Das Dach fährt beim Öffnen erst in die »Ausstellfunktion«.
In der »Schiebefunktion« fährt der Glasdeckel beim Öffnen über das Dach. Ein Windabweiser, der dadurch nach oben geklappt wird, führt den Fahrtwind über den geöffneten Glasdeckel. Dieser ist getönt und trägt so zur Wärmedämmung bei. Die Dämmung wird dadurch erreicht, dass 99 % der UV-Strahlung, 92 % der Wärmestrahlung und 90 % der Lichtstrahlung reflektiert werden.

Der Variant 2014

Der Kombi war immer ein planmäßiges Mitglied der Baureihe, weshalb das fünfte Variant Modell auch nicht vom Viertürer-Golf abgeleitet, sondern parallel entwickelt wurde. Gleichwohl ist der Variant bei aller Eigenständigkeit sofort als Golf auszumachen (Bild 6). Die Designer haben die Form der typischen Golf-C-Säule auf die D-Säule übertragen, wobei das »dritte« Seitenfenster visuell zu einem Teil der D-Säule wurde. Darüber hinaus wird die sogenannte

PRAXISTIPP: Kontaktkorrosion vermeiden

Hinsichtlich aller Reparaturarbeiten warnt VW vor Montagefehlern, die zu Kontaktkorrosion führen können. Kontaktkorrosion kann entstehen, wenn nicht geeignete Verbindungselemente wie Schrauben, Muttern oder Scheiben verwendet werden. Volkswagen empfiehlt, nur Verbindungselemente mit einer speziellen Oberflächenbeschichtung zu verbauen. Keine Gefahr besteht bei Gummi- oder Kunststoffteilen und Klebstoffen aus elektrisch nichtleitenden Materialien.

Falls Sie bei der Montagearbeit zu bestimmten Teilen Zweifel haben, richten Sie sich am besten nach dem Teilekatalog. VW empfiehlt die geprüften Original-Ersatzteile auch deshalb, weil sie aluminiumverträglich sind. Obgleich die Golf-Karosserie kein Verbund mit Aluminium darstellt, ist Vorsicht doch ratsam, weil Schäden durch Kontaktkorrosion nicht unter die Gewährleistung fallen.

PRAXISTIPP: Arbeiten an der Karosserie

- Die meisten der in diesem Kapitel behandelten Reparaturen können Sie mit einer Werkzeug-Grundausstattung selbst erledigen. Zunehmend sind Fahrzeugteile mit Torx-Schrauben befestigt, weshalb Sie unbedingt einen solchen Schlüssel-Satz benötigen.

- Teile wie Motorhaube, Heckklappe und Türen sind ziemlich sperrig. Sie können beim Ausbau nur schwer gesichert werden. Um Kratzer oder Beulen zu vermeiden, lassen Sie sich von einem Helfer unterstützen. Den Wiedereinbau von Motorhaube und Heckklappe erleichtern Sie sich, wenn Sie die Lage der Scharniere vor der Demontage mit einem wasserfesten Filzstift anzeichnen.

- Bei der Montage von verschraubten Karosserieteilen müssen die vorgeschriebenen Spaltmaße eingehalten werden. Es kann sonst zu Klapper- und Windgeräuschen kommen.

Charakterlinie im Gegensatz zum klassischen Golf hinter den Fondradhäusern wieder aufgenommen und komplett über das Fahrzeugheck geführt. Dieses Design verleiht dem hinteren Karosseriebereich eine sehr muskulöse Optik (Bild 7). Die präzise geführte Fensterbrüstung, die lange Seitenfensterfläche und das nach hinten hin leicht abfallende Dach inklusive Dachkantenspoiler unterstreichen diese Dynamik. Edel in die Dachlinie integriert wurde die serienmäßige Reling.

Kennzeichen in der Heckklappe

Der Variant V ist auch von hinten »typisch Golf«. Die zweiteiligen Rückleuchten unterstreichen die Familienzugehörigkeit, aber die in die Heckklappe integrierte Hälfte der Rückleuchten ist größer als bei der Schrägheckversion und bildet im unteren Bereich länger eine parallele Linie. Außerdem befindet sich das Kennzeichen des Schrägheckmodells im Stoßfänger, das des Golf Variant erneut in der Heckklappe.
Daneben gibt es »handfeste« Unterschiede. Die Ladekante ist lediglich 630 mm, die Heckklappenöffnung – senkrecht gemessen – 675 mm hoch, im direkten Abstand zwischen Unter- und Oberkante (diagonal gemessen) ergeben sich sogar 762 mm. Breit ist die Heckklappenöffnung 1.031 mm.

Neue Flächen-Modulation

Jede Volkswagen-Klasse hat ihre eigenen Charaktereigenschaften. In der Golf-Klasse gehören dazu die leicht nach oben hin geschwungenen Scheinwerfer und eine definiert maximale Höhe des Kühlergrills. Nach unten wird der Kühlergrill durch einen Chromsteg begrenzt, der im Fall der Xenonscheinwerfer seine Fortsetzung in den Scheinwerfergehäusen findet.
Gegenüber dem Vorgänger zeigt der aktuelle Golf Variant eine komplett neu aufgebaute Modulation in den Flächen. Während beim Golf VI Variant die Kotflügel höher als die Motorhaube waren, ist es nun umgekehrt: Seitlich bilden die Knickkanten die tiefsten Punkte der Kotflügel, bevor diese vertikal in die Radläufe übergehen. Nach oben werden die Kotflügel von einer wie mit dem Messer gezogenen Linie begrenzt, die ihren Ausgang in den A-Säulen hat. Alle Linien führen zur V-förmigen Motorhaube.

PRAXISTIPP

Reparatur an Kunststoffteilen

Bei groben Beschädigungen wie Rissen und tiefen Kratzern im Material von Kunststoffteilen bleibt nichts weiter übrig, als die Teile zu erneuern. Bei kleineren Schäden wie Abschürfungen oder nicht sehr tiefen Rissen und Löchern erlauben spezielle Kunststoff-Reparatur-Sets erfolgreiche Reparaturen. Gearbeitet wird im Prinzip mit Spachtel und Lack.

Beim Lackieren von Kunststoffteilen gilt:

- Lackieren nur im ausgebauten Zustand.
- Kunststoffanbauteile derart legen oder hängen, dass ihre Form erhalten bleibt.
- Bei ungeeigneter Auflage und Trocknungstemperaturen über 60 °C kann es zu bleibenden Formveränderungen kommen.

6

Karosserie des neuen Variant: Gesicht vom Golf VII ...

7

... und viel Platz hinter gelungener Heckpartie.

Spalt- oder Fugenmaße prüfen und einhalten

Ein Qualitätsmerkmal des Karosseriebaus bei jedem Auto sind möglichst geringe Maße des Spalts oder der Fugen zwischen beweglichen Teilen wie Klappen und Türen und den festen Strukturen der Karosserie (Bilder 1 bis 6). Die Einhaltung dieser Spalt- oder Fugenmaße ist auch ein Gradmesser für die Güte von Reparaturen an der Karosserie. Nach jedem Austausch oder Aus- und Wiedereinbau von Motorhaube, Gepäckraumklappe oder einzelner Tür muss dieses Maß so stimmen, wie es der Hersteller bei Fahrzeugauslieferung vorgibt.

Verlaufen die beiden Grenzkanten der Fuge nicht parallel, ist das schon mit bloßem Auge recht leicht zu erkennen. Nicht fachgerecht ausgeführte Reparaturen sind damit schnell zu »entlarven«. Dabei ist beim Golf eine Toleranz von ± 0,5 mm hinsichtlich der Fugenbreite gestattet. Diese entsprechend auch so genannte 0,5-mm-Toleranz ist fertigungstechnisch bedingt und kann in der Produktion auf wirtschaftliche Weise kaum noch weiter unterboten werden.

Letzter Arbeitsschritt bei Reparaturen an Türen und Klappen ist stets die Kontrolle der Spaltmaße. Überprüft werden sie mit einer Einstelllehre, im Volkswagen-Werkzeugkatalog die Lehre 3371. Das ist ein Fächer von Messplättchen exakt der jeweiligen Dicke von 0,5 bis 5 mm in 0,5 mm-Schritten.

Bild 1: Spalt-/Fugenmaße Karosserie vorn

Fuge		Spaltmaß	Toleranz
a	(Breite)	2,5 mm	± 0,5 mm
b	(Höhe/Tiefe)	-2,7 mm	± 0,5 mm
c	(Höhe/Tiefe)	-0,6 mm	± 0,5 mm
d	(Breite)	3,5 mm	± 0,5 mm
e	(Breite)	5,0 mm	± 0,5 mm
f	(Breite)	4,5 mm	± 0,5 mm

1

Bild 2: Fugenmaße Karosserie Mitte

Fuge		Spaltmaß	Toleranz
a	(Breite)	3,5 mm	± 0,5 mm
b	(Höhe/Tiefe)	0,0 mm	- 1,0 mm
c	(Höhe/Tiefe)	0,0 mm	+ 1,0 mm
d	(Breite)	4,2 mm	± 0,5 mm
e	(Höhe/Tiefe)	0,0 mm	+ 1,0 mm
f	(Breite)	3,5 mm	± 0,5 mm
g	(Breite)	5,5 mm	± 0,8 mm
h	(Breite)	5,4 mm	± 0,8 mm
Fugen beim 2-Türer:			
c	(Höhe/Tiefe)	0,0 mm	+ 1,0 mm
d	(Breite)	4,2 mm	± 0,5 mm
h	(Breite)	5,4 mm	± 0,8 mm

2

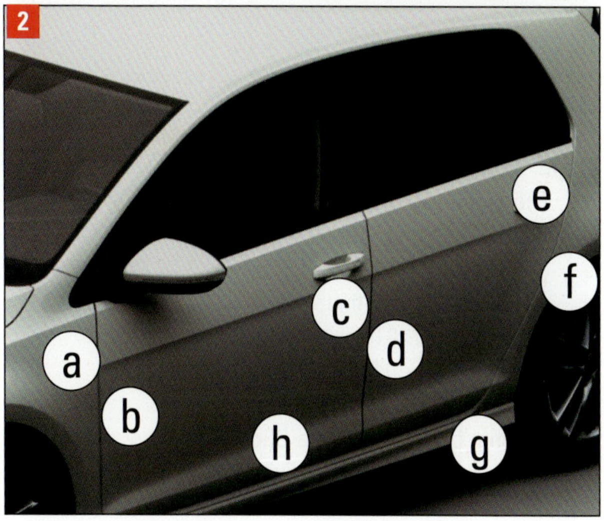

Bild 4: Spalt-/Fugenmaße Karosserie hinten

Fuge		Spaltmaß	Toleranz
a	(Breite)	4,0 mm	± 0,5 mm
b	(Breite)	5,0 mm	± 0,5 mm
c	(Höhe/Tiefe)	- 1,2 mm	± 0,8 mm
d	(Breite)	5,0 mm	± 0,5 mm
e	(Höhe/Tiefe)	- 1,4 mm	± 0,8 mm
f	(Breite)	4,5 mm	± 0,5 mm

4

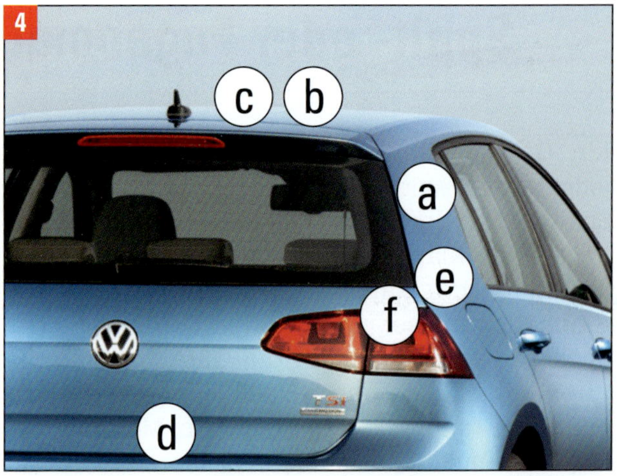

Bild 4: Spalt-/Fugenmaße Karosserie hinten Variant

Fuge		Spaltmaß	Toleranz
a	(Breite)	4,0 mm	± 0,5 mm
b	(Breite)	5,0 mm	± 0,5 mm
c	(Höhe/Tiefe)	- 1,2 mm	± 0,8 mm
d	(Breite)	5,0 mm	± 0,5 mm
e	(Höhe/Tiefe)	- 1,2 mm	± 0,8 mm
f	(Breite)	4,5 mm	± 0,5 mm

Anmerkung: Die Fugenmaße sind beim Golf Variant vorn und in der Mitte genau die gleichen wie beim Schrägheck-Golf. An der Karosserie hinten gibt es (in Position »e«) eine geringfügige Abweichung.

5

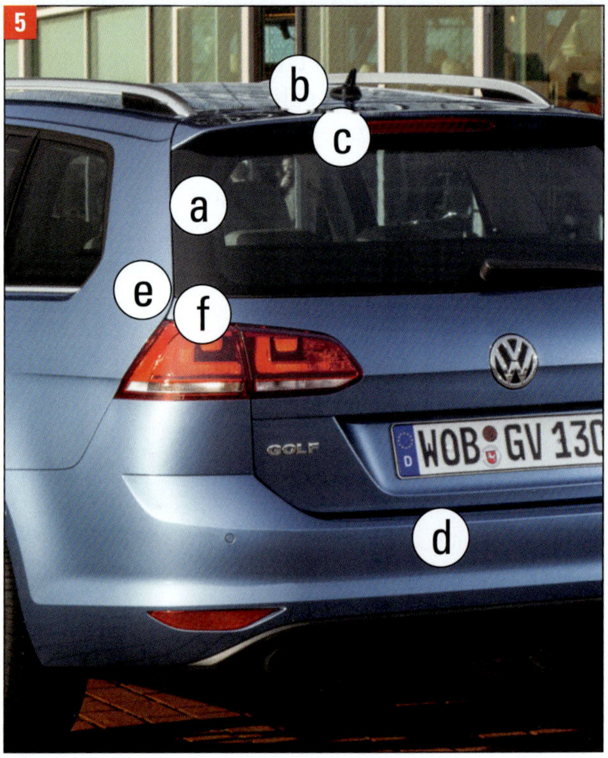

Bild 3: Spalt-/Fugenmaße Karosserie oben Variant

Fuge		Spaltmaß	Toleranz
a	(Höhe/Tiefe)	- 1,8 mm	---
b	(Höhe/Tiefe)	0,2 mm	---
c	(Breite)	4,9 mm	---
d	(Breite)	4,6 mm	---
e	(Höhe/Tiefe)	0,0 mm	---
f	(Höhe/Tiefe)	- 0,6 mm	---

Anmerkung: Das verwendete Bild zeigt einen »Röntgenblick« aufs Fahrwerk, für die Fugenmaße ohne Belang.

6

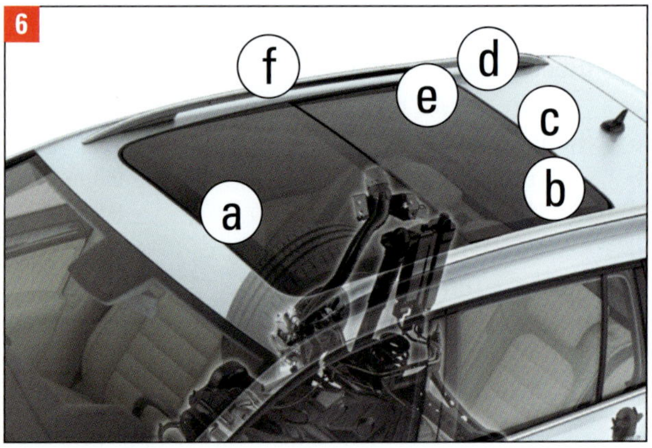

Außenspiegel: Glas, Rahmen, Gehäuse ausbauen

Spiegelglas

■ **Ausbau:** An den Bildern 1 bis 3 orientieren , die den linken Außenspiegel zeigen. Rechts ist das Vorgehen analog. Schutzbrille und Schutzhandschuhe tragen und die Gehäusekanten mit textilverstärktem Klebeband o. Ä. vor Lackbeschädigung schützen. Spiegelglas (9) am unteren Rand vorsichtig in das Spiegelgehäuse (1+3) ein- und dann mit einem Montagehebel wie VW 80-200 von der Verstelleinheit (3) abdrücken.

■ Spiegelglas zur Seite schwenken und Steckkontakte für die Spiegelheizung auf der Rückseite des Glases abziehen. Nicht alle Modelle haben beheizte Spiegel!

■ **Einbau** in umgekehrter Reihenfolge. Die Steckkontakte für die Spiegelheizung am Spiegelglas aufdrücken.

■ Spiegelglas (9) mittig auf die Verstelleinheit (3) im Gehäuse aufdrücken. Dabei nur in der Spiegelmitte drücken!

■ Wenn das Spiegelglas hörbar eingerastet ist, eine abschließende Funktionsprüfung vornehmen.

Spiegelkappe

■ **Ausbau:** Spiegelglas (9) ausbauen. Die nun zugänglichen Rasthaken in Höhe der Pfeile in Bild 1 entriegeln.

1

2

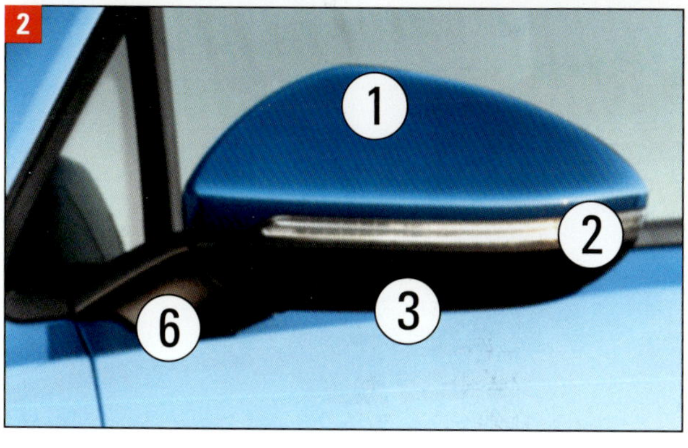

3

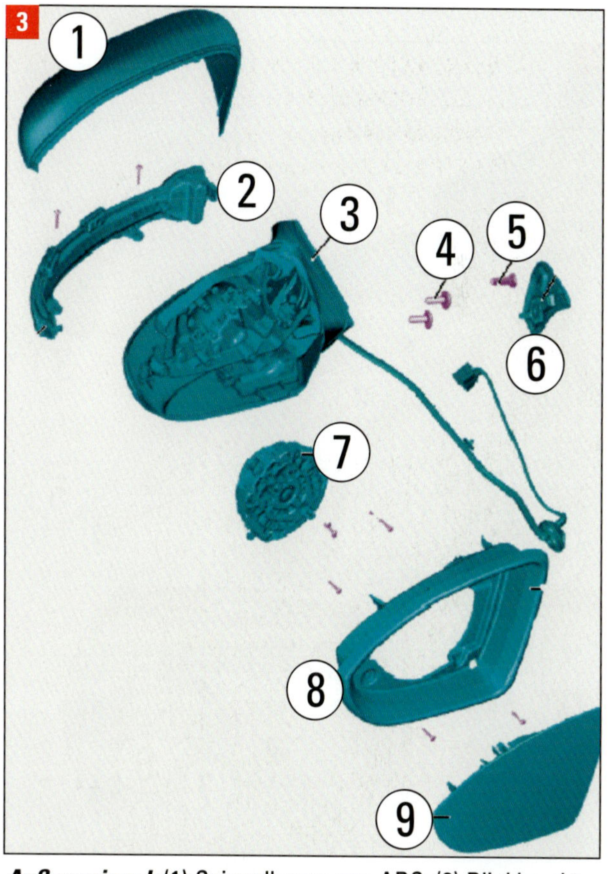

Außenspiegel: (1) Spiegelkappe aus ABS, (2) Blinkleuchte, (3) Grundträger, (4) zwei Schrauben je 9 Nm, (5) Clip, (6) Abdeckkappe, (7) Verstelleinheit, (8) Spiegelblende, (9) Spiegelglas. Pfeile: Kappenverrastungen unter dem Glas.

■ Spiegelkappe (1) vom Spiegelgrundträger (3) nach hinten abziehen.

■ **Einbau:** Spiegelkappe aufsetzen und aufdrücken, bis die Rasthaken hörbar einrasten. Spiegelglas einbauen und Funktionsprobe vornehmen.

Spiegelblende (Rahmen)

■ **Ausbau:** Spiegelglas und Spiegelkappe ausbauen. Die beiden Schrauben herausdrehen (siehe Bild 3 unten zwischen den Positionen 8 und 9).

■ Die Spiegelblende (Rahmen) aus der Verrastung lösen und nach hinten abnehmen.

■ **Einbau** in umgekehrter Reihenfolge. Beide Schrauben mit 1 Nm festziehen. Abschließend eine Funktionsprüfung durchführen.

Verstelleinheit

■ **Ausbau:** Spiegelglas ausbauen. Die drei Schrauben herausdrehen (siehe Bild 3 Mitte zwischen den Positionen 7 und 8) und die Verstelleinheit (7) vom Spiegelgrundträger (3) abnehmen. Verstelleinheit mit Motor zur Seite schwenken und den Stecker von der Einheit abziehen.

■ **Einbau:** Stecker auf die Verstelleinheit aufstecken und die Einheit an den Spiegelgrundträger setzen. Mit den drei Schrauben mit 1 Nm festschrauben. Spiegelglas einbauen, Funktionsprobe vornehmen.

Außenspiegel (und Türverkleidung)

■ **Ausbau:** Demontagekeil (3409), flache Kunststoffkeile (T10383) und ein Drehmomentschlüssel (V.A.G 1783) werden benötigt. Aus- und Einbau sind an Fahrer- und an Beifahrerseite sowie bei Zwei- und Viertürer ähnlich.

Türverkleidung vorn ausbauen: Zündung und Verbraucher ausschalten, Zündschlüssel abziehen. Oberteil der Griffschale mit dem Demontagekeil (3409) aus den Aufnahmen in der Türverkleidung heraushebeln und Schrauben herausdrehen. Den Halteclip unten an der Verkleidung mit einem Gabelschlüssel SW 10 um 90° verdrehen und damit entriegeln. Die je drei Halteclips links und rechts an der Türverkleidung mit Keilen »T10383« aus den Aufnahmen lösen. Verkleidung senkrecht nach oben aus der Fensterschachtleiste herausziehen. Bei 4-Türern wird dabei der als Crashclip ausgeführte Clip oben links automatisch entriegelt (sonst mit Keilen lösen). Steckverbindungen trennen. Den Bowdenzug aus der Türinnenbetätigung aushängen (Bild 5).

■ Jetzt an Bild 4 orientieren. Abdeckung (3) ausclipsen, das Klebeband (4) lösen, Steckverbindung (8) für Außenspiegel (1) trennen.

■ ***Türsteuergerät ausbauen:*** Alle Steckverbindungen ent-

4

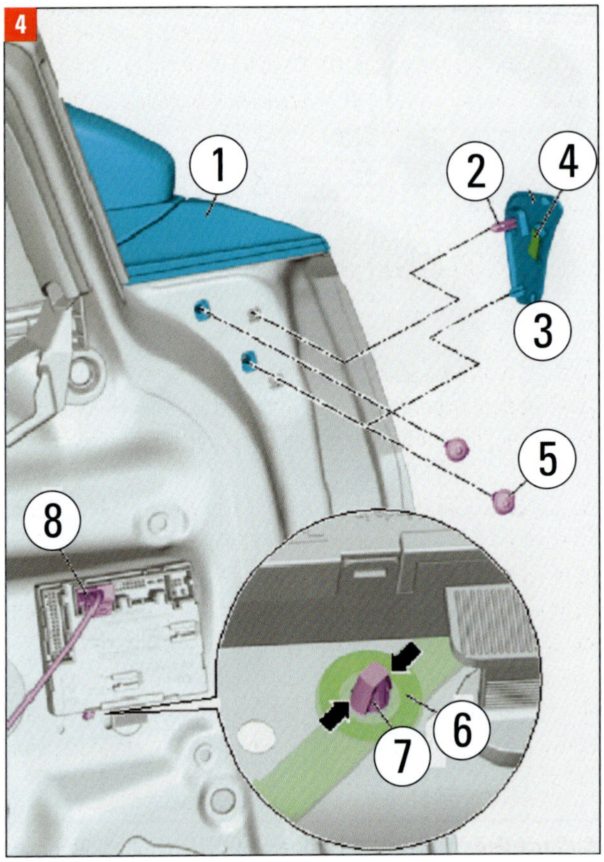

Außenspiegel-Ausbau: (1) Außenspiegel, (2) Clip, (3) Abdeckung), (4) Klebeband, (5) zwei Schrauben, (6) elektrische Leitung, (7) Clip, (8) Steckverbindung.

5

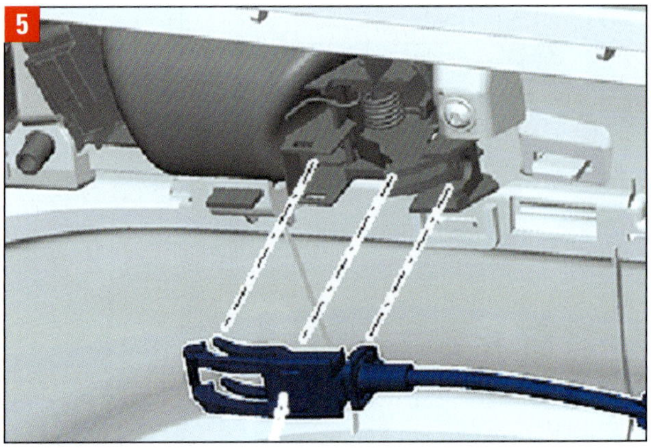

Tankklappeneinheit aus- und einbauen

■ **Ausbau:** An Bild 1 orientieren. Tankdeckel abschrauben und Schraube (3) herausdrehen.

■ Manschette der Tankklappeneinheit vom Einfüllstutzen (2) abziehen und Tankklappeneinheit etwas nach hinten (Pfeil 5) aus den Verrastungen ziehen.

■ Tankklappeneinheit (1) aus dem Seitenteil herausschwenken (Pfeil 6).

■ Wasserablaufschlauch (4) ebenfalls aus dem Seitenteil herausführen.

■ **Einbau:** Wasserablaufschlauch durch die Öffnung der Tankklappeneinheit stecken, bis zum Anschlag durchziehen und ins Seitenteil einschieben (Pfeil 5, umgekehrt).

■ Tankklappeneinheit in das Seitenteil schwenken (Pfeil 6, umgekehrt), Manschette über den Einfüllstutzen ziehen.

■ Anschließend Tankklappeneinheit vollständig in das Seitenteil schieben.

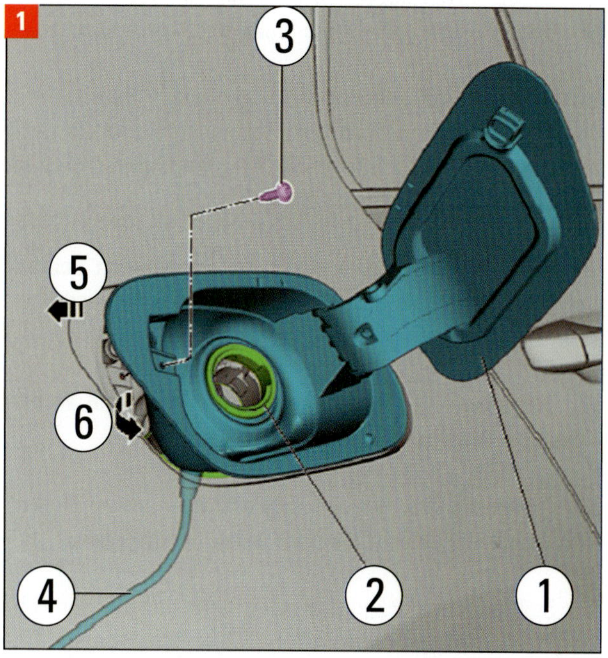

Tankklappe im Seitenteil: (1) Tankklappeneinheit, (2) Einfüllstutzen, (3) Schraube, (4) Wasserablaufschlauch, (Pfeile 5 und 6) Bewegungsrichtungen.

Kühlergrill und Stoßfängerabdeckungen ausbauen

Kühlergrill und Stoßfänger vorn

■ Ausbau der Stoßfängerabdeckungen vorn oder hinten wird in erster Linie bei Beschädigungen erforderlich. Vor dem Auswechseln sollte aber genau geprüft werden, ob eine Reparatur an den Abdeckungen möglich ist, die aus Verbundkunststoff PP/EPDM bestehen. Je nach Modell (Golf, Variant, Sportsvan usw.) müssen beim Aus- und Einbau geringfügige Abweichungen berücksichtigt werden.

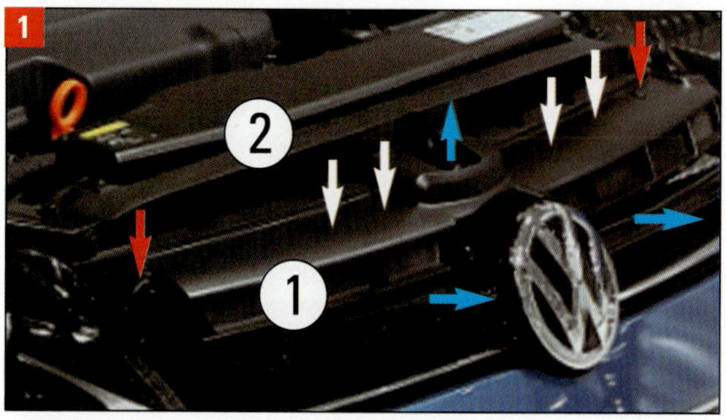

Kühlergrill: Die Pfeile bedeuten »rot« Verschraubung und »weiß« Verrastung am Schlossträger. »Blau« = Ausbau.

■ **Ausbau Kühlergrill:** An Bild 1 orientieren. Die beiden Schrauben links und rechts (rote Pfeile; rechts ist der Grill so angeschnitten, dass das Einschraubgewinde darunter sichtbar wird) herausdrehen. Verrastungen (weiße Pfeile) mit einem kleinen Schraubendreher entriegeln.

■ Kühlergrill (1) in Richtung der zwei horizontalen blauen Pfeile erst parallel nach vorn aus den Verrastungen am Schlossträger (2) herausziehen.

■ Den Grill in Richtung des vertikalen blauen Pfeils nach oben aus der Stoßfängerabdeckung vorn herausziehen.

■ **Einbau Kühlergrill:** Zuerst den Grill in die Stoßfängerabdeckung vorn einführen. Mit leichtem Druck den Kühlergrill in den Schlossträger verclipsen und zum Ausschnitt des VW-Emblems in der Frontklappe ausrichten.

■ Die zwei Schrauben (rote Pfeile) mit 2 Nm festziehen.

■ **Ausbau Stoßfängerabdeckung vorn:** Kühlergrill wie beschrieben ausbauen. An Bild 2 orientieren. Erst die nach oben gerichteten Schrauben je eine links und rechts im Radhaus (schwarze Pfeile) ausbauen.

■ Dann die jeweils zwei horizontal eingebauten Schrauben links und rechts aus der Radhausschale herausdrehen (schwarze Pfeile).

■ Die je zwei von unten eingebauten Schrauben an den Seiten der Abdeckung (rote Pfeile) herausdrehen.

■ Zuletzt die drei mit dem Schlossträger verschraubten Schrauben von unten (rote Pfeile Mitte) herausdrehen.

■ Stoßfängerabdeckung aus den Verrastungen der Führungsteile links und rechts am Kotflügel herausziehen. Gemeinsam mit einem Helfer die Stoßfängerabdeckung vorn parallel vom Fahrzeug abziehen. Alle Steckverbindungen elektrischer Bauteile trennen, Abdeckung entnehmen.

■ **Einbau Stoßfängerabdeckung vorn:** Mit einem Helfer die Abdeckung vorn parallel auf den Schlossträger setzen und auf die Führungsteile drücken, bis sie einrasten. Auf parallele Führung am Kotflügel und generell auf Parallelität und Spaltmaße achten.

■ Zuerst die drei Schrauben von unten am Schlossträger, dann die seitlichen Schrauben von unten an den Radhäusern und zum Schluss die seitlich einzudrehenden Schrauben und die von unten nach oben in die Radhausschalen einzudrehenden Schrauben einbauen. Alle Schrauben mit einem Anzugsdrehmoment von 2 Nm festziehen.

Stoßfängerabdeckung hinten

■ **Ausbau:** Die hintere Abdeckung des Stoßfängers ruht auf einem 5-teiligen Führungsprofil. Es besteht aus je nach Fahrzeugmodell verschieden geformten zwei seitlichen und zwei für die Schlussleuchten eingebauten Abschnitten sowie einem mittleren Teil.

■ Schlussleuchten im Seitenteil ausbauen. Die beiden nach oben gerichteten Schrauben im Radhaus links und rechts herausdrehen.

■ Je zwei horizontale Schrauben und je eine vertikale im Bereich der Radhausschale links und rechts herausdrehen. Spreiznieten von unten entfernen.

■ Mit einem Helfer die Stoßfängerabdeckung aus den Verrastungen der Führungsprofile links und rechts am Seitenteil ziehen, dann Stoßfängerabdeckung nach oben aus den Verrastungen lösen und schließlich die Abdeckung parallel vom Fahrzeug abziehen.
n Steckverbindungen elektrischer Bauteile trennen (Einparkhilfe und Parklenkassistent: »Elektrische Anlage«).

■ **Einbau:** Steckverbindungen elektrischer Bauteile verbinden. Mit einem Helfer Stoßfängerabdeckung parallel ans Fahrzeug führen und auf die Führungsprofile links und rechts am Seitenteil drücken, bis sie miteinander verrasten. Auf Spaltmaße achten.

■ Spreiznieten von unten einclipsen, Schrauben im Bereich der Radhausschale links und rechts und dann die nach oben gerichteten Schrauben im Radhaus mit je 2 Nm eindrehen. Schlussleuchten im Seitenteil einbauen.
Anmerkung: Die Abdeckungen enthalten Anbauteile.

2

Stoßfängerabdeckung vorn: Die Pfeile zeigen die verdeckten Einbauorte der Verschraubungen.

3

Abdeckung hinten: Rote Pfeile zeigen die Schrauben an der Radhausschale, weiße Pfeile die Spreizniete.

Schlossträger-Servicestellung herstellen/zurücksetzen

Servicestellung herstellen

■ Für viele Arbeiten im Motorraum ist es günstig, mehr Platz vor dem Motor zu haben. Zu diesem Zweck kann der Schlossträger (Bild 1) horizontal etwa um 100 mm nach vorn verschoben werden. Dazu sind allerdings etwas Montagearbeit und zwei Gewindestangen erforderlich (bei VW die Teile-Nummer T10093). Diese »Führungsstangen« lassen sich auch aus 180 mm langen Stehbolzen mit passendem Gewinde herstellen. Ferner werden vier Adapterschrauben (T10467) und Drehmomentschlüssel benötigt.

■ Stoßfängerabdeckung vorn und Scheinwerfer ausbauen.

■ Bowdenzug am Lagerbock der Klappenbetätigung ausbauen: Betätigungshebel anziehen und damit Frontklappe entriegeln, kleinen Schraubendreher in den Spalt zwischen Hebel und Halteklammer stecken, Halteklammer aus dem Betätigungsgriff heraushebeln und den Griff (Betätigungshebel) vom Lagerbock abziehen. Frontklappe öffnen, Bowdenzug aus dem Lagerbock nehmen.

■ Bowdenzugkupplung vom Trägerteil abziehen, Bowdenzug etwas abziehen, Kappe der Bowdenzugkupplung öffnen, Bowdenzug entlasten und aus der Kupplung herausnehmen. Einfüllstutzen für Waschwasserbehälter am Trägerteil aushängen.

■ Der Schlossträger ist links und rechts mit je vier Schrauben am jeweiligen Längsträger befestigt. Auf jeder Seite eine Schraube herausdrehen und dafür die Führungsstange (T10093) einschrauben. Dann die jeweils drei restlichen Schrauben an den Längsträgern herausdrehen. Der Schlossträger mit Anbauteilen kann nun auf den Führungsstangen um ca. 10 cm nach vorn gezogen werden. Dabei auf elektrische Leitungen zum Schlossträger achten, gegebenenfalls Steckverbindungen trennen.

■ Zur Sicherung können je Seite zwei Adapter »10467« zwischen Stoßfängerträger und Längsträger eingeschraubt werden.

Servicestellung zurücksetzen

■ Adapter T10467 links und rechts zwischen Stoßfängerträger und Längsträger herausschrauben.

■ Schlossträger mit Anbauteilen auf den Führungsstangen (T10093) an die Längsträger schieben.

■ Schrauben links und rechts ansetzen, Führungsstangen herausschrauben, Schlossträger an den Längsträgern sowie zwischen den Kotflügeln ausmitteln.

■ Schlossträger an den Schraubpunkten immer an den vordersten Positionen der Langlöcher verschrauben, damit er sich im Crashfall verschieben kann.

■ Bei damit ausgestatteten Fahrzeugen muss das Steuergerät für Abstandsregelung (J428) beim Lösen, Aus-/Einbau oder Ersetzen des Schlossträgers neu justiert werden.

■ Die Druckschläuche für die Ladeluftkühler wieder richtig einbauen; Schläuche und Leitungen dürfen nicht eingeklemmt werden! Scheinwerfer einstellen.

Anmerkung: Der Schlossträger ist ein sicherheitsrelevantes Bauteil. Er muss bei Beschädigungen ersetzt werden.

1

Schlossträger: (1) oberer Teil des Schlossträgers. (2) Kühlergrill, (3) Lagerbock der Klappenbetätigung, (4) Einfüllstutzen für Waschwasserbehälter. Bei Aus- und Einbau vorgehen wie beim Durchführen der Servicestellung.

Radhausschalen vorn und hinten aus- und einbauen

Wie auch die Stoßfängerabdeckungen bestehen die Radhausschalen aus »PP/EPDM«. Dieser Verbundkunststoff verbindet die Eigenschaft des thermoplastischen Elastomers Polypropylen, nämlich die gute Verformbarkeit bei Wärme, mit den guten Materialeigenschaften des kostengünstigen Ethylen-Propylen-Dien-Monomers. Das Recycling von PP/EPDM bei der wertstofflichen Verwertung von Altfahrzeugen ist sehr gut möglich.
Die Bilder als Orientierung für Aus-/Einbau zeigen die linke Seite. Das Vorgehen rechts ist sinngemäß daraus abzuleiten. Je nach Modellvariante müssen geringfügige Abweichungen berücksichtigt werden. Die Radhausschalen vorn bestehen aus zwei Teilen, die hinten aus nur einem Stück.

Radhausschale vorn (Bilder 1 und 2)

■ **Ausbau:** Die sieben Schrauben (2) aus den sieben Spreizmuttern (5) im Radhaus herausdrehen und Radhausschale (1) aus dem Kotflügel herausziehen.

■ Das Vorderteil der geteilten Radhausschale (mit »Deckel«) ist mit den sechs Schrauben (4) befestigt. Abschrauben, herausnehmen.

■ **Einbau:** Spreizmuttern auf Beschädigung prüfen und ggf. ersetzen. Radhausschale (zwei Teile) in den Kotflügel schieben, an der Stoßfängerabdeckung ausrichten und die Schrauben mit 2 Nm festziehen.

Radhausschale hinten (Bild 3)

■ **Ausbau:** Rad ausbauen. Die pro Seite 10 Schrauben (2) herausdrehen. Die drei oberen Schrauben sind in gasdichte Spreizmuttern eingedreht, die beiden unteren in übliche Spreizmuttern. Die restlichen Schrauben sitzen in der Karosserie.

■ Radhausschale hinten (1) aus dem Radhaus herausziehen.

■ Danach ist eine kurze Schwellerabdeckung auszubauen: Drei Schrauben aus ihren Spreizmuttern drehen und Abdeckung nach unten abnehmen.

■ **Einbau:** Spreizmuttern auf Beschädigung prüfen und ggf. ersetzen.

■ Schwellerabdeckung einbauen. Bei Fahrzeugen mit Dieselmotor ist auf der rechten Seite ein Adapter in den hinteren Längsträger einzuklinken.

■ Radhausschale knickfrei ins Radhaus einsetzen.

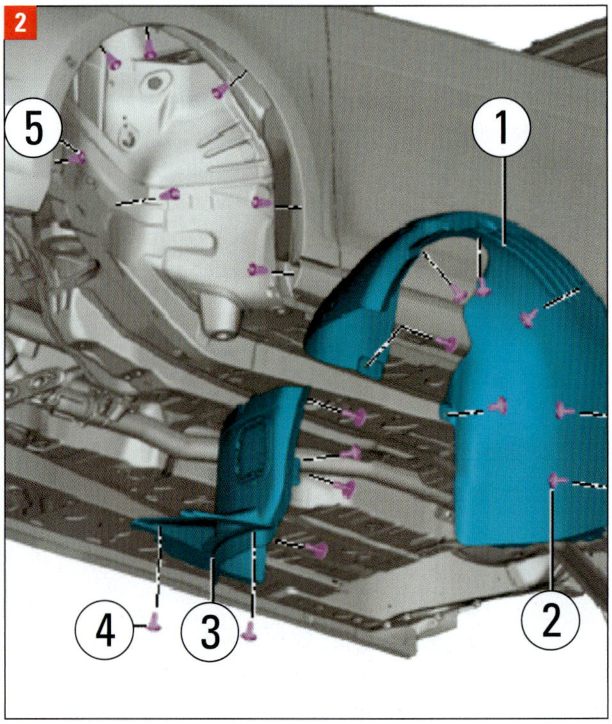

Bilder 1 und 2 Radhausschale vorn: (1, 3) hinteres und vorderes Schalenteil, (2, 4) Schrauben 2 Nm, (5) Spreizmuttern.

■ Alle Schrauben eindrehen und mit 2 Nm festziehen. Rad anbauen.

Anmerkung: Die gasdichten Spreizmuttern dichten den Innenraum gegen Abgase ab und müssen auf jeden Fall bei Beschädigungen ersetzt werden. Sie sind wegen möglicher Gefahr besonders gründlich auf Schäden zu prüfen.

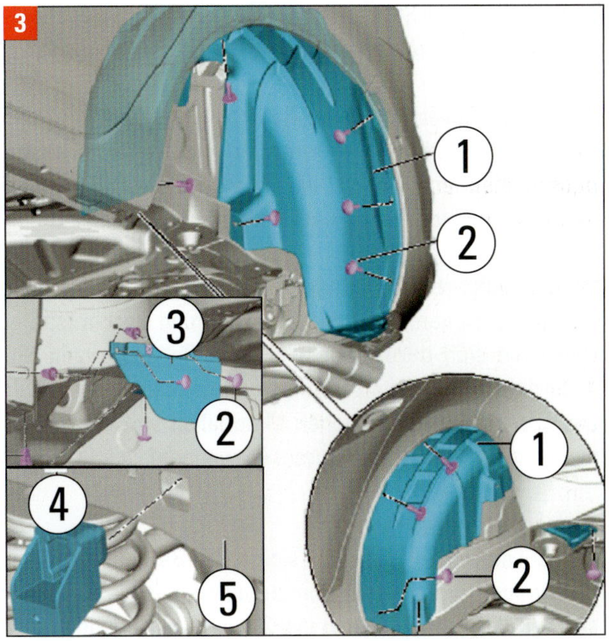

Radhausschale hinten: (1) Schalenkörper, (2) Schrauben. Spreizmuttern nicht dargestellt. ***Oberes kleines Bild:*** (3) Schwellerabdeckung, (2) Schrauben. ***Unteres kleines Bild:*** (4) Adapter rechts bei Dieselmotoren, (5) hinterer Längsträger.

Unterboden prüfen, Verkleidung aus- und einbauen

Unterboden prüfen

■ Eine empfehlenswerte Wartungsarbeit ist die Kontrolle von Fahrzeugunterboden (Bild 1; weiße Pfeile Fahrtrichtung, rote Pfeile Schraubverbindungen mit der Karosserie) und Karosserielack. Dazu Unterbodenschutz und Unterbodenverkleidung, Radhäuser und alle Unterholme, Leitungsverlegung und Stopfen sorgfältig auf etwaige Schäden untersuchen. Sind alle Leitungen in ihren Halterungen be-

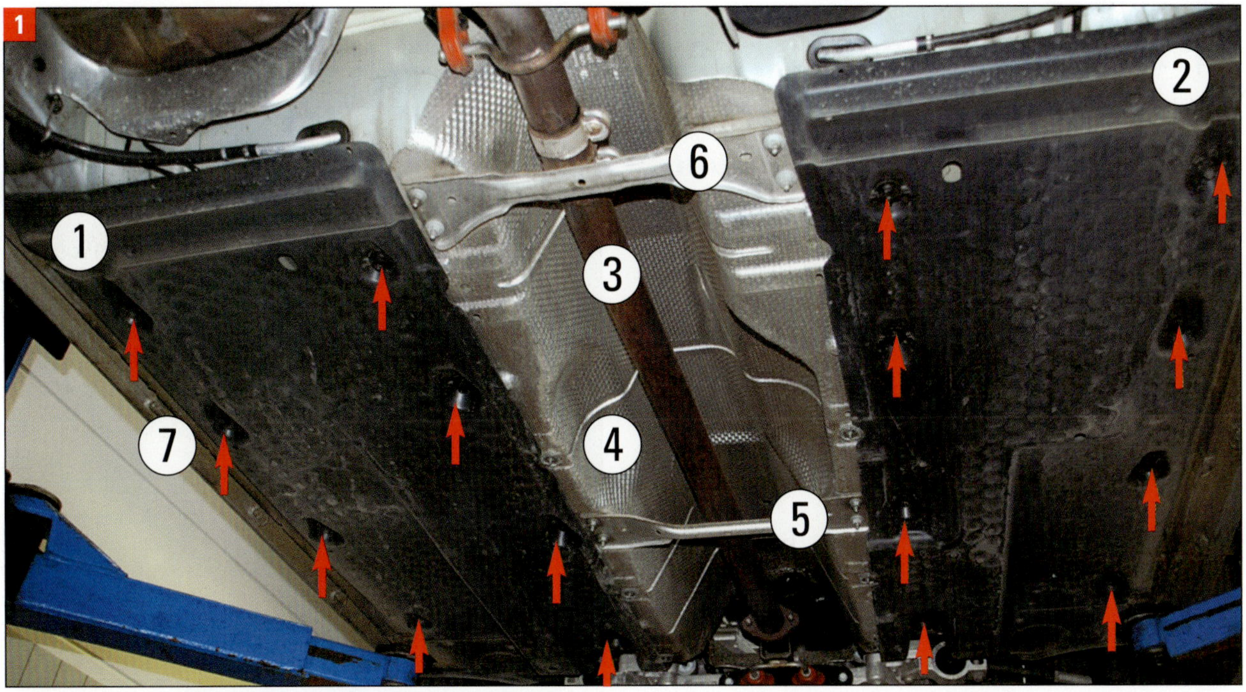

Golf unten: (1, 2) Verkleidungen, (3) Abgasrohr, (4) Schutzblech, (5, 6) Tunnelbrücken vorn und hinten, (7) Unterholm links.

festigt? Sind alle Stopfen vorhanden und keine Beschädigungen des Unterbodens zu sehen?

■ Karosserieverbindungen, Rahmen der Front- und der Heckscheibe, Bördel der Innenflächen der Motorhaube prüfen. Waagerechte und senkrechte lackierte Flächen sowie Dachanschluss im Heckklappenbereich ansehen.

■ Alle festgestellten Mängel müssen sofort beseitigt werden. Dadurch vermeiden Sie Korrosion und Durchrostung. Holen Sie sich dazu fachmännischen Rat ein, wenn Sie nicht die Fachwerkstatt in Anspruch nehmen wollen. Nur die empfohlenen chemischen Materialien und Lacke (vor allem für Kunststoffreparaturen) verwenden!

Schäden reparieren

■ Für Lackschäden im nicht sichtbaren Bereich empfiehlt Volkswagen zweimaliges Überstreichen (nass in nass) mit seinem Glas-/Lackprimer D 009 200 02, einer Grundierung. Zum Thema Lack- und Kunststoffreparatur gibt es aber auch diverse Internetangebote.

■ Zur Reparatur von Löchern, Rissen und Schrammen an flexiblen, überlackierbaren Kunststoffteilen (Polyurethan, Acrylethan, Butadien, Styrol, Polycarbonat, Polyamid) werden von vielen Herstellern Materialien und Werkzeuge sowie Informationen zum richtigen Gebrauch angeboten.

■ In Spraydosen gibt es Langzeitkorrosionsschutz für Hohl- und Halbhohlräume im Spritzwasserbereich: Einstiegsschweller, Türen, Radkästen-Seitenwand, Seitenteile über Radlaufbereichen, Scheinwerfergehäuse, Kotflügel.

■ Karosseriefugen, Blechüberlappungen und Schweißnähte dichten Sie erfolgreich mit einer dauerelastischen Einkomponenten-Polyurethan-Dichtungsmasse ab. Nach 15 Minuten mit Zweikomponenten-Acryllacken, nach 45 Minuten mit Wasserbasislacken überlackieren .

Unterbodenverkleidungen aus-/einbauen

■ Neben den beiden Tunnelbrücken sind mehrere Verkleidungen an den Unterboden des Golf geschraubt: Abdeckung vorn links und rechts, Unterbodenverkleidungen links und rechts (1 und 2, Bild 1), Unterbodenverkleidung Mitte, Unterbodenverkleidung hinten. Alle diese Verkleidungen können im Reparaturfall oder zum nötigen Austausch ausgebaut (abgeschraubt) werden.

■ **Ausbau:** Bei den Verkleidungen links und rechts Sechskantmuttern (rote Pfeile Bild 1) herausdrehen. Bei den Abdeckungen vorn ebenso vorgehen. Bei den Verkleidungen Mitte und hinten Schrauben aus Spreiznieten ausbauen.

■ **Einbau:** Alle Muttern und Schrauben mit einem Anzugsdrehmoment von 2 Nm festziehen.

Frontklappe, Heckklappe und Gasdruckfedern ausbauen

Frontklappe (Motorhaube) aus-/einbauen

■ **Ausbau Frontklappe:** Motorhaube (»1«, Bilder 1 und 2) öffnen. Am hinteren Klappenrand die beiden Spritzdüsen ausbauen und die Leitung (Bild 5) aus der Öffnung in der Frontklappe herausziehen.

■ Falls vorhanden, Abdeckkappen von den jeweils zwei Sechskantmuttern (22 Nm; blaue Pfeile Bild 2) oben an beiden Klappenscharnieren abziehen. Die Muttern lösen, aber noch nicht abschrauben.

■ Jetzt mit einem Helfer weiter arbeiten. **Gasdruckfeder** von der Frontklappe abbauen: Unter die Federklammer oben greifen (roter Pfeil in Bild 1). Federklammer gerade so weit anheben, dass sie sich über die Kugelpfanne verschieben lässt. Gasdruckfeder vom Kugelzapfen abziehen und die Federklammer sofort wieder zurückschieben.

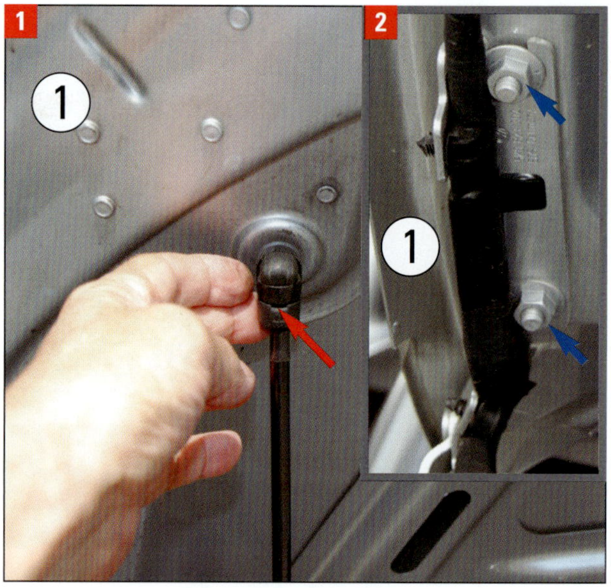

■ Mit kleinem Schraubendreher unter die Federklammer der unteren Halterung (roter Pfeil Bild 3) greifen. Die Klammer gerade so weit anheben, dass sie sich über die Kugelpfanne in Richtung Motorraummitte verschieben lässt.

■ Gasdruckfeder vom Kugelzapfen abziehen und entnehmen. Die Federklammer sofort wieder zurückschieben. ***Anmerkung:*** Bei einigen Modellen sind die Halterungen der Gasdruckfedern etwas anders ausgeführt. Die Arbeitsabläufe bleiben gleich.

■ Zum weiteren Ausbau der **Frontklappe** jetzt die Muttern an den Scharnieren (Bild 2) abdrehen und die Frontklappe aus den Scharnieren herausheben.

■ Wenn die Klappe vorn abgenommen ist, kann das Scharnier ausgebaut werden. Dazu müssen die beiden Schrauben (22 Nm) unten am Scharnier (blaue Pfeile in Bild 4) herausgedreht werden.

■ In die Klappe ist eine Dämpfungsmatte eingelegt. Die Laschen an den Mattenrändern stecken in Langlöchern der Frontklappe und sind mit acht Halteklammern befestigt. Zum Ausbau der Dämpfung werden die Klammern mit einem Abdrückhebel (gut geeignet: VW 80-200) aus der Klappe herausgehebelt. Dann die Dämpfung aus den Langlöchern ziehen.

■ **Einbau:** alle Arbeitsgänge sinngemäß umgekehrt ausführen. Beim Einbauen der Dämpfung darauf achten, dass alle Montagezungen in die Langlöcher eingeschoben und die Halteklammern mit der breiten Seite nach außen eingesetzt und fest verrastet werden. Die Gasdruckfedern beim Einbau zuerst auf den unteren Kugelzapfen drücken und dann oben in die Halterung schieben. Die Klammer bis auf Anschlag in die Halterung schieben.

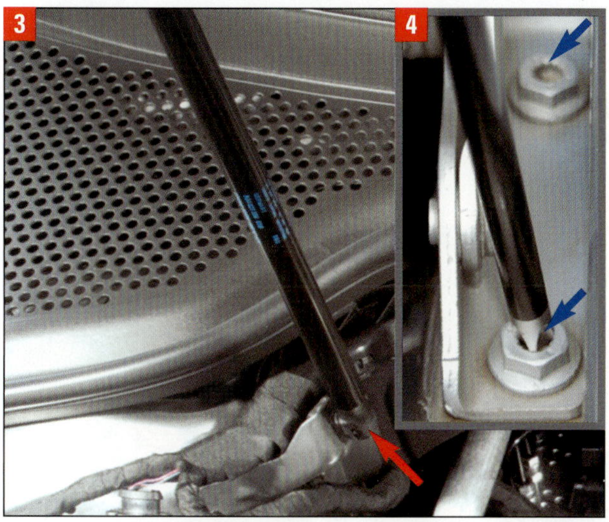

Bilder 1 bis 4 Gasdruckfeder und Scharnier: (1) Frontklappe; rote Pfeile Klammern, blaue Pfeile Muttern/Schrauben.

■ Die Leitung unten an der Klappe muss im Bogen (Bild 5) verlegt werden. Wird sie verdreht eingebaut, knickt sie ab. Schrauben und Muttern der Scharniere mit 22 Nm, Kugelköpfe an Klappe oder Karosserie mit 20 Nm festziehen.

■ Nach dem Einbau muss die Frontklappe eingestellt werden. Dazu die Klappe zwischen den Kotflügeln genau ausmitteln und in der Höhe über dem Klappenschloss-Unterteil einstellen.

■ **Einstellen:** Durch Lösen der Sechskantmuttern an den Scharnieren links und rechts kann die Frontklappe seitlich und in Längsrichtung, durch Lösen der Schrauben an den Scharnieren kann sie in der Höhe und in Längsrichtung zwischen den Kotflügeln ausgemittelt werden. Darauf achten, dass die Spaltmaße gleichmäßig sind.

■ Nach diesen Einstellarbeiten sollten Korrosionsschutzmaßnahmen an Scharnieren, Sechskantmuttern und Schrauben durchgeführt werden.

■ Bei Bedarf kann die Klappe an den vier Einstellpuffern nachgestellt (korrigiert) werden (Bild 6).

Klappe hinten (Heckklappe) aus-/einbauen

■ **Ausbau:** Sie brauchen einen Helfer zum Abstützen und Halten. Die Heckklappe (1) öffnen und ganz nach oben drücken (Bild 7). Zuerst die obere, dann die untere Verkleidung ausbauen (»Innenraum«).

■ Hochgesetzte Bremsleuchte ausbauen, Steckverbindungen (befinden sich an den C-Säulen) der vorhandenen elektrischen Bauteile trennen und die elektrischen Leitungen mit Gummitülle aus der Heckklappe herausfädeln.

■ Die jeweils zwei Schrauben (10 Nm) an den Scharnieren (2) lösen, aber noch nicht abschrauben.

■ Die beiden Gasdruckfedern (3) links und rechts in ähnlicher Weise wie bei der Frontklappe abbauen.

■ Bereits wenn eine der beiden Gasdruckfedern ausgebaut wird, muss die Klappe abgestützt werden. Eine einzelne Gasdruckfeder kann die Heckklappe nicht offen halten.

■ Bei Wiederverwendung der Gasdruckfeder die Federklammer nicht ganz aus der Kugelpfanne heraushebeln, sonst Beschädigung der Federklammer! Die Gasdruckfeder springt aus der Aufnahme, es kommt zu Schäden und evtl. zu Verletzungen! Ziehen Sie die Gasdruckfeder vom Kugelzapfen (20 Nm + 45°) ab und schieben Sie die Federklammer sofort wieder zurück.

■ Die Scharnierschrauben ganz herausdrehen und gemeinsam mit dem Helfer die Klappe abnehmen.

■ **Einbau:** Sinngemäß in umgekehrter Reihenfolge. Klappe mit einem Helfer anbauen. Gasdruckfedern einbauen, elektrische Leitungen in der Heckklappe einfädeln und Gummitülle einknüpfen, Steckverbindungen der vorhandenen elektrischen Bauteile anschließen.

■ Der weitere Einbau erfolgt sinngemäß in umgekehrter Reihenfolge. Bevor die Heckklappe geschlossen wird, sollte die Funktion der Entriegelungsbauteile überprüft werden. Dann die Heckklappe einstellen.

■ **Einstellen:** Das Fahrzeug muss auf den Rädern stehen. Das Klappenschloss ist direkt an die Heckklappe angeschraubt und kann nicht eingestellt werden.

Kofferraum: (1) Heckklappe, (2) Scharniere, (3) Gasdruckfedern, (4) Gummipuffer, (5) Dichtung, (6; Bild 7a) Schließbügel.

■ Schrauben (2; jeweils 10 Nm) an den Scharnieren lösen und die Heckklappe (1) in den übergroßen Bohrungen am Scharnier einstellen (Pfeile 3 und 4, Bild 8).

■ Die Heckklappe ist richtig eingestellt, wenn sie im geschlossenen Zustand überall ein gleichmäßiges Spaltmaß hat (mit Einstelllehre überprüfen) und nicht zu weit nach innen oder außen steht. Die Konturen müssen fluchten, und die Klappe muss ohne größeren Kraftaufwand im Schließkeil einrasten.

■ Nach den Einstellarbeiten Korrosionsschutzmaßnahmen am Scharnier und an den Schrauben durchführen.

■ Die Einstellpuffer links und rechts dienen nur zum Nachkorrigieren sowie zum Stabilisieren und Dämpfen der Heckklappe, aber nicht zu deren Grundeinstellung.

Schließbügel einstellen

■ Den Schließbügel nach dem Einstellen der Scharniere entsprechend Pfeile 3 und 4 in Bild 7a einstellen. Durch Lösen der beiden Sechskantmuttern (20 Nm) am Schließbügel (Bild 7a) können Sie diesen in den großen Bohrungen verschieben. Der Bügel muss so eingestellt werden, dass die Aussparung des Heckklappenschlosses mit der Drehfalle genau mittig zum Schließbügel einrastet.

Einstellpuffer einstellen

■ Einstellpuffer (1) um 90° drehen und aus der Heckklappe (2) herausnehmen. Klemmschraube (3) so weit lösen, bis sie im Gummipuffer sichtbar wird. Den Rastschieber (4) aus dem Einstellpuffer herausziehen (Bild 9).

■ Rastschieber auf das Maß »a« = 12,5 mm einstellen (Bild 10). Heckklappe mit leichtem Druck über die Mitte in Vorraststellung schließen und gleich wieder öffnen.

■ Die Klemmschraube des Einstellpuffers auf eine Tiefe von 20 mm einstellen. Heckklappe schließen und die gesamte Klappeneinstellung nochmals prüfen.

Gasdruckfeder entgasen

■ Defekte Gasdruckfedern müssen vor dem Entsorgen entgast werden. Dazu die Gasdruckfeder im Bereich bis maximal 50 mm vom Kolbenaustritt entfernt in den Schraubstock einspannen. Das Einspannen darf nur in diesem Bereich erfolgen, sonst besteht Unfallgefahr!

■ Den Zylinder der Gasdruckfeder im ersten Drittel der Zylindergesamtlänge aufsägen. Dabei muss präzise von der Bezugskante auf der Kolbenstangenseite ausgegangen werden.

■ Beim Sägen eine Schutzbrille tragen. Den Bereich des Sägetrennschnittes mit einem Putzlappen abdecken. Öl und Putzlappen vorschriftsmäßig entsorgen!

10

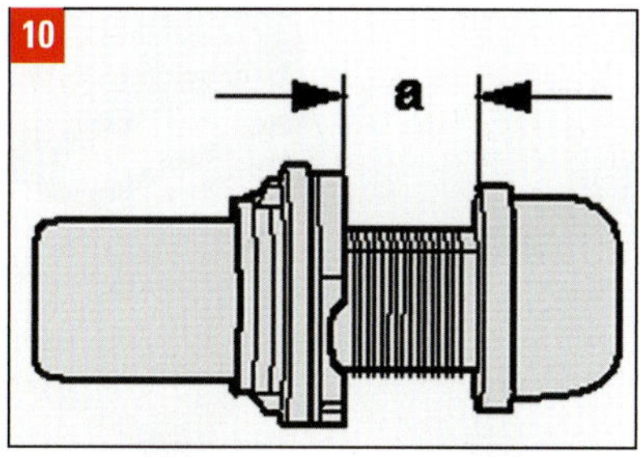

Puffer einstellen: Das Maß »a« am Rastschieber soll 12,5 mm betragen.

8

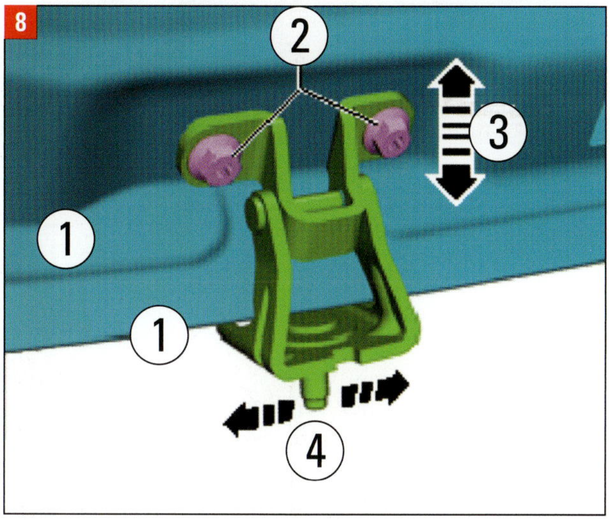

Klappe einstellen: (1) Heckklappe, (2) Scharnierschrauben, (3 und 4) Einstellrichtungen.

9

Puffer einstellen: (1) Einstellpuffer, (2) Klappe, (3) Klemmschraube, (4) Rastschieber, (5) Gasfeder am Kugelkopf.

Fahrzeugaufbau: Der Innenraum

Hohe Wertigkeit kennzeichnet auch den Innenraum des Golf VII und der von ihm abgeleiteten Modelle. Woran Sie in diesem Bereich der edlen Oberflächen und Features tätig werden können, wollen wir in diesem Kapitel zeigen. Oberstes Gebot: Am kratzempfindlichen Kunststoff größte Vorsicht walten lassen und möglichst die Original-Demontagewerkzeuge einsetzen..

Anmutung gehobener Klasse

Auch für den Innenraum haben die Wolfsburger Entwickler den »Modularen Querbaukasten (MQB)« genutzt. Klimaanlage und Sitze, Türöffner, Fensterheber und der Aufbau der Türen folgen dieser Vereinheitlichung.
Das Cockpit wirkt flächig und wird von zwei großen Rundinstrumenten für Tacho und Drehzahlmesser dominiert. Der komplette Armaturenträger ist auf den Fahrer ausgerichtet, die Cockpitüberdachung läuft flach zur Mitte des Armaturenträgers aus.

Bildschirme mit Näherungssensor

Darunter sind chromumrandete Luftaustrittsdüsen positioniert. Im weiteren Verlauf sind die je nach Ausstattung fünf bis acht Zoll großen Infotainment-Touchscreens mit Drehreglern und Menütasten eingeordnet. Diese Bildschirme sind mit Näherungssensor ausgerüstet und führen per Wischbewegung durch die Menüs. Unter dieser Infotainmenteinheit ist die Steuerung der Klimaanlage positioniert.
Die große Armlehne der Mittelkonsole ist in fünf Stufen in der Höhe und 10 Zentimeter in der Länge verstell- und verschiebbar. Unter der Armlehne ist ein großes Ablagefach untergebracht. Als Option sind hier die Elemente der Freisprecheinrichtung und ein zweiter USB-Anschluss verbaut. Des Weiteren nimmt die Mittelarmlehne in einer universellen Halterung das Handy auf. Die Antenne des Handys wird induktiv mit der Außenantenne verbunden, wodurch der Empfang verbessert werden soll.

»Auto Hold« für Anfahren am Berg

Neben Schalt- oder Wählhebel sind die Schalter für die elektronische Parkbremse und die »Auto Hold« Funktion untergebracht. Über Knopfdruck aktiviert der Fahrer die Handbremse, und der Auto Hold-Schalter vereinfacht das Anfahren am Berg und verhindert das Rollen aus dem Stillstand. Im Ablagefach direkt unter der Klimaanlage befinden sich AUX IN-, USB- und Apple-Schnittstellen.
In den beiden höheren Ausstattungsversionen Comfortline und Highline gibt es serienmäßig eine 2-Wege-Lordosenunterstützung für Fahrer und Beifahrersitz. Gegen weiteren Aufpreis sind die 12-Wege-Vordersitze mit elektrischer Verstellung erhältlich.

Neues im Variant

Der Insassenschutz »Pre Crash« erkennt eine mögliche Unfallsituation und spannt die Sicherheitsgurte für Fahrer und Beifahrer vor. Bei kritischem Fahrverhalten mit ESP-Eingriff werden automatisch die Seitenfenster und das Schiebedach geschlossen, damit sich die Airbags entsprechend abstützen können. Mit ähnlich geho-

Eindrucksvolles Cockpit: (1) mattglänzendes Chrom, (2) Rundinstrumente, (3) 3-Speichen-Lenkrad, (4) Bedienteil der Klimaanlage, (5) Radio-Navigation mit Touchscreen, (6) Fensterheber-Tasten, (7) neue Lederoberfläche, (8) Spiegelversteller.

bener Ausstattung präsentiert sich auch die jüngste Generation des erfolgreichen Variant, der stets hohe Zulassungszahlen erreicht.

Start-Stopp-System ist Standard

Schon seit Herbst 2009 wird er wie der »klassische« Golf als »Trendline«, »Comfortline« und »Highline« geliefert. Serienmäßig sind alle Versionen mit einem Start-Stopp-System und Rekuperationsmodus ausgestattet. In allen Varianten sind ferner sechs Airbags, ESP mit Gegenlenkunterstützung und Gespannstabilisierung sowie eine Klimaanlage an Bord.

Der neue Golf Variant ist ein sportlich-eleganter Allrounder, der seine niedrigen Verbrauchswerte und dabei gleichwohl dynamischen Fahrleistungen mit einer sehr hohen Qualität und Variabilität verbindet. So vergrößerte sich das Kofferraumvolumen gegenüber dem Vorgänger um stattliche 100 auf 605 Liter (bis zur Rücksitzlehne beladen).

Wird der Stauraum mit seiner Mindestbreite von 1.003 mm und Mindesthöhe von 936 mm gar bis an die Lehnen der Vordersitze und unter das Dach genutzt, bietet er ein Volumen von 1.620 Litern. Die Laderaumlänge bis zur Rückbank beträgt 1.055 mm, bis zu den Lehnen der Vordersitze 1.831 mm. Wird die Beifahrersitzlehne umgeklappt (Comfortline), können bis zu 2.671 mm lange Gegenstände transportiert werden. Der Ladeboden lässt sich in der Höhe variieren oder mit wenigen Handgriffen ganz ausbauen, wenn maximales Stauvolumen benötigt wird.

Rücksitzlehnen fernentriegelt

Neu konzipiert wurde die Fernentriegelung der Rücksitzlehnen und die Lehnenklappung selbst. Dazu dienen Hebel in den Seitenwänden des Kofferraums. Die Lehnen klappen nach vorn und bilden mit dem Ladeboden eine nahezu ebene Staufläche. Beim Hochklappen zeigen farblich markierte Stifte im Außenbereich an, ob die Lehnen richtig eingerastet sind.

Als erster Kombi seiner Klasse verfügt der Golf Variant serienmäßig über die neue Multi Collision Brake, die das verunfallte Fahrzeug automatisch nach einem Erstaufprall verzögert.

Hohes Maß an Komfort: Das Multifunktionslenkrad gestattet Radio- und Telefonbedienung (Bild 2). Mit derEinheit am Dach wird das Panorama-Schiebefenster gesteuert und die Frontkamera für Assistenzsysteme bedient (Bild 3).

Schnittstelle: Touchscreen für das Infotainment an Bord.

Arbeiten im Innenraum

Ablagen und Fächer, Blenden und Spiegel, Abdeckungen und Verkleidungen, Haltegriffe und Sitze lassen sich recht problemlos aus- und einbauen. Vor Arbeiten an Komponenten mit Sicherheitstechnik müssen wir allerdings warnen. Hier sollte es bei der Gurtprüfung bleiben. Wenn es an Kenntnis und Erfahrung mangelt, müssen die Gurtstraffer sowie Sitze und Lenkrad mit den Airbags tabu sein. Selbst in den Werkstätten darf nur speziell geschultes Personal daran tätig werden. Vermeiden Sie, bei der Reparatur verletzt zu werden und bei Unfall keinen ordnungsgemäß funktionierenden Insassenschutz zu haben!

Besondere Vorsicht ist geraten beim Umgang mit Kunststoff-Verkleidungen. Clipselemente können schnell beschädigt werden, Oberflächen sind oft kratzempfindlich. Arbeiten Sie beim Aushebeln nicht mit metallenem Schraubendreher, sondern mit einem Hartholz- oder Kunststoffkeil (wie 3409)! In den Werkstätten der VW-Konzernbetriebe sind einheitlich folgende Spezialwerkzeuge üblich (Bilder 5 bis 11):

5
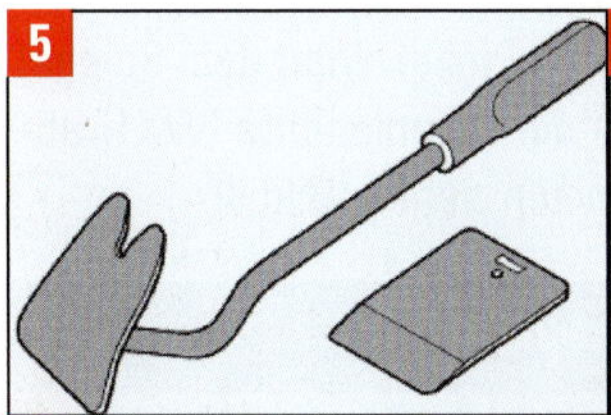

6
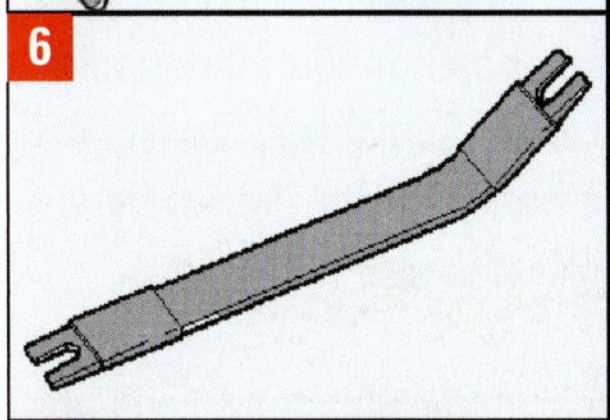

7
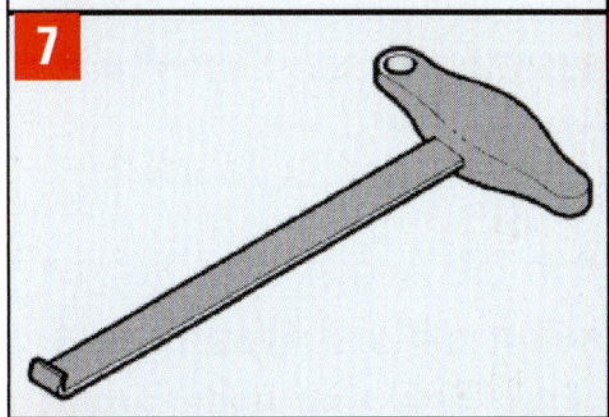

8
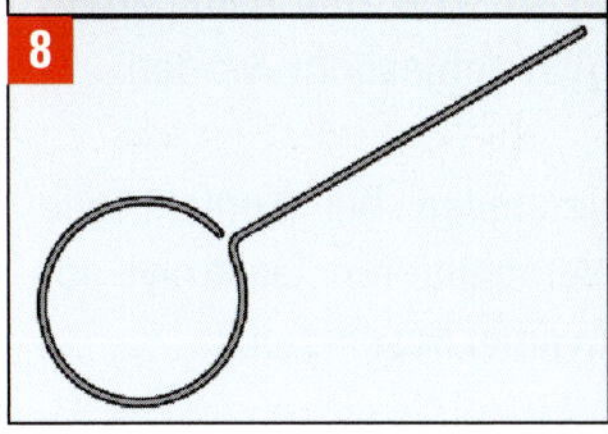

9
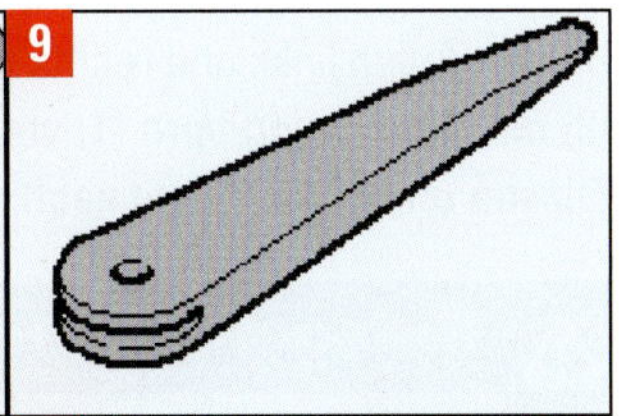

10
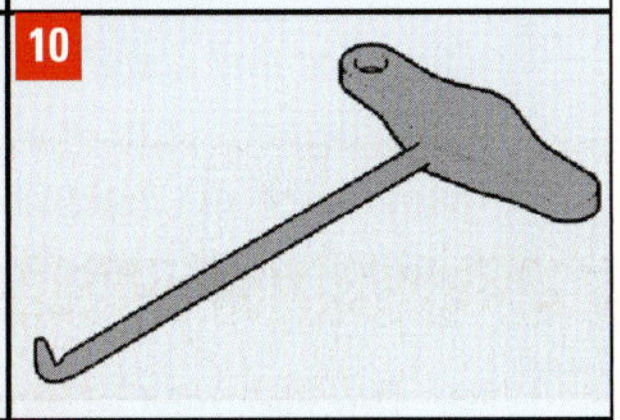

11
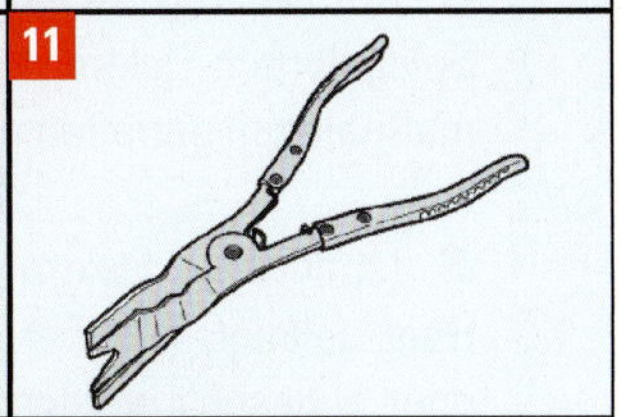

Bilder 5 bis 11: Lösehebel, Abdrückhebel, Frontend-Haken, Absteckstift, Demontagekeil, Demontagehaken, Demontagezange.

- Lösehebel T10039 mit Unterlegkeil T10039/1
- Abdrückhebel 80-200
- Haken für Frontend 3370
- Absteckstift T40011
- Demontagekeil 3409
- Demontagehaken 3438
- Demontagezange 3392

Im Bedarfsfall können Sie dafür Ersatzlösungen finden: Handelsübliche Kunststoffkeile, zu passenden Haken gebogene Nägel oder einen Winkelschraubendreher, Hebelwerkzeuge aus zugebogenem Metallstreifen oder Plastikmaterial, Stahldrahtstifte in Durchmessern von 0,8 bis 1,5 mm mit Griffring.

Einbaulage und Festsitz beachten

Alle Clips, Verschraubungen und elektrischen Steckverbindungen müssen in logischer Reihenfolge getrennt und wieder zusammengebracht werden. Machen Sie sich in komplizierteren Fällen oder bei einer Abfolge mehrerer Ausbauvorgänge eine kleine Zeichnung oder einige Fotos! Beim Einbau von Dichtungen muss darauf geachtet werden, stets den richtigen Sitz herzustellen.

Wenn immer nötig, ersetzen Sie beschädigte Befestigungselemente unbedingt, sonst halten später Abdeckungen und Blenden nicht. Das ist besonders beim Aus- und Einbau der Säulenverkleidungen zu beachten. Wenn aus unumgänglichem Grund der Umlenkbeschlag für Sicherheitsgurte abgeschraubt wurde, muss beim Wiedereinbau die Funktion der Gurthöhenverstellung geprüft werden.

In den folgenden Arbeitsbeschreibungen gehen wir auf einige der wichtigsten üblichen Reparaturen im Fahrzeuginnenraum ein.

PRAXISTIPP

Sicherheitstechnik entsorgen

Vor einer Verschrottung des Fahrzeugs etwa nach Unfall müssen die Airbageinheiten und Gurtstraffer nach bestimmten Vorschriften entsorgt werden. Auf keinen Fall dürfen Sie diese Komponenten wie üblichen Abfall behandeln. Das gilt auch für gezündete Einheiten und Gurtstraffer, denn es ist immer möglich, dass nicht alle ihre pyrotechnischen Ladungen wirklich gezündet wurden.

Innenspiegel: Abblendfunktion, Ausbau, Austausch

Drei Typen Innenspiegel

Der Golf VII kann mit dreierlei Typen Innenspiegel ausgestattet sein:

- mit einem manuell abblendbaren ohne Regen/-Licht-Sensor und ohne Frontkamera (Bild 1),
- mit einem manuell oder automatisch abblendbaren mit Regen/Licht-Sensor und ohne Frontkamera (Bild 2) oder
- mit einem automatisch abblendbaren mit Sensor für Regen- und Lichterkennung (G397) und mit der Frontkamera für Fahrerassistenzsysteme (Bild 3).

Entsprechend unterschiedlich gestalten sich Aus- und Einbau.

Automatisch abblendende Spiegel mit zwei Fotosensoren dunkeln stufenlos ab, wenn der Fahrer von hinten geblendet wird. Beim Einlegen des Rückwärtsgangs, z. B. beim Herausfahren aus einer dunklen Garage, wird die Funktion abgeschaltet.

Spiegel aus-/einbauen

- **Ausbau einfacher Innenspiegel:** Den Innenspiegel (2) um 90° (1/4 Umdrehung) gegen den Uhrzeigersinn drehen (Pfeil) und von der geklebten Halteplatte (1) abnehmen.

1

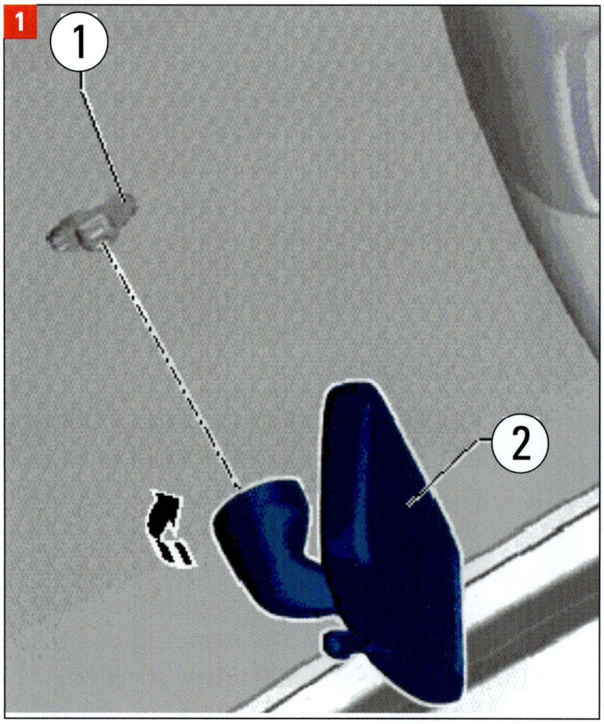

Einfacher Innenspiegel: (1) auf die Frontscheibe geklebte Halteplatte, (2) manuell abblendbarer Innenspiegel.

- **Einbau** entsprechend umgekehrt: Spiegel an Halteplatte anlegen und Vierteldrehung im Urzeigersinn.

- **Ausbau Innenspiegel (automatisch) mit Sensor:** Spiegel (2) um etwa 25° bis Anschlag nach unten schwenken und Abdeckung (1) hinten nach unten ziehen (rote Pfeile) und gleichzeitig die Verrastungen (schwarzer Pfeil) mit einem Schraubendreher entriegeln (Bild 2).

- Rastnasen links und rechts an der Abdeckung vorn (3) vorsichtig aushängen und die Abdeckung nach unten aus den Führungsstegen am Innenspiegelfuß (4) herausziehen.

- Innenspiegel um 20° gegen den Uhrzeigersinn drehen und nach unten abnehmen. Steckverbindung am Spiegel trennen.

- **Einbau:** Sämtliche Befestigungselemente auf Beschädigung prüfen und ggf. ersetzen. Weiterer Einbau in umgekehrter Reihenfolge.

- **Ausbau Innenspiegel mit Sensor und Kamera:** An den beiden Teilen links und rechts (rote Pfeile) hinter dem Spiegel (3) die Abdeckung vorn (1) von der Innenleuchte (WX1) abclipsen und etwa 10 mm nach unten ziehen (Bild 3).

GEFAHRHINWEIS

Spiegel-Elektrolyt

Das Glas des automatisch abblendenden Innenspiegels besteht aus mehreren Schichten, zwischen denen sich ein Elektrolyt befindet, der die Abblendfunktion möglich macht.

- Der Elektrolyt ist eine ätzende Substanz. Falls bei Spiegelbruch Elektrolyt austritt, müssen Sicherheitsmaßnahmen getroffen werden.

- Ist flüssiger Elektrolyt in die Augen oder auf die Haut gelangt, muss er sofort mit viel Wasser aus- oder abgespült werden. Falls sich eine andauernde Reizung zeigt, muss der Arzt aufgesucht werden.

- Flüssiger Elektrolyt schädigt bei Kontakt alle Kunststoffoberflächen. Verschütteten Elektrolyt sofort mit Wasser und Schwamm beseitigen.

■ Dadurch werden die beiden Rastnasen links und rechts zugänglich. Mit einem kleinen Schraubendreher entriegeln und die vordere Abdeckung (1) nach vorn von der Innenleuchte und der Halteplatte abziehen und abnehmen.

■ Abdeckung hinten (2) nach hinten abnehmen (weißer Pfeil). Jetzt kann der Innenspiegel (3) an seiner Befestigung (4) mit einem Maulschlüssel SW 13 um 20° gegen den Uhrzeigersinn gedreht und nach unten abgenommen werden.

■ Steckverbindung am Innenspiegel trennen.

■ **Einbau:** Sämtliche Befestigungselemente auf Beschädigung prüfen und ggf. ersetzen. Weiterer Einbau in umgekehrter Reihenfolge.

Halteplatte aus-/einbauen

Für die im Folgenden beschriebenen Klebearbeiten ist das Glas-Metall-Klebe-Set »D 000 703 A1« von Volkswagen günstig. Ferner werden ein handelsüblicher Glasschaber und Klingen sowie Schleifpapier benötigt.

■ **Einfacher Innenspiegel:** Halteplatte aus dem Spiegelfuß herausnehmen.

■ PUR-Klebematerial mit Drahtbürste von der kreisrunden Halteplatte entfernen. Schleifpapier mit 360-400er Körnung auf eine plane Fläche legen und die drei Abstandsnoppen auf der Klebefläche der Halteplatte abschleifen. Die geschliffene Fläche schmutz- und fettfrei halten.

■ PUR-Klebematerial und Primer bis auf die Keramikschicht mit Glasschaber von der Frontscheibe herunter schaben. Vorsichtig arbeiten und die Keramikschicht nicht beschädigen, Kratzer bleiben immer sichtbar! Klebefläche mit Klebstoffentferner (Set: D 002 000 10 oder Reinigungslösung D 009 401 04) säubern. Nylonmaschengewebe (auch aus dem Set) genau auf die Größe des Spiegelfußes zuschneiden.

■ Mit Handschutz (Gummihandschuhe) Klebstoff gleichmäßig und satt auf den Spiegelfuß auftragen. Nylonmaschengewebe auf den Spiegelfuß auflegen und mit der Tube unter weiterem Auftrag von Kleber das Gewebe antupfen. Bis zum Andrücken an die Windschutzscheibe stehen 30 Sekunden zur Verfügung.

■ Spiegelfuß 15 Sekunden fest (nicht mit Gewalt) an die Frontscheibe drücken und dann den überschüssigen Klebstoff mit einem Lappen entfernen.

■ Der Innenspiegel kann nach 15 Minuten montiert werden.

Spiegel mit Sensor ohne Frontkamera: Mit dem beschriebenen Reparaturverfahren kann der bisher vorgenommene Windschutzscheibenwechsel vermieden werden. Gleichzeitig ist es möglich, den alten, abgefallenen Spiegelfuß wieder zu verwenden.

■ Alle Kleberrückstände und Primerreste auf der Frontscheibe müssen bis auf die Keramikvorbeschichtung entfernt

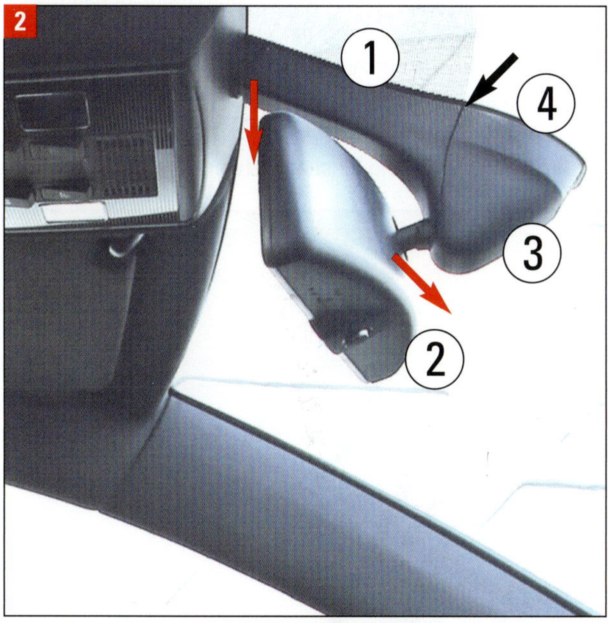

Automatisch abblendender Innenspiegel: (1) Abdeckung hinten, (2) Spiegel, (3) Abdeckung vorn, (4) Spiegelfuß.

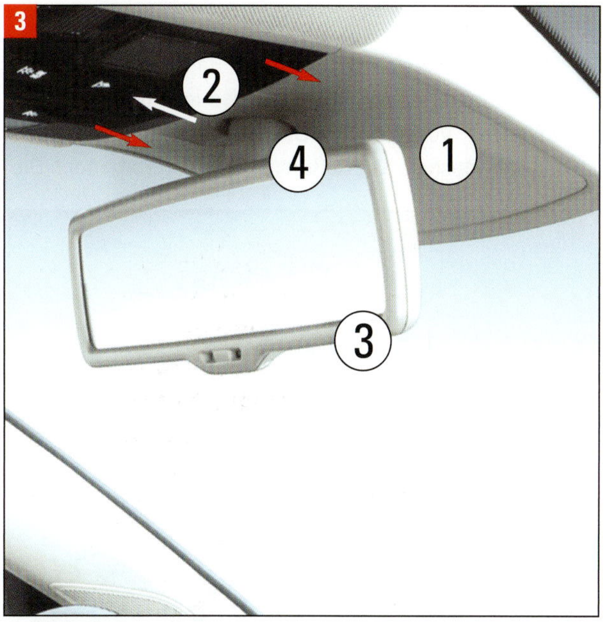

Innenspiegel mit Frontkamera: (1) Abdeckung vorn, (2) Abdeckung hinten, (3) Spiegel mit (4) Halter.

werden. Klebefläche mit der Reinigungslösung »D 009 401 04« reinigen. Dabei eine »Ablüftzeit« von mindestens 10 Minuten einhalten.

■ Den Glas-/Lackprimer »D 009 200 02« auf die Keramikvorbeschichtung auftragen und eine Ablüftzeit bis zum Verkleben von mindestens 10 Minuten bis max. 1 Stunde einhalten.

■ Von der abgefallenen Halteplatte alle Kleberreste mechanisch entfernen, indem man »nass in nass« mit sehr feinem Schleifpapier (Körnung 800 bis 1200) solange schleift, bis die Klebefläche komplett vom Wasser benetzt wird. Anschließend mit der Reinigungslösung »D 009 401 04« reinigen und wieder eine Ablüftzeit von mindestens 10 Minuten einhalten.

■ Zum Verkleben der Halteplatte den 2K-Polyurethankleber »D 180 KD2 A1« direkt auf die geschliffene und gereinigte Klebfläche der Halteplatte auftragen. Der Kleberraupen-Durchmesser sollte ca. 2,5 … 3,0 mm betragen.

■ Umgehend nach dem Kleberauftrag die Halteplatte an die vorbereitete Frontscheibe andrücken. Die Halteplatte in der vorgesehenen Lage auf der Keramikvorbeschichtung ausmitteln und mit Klebeband fixieren.

■ 0,5 … 1 Stunde nach dem Verkleben der Halteplatte das Klebeband vorsichtig entfernen. Den Kleberüberschuss mit einem kleinen Spachtel umlaufend abstreichen.

■ Mit einem »D 009 401 04« getränkten Applikator oder Lappen den verbliebenen Kleberüberschuss restlos entfernen.

■ Zweieinhalb Stunden nach dem Verkleben der Halteplatte kann der Einbau des Innenspiegels erfolgen.

Säulenverkleidungen, Sonnenblende, Dachhaltegriff

Säulenverkleidungen

■ **Aus- und Einbau** sind an linker und rechter Seite sowie bei Golf und Variant (D-Säule!) im Wesentlichen gleich.

■ **A-Säulen oben:** Verkleidung oben (1, Bild 1) aus dem Keder der Türdichtung lösen und dann von oben beginnend vorsichtig mit dem Demontagekeil (3409) bis zur ersten Verrastung lösen.

■ Jeweils im Bereich der oberen 2 Halteklammern einen Schraubendreher zwischen die Karosserie und den Kopfairbag schieben. Vorsicht, eine Beschädigung am Kopfairbag ist möglich, deshalb mit äußerster Sorgfalt vorgehen! Die Widerhaken der oberen zwei Halteklammern so weit mit dem Schraubendreher verbiegen, bis die Klammern ausgebaut werden können. Die Verkleidung nach oben aus der Schalttafel hochziehen, Steckverbindung am Hochtonlautsprecher (Pfeile in Bild 1) trennen und Säulen-Verkleidung abnehmen.

■ **A-Säule-Dreieckfenster:** Nach Ausbau der oberen Verkleidung wird hinter der oberen Ecke des Dreieckfensters ein Clip zugänglich. Verkleidung der Dreieckscheibe (2, Bild 1) mit diesem Clip aus der Aufnahme der Karosserie lösen und nach oben aus der Schalttafel herausziehen.

■ **A-Säulen unten:** Die Einstiegleiste im Übergangsbereich

1

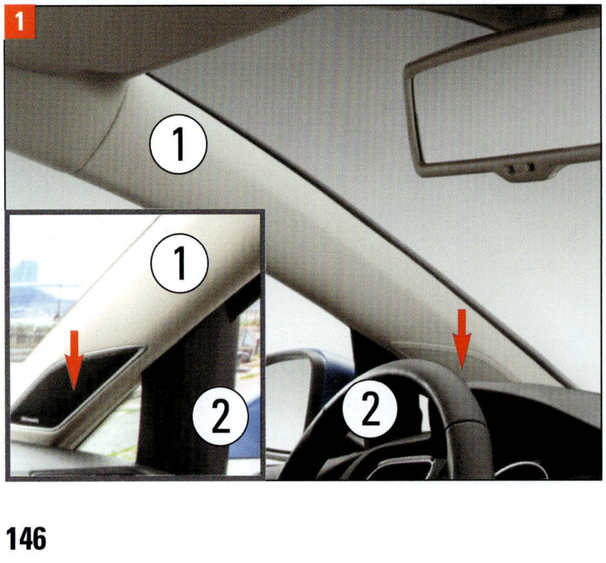

2

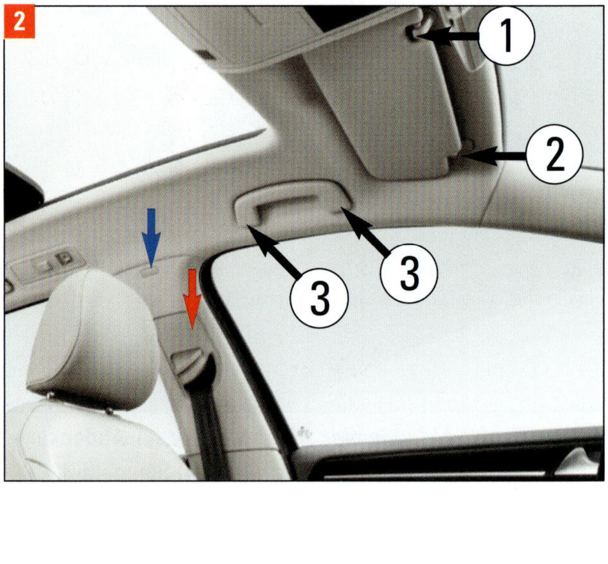

zur unteren Säulenverkleidung aus der Karosserie lösen. Betätigungshebel für Motorhaube (nur Fahrerseite) und frei werdenden Befestigungsclip für die Verkleidung ausbauen. Die Verkleidung von der Karosserie lösen, aus dem Keder der Türdichtung entfernen und in Richtung Fahrzeuginnenraum aus der Aufnahme ziehen.

■ **B-Säulen oben:** Endbeschlag vom Sicherheitsgurt vorn ausbauen: Sitze ganz nach vorn schieben, die Abdeckung (roter Pfeil Bild 2) vom Endbeschlag abclipsen, mit kleinem Schraubendreher die Federrastnase entriegeln, Beschlag nach unten schieben und am Bolzen aushängen. Gurt durch Öffnung der Verkleidung fädeln. Gurthöhenverstellung in die tiefste Stellung bringen. Spreizkappe (blauer Pfeil) mit Symbol »Airbag« mit Schraubendreher heraushebeln und Schraube darunter herausdrehen.

■ Seitenverkleidung im Ubergangsbereich zur oberen B-Säulen-Verkleidung lösen. Verkleidung von unten beginnend an der Türdichtung aushängen und mit dem Keil »T10383« (ergänzt die auf Seite 143 gezeigten Werkzeuge) aus den Halteklammern lösen. Verkleidung aus der Aufnahme an der Karosserie herausziehen, nach innen schwenken und gleichzeitig nach unten abziehen. Gurtband durch den Schieber für Gurthöhenverstellung ausfädeln und obere B-Säulen-Verkleidung abnehmen.

■ **B-Säulen unten:** Einstiegleiste und obere Verkleidung ausbauen. Untere B-Säulen-Verkleidung aus dem Keder der Türdichtung ziehen. Verkleidung mit dem Keil »T10383« im Bereich der Halteklammern aus den Aufnahmen der Karosserie lösen.

■ Falls vorhanden, Steckverbindung am Taster für Deaktivierung der Innenraumüberwachung trennen und untere B-Säulen-Verkleidung abnehmen.

■ **C-Säulen Golf:** Auflage der Hutablage und Dachabschlussleiste ausbauen. C-Säulen-Verkleidung im Bereich der Halteklammern mit dem Abdrückhebel »80 - 200« aus den Aufnahmen an der Karosserie abclipsen. Verkleidung nach unten abnehmen.

■ **C-Säulen Variant:** D-Säulen- und Radhausverkleidung ausbauen. Kofferraum-Seitenverkleidung im Bereich von C-Säule, D-Säule und hinterer Seitenscheibe lösen.

■ C-Säulen-Verkleidung im Bereich der Halteklammern mit dem Abdrückhebel »80 - 200« aus den Aufnahmen an der Karosserie abclipsen, aus den Halteklammern ausclipsen und nach unten abnehmen.

■ **D-Säulen (Variant):** Dachabschlussleiste ausbauen und D-Säulen-Verkleidung im Bereich der Halteklammern mit dem Abdrückhebel (80 - 200) aus den Aufnahmen an der Karosserie sowie aus der Kofferraum-Seitenverkleidung lösen.

■ D-Säulen-Verkleidung aus den Halteklammern ausclipsen und nach unten aus dem Formhimmel herausziehen.

■ **Einbau aller Säulen:** Sinngemäß umgekehrt zum Ausbau. Halteklammern, Befestigungsclips und Airbag-Embleme müssen unbeschädigt und vollzählig in den Verkleidungsteilen stecken. Vor dem Einbau des A-Säulen-Oberteils müssen immer die oberen zwei Halteklammern ersetzt werden. Darauf achten, dass sich B- und C-Säulen-Verkleidung nach dem Einbau im Keder der Türdichtung befindet.

Sonnenblenden

■ **Ausbau:** Sonnenblende nach vorn schwenken. Mit einem flachen Schraubendreher die Beleuchtung für Make-up-Spiegel an der Aussparung vorsichtig heraushebeln und elektrische Steckverbindung trennen.

■ Sonnenblende am Mittellager (Pfeil 1, Bild 2) aushängen. Abdeckkappen im Sonnenblendenlager (Pfeil 2, Bild 2) öffnen und mit der Entriegelungszange VAS 6427 (s. S. 143) die vordere Halteklammer aus der Aufnahme der Karosserie lösen. Sonnenblende auf Spannung halten, damit die Halteklammer nicht ungewollt wieder verrastet.

■ Mit Zange 6427 die hintere Halteklammer aus der Aufnahme der Karosserie lösen. Sonnenblende mit Sonnenblendenlager vorsichtig nach unten aus der Aufnahme der Karosserie herausnehmen und die Transportsicherung entfernen.

■ Den auf dem Formhimmel verklebten elektrischen Leitungsstrang nach vorn ziehen, Steckverbindung trennen und Sonnenblende abnehmen.

■ **Einbau:** Elektrische Steckverbindung mit einer Lage Schaumstoffklebeband umkleben. Mit einem Finger in die Aussparung der Beleuchtung für Makeup-Spiegel greifen. Den Formhimmel etwas nach unten ziehen und die elektrische Steckverbindung zwischen Formhimmel und Dachquerträger ca. 6 cm nach hinten schieben.

■ Erst die vordere, dann die hintere Halteklammer im Sonnenblendenlager in der Aufnahme der Karosserie verrasten. Komplettes Verrasten in der Karosserie genau prüfen.

■ Der weitere Einbau erfolgt in umgekehrter Reihenfolge.

Haltegriffe am Dach

Zum Ausbau im Golf wird das Entriegelungswerkzeug »T10517«, für den Variant das Werkzeug »T10518« benötigt.

■ **Ausbau Golf:** Dachhaltegriff herunterklappen und Abdeckkappen (Angezeigt durch Pfeile 3 in Bild 2) ausbauen.

■ Dachhaltegriff nach unten klappen und das Entriegelungswerkzeug (T10517) bis zum Anschlag in die linke Halteklammer drücken. Vorsichtig links am Dachhaltegriff ziehen, dann die rechte Halteklammer auf gleiche Weise ausclipsen. Die Klammern sind damit aus den Aufnahmen im Halter gelöst; für den Ausbau des Formhimmels reicht das schon. Soll aber der Griff ausgebaut werden:

■ Seitliche Rastnasen an beiden Griffseiten lösen und den Griff nach unten aus dem Abstandshalter herausziehen.

■ **Einbau:** Vor der Montage sämtliche Befestigungselemente auf Beschädigung prüfen und ggf. ersetzen. Unterhalb vom Dachhaltegriff, zwischen Formhimmel und dem Griffhalter, ist ein Abstandshalter verbaut. Vor dem Einbau die Einbaulage des Abstandshalters kontrollieren und ggf. korrigieren. Der Abstandshalter darf nicht entfernt werden. Weiterer Einbau in umgekehrter Reihenfolge, dabei prüfen, ob beide Halteklammern komplett im Halter Dachhaltegriff verrastet sind.

■ **Ausbau Variant:** Dachhaltegriff herunterklappen und Abdeckkappen mit dem Entriegelungswerkzeug »T10518« ausclipsen. Werkzeug T10518 bis zum Anschlag in die linke Halteklammer drücken. Mit eingestecktem Entriegelungswerkzeug links vorsichtig am Dachhaltegriff ziehen. Ebenso die rechte Halteklammer ausclipsen. Die Klammern sind jetzt aus den Aufnahmen im Griffhalter gelöst.

■ Den Griff aus den Aufnahmen herausziehen, die zwei Abdeckkappen im Griff platzieren, jedoch nicht verrasten.

■ **Einbau:** Dachhaltegriff herunter geklappt, Abdeckkappen eingesetzt, jedoch nicht verrastet. Den Griff mittels der beiden Halteklammern in die entsprechenden Montageöffnungen im Fahrzeugdach drücken.

■ Dachhaltegriff hochklappen, wodurch die Abdeckkappen hörbar in den Verriegelungspositionen verrasten. Griff herunterklappen und prüfen, ob beide Abdeckkappen komplett verrastet sind: Die Kappen und der jeweilige Fuß vom Dachhaltegriff müssen eine plane Fläche bilden.

Ablage Fahrerseite und Handschuhkasten aus-/einbauen

Ablagefach Fahrerseite

■ **Ausbau:** Ablagefach Fahrerseite öffnen und aus den oberen Verrastungen lösen. Fach unten aus der Schalttafel herausnehmen.

■ **Einbau:** In umgekehrter Reihenfolge. Vorher alle Befestigungselemente auf Beschädigung prüfen und ggf. ersetzen.

Handschuhkasten

■ **Ausbau:** Handschuhkasten und andere Innenraum-Komponenten werden beim Variant ähnlich ausgebaut wie beim Golf. ***Seitliche Abdeckung an Schalttafel*** Beifahrerseite mit dem Demontagekeil 3409 abhebeln. Falls vorhanden, Steckerverbindung am Schlüsselschalter für Abschaltung des Beifahrer-Airbags trennen. Abdeckung nach hinten aus der Spaltabdeckung der A-Säule herausziehen und abnehmen.

■ ***Fußraumabdeckung Beifahrerseite*** abschrauben, aus Schalttafel und Mittelkonsole ausfädeln und entnehmen.

■ ***Abdeckung Mittelkonsole*** Beifahrerseite ausbauen: Blende der Bedienungs- und Anzeigeeinheit, an dieser beginnend, an der Unterseite abclipsen und entnehmen. Die frei gelegte Schraube herausdrehen. Abdeckung zunächst im Bereich der Bedienungs- und Anzeigeeinheit von der Mittelkonsole abbauen, dann von der Mittelkonsole abclipsen. Steuergerät für Informationselektronik (J794) ausbauen.

■ Seitliche Schraube am Handschuhfach herausdrehen. Fachdeckel öffnen und die Schrauben innen ausbauen.

■ Handschuhfach von der Schalttafel abclipsen und so weit abnehmen, bis der Schlauch für Handschuhfachkühlung zugänglich ist. Den Schlauch abziehen.

■ Elektrische Steckverbindungen am Handschuhfach trennen, Leitungen freilegen und Handschuhfach abnehmen.

■ **Einbau:** Der Einbau erfolgt in umgekehrter Reihenfolge. Vorher sämtliche Befestigungselemente auf Beschädigung prüfen und ggf. ersetzen. Elektrische Steckverbindungen bis zum hörbaren Verrasten zusammendrücken.

Mittelkonsole »Basis« und »Komfort« aus-/einbauen

■ **Ausbau:** Bei Golf und Variant gleich. An den Bildern 1 bis 4 orientieren. Die breite Mittelkonsole des neuen Golf wird als Basisausführung und mit klappbarer Armlehne über dem hinteren Ablagefach sowie mit Blende hinten (über Ausströmern hinten) als »Komfort« eingebaut.

■ Bei Fahrzeugen mit Konsole »Komfort« zuerst die Blende hinten (8) ausbauen: Vordersitze ganz nach vorn, Blende am unteren Ende mit dem Haken für Frontend 3370 (s. S. 143) erst nach hinten und dann nach oben von der Mittelkonsole abziehen und abnehmen. Dann weiter für alle:

■ **Einsatz Mittelkonsole (3) ausbauen:** Bei Doppelkupplungsgetriebe DSG Wählhebel in Stellung »D/S« schalten. Zündung ausschalten. Wählhebel-/Schalthebelmanschette vorsichtig von der Mittelkonsole abclipsen und nach oben stülpen. ***Ablagefach vorn (2) ausbauen:*** Blende Bedienungs- und Anzeigeeinheit (1) ausbauen; dazu die Blende, an der Unterseite beginnend, von der Bedienungs- und Anzeigeeinheit abclipsen und entnehmen. Ablagefach vorn aus der Mittelkonsole ausclipsen und nach hinten aus der Konsole entnehmen. Etwaige Steckverbindungen am Ablagefach trennen. Beim Einbau auf korrekten Sitz der Führungsnase am Ablagefach vorn in der Bohrung der Mittelkonsole achten. ***Abdeckung Mittelkonsole links und rechts (5) ausbauen***, dazu die Schraube herausdrehen und Abdeckung zunächst im Bereich der Bedienungs- und Anzeigeeinheit von der Mittelkonsole abbauen, dann ganz abclipsen und abnehmen. Zuletzt die beiden Schrauben herausdrehen und den Einsatz nach oben von der Mittelkonsole abclipsen. Dazu ist ein relativ hoher Kraftaufwand erforderlich!

2

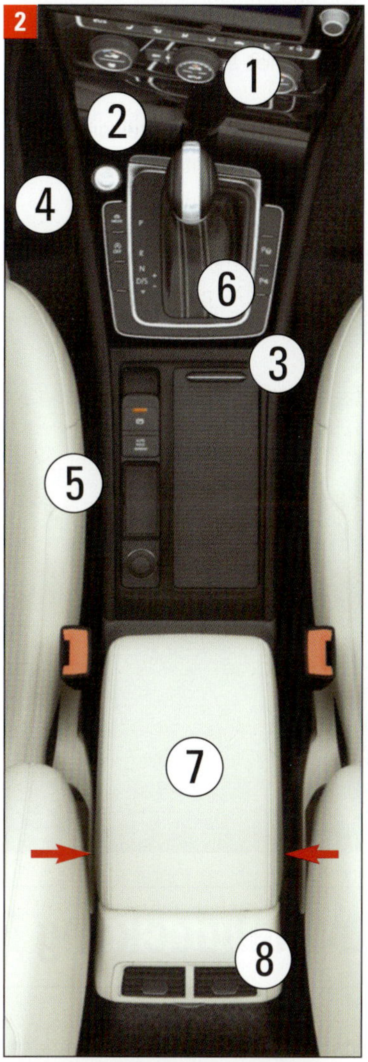

Konsole »Komfort«: (1) Blende Bedieneinheit, (2) Ablagefach vorn mit Ascher, (3) Einsatz, (4) Verkleidung Fußraum links/rechts, (5) Abdeckung links/rechts, (6) Dämpfung für Schaltung, (7) Armlehne, (8) Blende hinten. Pfeile: Befestigungswinkel und Schrauben 6 Nm. ***Anmerkung:*** Die Mittelkonsole vorn ist mit vier, die Abdeckungen Fußraum und Seite sind jeweils mit einer, der Einsatz von oben und die Dämpfung für Schaltung sind jeweils mit zwei Schrauben 1,5 Nm befestigt (Beispiel: Pfeil in Bild 1, Fußraumverkleidung).

1

■ **Verkleidung Mittelkonsole Fußraum links und rechts (4) ausbauen.** Dazu die Schraube (je eine links und rechts) herausdrehen und die Verkleidung nach unten aus den Aufnahmen der Konsole ziehen und entnehmen.

■ Bedienungs- und Anzeigeeinheit ausbauen (später).

■ Abdeckkappe links und rechts von der Mittelkonsole abbauen und die Schrauben links und rechts (Pfeile in Bild 2) herausdrehen.

■ Mittelkonsole hinten anheben, nach hinten aus der Schalttafel herausziehen und vorsichtig über den Wählhebel/Schalthebel herausnehmen.

■ **Einbau** in sinngemäß umgekehrter Reihenfolge. Vorher alle Befestigungselemente auf Beschädigung prüfen und ggf. ersetzen. Die Befestigungsschrauben der Mittelkonsole mit 6 Nm festziehen, alle anderen Schrauben an Verkleidungen, Haltern und Abdeckungen mit 1,5 Nm. Die Mittelkonsole muss fest in den Aufnahmen der Schalttafel verrastet sein.

Schalttafelabdeckung Fahrerseite aus-/einbauen

■ **Ausbau:** Seitliche Abdeckung für Schalttafel Fahrerseite, Abdeckung Mittelkonsole Fahrerseite und Ablagefach Fahrerseite ausbauen.

■ Fußraumabdeckung Fahrerseite ausbauen: Schraube (1,5 Nm) herausdrehen, Fußraumabdeckung aus dem Halter herausziehen und entnehmen.

■ Erst Schraube (1), dann Schraube (5) und dann die beiden Schrauben (4) und Schraube (2) herausdrehen (Bild 1).

■ Abdeckung (3) von Schalttafel abclipsen und abnehmen.

■ **Einbau** in umgekehrter Reihenfolge. Vor der Montage sämtliche Befestigungselemente auf Beschädigung prüfen und ggf. ersetzen. Alle Schrauben mit 1,5 Nm festziehen.

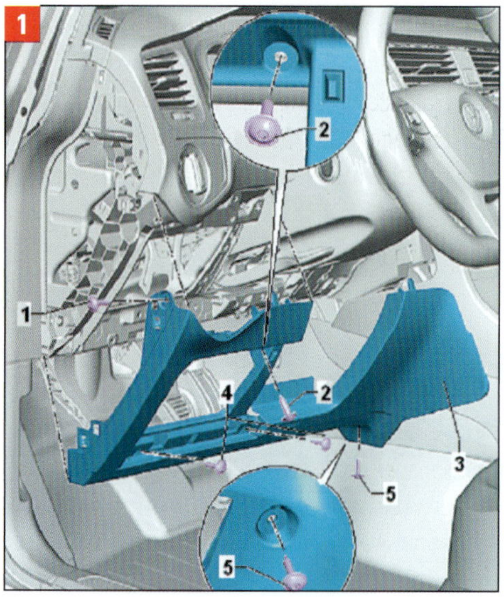

Mittelarmlehne aus Mittelkonsole aus-/einbauen

■ **Ausbau:** Vergl. auch die Bilder 2 und 3 auf den Seiten 149/150. Vordersitze in die vorderste Position bringen und die Blende hinten an der Mittelkonsole ausbauen wie vorstehend beschrieben.

■ Luftführung (2) von Mittelkonsole (1) abziehen (Bild 1). Die seitlichen Verkleidungen der Konsole im hinteren Bereich aus den Verrastungen lösen und etwas nach außen drücken.

■ Mit einer geeigneten Zange die Rastlaschen nach außen pressen und Mittelarmlehne vorn (2) nach oben aus der Mittelkonsole (1) herausziehen (Pfeil, Bild 2)

■ **Einbau:** Rastlaschen in die ursprüngliche Lage biegen. Die Mittelarmlehne vorn in den entsprechenden Aufnahmen der Mittelkonsole verrasten. Der weitere Einbau erfolgt sinngemäß in umgekehrter Reihenfolge.

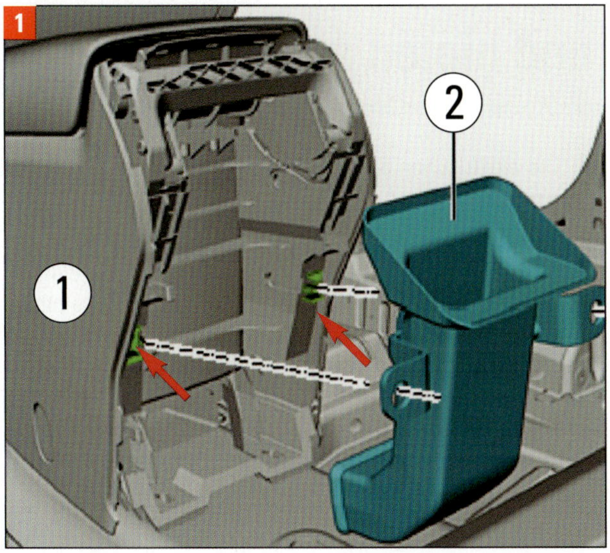

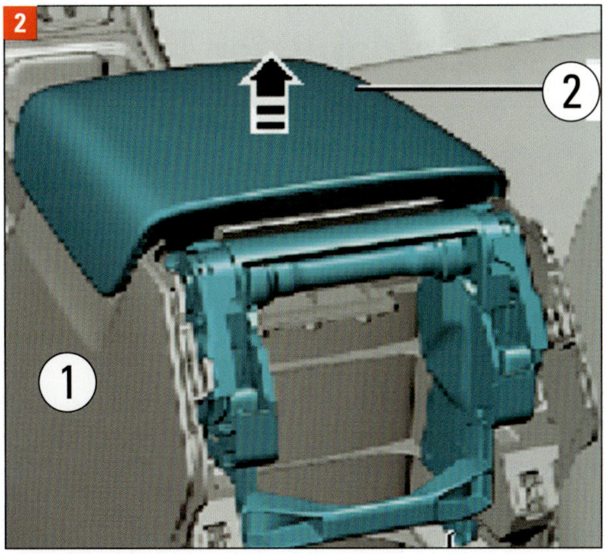

Formhimmel aus-/einbauen

■ **Ausbau:** Wenn vorhanden, Schiebedach (Bild 1) ganz und Sonnenschutzrollo zu etwa 2/3 öffnen. Einfassrahmen mit Keil »T10383« aus den Halteklammern lösen und abnehmen.
Variant: Mit Abdrückhebel »80 - 200« zwischen Abdeckrahmen und Formhimmel entlang gleiten (Pfeil), bis eine der Halteklammern ertastet wird, und Abdeckrahmen umlaufend im Bereich der Halteklammern mit dem Hebel abclipsen.

■ Obere Verkleidungen von A- und B-Säulen sowie Verkleidung C-Säule (*Variant:* auch D-Säule) ausbauen. Sonnenblenden und Mittellager für Sonnenblende ausbauen.

■ ***Ablage Dachhimmel ausbauen:*** Zündung ausschalten, Abdeckung aus der Ablage ausclipsen und abnehmen, Innenleuchte (WX1) und Abdeckungen für Innenspiegel ausbauen; Schrauben herausdrehen und die Ablage aus dem Verstärkungsrahmen im Formhimmel herausnehmen. Dachhaltegriffe aus den Aufnahmen im Halter lösen und Steckverbindung für den Leitungsstrang Formhimmel im Halterahmen trennen. Rücksitzlehnen nach vorn klappen und Sitzlehne vorn in 45°- Stellung fahren.

■ Klammern im Halterahmen mit der Entriegelungszange (VAS 6427) aus den Aufnahmen der Karosserie lösen. Zange mittig in den Halteklammern positionieren. Dabei Formhimmel auf Spannung halten, damit schon gelöste Halteklammern nicht wieder verrasten.

■ Formhimmel mit einem Helfer vorsichtig durch den Heckklappenausschnitt herausnehmen. Vorsicht, der Himmel ist sehr knickempfindlich, ein geknickter Formhimmel muss ersetzt werden.

■ **Einbau:** In einen neuen Formhimmel müssen bei Fahrzeugen mit beleuchteten Make-up-Spiegeln und/oder Sensor für Regen- und Lichterkennung die entsprechenden Ausschnitte mit einem Teppichbodenmesser anhand der Markierungen eingebracht werden. Alle Befestigungselemente prüfen und ggf. ersetzen und dann in umgekehrter Reihenfolge zum Ausbau vorgehen. Die gelbe Markierung auf dem Einfassrahmen muss in Fahrtrichtung zeigen, die 15 Halteklammern müssen immer durch neue ersetzt werden. *Variant:* Die 23 Halteklammern für den Abdeckrahmen vor der Montage ersetzen.

■ Einfassrahmen des Schiebedachs an den Halteklammern des Formhimmels befestigen.

Verkleidung der Türen vorn und hinten aus-/einbauen

■ **Ausbau vorn:** Zündung und alle elektrischen Verbraucher ausschalten, den Zündschlüssel abziehen.

■ Das Oberteil der Griffschale (4) mit dem Demontagekeil »3409« aus den Aufnahmen in der Türverkleidung heraushebeln. Die beiden Schrauben (4,5 Nm) darunter herausdrehen.

■ Halteclip Mitte unten an der Tür mit Maulschlüssel (SW 10) gegen Uhrzeigersinn um 90° (1/4 Umdrehung) verdrehen/entriegeln.

■ Die 5 bzw. 6 weiteren Halteclips an den Seiten der Türverkleidung mit den Keilen »T10383« aus den Aufnahmen lösen.

■ Türverkleidung senkrecht nach oben aus der Fensterschachtleiste herausziehen. Bei 4-Türer und Variant wird dabei der »Crashclip« oben links automatisch entriegelt.

■ Die elektrischen Steckverbindungen von der Türverkleidung trennen.

■ Bowdenzug aus der Türinnenbetätigung aushängen. Siehe dazu Bild 5, Seite 130 (»Karosserie«); im Zusammenhang mit dem Ausbau des Außenspiegels wurde dort auch bereits der Ausbau der Türverkleidung beschrieben.

■ **Einbau:** Sämtliche Befestigungselemente auf Beschädigung prüfen und ggf. ersetzen. Einbau in umgekehrter Reihenfolge. Halteclips in die Türverkleidung einsetzen und dabei sicherstellen, dass sich der Verriegelungsmechanismus sämtlicher Clipverbindungen (Bilder 3a und 3b) in Position »1« befindet. In der Position »2« ist ein fehlerfreier Einbau der Türverkleidung nicht möglich!

■ **Ausbau hinten:** Benötigt werden Demontagekeil 3409 und die Keile T10383.

1 Tür vorn, 2 Tür hinten: (1) Hebertasten, (2) Spiegelversteller, (3) Innenbetätigung, (4) Griffoberteil, (5) Zierblende.

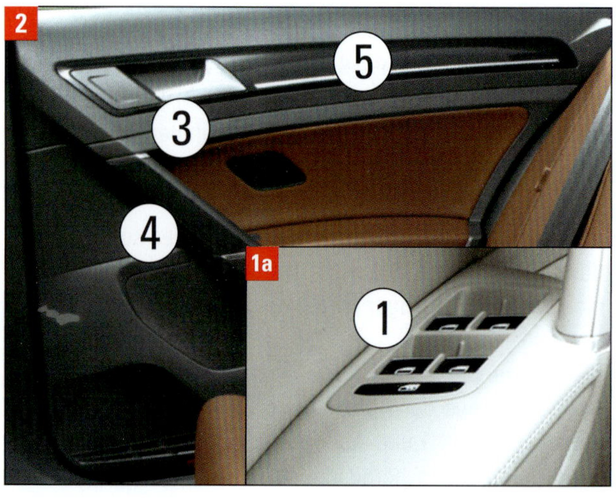

■ Bei Fahrzeugen ohne elektrischen Fensterheber muss die Fensterkurbel ausgebaut werden.

■ Alle Fahrzeuge: Zündung und elektrische Verbraucher ausschalten, Zündschlüssel abziehen.

■ Das Oberteil der Griffschale (4) mit dem Demontagekeil aus den Aufnahmen in der Türverkleidung heraushebeln. Die beiden Schrauben darunter herausdrehen.

■ Rückstrahler (unten an der Tür) ausbauen und Halteclip mit Torx T30 gegen Uhrzeigersinn um 90° (1/4 Umdrehung) verdrehen/entriegeln.

■ Die Halteclips der Türverkleidung mit den Keilen T10383 aus den Aufnahmen lösen. Der Clip unten Mitte (»Halteclip«) wurde schon entriegelt. Türverkleidung senkrecht nach oben aus der Fensterschachtleiste herausziehen und die elektrischen Steckverbindungen trennen.

■ Bowdenzug aus der Türinnenbetätigung aushängen (siehe Anmerkung zum Ausbau der Vordertür).

■ **Einbau:** Sämtliche Befestigungselemente auf Beschädigung prüfen und ggf. ersetzen. Einbau in umgekehrter Reihenfolge, Halteclips in die Türverkleidung hinten einsetzen. Hinweis zu den Clips beachten (siehe Einbau der Vordertür).

■ **Ausbau Zierblende:** Der Aus- und Einbau ist für die Fahrerseite wie für die Beifahrerseite und für Fahrzeuge mit vier Türen wie für zwei Türen vergleichbar.

■ Türverkleidung wie beschrieben ausbauen. Die Außenspiegelverstellung (EX11) mit Taster für Innenverriegelung (2, Bilder 1 und 2), nur an der Fahrertür vorhanden, ausbauen.

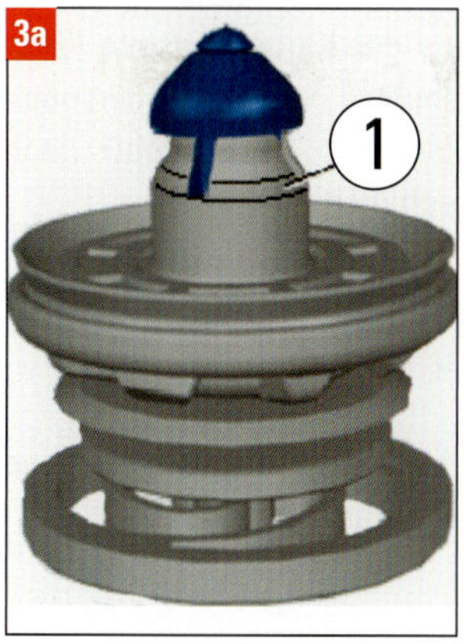

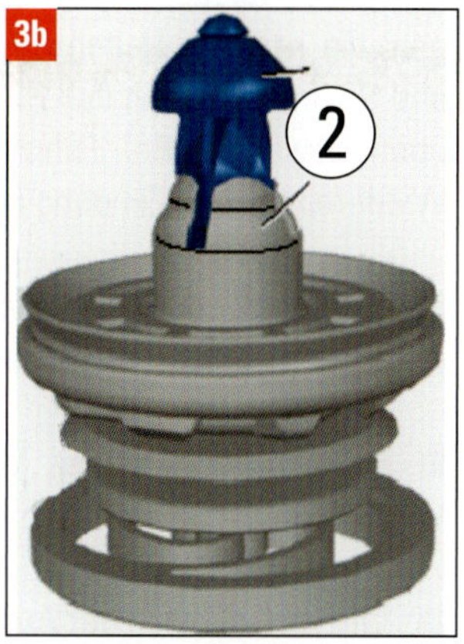

Verriegelbare Clips: Stellung (1) in Bild 3a Mechanismus frei, Stellung (2) in Bild 3b Mechanismus verriegelt.

■ Befestigungspunkte (es sind 13) der Zierblende (5 in den Bildern 1 und 2; 1 in Bild 4) mit einem entsprechenden Bohrer von der Türverkleidung gerade so weit abbohren, bis sich die Zierblende von der Türverkleidung zu lösen beginnt. Die Verkleidung darf beim Bohren nicht beschädigt werden.

■ Vorsichtig nacheinander die Befestigungspunkte lösen und die Zierblende von der Türverkleidung abnehmen.

■ **Einbau:** Neue Zierblende in die Türverkleidung einsetzen.

■ Klemmscheiben (2) bis zum Anschlag auf die Zapfen (3) der Zierblende (1) aufdrücken.

■ Oberhalb der Klemmscheiben die Zapfen der Zierblende auf max. 2 mm Überstand zurückschneiden.

■ Außenspiegelverstellung mit Taster für Innenverriegelung (Fahrerseite) und Türverkleidung einbauen.

Weitere Blenden

■ **Ausbau Zierblende Schalttafel:** Die Blende über dem Handschuhfach mit dem Demontagekeil 3409 zunächst aus den drei Verrastungen lösen und dann nach außen (in Richtung Beifahrertür) verschieben und entnehmen.

■ **Ausbau Lichtschalterblende:** Lichtdrehschalter (EX1) ausbauen. Freigelegte Schraube herausdrehen und die Blende nach hinten aus der Schalttafel entnehmen.

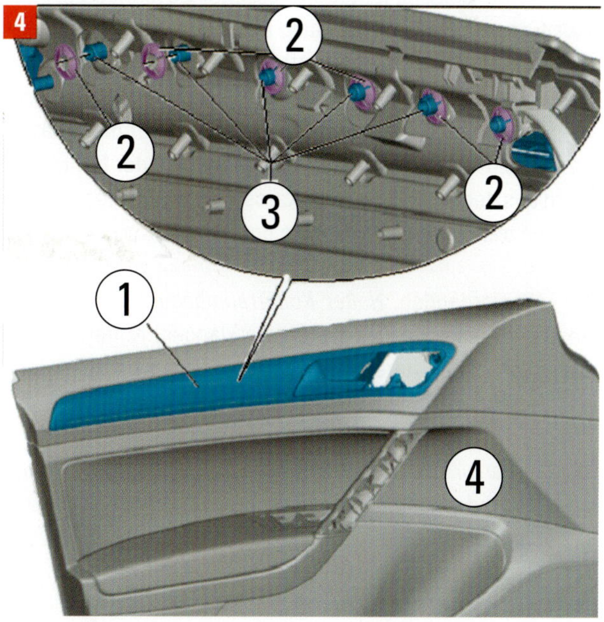

Zierblende: (1) Blende, (2) Klemmscheiben, (3) Zapfen, (4) Türverkleidung (im oberen Bildteil die Rückseite).

Verkleidungen der Heckklappe aus-/einbauen

■ **Ausbau obere Verkleidung:** Die Halteseile für die Hutablage am Fensterrahmen seitlich links und rechts aushängen und Fensterrahmen Mitte mit dem Keil »T10383« aus den Aufnahmen in der Heckklappe und den seitlichen Verkleidungen lösen. Diesen mittleren Fensterrahmen abnehmen.

■ Fensterrahmen seitlich ebenfalls mit dem Keil »T10383« aus den Verrastungen in der Heckklappe und in der Verkleidung unten lösen und abnehmen. Alle doch noch in den Aufnahmepunkten der Heckklappe verbliebenen Halteklammern müssen mit dem Werkzeug »T40280« vollständig ausgebaut und in die Fensterrahmen eingesetzt werden.

■ **Ausbau untere Verkleidung:** Die obere Verkleidung ist ausgebaut, das Warndreieck ist herausgenommen. Dann die Schrauben herausdrehen und die seitlichen Serviceklappen in der Verkleidung ausclipsen.

■ Mit den Händen in die Serviceöffnungen der Verkleidung greifen und die Verkleidung mit einer ruckartigen Zugbewegung aus den Aufnahmen der Heckklappe lösen.

■ Prüfen, ob sich alle Halteklammern vollständig in der Verkleidung befinden. Wenn einzelne Klammern in der Heckklappe verblieben sind, müssen sie mit dem Demontagewerkzeug »T40280« ausgeclipst werden. Ausgeclipste Klammern in die Verkleidung einsetzen.

■ **Einbau oben und unten:** Sinngemäß umgekehrt. Alle Befestigungselemente prüfen und bei Beschädigung ersetzen.

Kofferraum-Seitenverkleidung aus-/einbauen

■ **Ausbau Golf Limousine:** *Rücksitzlehnen* ausbauen; dazu die Sitzbank ausbauen (folgt).

■ *Auflage Hutablage* ausbauen; dazu beim Viertürer die Radhausverkleidung (unter »Karosserie« beschrieben), beim Zweitürer die Seitenverkleidung ausbauen. *Verkleidung des Schlossträgers* ausbauen (folgt). Die beiden Schrauben oben und unten an der Auflage herausdrehen, den Clip über der oberen Schraube ausbauen und die Auflage für die Hutablage mit dem Abdrückhebel (80-200) im Bereich der Halteklammern aus den Aufnahmen der Karosserie lösen. Steckverbindungen trennen und die Auflage entnehmen.

■ Falls vorhanden, *Halter Kofferraumbodenbelag* ausbauen; dazu Rücksitzlehnen nach vorn klappen, Kofferraumboden nach hinten herausnehmen, Schrauben herausdrehen und den Halter abnehmen.

■ Die *Verzurröse* ausbauen: Dazu den Ösenbügel aufklappen, die Abdeckung mit einem Schraubendreher abclipsen, die Schraube über dem Bügel herausdrehen und die Verzurröse abnehmen.

■ Die Clips ausbauen und die Kofferraum-Seitenverkleidung aushängen und abnehmen.

■ **Ausbau Golf Variant:** *Kofferraumabdeckung* ausbauen; Abdeckung komplett öffnen, Rücksitzlehnen nach vorn klappen, Abdeckung nach rechts drücken und gleichzeitig nach oben aus der rechten Kofferraum-Seitenverkleidung heben, Abdeckung aus der linken Seitenverkleidung ziehen und abnehmen.

■ *Rücksitzlehne* ausbauen (folgt) und (falls vorhanden) *Seitenpolster* ausbauen: Bei Fahrzeugen mit Seitenairbag Batterie abklemmen, *Sitzbank* ausbauen (folgt), Mutter unten an der Polsteröse abschrauben, Rücksitzlehne nach vorn klappen, die seitliche Haltenase aus der Karosserieseite lösen und Seitenpolster mit den Haltebügeln unten und oben nach oben abziehen. Bei Fahrzeugen mit Seitenairbag nach Wiedereinbau die Zündung einschalten.

■ Bei Fahrzeugen ohne Seitenpolster die Radhausverkleidung (vergl. »Karosserie«) ausbauen.

■ D-Säulen-Verkleidung, Verkleidung Schlossträger und Verzurröse wie beschrieben ausbauen.

■ Clip vorn oben an der Auflage und die Schraube dahinter ausbauen.

■ Taschenhaken aufklappen und Schraube dazu herausdrehen.

■ Den Betätigungshebel zur Fernentriegelung der Sitzlehne ziehen und so halten, Schraube aus der Hebelschale herausdrehen.

■ Kofferraum-Seitenverkleidung im Bereich der Halteklammern mit dem Abdrückhebel (80 - 200) aus den Aufnahmen der Karosserie lösen.

■ Bei Fahrzeugen mit Wechselrichter mit Steckdose die Haltenasen an deren Abdeckung entriegeln und die Steckdose herausziehen.

■ Falls vorhanden, Steckverbindungen trennen und Kofferraum-Seitenverkleidung abnehmen.

■ Einbau wie in allen Fällen in umgekehrter Reihenfolge. Immer an die Überprüfung von Befestigungselementen denken und beschädigte ersetzen.

Sitz vorn und Fondsitzbank aus-/einbauen

Beim Ausbauen müssen die Sicherheitsmaßnahmen bei Arbeiten am Airbag strikt eingehalten werden. Als wichtiges Spezialwerkzeug ist ein Airbag-Adapter (VW: VAS 6282) nötig.

Vordersitz

■ **Der Aus- und Einbau** ist für den linken und manuell verstellbaren Sitz beschrieben. Die Arbeit ist am rechten und am elektrisch verstellbaren Sitz sinngemäß gleich. Gebraucht

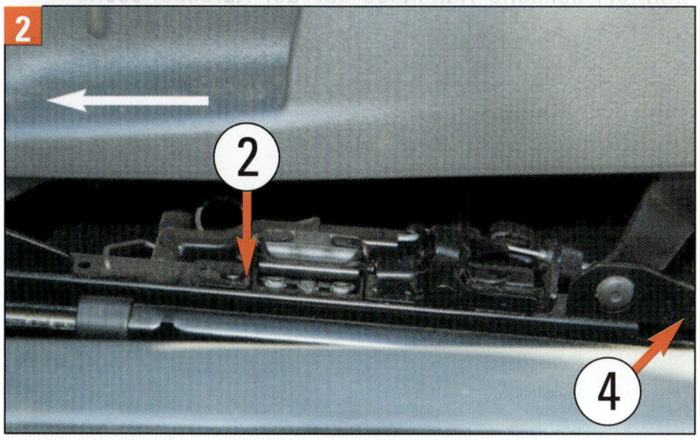

Fahrersitz ***Bild 1:*** (1) Höhenverstellung. ***Bild 2:*** Sitzgestell. Rote Pfeile: Schrauben (2) und (4) in Bild 3.

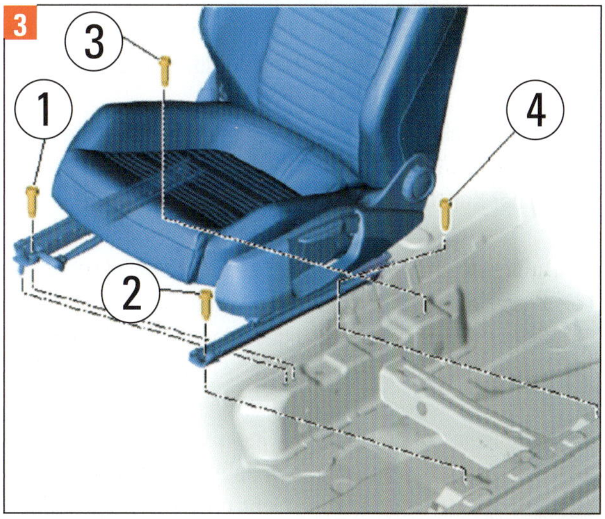

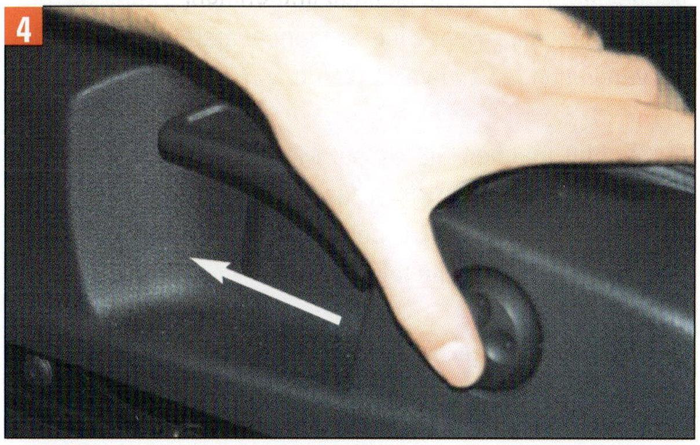

Bild 3/4: (1) Fahrersitz, (2 und 3) Schrauben, (4 und 5) Steckverbindungen. Pfeil: Abdeckung der Steckverbindungen.

werden Drehmomentschlüssel (V.A.G 1331) und vor allem ein Airbag-Adapter (VAS 6282). Beachtet werden müssen die allgemeinen Sicherheitsvorschriften für Airbag-, Gurtstraffer- und pyrotechnische Bauteile.

■ Den Sitz über die Längsverstellung in die vorderste Position stellen.

■ Bei einem defekten Motor für Sitzlängsverstellung (V28 / V31) kann nicht sofort so gearbeitet werden wie an einem manuell verstellbaren Sitz. Es müssen zunächst die Verschraubungen Motor für Sitzlängsverstellung Schwellerseite (I) und Tunnelseite (II) gelöst werden. Bevor diese vier Schrauben (beidseitig) ausgebaut werden, erst genau den Sitzverstellmotor prüfen. Denn nach dem Lösen dieser Schrauben muss das Untergestell der Sitzwanne einschließlich Längsverstell-Motor ersetzt werden.

■ Den so behandelten motorisch verstellbaren oder manuell verstellbaren Sitz jetzt in die vorderste Position verschieben, dann die Schrauben (3) und (4) herausdrehen. Danach den Sitz in die hinterste Position verschieben und die Schrauben (1) und (2) herausdrehen (Bilder 2 und 3).

■ Batterie abklemmen. Sitz nach hinten kippen. Abdeckung im Bodenbelag öffnen, die elektrischen Leitungsstränge vom Sitz an der Kupplungsstation entriegeln und abziehen.

■ Airbag-Adapter anschließen, d. h. auf den elektrischen Leitungsstrang vom Seitenairbag stecken. Der Adapter (VAS 6282) muss so lange am Sitz angeschlossen bleiben, bis dieser wieder eingebaut ist.

■ Anbauteile mit geeigneten Mitteln vor Beschädigungen schützen. Wird der Sitz aus dem Fahrzeug herausgehoben oder transportiert, darf er auch nicht, um Beschädigungen zu vermeiden, an Anbauteilen wie Gurtschloss, Hebel für Sitzlängsverstellung, Hebel für Sitzhöhenverstellung oder den Sitzverkleidungen angefasst werden.

■ **Richtig machen** Sie es so: Mit der rechten Hand zwischen Lehne und Sitzpolster fassen. Mit der linken Hand an das vordere Ende des Sitzpolsters fassen und den Sitz aus dem Fahrzeug herausheben.

■ **Einbau:** In umgekehrter Reihenfolge. Den Sitz durch die vordere Tür in das Fahrzeug heben.

■ Sitz zuerst vorn absetzen und in die Zentrierstifte einführen. Wenn im Aufnahmeblech Sitzquerträger ein Gewinde beschädigt ist, muss das betroffene Aufnahmeblech ersetzt werden. Die Schrauben (1 bis 4) auf den Bildern 2 und 3 werden mit 40 Nm festgezogen. Wenn Verschraubungen am Motor zu lösen waren, dann diese selbstsichernden (also zu ersetzenden) Schrauben mit 20 Nm anziehen.

■ Den Airbag-Adapter (VAS 6282) entfernen. Erst den elektrischen Leitungsstrang vom Seitenairbag, dann alle anderen elektrischen Leitungsstränge in der Kupplungsstation verrasten, Abdeckung im Bodenbelag schließen und Zündung einschalten.

(Rück-)Sitzbank aus-/einbauen

■ **Ausbau:** n Vordersitze in die vorderste Stellung fahren. Führungen (2) für ISOFIX Kindersitzverankerung (4 Stück) von den Verankerungen abclipsen. Dazu Deckel (3) von der ISOFIX-Kindersitzverankerung abclipsen und abnehmen; Führung entsprechend der Aussparung nach unten drücken und aus der ISOFIX-Kindersitzverankerung aushängen.

■ Mit beiden Händen an einer Seite unter den Sitzrahmen der Rücksitzbank (1) fassen und die Bank ruckartig und kräftig nach oben ziehen, wodurch der Drahthaken (4) aus der Aufnahmetülle (5) ausrastet (Bild 5).

■ Vorgang auf der gegenüberliegenden Seite der Rücksitzbank wiederholen.

■ Rücksitzbank vorn leicht anheben und das Drahtgestell nach hinten aus den Fanghaken heraus schieben. Rücksitzbank aus dem Fahrzeug herausnehmen.

■ **Einbau:** Der Einbau erfolgt in umgekehrter Reihenfolge, dabei die Karosserieausschnitte auf Verformungen prüfen und bei Verformungen das Blech mit einem Kunststoffhammer zurückrichten. Bleibende leichte Verformungen sind zulässig.

■ Bodenbelag anheben und die neuen Aufnahmetüllen bis zum hörbaren Einrasten in den Karosserieausschnitt eindrücken. Den Bodenbelag um die Tülle legen, er darf aber nicht die Tülle verdecken.

■ Vor Einbau der Rücksitzbank prüfen, ob der Drahtrahmen wirklich fluchtet. Wenn er nämlich verbogen ist, muss er so weit zurückgebogen werden, bis er wieder fluchtet.

■ Rücksitzbank einsetzen und Drahthaken kräftig in die Aufnahmetüllen eindrücken. Darauf achten, dass die Drahthaken richtig und komplett in den Aufnahmetüllen eingerastet sind.

Rücksitzlehne aus-/einbauen

■ **Ausbau:** Sitzbank und Gurtschloss mit Gurtendbeschlag hinten rechts wie beschrieben ausbauen.

■ Beim »klassischen« Golf (Limousine) die Abdeckung vom Mittellager abziehen. Beim Variant den Bowdenzug der Lehnenentriegelung links und rechts trennen.

5

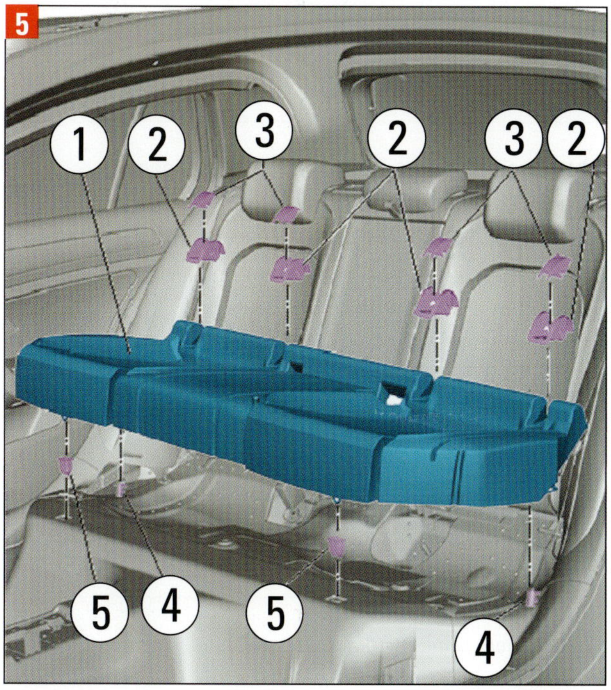

Sitze im Fond : (1) Rücksitzbank, (2) Führung und (3) Deckel für ISOFIX Kindersitzverankerung (je vier), (4) Fanghaken (zwei) im Drahtrahmen der Rücksitzbank, (5) Aufnahmetüllen (zwei) im Unterboden zur Befestigung der Rücksitzbank.

■ Träger für Auskleidung vom Kofferraumboden Mitte ausbauen.

■ Schraube Arretierungsbügel für Mittellager an Abdeckung herausdrehen. Im Falle der Ausstattung mit Durchladeeinrichtung die Klappe dafür öffnen und vollständig nach vorn klappen.

6

■ Arretierungsbügel hinten hochklappen, vorn am Mittellager aushängen und abnehmen.

■ Rücksitzlehne aus dem Mittellager herausheben, in Richtung Fahrzeugmitte aus der äußeren Lagerung herausziehen und aus dem Fahrzeug herausnehmen.

■ **Einbau:** Rücksitzlehne in senkrechter Einbaulage auf den äußeren Lagerzapfen schieben.

■ Rücksitzlehne im Mittellager platzieren und weiter in umgekehrter Reihenfolge einbauen. Die Schraube Arretierungsbügel für Mittellager an Abdeckung mit 8 Nm anziehen. Die Lehnen müssen korrekt und fest sitzen.

Verkleidung des Schlossträgers hinten aus-/einbauen

■ **Ausbau:** Erforderlich ist Abdrückhebel »80 - 200«. Limousine mit Anhängevorrichtung: Kofferraumboden nach hinten herausnehmen, Clip am Halter für Seilzug entriegeln und den Halter nach oben vom Seilzug abziehen.
Variant mit Anhängevorrichtung: Befestigung links und rechts am Kofferraumboden durch 90°-Drehung entriegeln und Kofferraumboden nach hinten aus dem Fahrzeug herausnehmen. Clip am Hebel für Bowdenzug entriegeln und nach oben schieben und den Hebel nach vorn vom Bowdenzug abnehmen.

■ Heckklappendichtung im Bereich der Schlossträgerverkleidung abziehen und die Verkleidung mit dem Abdrückhebel (80 - 200) im Bereich der Halteklammern aus den Aufnahmen der Karosserie lösen. Bei Fahrzeugen mit Anhängevorrichtung die Steckverbindung an der Kontrollleuchte für Kupplungsverriegelung trennen. Verkleidung Schlossträger nach oben abnehmen.

■ **Einbau:** In umgekehrter Reihenfolge. Vorher Befestigungselemente prüfen und ggf. ersetzen. In den Aufnahmepunkten der Karosserie verbliebene Halteklammern mit Demontagewerkzeug ausbauen und in die Verkleidung Schlossträger einsetzen.

■ Die Verkleidung muss sich nach dem Einbau im Keder der Heckklappendichtung befinden.

Fensterheber

Störung	Was kann das sein?	Was kann oder muss ich tun?
A Fensterscheibe wird nur in eine Richtung verstellt	**1** Schalter defekt; weniger wahrscheinlich: Fehler im Türsteuergerät	Schalter auswechseln Türsteuergerät mit Diagnosesystem überprüfen lassen (Fehler auslesen)
B Fensterscheibe wird in keine Richtung verstellt	**1** Fensterscheibe geht schwer; Sicherung wegen Motorüberlastung defekt	Fensterscheibe in den Führungen gängig machen Evtl. Sicherung erneuern
	2 Motor läuft nicht, obwohl die Sicherung in Ordnung ist	Spannung direkt an die Motoranschlüsse legen. Wenn der Motor jetzt läuft, liegt der Fehler in der Zuleitung. Läuft der Motor nicht: auswechseln!
	3 Seilführungen ausgerissen	Reparatursatz Fensterheber verbauen
C Fensterscheibe wird im gesamten Verstellbereich zu langsam verstellt	**1** Fensterscheibe in den Führungen verklemmt, Führungen gebrochen	Reparatursatz Fensterheber verbauen
	2 zu hohe Reibung in der gesamten Mechanik	Mechanik ohne Scheibe auf Reibungsverluste überprüfen; ggf. erneuern
	3 Kabelverbindungen defekt oder oxidiert	Überprüfen, reinigen, ggf. auswechseln
	4 Schalter defekt oder oxidiert	Überprüfen; ggf. auswechseln
D Fensterscheibe wird an der oberen Grenze des Verstellbereichs zu langsam verstellt	**1** Fensterscheibe in den Führungen verklemmt. In seltenen Fällen Schaden an den Aufnahmen	Reparatursatz Fensterheber verbauen
E Fensterscheibe fällt in die Tür	**1** seltener Fehler: Mitnehmer gebrochen oder verrutscht	Reparatursatz Fensterheber verbauen Ratsam: Fehlerspeicher auslesen lassen

Zentralverriegelung

Störung	Was kann das sein?	Was kann oder muss ich tun?
A Verriegelung funktioniert nicht	**1** Sicherung durchgebrannt	Erneuern
	2 Motor der Fahrer- oder Beifahrertür defekt	Funktion überprüfen, ggf. auswechseln
	3 Verkabelung unterbrochen	Überprüfen, ggf. erneuern
B Schlösser werden entriegelt, aber nicht verriegelt	**1** Verkabelung unterbrochen	Überprüfen, ggf. erneuern
	2 Mehrfachstecker an Motor und Türkasten locker oder oxidiert	Festen Sitz kontrollieren, ggf. reinigen
	3 Schalter in Servomotor defekt	Durchgangsprüfung an den entsprechenden Motorklemmen durchführen
C Schlösser werden verriegelt, aber nicht entriegelt	**1** Motor der Fahrer- oder Beifahrertür defekt	Funktion überprüfen, ggf. auswechseln
	2 Mehrfachstecker an Motor und Türkasten locker oder oxidiert	Festen Sitz kontrollieren, ggf. reinigen
	3 Schalter in Servomotor defekt	Durchgangsprüfung an den entsprechenden Motorklemmen durchführen
D Eines der Schlösser funktioniert nicht	**1** Motor defekt	Funktion überprüfen, ggf. auswechseln
	2 Kabel- oder Steckerverbindung am Servomotor oder Türkasten defekt	Überprüfen und ggf. instand setzen
	3 Mechanische Übertragungsteile klemmen	Teile auf Funktion überprüfen und festen Sitz kontrollieren. Ggf. Teile etwas fetten; verschlissene Teile auswechseln
E Öffnen und Schließen funktionieren mit mechanischem, aber nicht mit Funkschlüssel	**1** Schlüsselbatterie erschöpft oder Fehler in der Schlüsselelektronik	Neue Batterie einsetzen; ggf. muss Schlüssel ersetzt werden

Fahrzeugaufbau: Das Infotainment

Technik und Technologien, von denen externe Informationsquellen und Datendienste (Internet), Fahrzeugsysteme und Fahrzeugpassagiere zusammengebracht werden, sind unter dem Begriff »Infotainment« zusammengefasst. Entwicklungen auf diesem Feld kommt immer größere Bedeutung zu. Sogar Glasfaser-Technologie wird inzwischen zur Datenübertragung an Bord genutzt

Rasch wachsendes Einsatzfeld

Hinweise zum Infotainment des Golf 2013 können angesichts des rasanten Fortschritts auf diesem Gebiet nur eine Momentaufnahme sein. Ständig folgen weitere neue Funktionen und Anzeigemöglichkeiten. Voraussetzung aber für reichhaltiges und gut funktionierendes Infotainment sind leistungsfähige Datenbussysteme, über welche die erforderlichen Informationen zwischen den Baugruppen ausgetauscht werden (Bild 1). Intuitive Benutzerführung für die Bedienung, wie sie aus der Welt der Smartphones bekannt ist, stellt ein großes Entwicklungspotenzial für das Infotainment dar.

Infotainment im Golf 2013

Die wesentlichen, zumeist neuen Merkmale des Infotainments im Golf der Generation VII, von VW oft als »Golf 2013« bezeichnet, sind:

- einheitliche Aufbausystematik der verfügbaren Radio- und Navigationsgeräte,
- berührungssensitiver Bildschirm »Touchscreen« (Bild 2),
- erleichterte Funktionsauswahl,
- verbesserte Darstellungsqualität,
- erweiterte Info-Anzeigen im Radiobetrieb,
- neue Fahrprofilfunktion,
- erweiterte Car-Funktion (Bordcomputer),
- optimierte CAN-Datenbusarchitektur,
- erweitert nutzbare Datenformate und Übertragungsschnittstellen,
- Annäherungserkennung.

Vom Auto ins weltweite Netz

Der Wunsch der Verbraucher, aus Ihrem Kraftfahrzeug heraus komfortabel und sicher auf die Informationsvielfalt im Internet zugreifen zu können, macht es erforderlich, immer komplexere und leistungsfähigere Vernetzungsstrukturen zu schaffen. Dabei werden die unterschiedlichsten Funktionen und Funktionseinheiten innerhalb des Fahrzeuges mit neuen Systemkomponenten wie beispielsweise dem fahrzeuginternen WLAN oder den neuen mobilen Online-Diensten gekoppelt.
Da hierbei immer mehr Informationen verwaltet und übertragen werden, sind entsprechend leistungsfähige Übertragungswege eine Grundvoraussetzung. Es verwundert also nicht, dass für bestimmte Bereiche innerhalb des »Modularen Infotainment Baukastens (MIB)«, der konsequenten Übernahme des MQB für das Infotainment, wie im »MOST-Datenbus« zunehmend Glasfaser-Technologie zur internen Datenübertragung genutzt wird.

Vom Auto ins weltweite Netz

Die Entwicklung im Fahrzeugbau geht auch dahin, den Fahrzeugcharakter auf die Fahrerwünsche auszurichten. Daher unterliegen auch die Fahrprofile, die mit dem Golf 2013 auf den Markt gebracht wurden, einer beständigen Ergänzung und Entwicklung. Auch dies führt zu einer umfassenderen Vernetzung der unterschiedlichen Fahrzeugsysteme (Bild 2).

1 ***Verkabelung an Bord:*** Im MOST-Datenbus wird bereits Glasfaser-Technologie zum Datentransport genutzt.

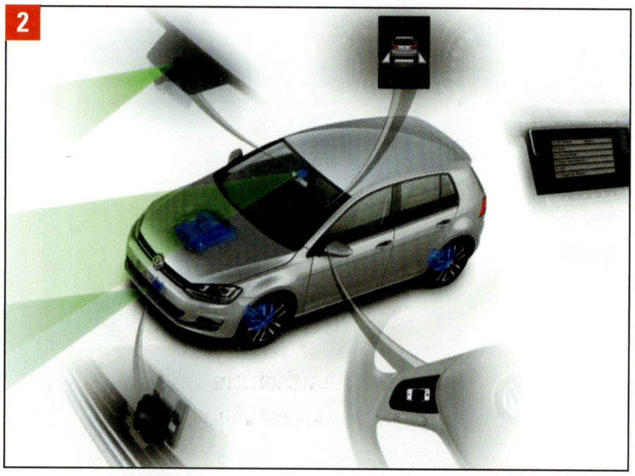

2 ***Hoher Vernetzungsgrad:*** Neue Assistenzsysteme verknüpfen die unterschiedlichsten Fahrzeugfunktionen.

Nur starke Vernetzung macht die neuen Assistenzsysteme möglich, die viele Fahrzeugfunktionen verknüpfen und den Fahrer zugleich entlasten und informieren. Der Fahrer wird zunehmend in die Lage versetzt, die Fahrzeugeinstellungen durch »Fahrprofilauswahl« zu konfigurieren. Die neuen Systeme benötigen eine Schnittstelle zur Kommunikation mit dem Fahrer, und das ist das mit einem Touchscreen versehene Infotainmentsystem. In ihm laufen sämtliche Informationen zusammen und können vom Fahrer abgerufen und bedient werden.

Annäherung der Hand registriert

Im Modularen Infotainment Baukasten MIB des Golf werden die fünf Endgeräte »Composition Touch« (Serie), »Composition Colour«, »Composition Media«, »Discover Media« und »Discover Pro« eingesetzt. Ab Endgerät 3 »Composition Media« verfügt der Touchscreen (Bild 3) über eine Annäherungserkennung.
Unterhalb des Touchscreens befindet sich eine schwarz glänzende Designleiste (Pfeil in Bild 3). Hinter ihr liegen vier Infrarotsensoren. Sie sind Teil der etwas umständlich benannten »Anzeigeeinheit für Steuergerät der Anzeige- und Bedienungseinheit Informationen vorn J685«.
Bewegt sich eine Hand in den Erfassungsbereich der Sensorleiste, so wird die von den Sensoren ausgesendete Strahlung von der Hand reflektiert und läuft zu der Sensorleiste mit den IR-Sensoren zurück, von denen sie erfasst und zu einem Schaltsignal umgeformt wird. Dieses löst dann das Aufblenden der virtuellen Bedientasten auf der Displayfläche des Infotainments aus.
Die Sensoren senden in einem Erfassungbereich von ca. 15 cm Radius eine schwache infrarote Strahlung aus. Der Erfassungsbereich ist so ausgelegt, dass die Annäherungssensorik sowohl für den Fahrer als auch für den Beifahrer funktioniert. Registriert der Sensor eine Hand, die sich dem Bildschirm nähert, werden die virtuellen Bedientasten des dargestellten Displays vergrößert eingeblendet, so dass sie leichter auszuwählen sind (Bild 4). Erfolgt keine Tastenbetätigung, springt das Display nach kurzer Zeit auf die normale Darstellungsgröße der virtuellen Tasten zurück.

Protokoll für schnelle Übertragung

Das erwähnte »MOST« steht für »Media Oriented Systems Transport« und ist ein Standard für Multimedia und Infotainment in der Automobilindustrie. Dieses Protokoll für die schnelle Übertragung vor allem von Bild-, Video- und Audiodaten erlaubt die Einbindung von einfachen, robusten Geräten. Für den MOST-Datenbus wird oft ein optischer Lichtwellenleiter zur Datenübertragung eingesetzt.
MOST erlaubt es, unterschiedliche Multimediageräte in die ringförmige Netzwerkstruktur einzubinden. Der Golf VII und der Variant V verfügen über den MOST 150-Datenbus mit hoher Bandbreite in der Datenübertragung: 3072 bit pro Übertragungseinheit (Frame).

3

Berührungsempfindlicher Bildschirm: Was im Smartphone längst üblich ist, erobert zunehmend das Autocockpit.

4

Virtuelle Tasten: Werden sie nicht bedient, springt das Display nach kurzer Zeit in normale Darstellungsgröße.

Die Bedien- und Anzeigeeinheiten des MIB

Die Einrichtungen für Radio, Navigation, externe Audioquellen, Mobiltelefon und Informationen von Internet oder Fahrzeugsystemen sind beim neuen Golf auf der Basis des »Modularen Infotainment Baukastens MIB« konsequent vereinheitlicht. Der systemische und funktionelle Aufbau ist bei allen Ausführungsvarianten dieser einheitlichen Systemarchitektur gleich. Dadurch können Radio- und/oder Navigationsgeräte beim Hersteller mit weiteren Funktionen ergänzt werden. Alle Geräte sprechen aber, grob vereinfacht formuliert, die gleiche Sprache.
Ziel war es außerdem, neuere Entwicklungen in der privaten Unterhaltungs-, Multimedia- und Telekommunikationselektronik einzubeziehen, um einen hohen Nutzungswert für den Endverbraucher zu erreichen. So können Senderlogos von Radiostationen angezeigt werden, oder die Endgeräte besitzen Schnittstellen zu USB, SD-Karte oder iPod.
Alle Geräte sind mit einem Touchscreen ausgestattet. Dank innovativer Benutzeroberfläche ist so auch während der Fahrt eine intuitive und sichere Bedienung möglich. Die Bedien- und Anzeigeeinheiten für Multimedia beim Golf 2013 sind von der äußeren Anmutung sehr ähnlich (Bild1), enthalten aber ganz verschiedene Funktionsumfänge. Wir informieren hier über die sechs Varianten. Die serienmäßige Standardausstattung ist die Bedien- und Anzeigeeinheit mit integriertem Steuergerät. Die 6. und höchste Ausbaustufe ist das Discover Pro.

■ **Ausbaustufe 1:** *»Seriendisplay«* Standardausstattung nach Bild 1. Bedien- und Anzeigeeinheit/Steuergerät in einem Gehäuse zusammengefasst. Radiobetrieb oder die Wiedergabe von externen Audioquellen nicht vorgesehen.

■ **Ausbaustufe 2:** *»Composition Touch«* wie 1 mit druckempfindlichem monochromem Display, zwei Endstufen á 20 W, Klangsteller, FM-Antennenschalter und Radioempfang FM, MP3, WMA, AUX-IN, Telefon-Stummschaltung, SD-Kartenleser, Komponentenschutz.

■ **Ausbaustufe 3:** *»Composition Colour«* wie 2 mit druckempfindlichem 5"-TFT-Farbdisplay mit 65.000 darstellbaren Farben, CD-Laufwerk für Audio-CDs.

■ **Ausbaustufe 4:** *»Composition Media«* wie 3 mit iPod-Unterstützung, Bluetooth Telefonmodul, Telefon Mute only/NF-in, Car-Menüs mit erweiterter Sprachauswahl, Annäherungssensorik, Steuergerät Informationselektronik im Handschuhfach. Acht statt sechs Tasten an der Frontseite.

■ **Ausbaustufe 5:** *»Discover Media«* wie 4 mit TMC-Dynamisierung, Separatem FM-/TMC-Tuner, SD-Datenbasis für Navigation mit 2. Kartenleser, 2D Extended Lane Guidance und 2D Detailkarte, 2,5D Birdview, Kompassfunktion, Zieleingabe in Karte, Multi Route Guidance, ADAS/PSD, TTS.

■ **Ausbaustufe 6:** *»Discover Pro«* wie 5 mit 8"-TFT-Farbdisplay, Kartenleser und CD/DVD im Handschuhfach.

1
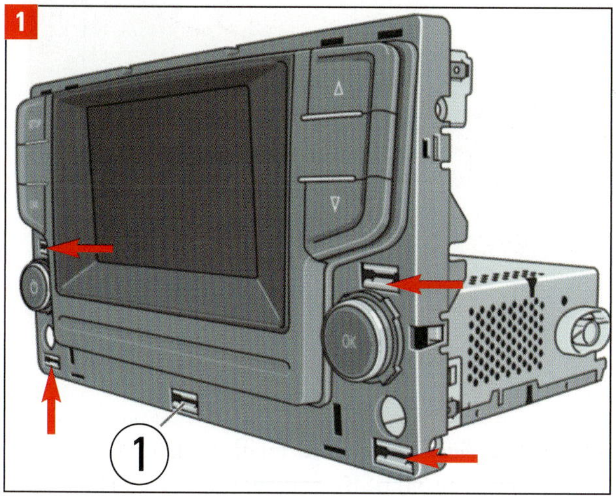

2
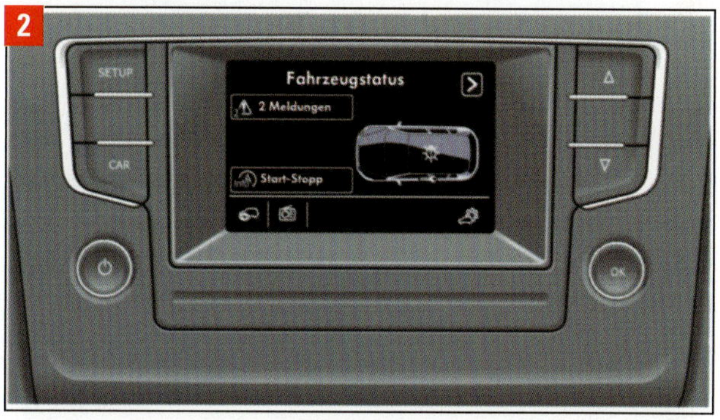

Bild 1 ohne, Bild 2 mit Designabdeckung: Monochromes 5"-TFT-Display, Uhr, Fahrzeugstatusanzeige, Spracheinstellungen und Beleuchtungsdimmung, Car-Menüs.
(1) und Pfeile: Verriegelungsclips.

Die Anschlüsse der MIB-Varianten

Bei den MIB-Einheiten der Ausbaustufen 4 bis 6 ist das Steuergerät für Informationselektronik J794 von Bedienung/Anzeige getrennt (Bild 3). Es ist im Handschuhfach verbaut und über den CAN-Datenbus MIB und eine LVDS-Leitung mit der Bedieneinheit in der Mittelkonsole (Bild 2) verbunden. An der Rückseite des J794 befinden sich die Buchsen für folgende Verbindungen:

- FM1/AM,
- FM2,
- DAB (optional),
- USB,
- Verbindung zum Display der Anzeigeeinheit für Steuergerät der Anzeige- und Bedienungseinheit Informationen vorn J685,
- Quadlock.

Wir führen im Folgenden die Details der Verbindungen auf:

- Beim Seriendisplay sind die Anschlussstecker zur Anbindung an die Fahrzeugelektronik befinden sich auf der Rückseite des Gehäuses. Sie sind nur nach Ausbau des Gerätes aus der Mittelkonsole zugänglich. Verbaut ist nur die verpolsichere Quadlock-Buchse (Bild 1).

- Auch beim Composition Touch, dem Gerät der Ausbaustufe 2, sind die Anschlussstecker zur Anbindung an die Fahrzeugelektronik auf der Rückseite des Gehäuses verbaut. Sie sind nur nach Ausbau des Gerätes aus der Mittelkonsole zugänglich. Verbaut sind die verpolsicheren Anschlussbuchsen Quadlock-Buchse, FM1/AM-Buchse und FM2-Buchse.

- Beim Composition Colour sind Einbauort und Verbindungsart ebenso wie beim Gerät der Ausbaustufe 2.

1
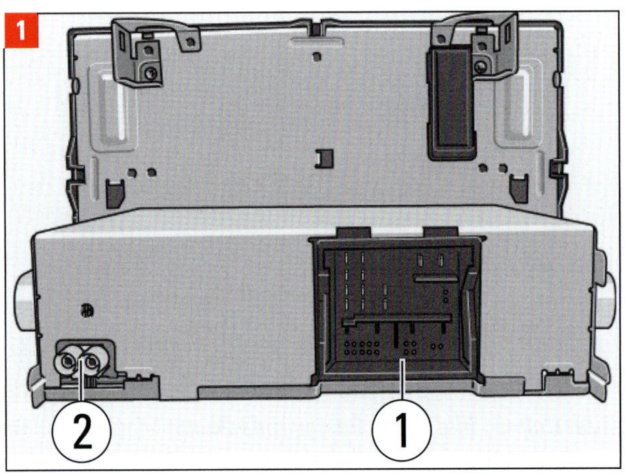

Anschlüsse Ausbaustufe 1-3: (1) Quadlock-Buchse (in Ausbaustufe 1 nur diese), (2) FM1/AM- und FM2-Buchse.

2
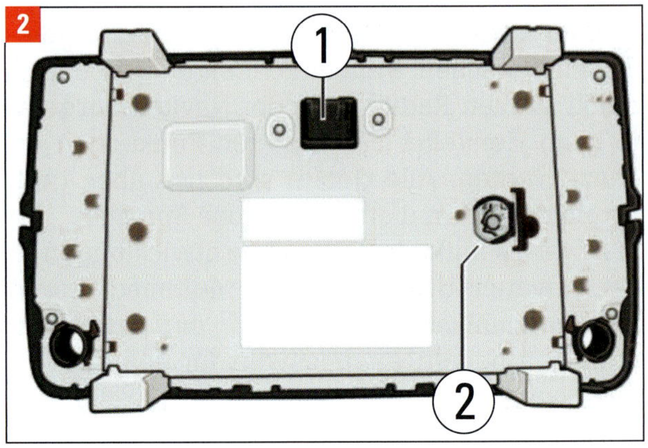

Bediengerät-Rückseite bei Stufen 4-6: (1) CAN-Datenbus, Stromversorgung, (2) Verbindung zum J794 (Steuergerät).

3
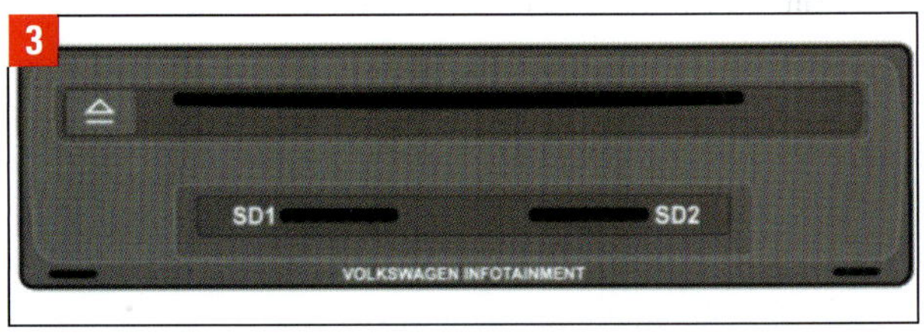

Steuergerät Ausbaustufen 4-6: Oben CD/DVD, unten links SD-Buchse 1 (in Stufe 4 nur diese), rechts SD-Buchse 2.

4
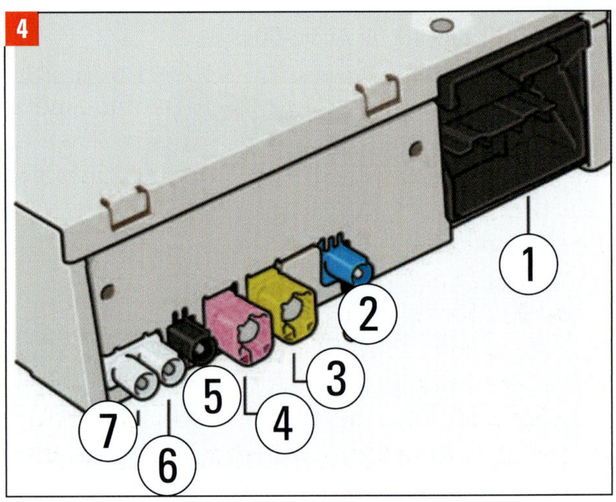

Anschlüsse Ausbaustufe 4-6: (1) Quadlock, (2) GPS, (3) Verbindung J685, (4) USB, (5) DAB, (6) FM2, (7) FM1/AM.

■ Bei der Gerätekonfiguration der Ausbaustufen 4 bis 6 sind Bedien- und Anzeigeeinheit sowie das Steuergerät J794, das die Elektronik zur Umsetzung der Gerätefunktionen enthält, in getrennten Gehäusen ausgeführt. Die extrem flache Bedien- und Anzeigeeinheit (Bild 2: Rückseite) ist in der Mittelkonsole verbaut, während sich das Steuergerät für Informationselektronik mit Kartenleser und Audio-/CD-Laufwerk im Handschuhfach befindet. Beide Komponenten sind über den CAN-Datenbus MIB und eine LVDS-Leitung (fakra-Buchse) miteinander verbunden (Bild 2).

Beim Composition Media sind am Steuergerät (Bild 3, ohne den zweiten SD-Kartenleser) folgende verpolsichere Anschlussbuchsen (Bild 4, ohne die GPS-Buchse) verbaut:

(1) Quadlock,

(3) Verbindung zum Display der Anzeigeeinheit für Steuergerät der Anzeige- und Bedienungseinheit Informationen vorn J685,

(4) USB,

(5) DAB,

(6) FM2,

(7) FM1/AM.

■ Beim Discover Media ist das Steuergerät für Informationselektronik vom in der Frontansicht durch den zweiten SD-Kartenleser erkennbar. Dieser wird benötigt, weil die Navigationsfunktion nur über die eingelegte SD-Karte mit der Navigationsdatenbasis möglich ist. Der SD-Kartenleser ist für die Navigationsfunktion frei wählbar. Der zweite SD-Kartenleser kann allerdings auch für die Audiowiedergabe verwendet werden.

Als elektrische Anschlüsse sind die Buchsen wie bei Composition Media verbaut, hinzu kommt aber die nach Bild 4 als (2) gekennzeichnete GPS-Anschlussbuchse.

■ Das Discover Pro verfügt gegenüber dem Discover Media (5,8"-Display) über ein größeres TFT-Farbdisplay von 8" Diagonale. Andere weitergehende Parameter sind die

- interne SSD-Karte mit einer Größe von 64GB. Auf ihr werden die Gerätesoftware, die Gracenote Datenbank und die Navigationsdaten gespeichert. Für den Benutzer frei verfügbar ist eine Speicherkapazität für Multimediadateien von ca. 11GB.
- Topographische 3D-Darstellung (echte Vogelperspektive) mit Gebäudedarstellung.
- Navigationsdaten auf internem Speicher und Sonderziele mit Bilddarstellung über SD-Karte abrufbar.
- CD/DVD-Laufwerk.

Die Anschlussbuchsen sind etwas anders als bei den Geräten der Ausbaustufen 4 und 5 angeordnet:

- (1), (3), (4), (6) und (7) folgen der Anordnung und Belegung nach Bild 4.
- Die Buchse (5) in Bild 4 (DAB) ist ganz oben am Gehäuse platziert.
- Die Buchse (2) in Bild 4 (GPS) ist unten ganz links am Gehäuse (neben 6/7) platziert.

Der MIB im Datenbus-System des Golf VII

Über das Diagnoseinterface für Datenbus J533 ist der MIB an das übrige CAN-Datenbusnetzwerk angebunden. So können für die Anzeige der unterschiedlichen Informationen und zum Ausführen der unterschiedlichen Funktionen beispielsweise Daten mit dem CAN-Datenbus Fahrwerk (Fahrprofilauswahl) oder dem CAN-Datenbus Extended ausgetauscht werden.

Innerhalb des CAN-Datenbus Infotainment ist der CAN-Datenbus MIB-CAN als Sub-Bus hinzugekommen, der in dieser Entwicklungsstufe ab Composition Media für die Kommunikation zwischen Bedien-/Anzeigeeinheit und Steuergerät für Informationselektronik vorgesehen ist.

Im vorstehenden Abschnitt war auch von LVDS-Verbindung die Rede. »LVDS« ist die Abkürzung für Low Voltage Differential Signaling. Bei diesem englischen Begriff handelt es sich um die Bezeichnung für einen Schnittstellen-Standard für Hochgeschwindigkeits-Datenübertragung. Er beschreibt die physikalische Aufbereitung der Daten für die Datenübertragung und ist kein reines Übertragungsprotokoll, wie z. B. das File Transfer Protokoll FTP.

Erwähnt werden muss schließlich noch das FBAS. Dies ist die Abkürzung von Farb-Bild-Austast-Synchronisations-Signal. Ist das Fahrzeug mit einer Rückfahrkamera ausgestattet, so wird diese mit einer FBAS-Leitung an das Infotainment angeschlossen.

High-End-Soundsystem »DYNAUDIO Excite«

Das Infotainmentsystem kann optional mit dem Soundpaket »DYNAUDIO Excite« ausgestattet werden. Bei diesem Soundpaket werden acht Lautsprecher und ein Doppelspulen-Basslautsprecher (Subwoofer) von einem 10-Kanal-Verstärker (400 W) versorgt.
Ein Novum bei diesem Soundsystem ist dabei der erstmals verbaute Subwoofer in der Reserveradmulde. Das Zweiwegesystem im Front- und Fondbereich, jeweils bestehend aus einem Hochtöner und einem Tief-Mitteltöner, liefert ein dynamisches und ausgewogenes Klangbild. Der fein abgestimmte 10,5-Liter-Subwoofer ergänzt die Klangwiedergabe mit einem druckvollen Bass.
Ein Highlight der DYNAUDIO-Soundanlage sind die Klangeinstellungen (»Soundsettings«). Je nach individuellem Wunsch kann der Höreindruck variiert werden. Dank der digitalen Signalverarbeitung konnte diese Neuheit von DYNAUDIO auch in dem für den Golf 2013 entwickelten Soundsystem umgesetzt werden. Fünf spezielle Klangeinstellungen, die verschiedene Klang-Charakteristiken festlegen, stehen dem Golf-Fahrer zur Verfügung:
Authentic, Soft, Dynamic, Speech und Individual.
Für die Lautsprecher werden Membranen aus Magnesium-Silikat-Polymer-Material (MSP) sowie extrem leichte Aluminium-Schwingspulen mit innen liegenden Magneten verwendet. Das erlaubt bei geringem Gewicht und Platzbedarf viel Kraft und Präzision.

1

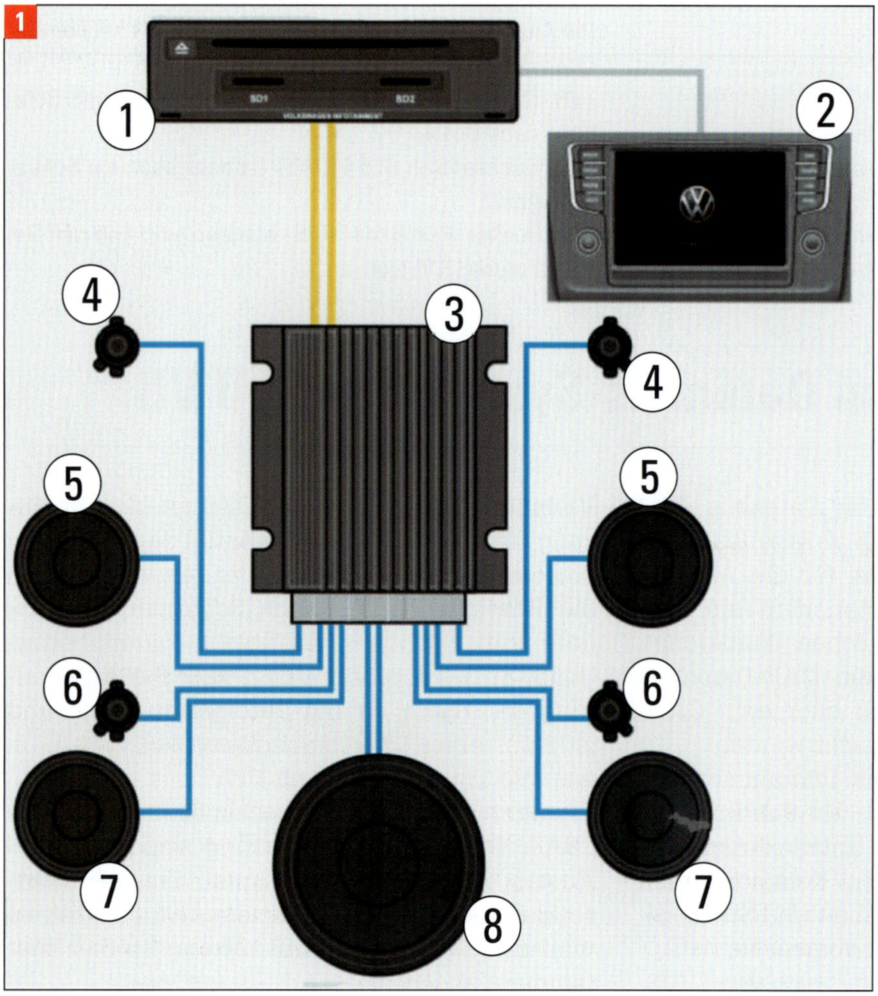

Lautsprechersystem:
(1) J794 Steuergerät für Informationselektronik 1,
(2) J685 Anzeigeeinheit für Steuergerät der Anzeige- und Bedieneinheit, Information vorn,
(3) J525 Steuergerät für digitales Soundpaket,
(4) R20/R22 Hochtonlautsprecher vorne links/rechts,
(5) R21/23 Tieftonlautsprecher vorne links/rechts,
(6) R14/R16 Hochtonlautsprecher hinten links/rechts,
(7) R15/R17 Tieftonlautsprecher hinten links/rechts,
(8) R211 Subwoofer.
Gelb = MOST-Lichtwellenleiter,
Blau = Ausgangsleitung Lautsprecher.

Schnittstellen für Mobiltelefon R265 und »Comfort«

Einrichtung: Neu für Mobiltelefone ist im Golf VII das Ablagefach (Koppelbox) in der Mittelkonsole mit verschiedenen Schnittstellen je nach dem Grad der Infotainment-Ausstattung. Die zwei wesentlichsten Varianten:

R265: Über das Ablagefach mit Schnittstelle für Handy R265 (Koppelbox; Bild 1) wird das Mobiltelefon drahtlos an die Antennenanlage des Golf angebunden. Der Empfang ist im gesamten Raum der Koppelbox möglich. Ein Halteband fixiert das Telefon. Die USB-Halterung R193 war bis Bauwoche 45/2013 nur Ladeschnittstelle. Ab Bauwoche 46/2013 (Bild 1) ist sie mit Ladesteckdose U37 auch für Datenübertragung per Verteiler R293 nutzbar. Er verbindet Ladesteckdose und Anschluss für externe Audioquellen R199 mit dem Steuergerät 1 für Informationselektronik J794.

Premium: Bei Ausstattung mit dem Infotainmentsystem »Discover Pro« verfügbar. Die wesentlichen Merkmale:
- ein zusätzlicher SIM-Kartenslot im Steuergerät,
- ein spezielles Telefonmodul im Steuergerät und
- Möglichkeit für fahrzeuginternen WLAN-Hotspot.

Durch Telefonmodul und SIM-Kartenslot kann ein Festeinbautelefon realisiert werden. Eine gesteckte SIM-Karte hat Priorität vor der drahtlosen Bluetooth-Kopplung. Ist die SIM-Karte nicht in den SIM-Kartenslot gesteckt, kann ein Mobiltelefon auch über Bluetooth-Profile mit dem Steuergerät J794 gekoppelt werden.

Verstärker für Mobilfunk

Die GSM- bzw. UMTS-Antenne des Mobiltelefons wird über die Koppelbox zusätzlich mit einem HF-Verstärker verbunden, um die Sende- und Empfangsbedingungen für die Telefonfunktion weiter zu steigern. Der 2-Wege-Signalverstärker für Mobilfunk (J984) ist im Bereich der rechten Kofferraumverkleidung verbaut und elektrisch zwischen Koppelbox und Dachantenne RX5 geschaltet.

Fahrzeuginternes WLAN

Bislang war die drahtlose Anbindung von multimedialen Geräten oder Telefonen nur über die Bluetooth-Schnittstelle des Infotainments möglich. Mit Hilfe des neuen fahrzeuginternen WLAN-Hotspots können nun z. B. auch Tablet-PCs oder Laptops (maximal 8 Geräte) mittels der Mobiltelefon-Schnittstelle »Premium« eine Verbindung zum Internet aufbauen. Dabei wird die im Telefonmodul integrierte UMTS-Schnittstelle verwendet.
Der Datentransfer erfolgt über die GSM-Antenne R205 wahlweise über ein Bluetooth gekoppeltes, rSAP-fähiges Mobiltelefon oder eine internetfähige SIM-Karte, welche in den SIM-Kartenslot vom Steuergerät eingesteckt ist.

1

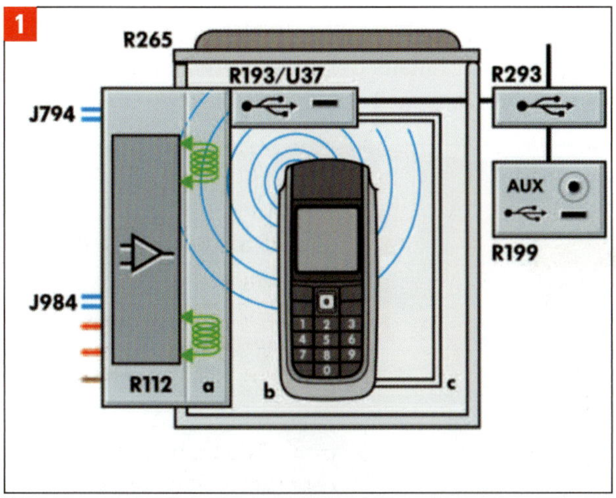

System R265 ab November 2013: J794 Steuergerät, J984 Signalverstärker für Mobilfunk, R112 Antennenverstärker, R193 Halter USB-Anschluss, R199 Audioanschluss extern, R293 USB-Verteiler, R265 Ablagefach mit Schnittstelle für Handy, U37 USB-Ladesteckdose, a Adapterplatte mit Koppelantennen, b Mobiltelefon, c Daten-/Ladekabel.

2

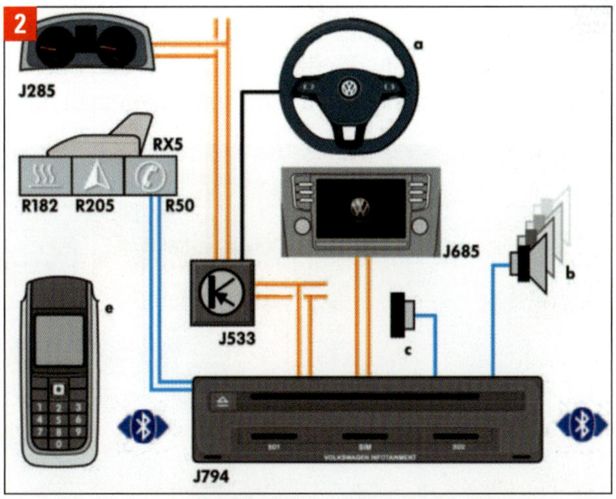

System Premium: J285 Steuergerät (Schalttafel), J533 Diagnose-Interface für Datenbus, J685 Anzeigeeinheit, J794 Steuergerät (Box), R50, R182, R205 und RX5 sind Antennen. a = Multifunktionslenkrad, b = Lautsprecher, c = Mikrofon, d = weitere Bluetooth-Geräte, e = Bluetooth-Mobiltelefon. Orange = CAN-Datenbus, blau = Aktuatorleitung.

Fahrzeugelektrik: Licht, Wischer, Instrumente

Elektrik im Auto leistet inzwischen entschieden mehr als Motor starten, Licht erzeugen und Scheibenwischer betreiben. Im Fahrzeugbetrieb kann es daher zu Ausfällen, Fehlern und Schäden kommen, die über den Defekt einer Schlusslichtlampe weit hinaus gehen. Mit etwas Kenntnis und geeignetem Werkzeug kann man dennoch einige Probleme selbst beheben.

Das Bordnetz

Ihr Golf oder Variant ist vom Start an auf elektrischen Strom angewiesen. Motorsteuerung und Kraftstoffeinspritzung müssen mit Elektroenergie versorgt werden. Alle für Fahrbetrieb, Sicherheit und Bequemlichkeit eingebauten Systeme samt der Lichtanlage sind ohne sie arbeitsunfähig.

CAN-Datenbus-Systeme

Neben klassische Aufgaben wie Motormanagement oder Fahrwerksregelung treten zunehmend weitere Funktionen wie Fahrerassistenzsysteme und Informationsverarbeitung. Die Netzwerke für die Kommunikation der verschiedenen elektronischen Komponenten des Fahrzeugs werden immer komplexer.
Dazu werden die CAN-Bussysteme und der LIN-Datenbus genutzt. Das dezentrale Bordnetz des Golf mit verteilten Steuergeräten, Relaisplätzen, Sicherungsboxen, Kabeln und Kupplungsstationen ermöglicht auf der Basis des CAN-Datenbus' eine schnelle und genaue Fehlerdiagnose. Bus-Systeme können über eine Gruppe von Leitungen viele Informationen parallel übertragen. »CAN« bedeutet dabei »Controller Area Network«, eine Struktur aus mehreren Bussystemen. Im neuen Golf gibt es je einen CAN-Datenbus für Antrieb, Fahrwerk, Komfort, Infotainment, Diagnose und Erweiterungen sowie zwei separate LIN-Datenbusse am Diagnoseinterface. Dieses ist der LIN-Master für das Energiemanagement, den Generator und das Steuergerät für Multifunktionslenkrad J453.

Batterie

Startenergie bereitzustellen, ist die wichtigste Aufgabe der Batterie links im Golf-Motorraum (Bild 1). Defekte Verbraucher, Selbstentladung (lange Standzeiten) oder Tiefentladung (nicht ausgeschaltete starke Stromverbraucher) können Ausfälle verursachen. Fehler zu finden, ist eine knifflige Sache. Eine ausgebaute Batterie oder den Akku in einem vorübergehend stillgelegten Fahrzeug aufzuladen, ist hingegen zu schaffen. Das sollten Sie einmal im Monat tun.

Generator

Der Drehstrom-Synchrongenerator (»Lichtmaschine«), vom Motor mit angetrieben (Bild 2), versorgt schon bei Motorleerlauf alle elektrischen Aggregate mit Strom und lädt ständig

1

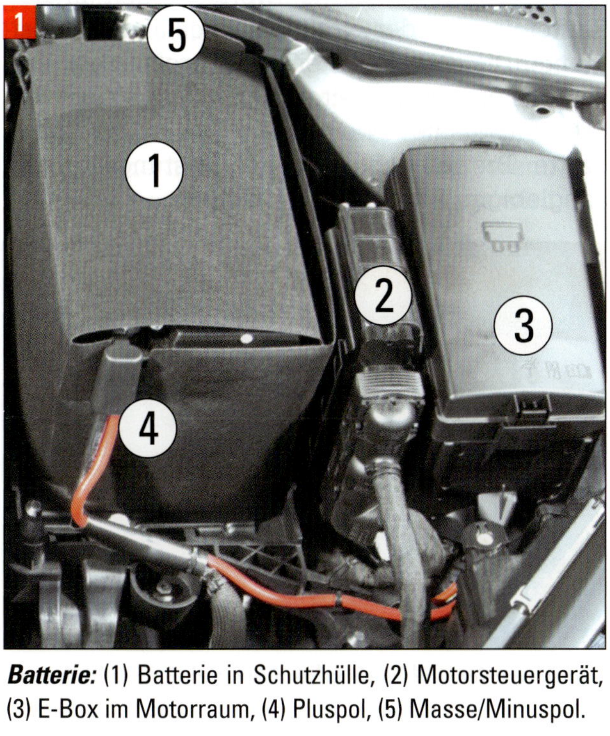

Batterie: (1) Batterie in Schutzhülle, (2) Motorsteuergerät, (3) E-Box im Motorraum, (4) Pluspol, (5) Masse/Minuspol.

2

Zuverlässige Lichtmaschine: Kraftvoller Generator in einer Modellversion des neuen Golf. Pfeil: Reglerkappe.

Batterie: Sichtprüfung und richtige Behandlung

■ **Sichtprüfung:** Zündung ausschalten, Zündschlüssel abziehen, Motorhaube öffnen. Die flexible Abdeckung (Wärmeschutzmanschette) der Batterie Mitte links im Motorraum aufklappen. Auf Schäden am Gehäuse untersuchen. Wenn Säure ausgelaufen ist: Betroffene Stellen mit Säurewandler oder Seifenlauge reinigen. Undichte Batterien auswechseln!

■ Sind die Batteriepole beschädigt? Dann könnte der nötige Kontakt der Klemmen nicht mehr gewährleistet sein. Oxidkristalle an Batterieklemmen mit warmem Sodawasser abwaschen oder mit Säurewandler Neutralon behandeln.

■ Die Batteriepolklemmen (Bild 1) müssen korrekt aufgesteckt und festgezogen sein, weil es sonst zu Leitungsbränden und Funktionsstörungen der elektrischen Anlage kommen kann. Polklemmen gewaltfrei nur von Hand aufstecken, um das Gehäuse nicht zu beschädigen. Beim Befestigen der Polklemme darauf achten, dass diese vollständig auf dem Batteriepol aufliegt. Die Mutter (3) muss mit 6 Nm festgeschraubt werden.

■ Die Batterie muss fest in ihrer Halterung (Bild 2) sitzen. Schraube (Pfeil) am Befestigungsbügel mit 15 Nm anziehen. Lockerer Sitz verkürzt durch Erschütterungen die Batterielebensdauer, kann zu Schäden an den Batterieplatten führen und stellt eine Gefährdung durch Explosions-Möglichkeit dar.

■ **Batterie richtig behandeln:** Um lange Gebrauchstüchtigkeit zu gewährleisten, muss die Batterie sachgemäß geprüft, gewartet und gepflegt werden. Hinweise (Piktogramme) auf der Batterieoberseite und in der Betriebsanleitung beachten!

■ Richtige Reihenfolge beim Ab- und Anklemmen: Zuerst Minuspol, dann Pluspol abklemmen. Beim Anklemmen erst Pluspolklemme, dann Minuspolklemme (Masseband) auf den Minuspol stecken. Verpolung und Kurzschlüsse vermeiden!

■ Wenn die Batterie längere Zeit im abgestellten Fahrzeug verbleibt, sollte der Minuspol abgeklemmt werden.

■ Für die neue Batteriegeneration weist Volkswagen an: »Keine Etiketten entfernen und kein destilliertes Wasser auffüllen. Nur Sichtprüfungen vornehmen!«

■ Nach Wiederanklemmen der Batterie Grundprogrammierung mit dem Werkstattsystem (VAS 5052) vornehmen. Einige Funktionen »lernt« das Elektrik-System auch wieder selbst.

Anmerkung: Mit »AGM« gekennzeichnete Blei-Säure-Akkus sind Vliesbatterien, wartungsfrei mit festem Elektrolyt. Dieser ist in einem Mikroglasvlies (»Absorbent Glas Material – AGM«) festgelegt. Die Batterie ist verschlossen und hat Ventile. Vliesbatterien nur durch Vliesbatterien ersetzen!

Batterie-Pol: (1) Polschuh / Klemme, (2) Batterie-Pol (hier minus), (3) Mutter 6 Nm.

Batterie-Befestigung: (1) Akkuvorderseite (Pluspol) mit Wärmeschutz. Pfeil: Schraube rechts unten am Haltebügel.

Batterie: Säurestand, Ladezustand, magisches Auge

■ **Magisches Auge:** Die Batterien (außer AGM-Akkus) sind mit »Magischem Auge« ausgestattet. Es erlaubt die Prüfung von Säurestand und Ladezustand. Klopfen Sie mit einem Gegenstand leicht auf das runde Glasfenster: Luftblasen lösen sich auf, die Farbanzeige wird genauer.

■ Mehrere Farbanzeigen sind möglich, eine ist entscheidend: farblos oder gelb = Kritischer Säurestand, die Batterie muss erneuert werden. (Siehe dazu später ausführlich!)

■ **Säureheber (Araeometer):** Wirkt die Batterie trotz richtigem Säurestand kraftlos, wird die Säuredichte in der Batteriezelle per Säureheber (Bild 1) geprüft. Dies entfällt bei wartungsfreien Vlies-Batterien im schwarzen Gehäuse mit dem Aufdruck »AGM« (früher auch: »VRLA«).

■ Das Araeometer ist ein Messgerät zur Bestimmung der Dichte von Flüssigkeiten. Die übliche Ausführung zum Testen von Batteriesäure besteht aus einer Glaspipette (1), über deren Spitze (3) Säure »gehoben« wird, in der dann das eigentliche Araeometer mit der Skala (2 und Detailbild) im oberen Bereich aufschwimmt. Das auch als Senkwaage bezeichnete Gerät wird eingesetzt, um indirekt über die Säuredichte den Ladezustand offener Bleiakkus zu überprüfen. Das Prinzip: Zelle geladen = viel Säure, schwer; Zelle leer = wenig Säure, leicht.

■ Zum Messen Batteriezellen-Stopfen herausdrehen (falls es keine Batterie ist, für die VW das Öffnen untersagt!). Pipettenkopf zusammendrücken, Pipettenspitze in die Batteriezelle einführen, Pipettenkopf freigeben und Säure einströmen lassen. An der Skala den Ladezustand ermitteln. Beispiel Bild 1: Laden ist erforderlich (»recharge«, Pfeil).

■ **Batterietester:** Eine grobe Einschätzung des Ladezustands ist mit preisgünstigen Testern aus dem Zubehörhan-

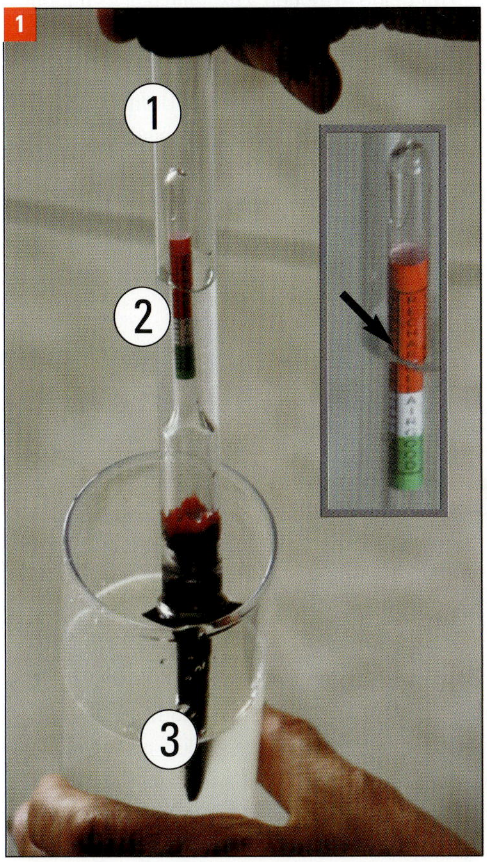

Säureheber: (1) Heber (Araeometer), (2) Araeometerskala, (3) Spitze in der Säure.

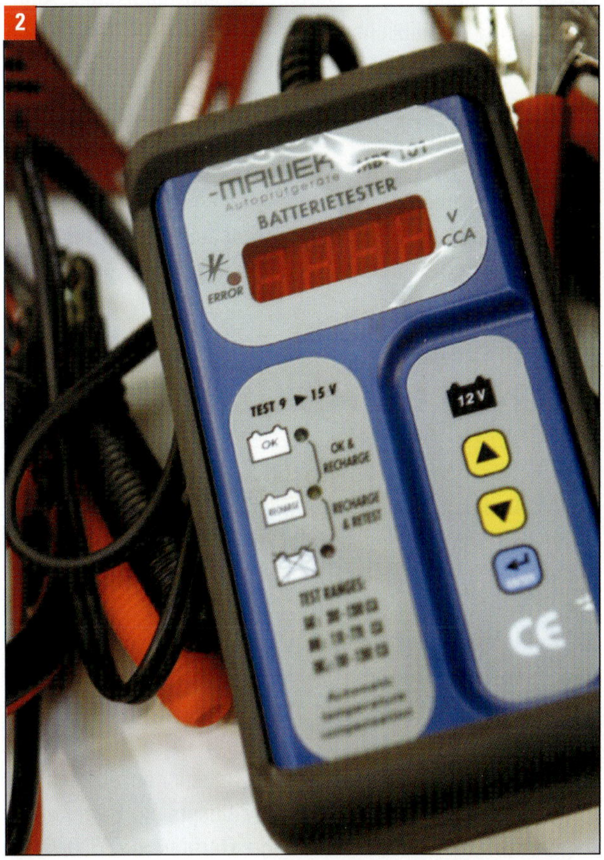

Batterie-Tester: Enthält Messtechnik und nicht lediglich Leuchtdioden. Individuell einzustellen, digitale Anzeige.

del möglich. Solche Geräte verfügen über einen Anschlussstecker, der in die Buchse für den Zigarrenanzünder oder die 12 V-Steckdose passt. Elektrik einschalten, aber nicht den Motor, Licht für eine Minute ein- und dann wieder ausschalten. Leuchten LED in den grünen Sektoren, dann sollte der Ladezustand i. O. sein.

■ Eine präzise Bestimmung des Ladezustandes ist mit einem Tester wie in Bild 2 möglich (Fachmesse von »Reed Exhibitions« in Salzburg). Solche Geräte enthalten Messtechnik, sind mit Klemmen anzuschließen und individuell einzustellen und zeigen das Messergebnis digital an. VW-Werkstätten verwenden Tester mit Drucker VAS 5097 A oder 6161.

■ **Säurestand-Prüfung an Markierungen:** Den Säurestand von Batterien mit Verschlussstopfen können Sie von außen prüfen, wenn MIN- und MAX-Markierungen am Gehäuse vorhanden sind. Die Säure muss über die MIN-Markierung reichen (Oberkanten der Platten gut bedeckt), darf aber auch nicht über der MAX-Marke liegen.

■ **Magisches Auge richtig nutzen:** Laut VW muss zwischen Batterien unterschieden werden, die ein magisches Auge mit den bis3/2008 üblichen drei oder mit seit 4/2008 nur noch zwei Farbanzeigen haben. Zukünftig gebe es nur noch die Farben »schwarz« und »farblos oder hellgelb« zur Information über den Säurestand.

■ Alle magischen Augen informieren über den Säurestand, das dreifarbige auch über den Ladezustand der Batterie. Das magische Auge kann sich an unterschiedlichen Positionen befinden, aber stets nur an einer Batteriezelle. Seine Anzeige ist genau genommen nur für diese Zelle gültig. Exakte Beurteilung der gesamten Batterie erfordert Belastungsprüfung.

■ Wenn eine Batterie nachgeladen wurde, also auch bei Aufladung während des Fahrbetriebs, können sich Luftblasen unter dem magischen Auge bilden, welche die Farbanzeige verfälschen. Daher leicht auf die Anzeige klopfen!

■ Batterien mit Index »1J0« , »7N0« und »3B0« in der Erstausrüstung und alle Ersatzteilbatterien 191 915 105 AB ab Index »000 915 105 AX« haben ein magisches Auge mit **drei Farbanzeigen.** Diese bedeuten:

- »grün« – Batterie ausreichend geladen;
- »schwarz« – Batterie teilentladen, Ladezustand < 65 % oder entladen;
- »farblos/hellgelb« – Batterie muss ersetzt werden.

■ Bei Batterien ab Index »5K0« in der Erstausrüstung und für Ersatzteilbatterien 191 915 105 AC ab dem Index »000 915 105 DX« entfällt die Farbanzeige »grün« für die Ladezustandsanzeige. Ihre Einführung erfolgt gleitend, es gibt einen Übergangszeitraum für beide Anzeigen. Zukünftig gibt es nur noch die Farben »schwarz« und »farblos oder hellgelb«. Die **zwei Farbanzeigen** bedeuten:

- »Schwarz« – Säurestand in Ordnung;
- »farblos/hellgelb« – Säurestand zu niedrig, Batterie muss ersetzt werden.

Achtung! Batterien, deren magisches Auge »farblos oder hellgelb« anzeigt, dürfen nicht geprüft, nicht geladen und nicht zur Starthilfe verwendet werden! Explosionsgefahr!

Batterie: Abklemmen, aus-/einbauen, laden, prüfen

■ **Abklemmen:** Zündung aus, Zündschlüssel abziehen, Motorhaube öffnen, Schutzabdeckung aufklappen. Mutter lösen, Polschuh der Masseleitung (Bild 1, S. 172) abziehen.

■ **Anklemmen** umgekehrt. Funktionen laut Fahrzeug-Bedienungsanleitung aktivieren. Fehlerspeicher sämtlicher Steuergeräte abfragen (Werkstattarbeit).

■ **Batterie ausbauen:** Um Speicherfunktionen aufrecht zu erhalten, vor dem Abklemmen am Minuspol ein Batterie-Ladegerät für Stützbetrieb (bei VW die Gerätereihe 5900, 5903, 5906) anschließen. Dann Polschuh der Masseleitung abnehmen. Mutter am Pluspol lösen, Polschuh der Plusleitung abnehmen. Schraube am Befestigungsbügel (Bild 2, S. 172) abschrauben. Bügel abnehmen, Batterie in Fahrtrichtung aus dem Batterieträger herausziehen und nach oben aus dem Motorraum herausheben.

■ **Einbau:** Batterie so in den Batterieträger einsetzen, dass die Batteriefußleiste am Anschlag hinten und seitlich anliegt. Die Batterie darf sich nach hinten und seitlich nicht mehr verschieben lassen. Befestigungsbügel ansetzen. Die Nase am Befestigungsbügel muss in die Aussparung an der Batteriefußleiste eingreifen. Schraube für Befestigungsbügel mit 15 Nm festziehen und Batterie auf festen Sitz prüfen. Zuerst Plus-, dann Minusleitung anklemmen!

■ **Laden:** Die Batterie kann ausgebaut werden, sie muss es aber nicht. VW rät vielmehr dazu, die Batterie in eingebautem und angeschlossenem Zustand zu laden. So wird auch der Ladestrom in die Kapazitätsrechnung des – falls vorhanden – Steuergerätes für Batterieüberwachung mit Batteriesensor »J367« einbezogen. Zündung und Verbraucher abschalten.
■ Geladen werden kann mit handelsüblichen Geräten (Beispiel Bild 1). Mit dem Allround-Ladegerät VAS 5095 A für alle im Volkswagenkonzern verbauten 12 V-Akkus erfolgt Laden ohne Strom- und Spannungsspitzen, schont Bordelektronik.

■ Rote Ladeklemme (1 in Bild 1) am Pluspol (Pfeil in Bild 2), Schwarze Ladeklemme (2 in Bild 1) an Karosseriemasse (Pfeil in Bild 3) anschließen. Bei direktem Anschluss an den Minuspol der Batterie kommt es zu Fehlfunktionen der Start/Stopp-Anlage! Ladegerät ans Netz, Ladestrom einstellen, Ladegerät einschalten. Motorhaube geöffnet lassen!

■ Batterie-Mindesttemperatur 10 °C. Schnellladen nur im Ausnahmefall (z. B. bei Starthilfe)!. Räume, in denen Batterien geladen werden, dürfen wegen des sich bildenden Gases nicht mit offenem Licht oder rauchend betreten werden. Funken beim An- oder Abklemmen könnten das Gas ebenfalls zur Explosion bringen. Stellen Sie auf jeden Fall Durchlüftung sicher!

Bild 1 Ladegerät: Rote Klemme Plus, schwarze Minus.
Bild 2 Batterie: Weißer Pfeil: Magisches Auge, Roter Pfeil: Anschlusspunkt Minus (Massepunkt).

Anmerkung: Auf den Sonderfall von Fahrzeugen mit Hochvoltsystem gehen wir hier nicht ein.

■ **Belastungsprüfung:** Nach dem Laden erfolgt die Belastungsprüfung. Der »Praxistipp« zeigt Ihnen den Zusammenhang von Akku-Kapazität, Strom und Spannung:

PRAXISTIPP

Belastungsprüfung der Batterie

Eine Belastungsprüfung gibt Aufschluss über den Zustand der Batterie. Erforderlich ist dazu ein Batterieprüfgerät wie der VW-Tester 5097 A. Batterie-Temperatur mindestens 10 °C. Batterien mit farblosem oder hellgelbem magischem Auge nicht prüfen, Explosionsgefahr! Diese Batterien ersetzen. Zündung und Verbraucher ausschalten.

■ Den Kälteprüfstrom nach den Angaben auf der Batterie in Ampere (A) nach DIN feststellen oder anhand von Tabellen zum Kälteprüfstrom den Einstellbereich des Batterietesters ermitteln.

■ Kälteprüfstrom mit Wahlschalter, Messbereich (80 - 379 A bzw. 380 - 499 A) mit EIN/AUS-Funktionsschalter einstellen. Batterien mit einem Kälteprüfstrom über 499 A nach DIN (520, 580 oder 600 A) mit der Einstellung 499 A nach DIN prüfen. Rote Klemme »+« des Prüfgeräts an den Pluspol, schwarze Klemme »-« an den Minuspol der Batterie anschließen:

Batterie-kapazität	Kälteprüf-strom	Belastungs-strom	Mindest-spannung
36 Ah	175 A	100 A	10,4 V
40 - 49 Ah	220 A	200 A	9,2 V
50 - 60 Ah	265 - 280 A	200 A	9,4 V
61 - 80 Ah	300 - 380 A	300 A	9,0 V
81 - 110 Ah	380 - 500 A	300 A	9,5 V

■ Bei einwandfreier Batterie sinkt die Spannung auf den Mindestwert, bei defekter oder schwach geladener Batterie sehr schnell unter den Mindestwert. Nach dem Test steigt die Spannung langsam wieder an. Falls die Batterie nachgeladen werden muss, danach erneut Belastungsprüfung. Wenn immer noch Nachladen nötig ist: Batterie auswechseln.

■ **Vorsicht bei tiefentladenen Batterien!** Bei ihnen ist die Ruhespannung (bei voller Batterie: 12,6 V) unter 11,6 V abgesunken, ihre Batteriesäure besteht fast nur noch aus Wasser, der Schwefelsäureanteil ist stark reduziert.

■ Bei Tiefentladung sulfatieren Batterien, die gesamten Plattenoberflächen verhärten. Werden solche Batterien unmittelbar nach der Tiefentladung wieder geladen, bildet sich die Sulfatierung zurück. Werden tiefentladene Batterien nicht nachgeladen, verhärten die Platten weiter. Die Fähigkeit zur Ladungsaufnahme wird eingeschränkt, die Batterieleistung sinkt ab.

■ Die Ladedauer bestimmt sich nach den Angaben für das jeweilige Ladegerät. Beim VAS 5095 A und ähnlichen elektronischen »Battery Chargern«, welche die Tiefentladung automatisch erkennen, beträgt die Ladezeit 24 Stunden. LED-Anzeige rot während des Ladens, grün bei Ende des Ladens. VW arbeitet inzwischen mit den modernen Ladegräten VAS 5903 oder 5906. Sie zeigen zuverlässig den Ladezustand an.

Generator und Anlasser aus-/einbauen

■ **Ausbau Generator:** Der Generator wird bei allen Motoren ähnlich ausgebaut. Beim 2.0 TSI müssen zusätzlich Lüfterzarge und Luftführungsschlauch ausgebaut werden. Masseleitung der Batterie bei ausgeschalteter Zündung abklemmen.

■ Der Generator sitzt mit anderen Nebenaggregaten auf einem Halter am Motor. Er wird über seine Riemenscheibe per Keilrippenriemen vom Motor angetrieben. Den Riemen und die Spannvorrichtung ausbauen. Die Steckverbindung am Klimakompressor trennen, Kompressor abschrauben und bei angeschlossenen Schläuchen (nicht knicken!) mit Draht oder Kabelbinder am Schlossträger aufhängen.

■ Laufrichtung des Keilrippenriemens markieren, da der Riemen ausgebaut und wieder in ursprünglicher Richtung eingebaut werden muss (Kapitel »Antrieb«).

■ Beide Befestigungsschrauben des Generators herausdrehen und Generator mit Leitungen aus dem Halter nehmen.

■ Steckverbindung am Generator trennen und die Klemme 30/B+ an der Generatorrückseite abschrauben. Generator nach unten rechts, beim 2.0 TSI unten Mitte herausnehmen.

■ **Einbau:** Markierte Laufrichtung und das (vom Motor abhängige; siehe »Antrieb«) Laufbild des Keilrippenriemens beachten. Riemen muss korrekt auf den Scheiben liegen.

■ **Ausbau Anlasser TSI und TDI mit Schaltgetriebe:** Benötigt werden Drehmomentschlüssel (V..A.G 1331 und 1332) sowie eine Zange für Federbandschellen (VAS 5024). Batterie abklemmen, Motorabdeckung nach oben abziehen.

■ Steckverbindung am Unterdruckschlauch entriegeln und trennen. Federbandschelle am Schlauch mit Zange (VAS 5024) lösen und den Unterdruckschlauch abziehen.

■ Befestigungsschraube des Luftfiltergehäuses herausschrauben. Die Rastnasen entriegeln und die Abdeckung abnehmen. Den Schlauch vom Luftfiltergehäuse abziehen und herausnehmen. Luftfiltergehäuse nach oben aus den Gummilagerungen ziehen und aus dem Fahrzeug herausnehmen.

■ Schutzkappe vom Magnetschalter schieben. Plusleitung abschrauben, Steckverbindung Klemme 50 trennen.

■ Befestigungsmutter abschrauben und Masseleitung von oberer Befestigungsschraube des Anlassers abnehmen. Obere Befestigungsschraube herausschrauben.

■ Geräuschdämpfung ausbauen (Fahrzeugaufbau/Karosserie) und die Mutter von der unteren Befestigungsschraube des Anlassers abschrauben.

■ Den Leitungshalter abnehmen. Untere Befestigungsschraube des Anlassers herausschrauben und Anlasser nach unten aus dem Fahrzeug herausnehmen.

■ **Einbau** sinngemäß in umgekehrter Reihenfolge. Die M8-Schraubverbindungen B+-Leitung mit 15 Nm, M12-Befestigungsschrauben Anlasser mit 75 Nm, M8-Befestigungsmuttern Leitungshalter mit 23 Nm und Befestigungsschraube Luftfiltergehäuse mit 10 Nm festziehen.

■ **Ausbau Anlasser bei Doppelkupplungsgetriebe DSG:** Wie vorher beschrieben. Bei Fahrzeugen mit Start-Stopp-Anlage muss aber beim Ersatz des Anlassers auf die korrekten Ersatzteilbezeichnungen geachtet werden. Die hierfür angepassten Bauteile sind nicht extra gekennzeichnet und unterscheiden sich äußerlich kaum von herkömmlichen Bauteilen.

Spannungsregler ausbauen, Kohlebürsten prüfen

■ Der Spannungsregler mit den beiden Kontakt-Schleifkohlen (Kohlebürsten) ist unter einer aufgeclipsten Abschirmkappe rückseitig an den Generator geschraubt (siehe Bild 2 Seite 169).

■ Die Abdeckkappe an der Generatorrückseite sieht bei den im Golf verwendeten Spannungsregler-Typen Bosch und Valeo unterschiedlich aus. Bild 1 zeigt am Valeo-Beispiel das für beide Bauarten zutreffende Prinzip einer solchen Kappe. Das Bild stellt den Drehstromgenerator »C« dar.

■ **Ausbau:** Generator ausbauen wie zuvor beschrieben. Klemmt der Drehstromgenerator Typ »C« (alle Motorisierungen außer 2.0 TSI) in seinem Halter, Schrauben wieder bis auf zwei Umdrehungen eindrehen. Vorsichtig mit der flachen Hammerseite auf die Schraubenköpfe schlagen. Dadurch lösen sich die Schiebebuchsen der Generatorbefestigung. Dann die B+-Leitung mit der 15 Nm-Mutter abschrauben.

■ ***Bosch:*** Abschirmkappe mit Winkelschraubendreher für Schlitzschrauben an den Verrastungen vorsichtig abhebeln. Dann die vier 2-Nm-Schrauben herausschrauben und den Regler »C1« abnehmen.

■ ***Valeo:*** Die Abdeckkappe vom Generator »C« abhebeln. Dann die drei 4-Nm-Schrauben (1) herausschrauben und Regler »C1« (2) abnehmen.

■ **Prüfen des Spannungsreglers:** Bei etwaiger Fehlfunktion des Generators, bei Aussetzern usw. müssen die Schleifkohlen (Kohlebürsten) des Spannungsreglers überprüft werden. Sie dürfen eine minimale Länge »a« nicht unterschreiten.

■ Dieses Verschleißmaß »a« (Bild 2) beträgt 5 mm bei 1 mm Toleranz zwischen beiden Kohlebürsten. Bei neuen Spannungsreglern sind die Bürsten 12 bis 15 mm lang. Im Bedarfsfall die Kohlen erneuern oder den Regler austauschen.

■ **Einbau:** Sinngemäß umgekehrt. Die Kohlebürsten müssen korrekt auf den Schleifbahnen liegen. Abschirmkappe der Bürsten herunter drücken, bis sie bündig mit dem Spannungsreglergehäuse ist. Zum leichteren Ansetzen des Drehstromgenerators »C« die Schiebebuchsen der Befestigung etwas zurücktreiben. Schwergängige Schiebebuchsen müssen gängig gemacht werden, da sonst ihre Klemmkraft trotz richtigem Drehmoment (15 Nm) zu gering ist.

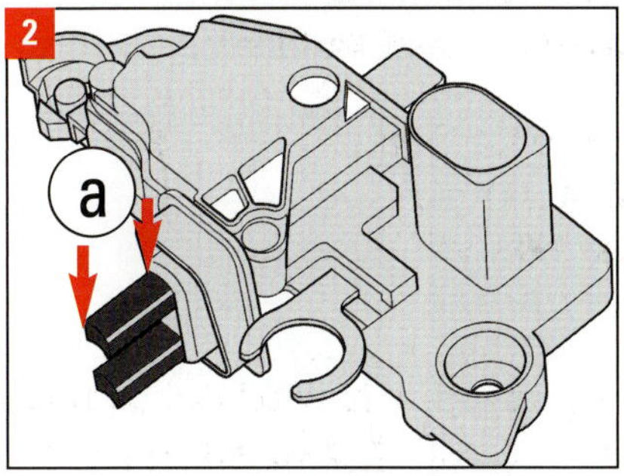

1 Generatorrückseite: (1) Schutzkapsel über dem Regler.
2 Kohlebürsten: Neu 12 mm, Verschleißgrenze a = 5 mm.
3 Spannungsregler: (1) Schrauben, (2) Regler Typ Valeo.

Scheinwerfer aus-/einbauen, Lampen wechseln

Im neuen Golf/Variant sind in Abhängigkeit von der Ausstattungsvariante sechs Scheinwerfer-Ausführungen möglich:

- Halogendoppelscheinwerfer,
- Gasentladungsscheinwerfer,
- Gasentladungsscheinwerfer für Kurvenlicht und LED-Tagfahrlicht,
- Gasentladungsscheinwerfer mit dynamischer Fernlichtregulierung und LED-Tagfahrlicht,
- Gasentladungsscheinwerfer mit dynamischer Fernlichtregulierung und LED-Tagfahrlicht R,
- LED-Scheinwerfer

Aus- und Einbau aller Scheinwerfer sind gleich. Die Scheinwerfer müssen zum Lampenwechsel allerdings nur im Falle von Gasentladungslampen (Bi-Xenonlicht) zwingend ausgebaut werden. Bei Halogenscheinwerfern kann der Lampenwechsel im eingebauten Zustand erfolgen. Wir erläutern hier das Prinzip dieses Scheinwerferausbaus, wobei angemerkt werden muss, dass der Einbau immer das Einstellen erfordert.

■ **Scheinwerfer ausbauen:** Beim Ausbau muss darauf geachtet werden, dass sich der Stoßfänger weder verformt noch einreißt. Beim Entnehmen des Scheinwerfers können die Oberflächen zerkratzt werden, deshalb die gefährdeten Bereiche abkleben.Kühlergrill ausbauen; dabei keine Bauteile beschädigen. Stoßfänger vorsichtig abziehen.

■ Die vier Schrauben an der Radhausschale vorn und, wenn vorhanden, die beiden Schrauben oben zur Mitte hin am Schlossträger herausdrehen.

■ Stoßfänger am Kotflügel lösen und abziehen. Scheinwerfer im oberen Bereich zu den Fahrzeugseiten hin, die Unterseite der Kotflügelspitze und den Rand des Stoßfängers unter dem Scheinwerfer abkleben.

■ Die Schrauben (3), (5) und (6) herausdrehen und die Schraube (4) lösen (Bild 1).

■ Elektrische Steckverbindung trennen und den Scheinwerfer (1, Bild 1) nach vorn herausziehen.

■ **Einbau:** In umgekehrter Reihenfolge. Scheinwerfer in das Führungsprofil des Stoßfängers hineinschieben.

■ Gleichmäßigen Fugenverlauf des Scheinwerfers einstellen: Dazu Stoßfänger aufschieben und darauf achten, dass er in die Aufnahmen unterhalb des Scheinwerfers eingeschoben wird.

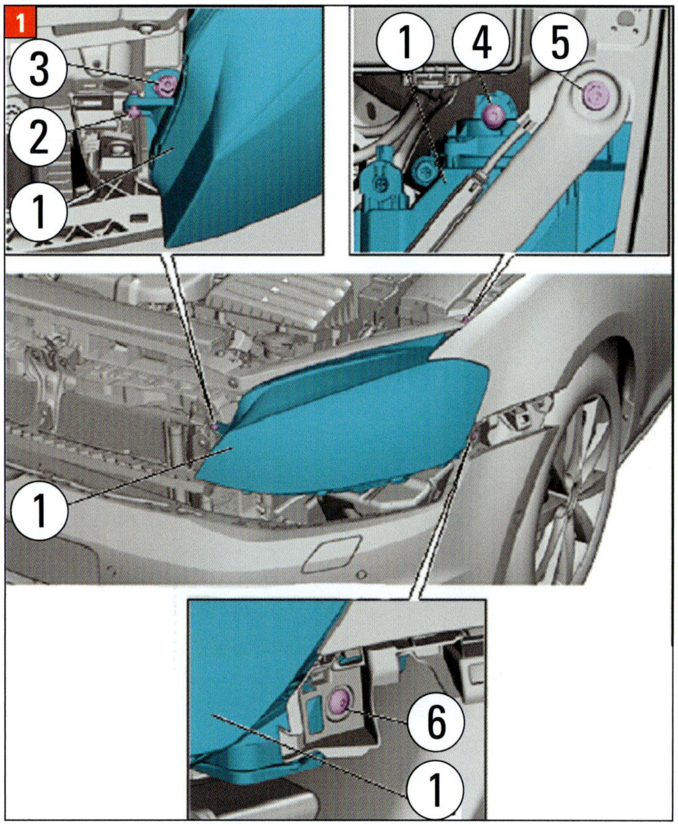

Scheinwerfer ausbauen: (1) Scheinwerfer, (2) Anschlagschraube zur Längsverstellung des Scheinwerfers (parallel zur Frontklappenkante). (3) bis (6) Schrauben, die zur Demontage heraus gedreht oder gelöst werden müssen.
Anmerkung: Die Schraube (3) führt durch die Hohlschraube, mit welcher der Scheinwerfer in der Höhe verstellt wird.
Anzugsdrehmomente:
(3) = 4 Nm;
(4) = 4 Nm, Schraube nur lösen;
(5) = 8 Nm mit Verstellelement;
(6) = 4 Nm mit Schnappmutter M6.

■ Funktionsprüfung durchführen; Scheinwerfereinstellung prüfen und ggf. Scheinwerfer einstellen. Zu den sechs Varianten der Ausstattung des Scheinwerfers gibt es von VW jeweilige Hinweise für das Einstellen mit Gerät. Wir demonstrieren im Folgenden eine Version des Einstellens ohne Gerät und ohne Diagnosetester.
(Bei nachträglich eingebauten Zusatzscheinwerfern anderer Systeme muss nach den dafür gültigen Richtlinien geprüft bzw. eingestellt werden.)

■ ***Einbaulage korrigieren:*** Die Schrauben (3), (4) und (5) sowie (6) lösen und gleichmäßigen Fugenverlauf des Scheinwerfers (1) zum Kotflügel einstellen. Schraube (5) zur Befestigung am oberen Längsträger, Anzugsdrehmoment: 8 Nm, ist gekoppelt mit einem Verstellelement. Schraube (4) zur Befestigung am Scheinwerferhalter, Anzugsdrehmoment: 4 Nm, ist gekoppelt mit einem Ausgleichselement.

■ Die Schrauben (5) und (6) festziehen und die Frontklappe schließen.

■ Für gleichmäßigen Fugenverlauf die Hohlschraube bei Schraube (3) und die Anschlagschraube (2) einstellen. Frontklappe öffnen und Schraube (3) in der Hohlschraube sowie Schraube (2) festziehen. Die Anschlagschraube (2) dient zum Einstellen des Scheinwerfers parallel zur Frontklappenkante.

Die vertikale Hohlschraube dient zur Höheneinstellung des Scheinwerfers; die hindurch führende Schraube 3 (4 Nm) dient zur Befestigung am Schlossträger.

■ Funktionsprüfung durchführen und Scheinwerfereinstellung prüfen; ggf. Scheinwerfer einstellen.

■ **Lampen wechseln Halogen-Doppelscheinwerfer:** Glaskolben der Lampen nicht mit bloßen Fingern anfassen; Fettspuren auf dem Glaskolben verdampfen beim Einschalten und trüben den Glaskolben. Deshalb saubere Stoffhandschuhe verwenden. Auf richtigen Sitz des Gehäusedeckels achten, Wassereintritt in den Scheinwerfer zerstört diesen.

■ ***Standlicht/Tagesfahrlicht/Fernlicht:*** Deckel ganz außen abnehmen, Griffstück gegen Uhrzeiger drehen und mit Lampe (12 V, 15 W/55 W) herausziehen. Lampe aus dem Griffstück herausziehen.

■ ***Abblendlicht:*** Deckel ganz innen gegen Uhrzeiger drehen und abnehmen, Fassung gegen Uhrzeiger drehen und herausnehmen, Lampe (12 V/55 W) aus der Fassung ziehen.

■ ***Blinklicht vorn:*** Gehäusedeckel unten Mitte abziehen, Griffstück mit Fassung aus dem Reflektor ziehen. Lampe (12 V / PSY 24 W SV) aus der Fassung herausziehen.

Scheinwerfer/Nebelscheinwerfer einstellen

■ **Scheinwerfer provisorisch einstellen:** Fahrzeug gegenüber einer Wand auf ebener Fläche abstellen. Abstand Wagenfront/Wand exakt fünf Meter. Fahrzeug vorn und hinten kräftig durchdrücken, damit sich die Federn setzen.

■ Die provisorische Einstellung erfolgt bei Abblendlicht. Damit wird gleichzeitig der Fernscheinwerfer eingestellt. Das vorgeschriebene Neigungsmaß beträgt 10 cm auf 10 m Entfernung (Projektionsabstand). Neigungsverhältnis in Prozent (bei 10 m / 10 cm ist es 1%) ist oben auf dem Scheinwerfergehäuse eingeprägt. Darauf den Scheinwerfer einstellen.

■ Den Abstand zwischen Boden und Mittelpunkt der beiden Scheinwerfer messen. Das Maß an der Wand markieren und die Punkte durch eine Linie (S 1) verbinden (Bild 1).

■ Etwa 5 cm darunter eine parallele Linie E an der Wand anzeichnen. Das ist die Neigung des Abblendlichts auf fünf Meter Entfernung.

1

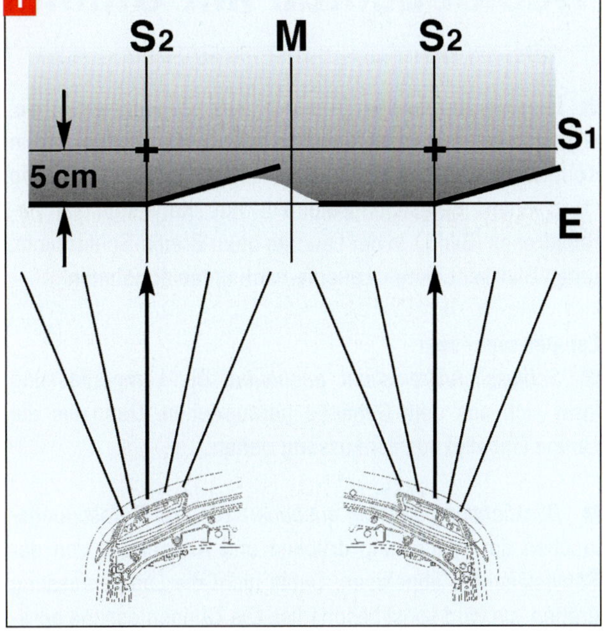

■ Durch das Heckfenster nach vorn peilen. Einem Helfer Hinweise geben, damit er eine zur Fahrzeugmitte orientierte senkrechte Linie M einzeichnen kann.

■ Abstand zwischen Fahrzeugmitte und Mittelpunkt des Scheinwerfers (rechts und links) messen. Diese Werte sind auf die Hilfslinie S1 (rechts und links vom Schnittpunkt der Linien M und S1) zu übertragen und mit einem Einstellkreuz (S2) zu markieren. 5 cm unter diesen Kreuzen müssen die Abknickpunkte des Abblendlichts auf Linie E justiert werden.

■ Zündung und Abblendlicht einschalten. Erst Höheneinstellschraube (1), dann Seiteneinstellschraube (2) verdrehen (Bilder 2 und 3; Bild 2 Halogen-, Bild 3 Gasentladungslampen). So lange drehen, bis waagerechte Hell-Dunkel-Grenze des Abblendlichtstrahls mit der Einstelllinie E übereinstimmt.

■ Zur Korrektur der Seiteneinstellung Schraube (2) in der Weise verdrehen, dass der Abknickpunkt im Abblend-Lichtbild genau auf das Einstellkreuz ausgerichtet ist. Dabei darf ein Streuanteil von 15 Prozent über der Linie liegen.

■ **Nebelscheinwerfer einstellen:** Das Neigungsmaß dieser Scheinwerfer (Bild 4) beträgt 20 cm. Die Abdeckung muss zum Drehen an der Einstellschraube (Pfeil) nicht aus dem unteren Teil der Stoßfängerabdeckung ausgebaut werden.

■ Zum Verstellen der Leuchtweite die Einstellschraube drehen. Eine Seitenverstellung ist beim Nebelscheinwerfer nicht vorgesehen.

Anmerkung: Bilder 2 und 3 zeigen die Situation links. Rechts sind die Einstellschrauben spiegelbildlich angeordnet.

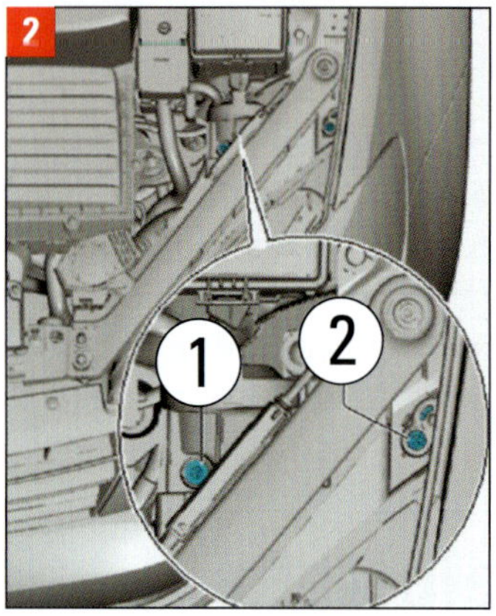

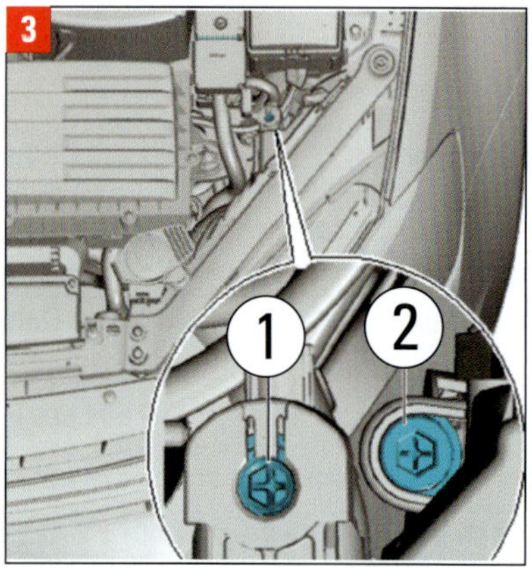

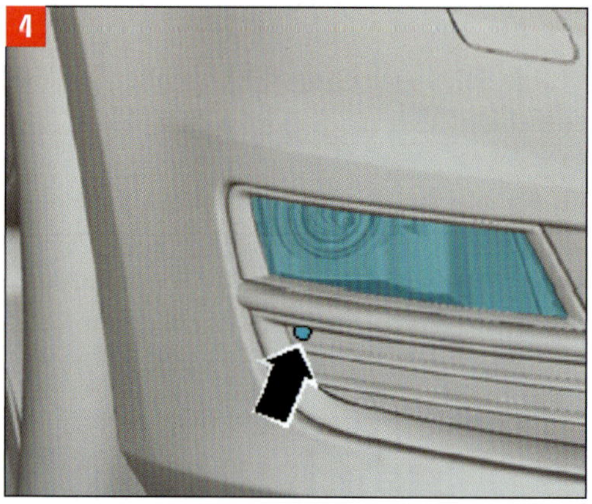

Heckleuchten mit Glühlampen (nicht LED) ausbauen

■ **Leuchte Karosserie:** Zündung aus, Zündschlüssel ab, Lichtschalter Schalttafel links in Stellung »0«. Abdeckung in Kofferraum-Seitenverkleidung aufklappen. Steckverbindung (1) trennen, Befestigungselement aus Kunststoff (2) herausdrehen (Bild 1). In der Leuchte oben Brems-Schlusslicht, unten Blinklicht hinten. Leuchte nach unten abnehmen.

Lampen wechseln

■ *Schlusslich/Bremslicht ausbauen:* Die Lampenfassung lässt sich aus dem Gehäuse herausziehen. Dann die die Lampe (Tabelle) aus der Fassung ziehen.

■ *Blinklichtlampe hinten ausbauen:* Die drei Befestigungslaschen der Abdeckung drücken und Abdeckung von der Schlussleuchte abnehmen. Dabei nicht die Lampenfassung drehen, sie wird sonst beschädigt. Die Lampenfassung gera-

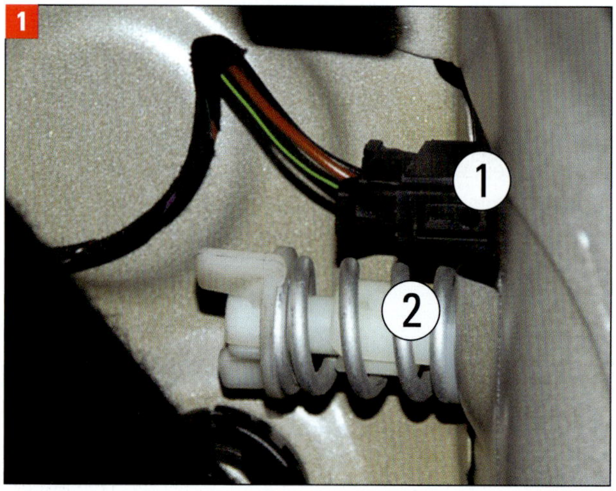

Schlussleuchte Seitenteil: Hinter der Abdeckung im Kofferraum (1) Steckverbindung, (2) Befestigungselement.

de nach hinten ziehen, ggf. die Haltenasen mit einem geeigneten Schraubendreher vorsichtig entriegeln. Fassung aus dem Gehäuse herausziehen und Blinklichtlampe aus der Fassung ziehen.

■ **Leuchte Heckklappe:** Lichtschalter in Stellung »0« drehen. Die beiden Muttern (eine oben, eine unten) abschrauben. Elektrische Steckverbindung trennen und Leuchte nach außen abnehmen.n.

Lampen wechseln

■ *Lampe für Schlusslicht:* Mit schmalem Schraubendreher an der seitlichen Öffnung ansetzen und Abdeckung der Leuchte (innen in der Klappe) abdrücken. Steckverbindung trennen und die vier Verriegelungen drücken (die zwei unteren nach unten, die beiden oberen außen zur Seite und innen nach oben). Lampenträger (1) abziehen und die Lampe für Schlussleuchte (2) aus dem Lampenträger ziehen.

■ *Lampe für Nebelschlusslicht:* Lampenträger (1) ausbauen wie für Schlusslicht beschrieben und Lampe für Nebelschlusslicht (3) aus dem Lampenträger ziehen (Bild 2).

■ *Lampe für Rückfahrlicht:* Sitzt separat in der Leuchte, Ausbau möglich ohne Ausbau des Lampenträgers (Bild 2). Einen schmalen Schraubendreher an der seitlichen Öffnung der Abdeckung ansetzen und diese abdrücken. Lampenfassung entgegen Uhrzeigersinn drehen und aus der Leuchte herausziehen. Glühlampe aus der Fassung ziehen.

■ *Gasentladungslampe:* Scheinwerfer ausbauen. Schrauben (2) des Gehäusedeckels (1) herausdrehen (Bild 3) und Deckel abnehmen. Elektrische Steckverbindung trennen,

2

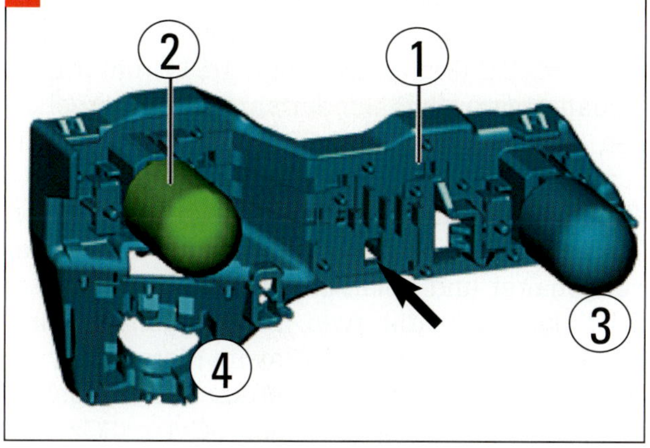

Schlussleuchte Heckklappe: (1) Lampenträger, (2) Lampe für Schlusslicht, (3) Lampe für Nebelschlusslicht, (4) Öffnung für Rückfahrlicht. Pfeil: rückseitig Steckanschluss.

dazu die Sicherungslasche drücken. Verriegelung am Lampengehäuse entgegen Uhrzeigersinn drehen und Gasentladungslampe nach hinten aus dem Gehäuse herausziehen.

■ **Einbau:** Für alle Fälle stets in umgekehrter Reihenfolge zum Ausbau. Befestigungselement für Heckleuchte Karosserie mit 2 Nm festziehen.
Die selbstklebende Dichtung der Schlussleuchte Heckklappe muss bei Beschädigung ersetzt werden, sie muss sauber abdichten. Die elektrische Steckverbindung muss sicher verrasten. Schlussleuchte von außen in den Heckklappenausschnitt einschwenken und nach oben sowie zur Mitte in Anlage bringen. Erst obere, dann untere Mutter aufschrauben und mit 3 Nm festziehen.
Bei der Gasentladungslampe muss der elektrische Anschluss nach unten zeigen.

3

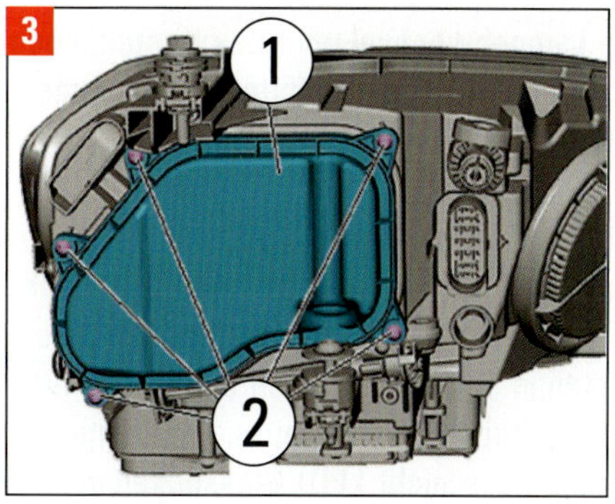

Leuchten und Lampen im Golf

Leuchte	Lampe	Daten
Abblendlicht	H7	12 V/55 W
Standlicht/Tagfahrlicht/ Fernlicht	H7	12 V / 15 W/55 W
Gasentladungslampe	D 1 S	12 V/35 W
Standlicht	Glassockellampe	12 V / 5 W
Blinklicht vorn	PSY	12 V/24 W SV
Brems-/Schlusslicht	Glassockell. W	12 V/16 W
Nebelschluss-/Rückfahrlicht	Glassockell. WY	12 V/21 W
Schlusslicht Klappe	Glassockell. W	12 V/16 W
Blinklicht hinten	Glassockell. WY	12 V/21 W
Kennzeichenl. Schraube	Soffitte C	12 V / 5 W
Kennzeichenl. Clips	Glassockell. W	12 V / 5 W
Innenleuchten wie im Handschuhfach	Glassockellampe	12 V/5 W
Einstiegs- und Türwarnleuchten	Soffitten	12 V/3 W
Innen-/Leseleuchten	Soffitten	12 V/5 oder 10 W

Innenleuchten aus-/einbauen

■ **Prinzip:** Mit Flachschraubendreher, Abdrückhebel oder Montagekeil die Abdeckungen oder die komplette Leuchte aus dem Einbauort heraushebeln, Steckverbindung trennen. Lampen wechseln, wieder fest verrasten.

■ *Lese-/Innenleuchten vorn und hinten* erst Streuscheibe abhebeln, dann Leuchte aus Dachverkleidung heraushebeln, Stecker abziehen. Die Leuchte hinten ist erst verrastet und dann noch einmal verriegelt.

■ *Leuchten in Handschuhfach und Kofferraum:* Sind beispielhaft für viele der kleinen Leuchten im Innenbereich. In ihrer »klassischen« Ausführung sind die Lampen dazu Soffitten (Bild 1). Zum Lampenwechsel wird das Kontaktblech (1) in Pfeilrichtung gedrückt und die Soffitte (2) entnommen. Oft ist ein Wärmeschutzblech wegzudrücken.

■ Einstiegsleuchten (bilden eine Einheit mit Türwarnleuchten) und Fußraumleuchten werden auch mit Flachschraubendreher oder besser Kunststoffkeil ausgehebelt. Die Einstiegsleuchten in den Türen haben dann noch eine Streuscheibe, die abgehebelt werden muss. Die Lampen in diesen Leuchten sind (falls nicht LED) Glassockellampen: Zum Wechseln aus dem Sockel ziehen.

■ Kontrollleuchten und Leuchten für Ambientelicht sind meist LED und z. B. fest in die Türleisten integriert, oder es sind »Lichtleiter« wie die Türöffnerbeleuchtung. Sie sind im Einzelfall wie beim Ambientelicht nur durch Ausbau der Leisten zu entnehmen. Für solche Leuchten und im Fall, dass LED auch im Handschuhfach, im Kofferraum oder in den Innenleuchten in der Dachverkleidung verbaut worden sind, gilt ganz allgemein: Die Leuchtmittel sind nicht einzeln zu entnehmen und zu wechseln, sondern sie können nur komplett mit der Leuchte ausgebaut und im Schadensfall auch nur komplett ausgewechselt werden.

1

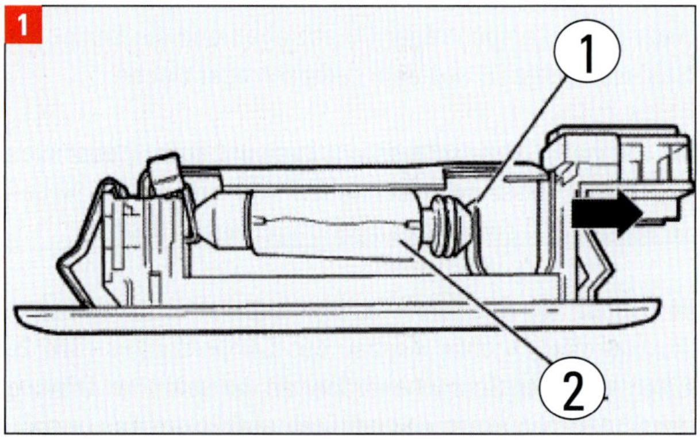

Lampe vieler Innenleuchten: (1) Kontaktblech, (2) Soffitte.

Einbauorte der Relais- und Sicherungshalter

Für Reparatur- und Überprüfungsarbeiten relevante Einbauorte für Kabel-Kupplungsstationen, für Steckverbindungen, Steuergeräte sowie die Sicherungs- und Relaishalter sind:

■ A- und B-Säulen, Dachrahmen, Raum unter dem Beifahrersitz, hinten rechts und links. Dort sind Steckverbinder für Leitungssätze verbaut.

■ Die Türen mit ihren Einbauten unter der Verkleidung: Türsteuergeräte, Zentralverriegelung, Fensterheber, Lautsprechersysteme und diverse Mehrfachsteckverbindungen.

■ Schalttafeleinsatz, Mittelkonsole vorn und Handschuhfach mit Bedien- und Anzeigeeinheiten sowie Geräten für Infotainment: Fahrerinformationssystem, Radio/Navigation, CD/DVD-Abspielgeräte. Ablagefach Mittelkonsole für Mobiltelefon, Bord-WLAN, äußere Audio-Quellen.

■ **Sicherungen und Relais:** Beim neuen Golf sind sieben Sicherungshalter und drei Relaisträger möglich. Die Sicherungshalter F/SF (Kofferraum), G/SG (Motorraum) und 1/ST1 (unter dem Beifahrersitz) sind Sonderfahrzeugen vorbehalten. Sicherungshalter D/SD (Kofferraum) ist nur für Hybridantrieb. Bei Relaisträgern ist 4/SR4 (Kofferraum) für Sonderfahrzeuge bestimmt. Von allgemeiner Bedeutung sind daher nur Sicherungshalter und Relaisträger unter der Schalttafel links sowie die zwei Sicherungshalter und der Relaisträger an der E-Box im Motorraum.

■ ***Unter der Schalttafel links:*** Sicherungshalter C/SC mit den Sicherungen SC 1 ... SCx und Relaisträger 2/SR2 mit den Relais R1 bis R6 (1 in Bild 1). Dieser Einbauort ist für die erste Überprüfung bei Störungen der elektrischen Anlage besonders wichtig, weil er die meisten ATO-Flachsicherungen enthält, die schnell zugänglich sein müssen.

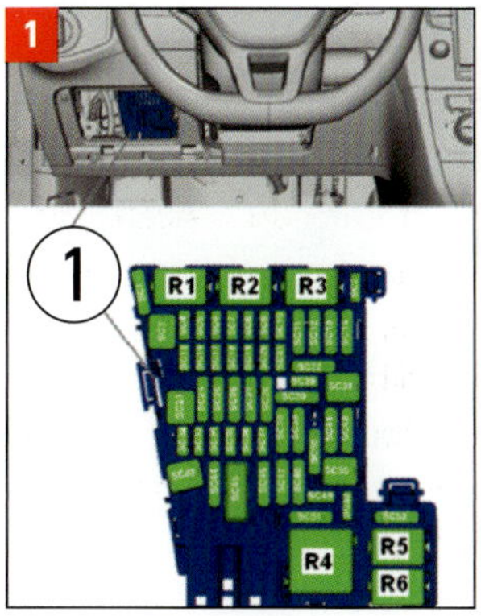

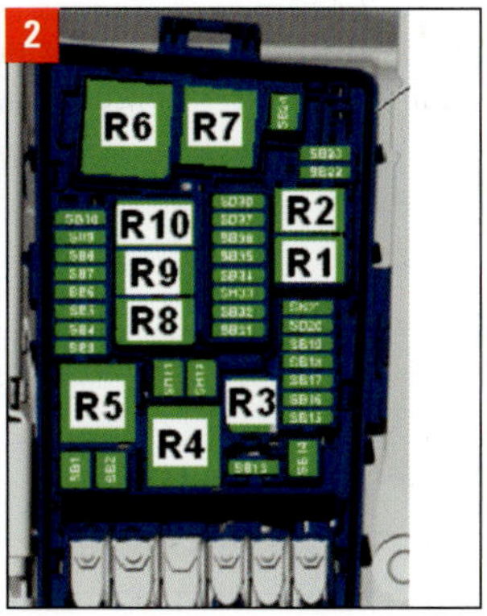

■ ***E-Box im Motorraum:*** Ganz links neben Motorsteuergerät und Batterie. Sicherungshalter A/SA und B/SB sowie Relaisträger SR1 mit den Sicherungen SB1 bis SBx und und den Relais R1 bis R10 (Bild 2).

■ **Sicherungsbelegung** ist von der Fahrzeugausstattung abhängig. Schema als Aufkleber oder lose bei den Sicherungshaltern. Sicherungen sind nach Steckplätzen nummeriert. Angegeben sind abgesicherter Verbraucher und der Stromstärke-Wert (in A), durch Farbe markiert.

■ **Sicherungsfarben** bedeuten: hellrot = 50 A; orange = 40 A; hellgrün = 30 A; natur (weiß) = 25 A; gelb = 20 A; hellblau = 15 A; rot = 10 A; braun = 7,5 A; hellbraun = 5 A; lila = 3 A.

Signalgeber prüfen, Signalhorn aus-/einbauen

■ **Warnblinkanlage:** Zündung aus, Druckschalter mit rot umrandetem Dreieck betätigen. Alle vier Blinklampen und Kontrollleuchte/Schalter leuchten im gleichen Rhythmus.

■ **Richtungsblinker:** Zündung einschalten, Blinkerhebel drücken. Beide Blinker einer Fahrzeugseite müssen blinken, auch Blinkerkontrolle im Kombiinstrument.

■ **Bremsleuchten:** Fahrzeug mit dem Heck zur Wand stellen, Bremspedal drücken: Wand muss rot aufleuchten. Oder ein Helfer gibt Bescheid. Funktionieren beide Lampen nicht: Sicherung und Bremslichtschalter prüfen.

■ **Lichthupe:** Funktioniert die Lichthupe nicht, obwohl die Scheinwerfer brennen, zuerst prüfen, ob an den beiden roten Klemme-30-Kabeln zum Lenkstockschalter Spannung anliegt. Ist dies der Fall, dürfte der Lichtumschalter im Hebelschalter defekt sein.

■ **Signalhorn:** Betätigen Sie die Druckplatte auf dem Lenkrad. Die Hupe muss ertönen.

Anmerkung: Wegen der zahlreichen Steuergeräte muss bei Störungen und Fehleranzeigen oftmals auch der Fehlerspeicher ausgelesen werden (Werkstattsystem).

■ **Signalhornausbau:** Der Tieftöner des Doppeltonhorns ist am Stoßfänger vorn rechts, der Hochtöner am Stoßfänger vorn links angeschraubt. Entsprechend je nach Ausbauabsicht Blende am Stoßfänger vorn links oder rechts ausclipsen und den Nebelscheinwerfer ausbauen.

■ Befestigungsschraube (20 Nm) abschrauben und das Signalhorn mit Halter nach vorn herausnehmen. Steckverbindung trennen. Wenn nötig oder gewünscht, Mutter (15 Nm) herausschrauben, Halter vom Horn abbauen.

■ **Einbau** in sinngemäß umgekehrter Reihenfolge.

Quetschverbindungen herstellen

■ Bei Ergänzungen und zusätzlichen Einbauten sind Eingriffe ins und Arbeiten am Leitungsnetz nötig. Das Verlegen und Verbinden von Leitungen ist durchgängig nur mit Quetschverbindungen erlaubt. Gelötet darf nichts werden.

■ Nötige Werkzeuge sind Crimpzange zum Zusammenquetschen der Leitungen mit einem Quetschverbinder und das Heißluftgebläse mit »Schrumpfaufsatz« zum Schrumpfen der Quetschverbinder, damit keine Feuchtigkeit eindringt.

■ Der Verbinder wird mit dem Gebläse von der Mitte nach außen erhitzt, bis er vollständig abgedichtet ist und der Kleber an den Enden austritt. Bei mehreren so verbundenen Leitungen nebeneinander Quetschverbinder versetzt anordnen!

STÖRUNGSBEISTAND

Batterie und Lichtmaschine

Störung	Was kann das sein?	Was muss ich tun?
A Rote Ladekontrolle brennt nicht beim Einschalten der Zündung	**1** Batterie leer	Mit Starthilfekabel starten oder Wagen anschleppen
	2 Batteriekabel gebrochen. Kabelklemmen lose oder oxidert	Batteriekabel und -klemmen kontrollieren
	3 Kontrollleuchte defekt	ersetzen
	4 Kabelweg zwischen Zündschloss, Kontrollampe und Lichtmaschine unterbrochen	Stromweg mit Prüflampe kontrollieren
	5 Schleifkohlen abgenutzt	Regler tauschen
	6 Spannungsregler defekt	Regler austauschen
	7 Lichtmaschine schadhaft	Lichtmaschine überholen oder austauschen
	8 Feuchtigekit bildet einen isolierenden Schmierfilm zwischen den Schleifringen und Kohlen (z.B. nach Motorwäsche)	Lichtmaschine mit Druckluft ausblasen oder Schleifringe und Kohlen sauberreiben
B Ladekontrolle brennt oder glimmt bei laufendem Motor	**1** Keilrippenriemen lose bzw. ohne Spannung	Keilrippenriemenspannung kontrollieren
	2 Mangelnder Kontakt an Kabelanschlüssen der Lichtmaschine oder unterbrochene Kabel	Kabelanschlüsse und Kabel prüfen
C Batterieoberfläche feucht	**1** Zuviel destilliertes Wasser eingefüllt	Ausgasen lassen, keine Säure absaugen
	2 Batterieverschlüsse verstopft	Entlüftungslöcher säubern
	3 Spannungsregler defekt	austauschen
D Batterie gast stark	**1** Spannungsregler defekt	Regler austauschen

Anlasser

Störung	Was kann das sein?	Was muss ich tun?
A Beim Drehen des Zündschlüssels in Startstellung dreht der Anlasser zu lange oder gar nicht	**1** Kontrollampen brennen schwach oder verlöschen **1a** Batterie entladen **1b** Kabelanschlüsse lose oder oxidiert **1c** Batterie entladen	Mit Starthilfekabel starten, Auto anschieben/anschleppen, Kabel befestigen, Anschlüsse säubern, Anlasser überholen lassen oder austauschen
	2 Kontrollampen brennen hell, Klicken aus Richtung Anlasser immer noch nicht: **2a** Kohlenbürsten bzw. deren Anschlüsse im Anlasser gelöst **2b** Kontakte im Magnetschalter verschmort **2c** Anlasserwicklung schadhaft	Anlasser überholen lassen oder austauschen
B Der Anlasser dreht, aber der Motor dreht nicht	**1** Ritzel verschmutzt	Ritzel reinigen
	2 Einrückvorrichtung klemmt	Anlasser überholen lassen
	3 Verzahnung des Ritzels oder der Motorschwungscheibe beschädigt	Wagen bei eingelegtem Gang durch Helfer ein Stück vorschieben lassen. Erneut starten. Beschädigte Teile ersetzen
C Magnetschalter schaltet schnell ein und aus. Anlasser läuft nicht an	**1** Batterie stark entladen, beim Einschalten des Magnetschalters fällt die Spannung ab und er schaltet wieder aus	Batterie laden
	2 Einrückvorrichtung klemmt	Anlasser überholen lassen
	3 Verzahnung des Ritzels oder der Motorschwungscheibe beschädigt	Wagen bei eingelegtem Gang durch Helfer ein Stück vorschieben lassen – Zündung aus! Erneut starten. Beschädigte Teile ersetzen
D Anlasser läuft weiter, obwohl der Zündschlüssel losgelassen wurde	**1** Magnetschalter hängt oder schaltet nicht ab	Zündung sofort abschalten, notfalls Batterie abklemmen. Magnetschalter reparieren oder Anlasser austauschen
	2 Zünd-/Anlassschalter defekt	Schalter ersetzen
E Ritzel spurt nach Anspringen des Motors nicht aus	**1** Rückstellfeder des Einrückhebels lahm oder gebrochen	Motor abstellen, Anlasser austauschen

Hupe

STÖRUNGSBEISTAND

Störung	Was kann das sein?	Was muss ich tun?
A Hupe tönt nicht	**1** Sicherung defekt	Ersetzen
	2 Kabel vom Lenkrad zur Hupe unterbrochen	Kabelverlauf kontrollieren, Steckkontakte der Hupe blankkratzen
	3 Hupe defekt	Prüfen, ggf. ersetzen
	4 Relais defekt	Prüfen, ggf. ersetzen
B Hupe tönt dauernd	**1** Hupenkontakt vom Lenkrad defekt. Kabel vom Hupenkontakt zur Hupe hat Dauerstrom	Schwarz/gelbes Kabel von der Hupe abziehen. Hupt es nicht mehr, Hupenkontakt bzw. Kabel reparieren lassen
	2 Hupe hat inneren Masseschluss	Hupe ersetzen. Unterwegs Kabel von der Hupe abziehen

Bremslicht

STÖRUNGSBEISTAND

Störung	Was kann das sein?	Was muss ich tun?
A Eine Bremsleuchte brennt nicht	**1** Glühlampe durchgebrannt	Austauschen
	2 Masseverbindung unterbrochen. Brennen alle übrigen Lampen in derselben Heckleuchte?	Kabel kontrollieren
	3 Unterbrechung in der Zuleitung	Kabel kontrollieren
B Beide bzw. alle drei Bremslichter brennen nicht	**1** Sicherung defekt	Ersetzen
	2 Bremslichtschalter defekt	Überprüfen, ggf. ersetzen
	3 siehe A1 und A3	
C Bremslicht brennt dauernd	**1** Kabel zum Bremslichtschalter haben direkten Kontakt	Kabel kontrollieren

Warnblink- und Blinkanlage

Störung	Was kann das sein?	Was muss ich tun?
A Kontrollampe für Richtungsblinker leuchtet in ganz kurzen Intervallen auf. Normaler Blinkrhythmus beim Warnblinken	**1** Eine Glühlampe defekt oder ohne Kontakt	Auswechseln
B Blinkleuchten und Kontrolleuchte brennen bei Richtungs- und Warnblinken dauernd oder gar nicht	**1** Blinkrelais defekt	Auswechseln
C Richtungsblinken funktioniert, aber kein Warnblinken	**1** Sicherung defekt	Auswechseln
	2 Kabel vom Steckkontakt am Warnblinkschalter zur Sicherung bzw. Blinkerrelais unterbrochen	Durchgang kontrollieren, ggf. erneuern
	3 Warnblinkschalter defekt	Auswechseln
D Warnblinken funktioniert, aber kein Richtungsblinken	**1** Kabel zwischen Blinkerschalter und Blinkerrelais unterbrochen	Durchgang kontrollieren, ggf. erneuern.
	2 Blinkerschalter defekt	Auswechseln (lassen)
	3 Sicherung defekt	Ersetzen
E Kein Richtungs- und kein Warnblinken	**1** Sicherung defekt	Auswechseln
	2 Warnblinkschalter defekt	Auswechseln

Antrieb: Motor und Öl, Kühlung und Getriebe

Der neue Golf hat leistungsstarke und gleichzeitig beispielhaft sparsame Motoren. Wartung und bestimmte Reparaturen der Triebwerke am Schmier-, am Kühl- und am Abgassystem sowie wissenswerte Details sind Gegenstand dieses Kapitels.

Die Motoren im Golf VII

Modernste Triebwerke

Volkswagen ist nach Ansicht von Experten gegenwärtig weltweit führend auf dem Gebiet innovativer Antriebstechnologien. Wichtigstes Vorhaben des VW-Konzerns ist es, die CO_2-Emissionen seiner europäischen Neuwagenflotte weiter zu reduzieren. Volkswagen beschäftigt derzeit mehr als 40.000 Forscher und Entwickler mit solchen Aufgaben. Im Jahr 2012, als der Golf VII vorbereitet wurde, hat der Konzern rund 8,9 Milliarden Euro für die Entwicklung neuer Modelle und für effiziente Technologien und Antriebe aufgewendet.
Im Fokus stehen weitere Elektro-Modelle, ein größeres Angebot an Erdgasfahrzeugen sowie immer effizientere Diesel- und Benzinmotoren, mit denen wir uns in diesem Kapitel hauptsächlich beschäftigen. Bereits heute bietet der Volkswagen Konzern 302 Modellvarianten mit einem CO_2-Ausstoß von weniger als 120 Gramm pro Kilometer an; 50 Modelle emittieren sogar weniger als 100g CO_2 pro Kilometer.

Das Viertaktprinzip

WISSENSWERTES

Der Raum, den der Kolben im Zylinder durchmisst, ist der Hubraum. Hat der Kolben darin seinen höchsten Punkt erreicht, bleibt nur noch der Brennraum (Bild 1) mit dem Kraftstoff-Luft-Gemisch. Hubraum plus Brennraum bilden den Zylinderraum. Das Verhältnis des Zylinderraums zum Brennraum gibt an, auf den wievielten Teil des Zylinderraums das Kraftstoff-Luft-Gemisch verdichtet wird. Bei den Golf-Motoren beträgt die **Verdichtung** zumeist für
Benzinmotoren: - 10,5:1
Dieselmotoren TDI - 16,5:1.
Die Motoren arbeiten in vier so genannten Takten:

- *Einspritzen:* Der Kolben gleitet zum Unteren Totpunkt UT. Einlassventile öffnen, das Einspritzventil arbeitet, Luft und Kraftstoff strömen in den Zylinder.
- *Verdichten:* Der Kolben bewegt sich vom UT zum Oberen Totpunkt OT. Die Einlassventile schließen. Der Kolben verdichtet das soeben eingeströmte Gemisch.
- *Verbrennen:* Kurz vor dem OT wird das Gemisch gezündet. Es verbrennt und drückt den Kolben zum UT. Sein Pleuel dreht die Kurbelwelle.
- *Ausstoßen:* Der Kolben geht nach oben. Die Auslassventile öffnen, die verbrannten Gase werden ins Auspuffsystem und in den Turbolader geschoben.

1

2

Neuer 1.6TDI: Der Motor und die Zündung im Zylinder.

Motoren aus dem Baukasten

Neu im Golf VII sind Motoren, die auf Basis des Modularen Querbaukastens entwickelt wurden. Für Diesel setzt die neue Motorengeneration »Entwicklungsauftrag EA288« ein. Sie wurde nach dem Stichmaß für Zylinderabstand und Hub-/Bohrungsverhältnis auf der Grundlage der vorausgehenden Motoren-Baureihe EA189 entwickelt und ist die Basis für alle zukünftigen Reihen-Dieselmotoren bei Volkswagen. Diese Motoren sind mittels »Modularem Dieselbaukasten (MDB)« fit gemacht für die Euro-6-Grenzwerte, mit motornaher Abgasnachbehandlung und einer Einspritzanlage, die bis zu 2500 bar Druck aufbauen kann.

Bei den Benzinern setzt die Modulstrategie mit der neuen Baureihe EA211 ein. Die Motoren des »Modularen Ottomotoren Baukastens (MOB)« für den Golf haben einen Hubraum von 1,2 bis 1,6 Liter. Der 1,2-Liter-TSI (63 kW) ist dabei der Basismotor.

Veränderte Einbaulage

Bislang war die Einbaulage der Motoren sehr unterschiedlich. Während die Motorenfamilie EA111 mit den 1,4 Liter-Motoren nach vorne geneigt und die Abgasanlage zum Kühler im Frontend gerichtet war, wurden die anderen Otto- und Dieselmotoren nach hinten geneigt eingebaut. Die Abgasanlage war zur Spritzwand hin verbaut.

Um das volle Einsparpotenzial zu nutzen, bekamen alle Motoren mit Einsatz des Modularen Quer-Baukastens eine einheitliche Einbaulage. Diese erforderte eine Überarbeitung des Motor-Grundaufbaus. Weitere Vorteile der neuen Modulstrategie sind

- Vereinheitlichung z. B. der Getriebeanbindungen, der Kühlung und der Abgasanlage,
- kompakte Motorabmessungen und
- Verkürzung der vorderen Motorbaulänge um 50 mm durch eine um 12° nach hinten geneigte Einbaulage.

»BlueMotion« Nummer 3

Nach seiner Erstauflage 2007 hatte Volkswagen die »zweite Generation des Golf BlueMotion« Im Oktober 2009 angekündigt. Den supersauberen Diesel gibt es nun seit Sommer 2013 in dritter Generation. Um extrem niedrige Verbrauchs- und Emissionswerte zu erreichen, sorgen neben einem sparsamen 1,6 Liter TDI-Motor (Bild 1) eine ganze Reihe innovativer Detaillösungen für Spitzenwerte in seiner Klasse. Mit 3,8 l/100 km Durchschnittsverbrauch bei einem CO_2-Ausstoß von 99 g/km ist er der sparsamste Golf-Motor der letzten Jahre.

Fünf Jahre »Common Rail«

Die Gemischbildung der jüngsten Turbodiesel-Direkteinspritzer des Golf übernimmt ein Common-Rail-System der neuesten Generation. Der hohe Einspritzdruck und spezielle Einspritzdüsen sorgen für besonders feine Zerstäubung des Dieselkraftstoffs. Bisher wurden in den VW-Motoren Achtloch-Einspritzdüsen durch Piezo-Inline-Injektoren angesteuert, jetzt dagegen baut man Einspritzventile mit Magnetventil-Technologie ein.

Der 1,6-Liter-TDI CR löst seit Juni 2009 den für die Golf Familie viele Jahre lang traditionellen 1.9 TDI Pumpe-Düse ab, einen der weltweit erfolgreichsten Pkw-Diesel. Der völlig neu entwickelte Common-Rail-Dieselmotor ist in der Leistungsstufe mit 81 KW oder 110 PS für Golf und Golf Variant bestellbar.

Top-Diesel: 2.0 TDI mit 135 kW

Top-Diesel sind die Zweiliter mit 110 kW/150 PS und 135 kW/184 PS. Schon Anfang 2009 hatte VW erstmals den Golf GTD mit einem neuen 2,0-Liter-TDI-Aggregat gezeigt, damals mit 125 kW/170 PS. Nur 5,6 Liter Kraftstoff auf 100 Kilometer benötigte der kaum noch als Diesel wahrnehmbare Common-Rail-Motor bei einer CO_2-Emission von 147 g/km. In der neuen Golf-Generation bringt es der Motor nun auf die genannten 135 kW/184 PS bei nur noch 109 g/km CO_2-Emission.

Mit und ohne Ausgleichswellen

Der Zylinderblock der EA288-Motoren ist aus Grauguss, einer Legierung aus Gusseisen mit Lamellengraphit. Er hat tief sitzende Schraubengewinde für lange Zylinderkopfschrauben.

Dadurch wird eine gute Kraftflussverteilung im Zylinderblock sowie eine ausgeglichene Druckverteilung über den gesamten Umfang der Zylinderkopfdichtung erreicht. Der Aufbau der Kühlkanäle im Zylinderblock sorgt für gute Kühlung der Stege zwischen den Zylindern.
Den Zylinderblock des 1.6 TDI gibt es ausschließlich ohne Ausgleichswellen. Der Zylinderblock des 2.0 TDI wird je nach Fahrzeugmodell mit und ohne Ausgleichswelle gefertigt.

Die Baukasten-Benziner

Gemeinsame Kennzeichen aller Motoren der Baureihe EA211 sind:

- Anordnung des Klimakompressors und des Generators ohne zusätzliche Halter direkt an der Ölwanne oder am Motorblock verschraubt,
- Vierventiltechnik,
- Aluminium-Zylinderblock,
- im Zylinderkopf integrierter Abgaskrümmer,
- Nockenwellenantrieb über einen Zahnriemen.

Neuer Basis-Benziner ist ein 1,2-Liter TSI mit 63 kW/86 PS (Auftaktbild und Bild 3). Diesen Motor gibt es in einer zweiten Leistungsvariante mit 77 kW. Die beiden Leistungsvarianten werden softwareseitig, nicht durch Bauunterschiede erreicht. 4,8 Liter pro 100 Kilometer bei 112 Gramm CO_2-Emission pro Kilometer verbraucht laut Liste der dann folgende 1.4 TSI mit 110 kW/150 PS und Zylinderabschaltung. Top-Motoren sind die beiden Zweiliter mit 155 bzw. maximal 221 kW (210 und 300 PS). Der 1.4 TSI mit 92 kW (anfänglich 90 kW) unterscheidet sich äußerlich kaum vom 110 kW (anfänglich 103 kW) starken Motor. Beide Leistungsvarianten verfügen über eine Einlass-Nockenwellenverstellung, das stärkere Triebwerk hat zusätzlich eine Auslass-Nockenwellenverstellung.

Der neue TGI-Motor

Als ganz neuer Motor setzt im Golf 2013 der 1.4 TGI Turbo ein. Es ist ein bivalenter Erdgasantrieb. Er unterscheidet sich vom 1,4 Liter-92 kW TSI-Motor nur durch die zusätzlichen Komponenten für Erdgas: Motorsteuergerät für Erdgas- und Benzinbetrieb; elektronischer Gasdruckregler mit mechanischer Druckreduzierstufe; optimierte Gaseinblasventile, wodurch ein Start im Erdgasbetrieb ab -10 °C möglich ist; Ventilsitzringe verstärkt, Einlassventile gepanzert, Ventilschaftabdichtungen mit zweiter Dichtlippe, die eine Zwangsschmierung des Ventilschaftes in den Ventilführungen bewirkt.

3

Motorraum des 1.2 TSI: Die neue Baureihe »EA211« führt die Modulstrategie für Benzinmotoren von VW ein. Den 1,2 Liter-TSI-Motor aus dieser Baureihe gibt es in den Leistungsstufen 63 kW und 77 kW.

Das Schmiersystem

Alle Stellen im Motor, an denen Metalle aufeinander gleiten, müssen ständig mit Öl versorgt werden: Kolben, Zylinderlaufbahnen, die Lager von Kurbelwelle und Nockenwelle. Kein Triebwerk hält mehr als einige Minuten ohne passende Schmierung durch. Ein Teil des Schmieröls wird vom Kreislauf abgezweigt und zur Kühlung u. a. des Kolbens direkt in dessen Inneres gespritzt.

Das Motoröl

Öl vermindert Reibung und Verschleiß und dichtet die engen Räume zwischen Kolben, Kolbenringen und Zylinderwand so fein ab, dass der hohe Druck bei der Verbrennung fast ohne Verluste auf die Kurbelwelle übertragen wird. Öl kühlt auch den Motor, zum Beispiel die Kolben in den Zylindern und die Lager von Kurbelwelle und Nockenwelle. Außerdem schützt es vor Rost, bindet Schmutzpartikel und einen Teil der Verbrennungsrückstände.
Wichtige Kenngröße für Motoröl ist seine Viskosität. Sie ist das Maß für die Fließfähigkeit des Schmieröls. Im Winter muss ein Motoröl so dünnflüssig sein, dass es nach dem Kaltstart sofort alle Schmierstellen versorgt. Bei höheren Temperaturen ist dickflüssiges Öl gefragt, das den Schmierfilm nicht abreißen lässt.
Im Golf fließt ganzjährig fahrbares »Mehrbereichsöl« (Bilder 1/2). Die meisten Motoröle sind solche Öle aus Mineralöl und bis zu 20% Additiven (»VI-Verbesserer«). Diese Zusätze bewirken, dass sich das Öl den Temperaturen im Motor anpasst. Sie schützen ferner das Öl vor Oxidation und verhindern das Aufschäumen bei hohen Drehzahlen.
Die Additive verschleißen aber bei hohen Temperaturen und verlieren ihre Wirkung. Wasser, Kraftstoff und Verbrennungsrückstände setzen der Lebensdauer des Motoröls ebenfalls Grenzen. Rechtzeitiger Ölwechsel ist daher kein Luxus, sondern reine Notwendigkeit, wenn Ihr Motor reibungslos funktionieren soll.

Normen für Motoröl

WISSENSWERTES

■ SAE-Klasse: Einstufung durch die Society of Automotive Engineers. Bezeichnet die Klasse der Viskosität, zum Beispiel SAE 15W-40. Je kleiner die erste Zahl, umso dünner und bei Kälte besser fließend ist das Öl (W = Winter). Ein Öl mit 0W schmiert noch bei minus 30 Grad, bei 5W ist es gut bis minus 25 Grad, bei 15W bis minus 15 Grad. Je höher die zweite Zahl, umso besser widersteht das Öl hohen Temperaturen. Das von Volkswagen empfohlene Öl entspricht SAE 5W-30 (Bilder1/2).

■ ACEA-Norm: Von der Association des Constructeurs Européen d'Automobiles im Jahre 1996 eingeführte europäische Ölnorm. Nach ACEA gibt es für Benziner die Gruppen A1 (Sprit sparendes Öl), A2 (gering belastetes Öl), A3 (Hochleistungs-Öl). Für Diesel gilt eine Einteilung von B1 bis B4.

■ API-Norm: Vorschrift des American Petroleum Institute. Diese Spezifikation besteht aus den Buchstaben S bzw. G (Benziner) und C bzw. PD (Diesel) sowie einem weiteren Buchstaben bzw. einer Zahl. Je höher im Alphabet oder je größer die Zahl, umso besser ist die Qualität des Öls.

1

Der Ölkreislauf

Im Motorblock strömt das Öl durch ein System von Leitungen und feinen Bohrungen. Dieses System bildet von der Ölwanne unten am Motor bis in die Wanne zurück einen Kreislauf mit der Ölpumpe im Zentrum.
Die Pumpe holt über die Saugleitung das Öl aus der Wanne. Im Hauptstrom sitzt der Ölfilter (Bild 3), der Verunreinigungen wie Ruß, Metallabrieb und Staub zurückhält. Vom Filter gelangt das Motoröl über Bohrungen im Zylinderblock zu den Schmierstellen der Kurbelwelle und zu den Pleueln. Von den Gleitlagern der Kurbelwelle wird das Öl in den Zylinderkopf, zu den Nockenwellenlagern und an andere sensible Stellen gedrückt. Rücklaufkanäle führen wieder in die Ölwanne.

Der Ölfilter

Bauform und Montage des Ölfilters unterscheiden sich je nach Motortyp, aber das Prinzip ist immer ähnlich wie in Bild 3 für den 2.0 TDI gezeigt. Beim Golf VII sind Kunststoffgehäuse des Ölfilters und Ölkühler aus Aluminium als ein Modul (Bilder 3/3a) an den Zylinderblock geschraubt. Der Kühlmittelzulauf zum Ölkühler erfolgt direkt über den Zylinderblock. In das Modul ist ein Umgehungsventil integriert. Ist der Ölfilter verstopft, öffnet sich dieses Ventil und sichert dadurch die Schmierung des Motors.
Durch die Mittelachse der Filterpatrone gelangt das gereinigte Öl direkt in den Hauptölkanal. Der Öldruckschalter dort signalisiert über die Kontrollleuchte im Schalttafeleinsatz und einen Warnton zu niedrigen Öldruck .

Der Öldruck

Denn damit die Schmierung bei jeder Belastung des Motors sicher gestellt ist, muss der Öldruck stimmen. Bei zu kaltem und sehr zähflüssigem Öl kann ein zu hoher Druck entstehen. Dann öffnet ein Überdruckventil eine Umgehungsleitung (Bypass) und leitet das Öl direkt auf die Saugseite der Ölpumpe zurück. Der Ölkreislauf bleibt in diesem Fall erhalten.
Das Signal des Öldruckschalters für reduzierten Öldruck F378 (8, Bild 3) weist den Fahrer auf einen zu niedrigen Öldruck im Motor hin. Der Schalter öffnet, wenn der Öldruck den Bereich von 0,3 - 0,6 bar unterschritten hat. Daraufhin steuert das Motorsteuergerät die Kontrollleuchte für Öldruck im Schalttafeleinsatz an.
Der Öldruckschalter F1 (5, Bild 3) überwacht den Öldruck oberhalb der Umschaltschwelle des Ventils für Öldruckregelung N428. Er schließt bei Druck im Bereich von 2,3 - 3,0 bar. Durch das Signal wird vom Motorsteuergerät erkannt, dass sich das Öldruckniveau über der niedrigen Druckstufe befindet.
Wenn der Geber in der Ölwanne zu geringen Ölstand signalisiert, könnte Motorschaden drohen. Sofort anhalten, Motor abstellen, Öl auffüllen und prüfen, ob die Warnsignale damit ausgeschaltet sind. Sonst Werkstatt/Selbsthilfe!

3

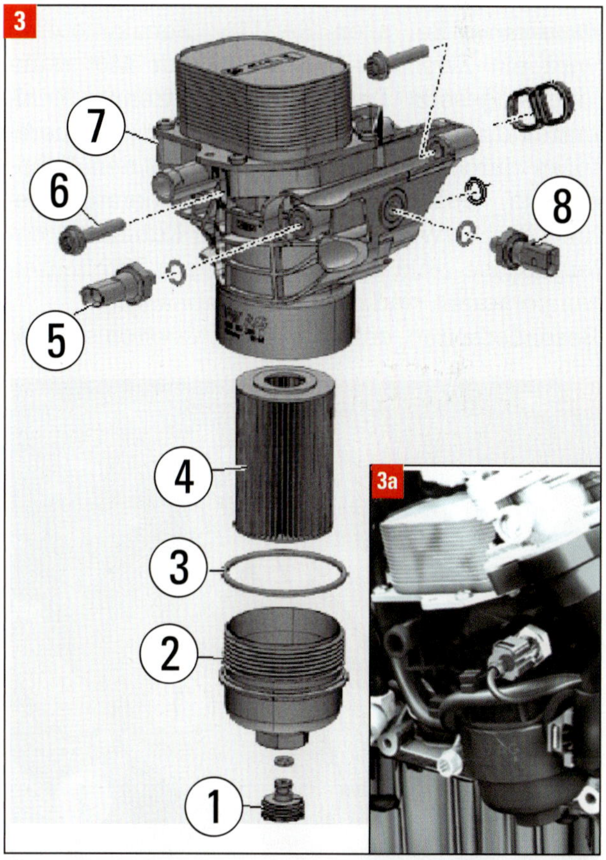

Ölfilter 2.0 TDI: (1) Ölablassschraube 5 Nm, (2) Verschlussdeckel 25 Nm, (3) O-Ring, (4) Ölfiltereinsatz, (5) Öldruckschalter F1 (Schaltdruck 2,5-3,2 bar) braune Isolierung 20 Nm, (6) zwei Schrauben 20 Nm+90°, (7) Ölfiltergehäuse mit Motorölkühler, (8) Öldruckschalter für reduzierten Öldruck F378 (Schaltdruck 0,3-0,6 bar) grüne Isolierung 20 Nm.

Das Kühlsystem

Das Kühlsystem sorgt für die richtige Betriebstemperatur des Motors. Die in den Ausgleichsbehälter (Bild 1) eingefüllte Flüssigkeit aus Wasser und Kühlmittelzusatz zirkuliert im System aus Kühler, Temperaturregler (Thermostat; Bild 2), Wasserleitungen und einem Netz kleiner Kanäle in Motorblock und Zylinder. Dieser Wassermantel führt die Verbrennungswärme über die Schläuche des Kühlsystems an den Kühler ab.

Zwei Kühlkreise und Management

Ottomotoren: Bei allen EA211er Benzinmotoren wird ein Zweikreis-Kühlsystem zur Motorkühlung eingesetzt. Das bedeutet: getrennte Kühlmittelführung mit unterschiedlichen Temperaturen durch den Zylinderblock und den Zylinderkopf. Gesteuert wird die Temperaturregelung durch zwei Thermostate im Kühlmittelreglergehäuse (Bild 3). Die jeweiligen Kühlmitteltemperaturen sind dabei motorabhängig.
Besonderheiten des Doppel-Kühlsystems sind:

- Querstromkühlung im Zylinderkopf sorgt für gleichmäßigere Temperaturverteilung;
- die Kühlmittelpumpe ist ins Reglergehäuse integriert;
- die Kühlmittelpumpe wird von der Auslass-Nockenwelle über Zahnriemen (Pfeile Bild 3) angetrieben.

Im Ladeluft-Kühlsystem wird der integrierte Abgaskrümmer über eine spezielle Pumpe (V188) gekühlt; der Ladeluftkühler im Saugrohr ist von Flüssigkeit durchströmt, der Abgas-Turbolader wird gekühlt.
Dieselmotoren: Das Kühlsystem der EA288er TDI-Motoren wird durch ein »Thermomanagement«

2

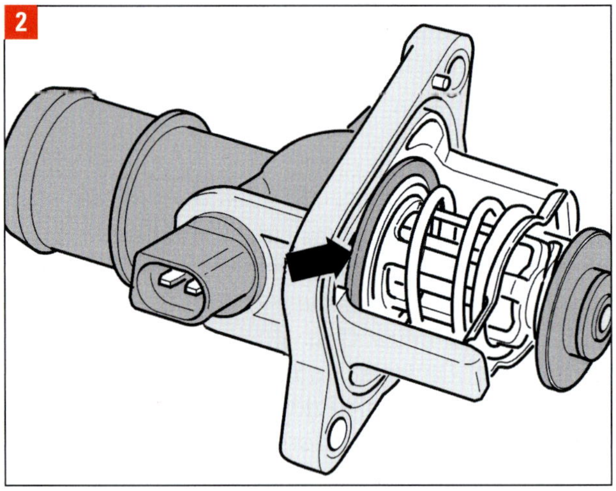

1

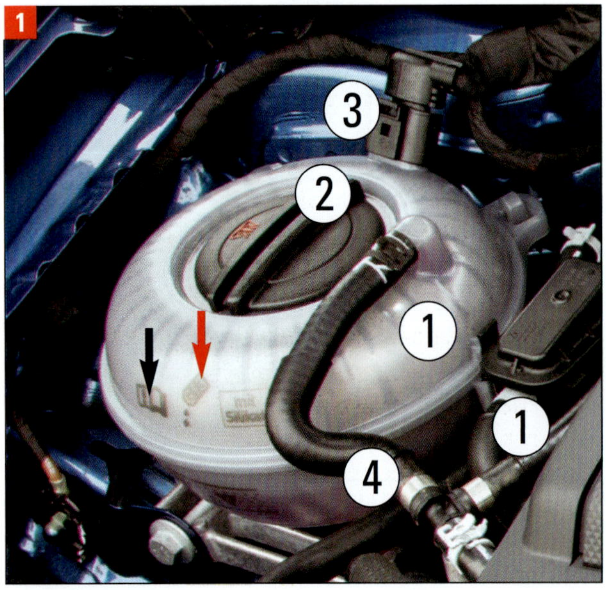

Kühlmittelbehälter: (1) Behälter, (2) Deckel, (3) Geberanschluss, (4) Kühlmittelschlauch. Roter Pfeil: Kühlmittelzusatz »G 13«, schwarzer Pfeil: Lese Bedienungsanleitung!

3

Bild 2 Thermostat: Der große Ventilteller (Pfeil) muss mit dem gesamten Umfang gegen den Flansch abdichten.
Bild 3 Reglergehäuse mit Pumpe: (1) und (2) Thermostate.

gesteuert. Dieses dient zur optimalen Verteilung der Motorwärme unter Berücksichtigung der Wärme- oder Kühlanforderungen von Innenraum, Motor und Getriebe. Durch das Thermomanagement wird der Motor in der Warmlaufphase nach Kaltstart schnell erwärmt. Die im Motor erzeugten Wärmeströme werden gezielt und bedarfsgerecht an die Komponenten des Kühlsystems geleitet. Durch die schnelle Erwärmung des Kühlmittels und die optimale Nutzung der Wärme im Kühlsystem wird hauptsächlich die innermotorische Reibung verringert, was zu geringerem Kraftstoffverbrauch und weniger Abgasemission beiträgt. Zusätzlich wird eine komfortable Klimatisierung des Innenraums erreicht.

Kleiner und großer Kreislauf

Nach dem Kaltstart zirkuliert das Kühlmittel im kleinen Kühlkreislauf, der sich auf Motor und Heizung beschränkt. In diesem Kurzschlusskreislauf hält der Thermostat den Durchfluss zum Kühler geschlossen. Das Kühlmittel gelangt auf direktem Weg zurück in den Motor. So erhitzt sich die Kühlflüssigkeit schneller und der Motor wird schneller warm. Der Kühler tritt erst in Aktion, wenn die Kühlflüssigkeit eine bestimmte Temperatur erreicht hat. Wenn dann der Thermostat öffnet, wird kaltes Wasser aus dem Kühler mit bereits erwärmtem Wasser aus dem kleinen Kühlkreislauf vorgemischt.

Schaltbare Kühlmittelpumpe

Für das Thermomanagement des EA288-Motors kommt eine schaltbare Kühlmittelpumpe zum Einsatz. Damit kann über das Kühlmittelventil für Zylinderkopf (N489) die Zirkulation des Kühlmittels im großen Kühlkreislauf ab- und zugeschaltet werden. Bei kaltem Motor wird ein Regelschieber in Form einer Blende über das drehende Flügelrad der Pumpe geschoben und dadurch die Zirkulation des Kühlmittels verhindert. Dieser Zustand wird auch als »stehendes Kühlmittel« bezeichnet. Stehendes Kühlmittel erwärmt sich schneller und verkürzt somit die Warmlaufphase des Motors.
Das Kühlsystem steht unter einem Überdruck von etwa 1,2 bis 1,5 bar bei Betriebstempera-

WISSENSWERTES

ABC der Motorbauteile

Keilrippenriemen: Treibt per Motor Nebenaggregate wie den Generator und den Kältemittelverdichter der Klimaanlage.

Kolben: Bewegen sich in den Zylindern, nehmen den Verbrennungsdruck auf und geben ihn über die Pleuel an die Kurbelwelle weiter. Bestehen aus Kolbenboden, Ringzone mit Kolbenringen und Bolzenaugen für die Kolbenbolzen.

Kolbenringe: Die Verdichtungsringe (oben) verhindern Gasentweichen aus dem Verbrennungsraum. Der Ölabstreifring (unten) führt Schmieröl vom Zylinder in die Ölwanne zurück.

Kurbelwelle: Wandelt das Auf und Ab der Kolben in eine Drehbewegung um. Ihre Teile sind Wellenzapfen (für Lagerung im Kurbelgehäuse) und Kurbelzapfen. Kurbelwangen verbinden Wellen- und Kurbelzapfen.

Motorblock: Hier sind die beweglichen Teile gelagert, auch Aggregate wie Generator und Anlasser.

Nockenwelle: Öffnet und schließt die Ventile. Jedes Ventil wird über Rollenschlepphebel von einem Nocken betätigt. Die Nockenwelle wird von der Kurbelwelle angetrieben.

Pleuel: Verbinden Kolben und Kurbelwelle. Kopf umschließt den Kolbenbolzen. Ferner Schaft und Fuß. Pleuellagerdeckel umschließen den Kurbelzapfen.

Turbolader: Baugruppe zur Aufladung, d. h. zur besseren Versorgung des Zylinders mit Frischluft für die Verbrennung. Steigert die Motorleistung.

Ventile: Die Einlassventile lassen Frischgas in den Zylinder, die Auslassventile Abgase in den Auspuff.

Zylinder: Bilden mit dem Zylinderkopf den Verbrennungsraum (Hubraum). Glatt ausgeschliffen (gehont) und auf Kolbendurchmesser abgestimmt.

Zylinderkopf: Zylinderraumabschluss nach oben. Enthält Kanäle, Ventilsitze, Lager und Führungen für Ventilsteuerung, Einspritzventile und Zündkerzengewinde. Seine Dichtung hält Luft und Kühlwasser fern.

tur. Dadurch und durch den Einsatz von Kühlmittelzusätzen erhöht sich der Siedepunkt der Kühlflüssigkeit von 100 °C auf rund 135 °C. Die höhere Temperatur ermöglicht einen wirtschaftlicheren, Kraftstoff sparenden Motorbetrieb.

Das Kühlmittel

Kühlflüssigkeit besteht aus Wasser und Kühlmittelzusatz. Beim Kühlmittelzusatz für den Golf VII handelt es sich um das Kühlerfrost- und Korrosionsschutzmittel G13. Ihm vorausgegangen waren G12 Plus und G12 Plus Plus mit lila Färbung (Bild 4). Es soll stets nur G 13 lila nachgefüllt werden. Der Zusatz ist aber mit den älteren Mitteln G 11 und G 12 (rot) mischbar.
G 13 ist als Lebensdauerfüllung geeignet und schützt optimal vor Frost, Korrosionsschäden, Kalkansatz und Überhitzung. Das Mittel sorgt für bessere Wärmeableitung. Deshalb soll das Kühlsystem unbedingt ganzjährig mit dem Mittel befüllt sein, mindestens 40% gemischt mit 60% Wasser. Das Mischungsverhältnis sollte immer einmal mit einem handelsüblichen Prüfgerät (Bild 4), genau allerdings nur mit einem Refraktometer (Bild 5) kontrolliert werden.

4

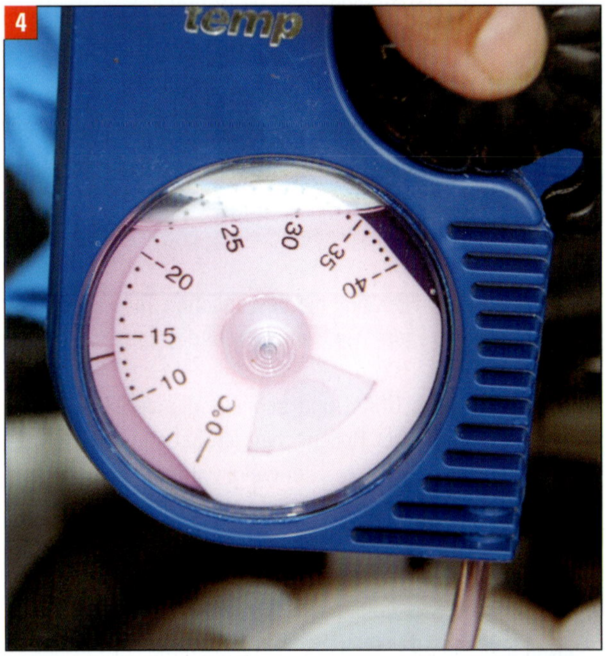

5

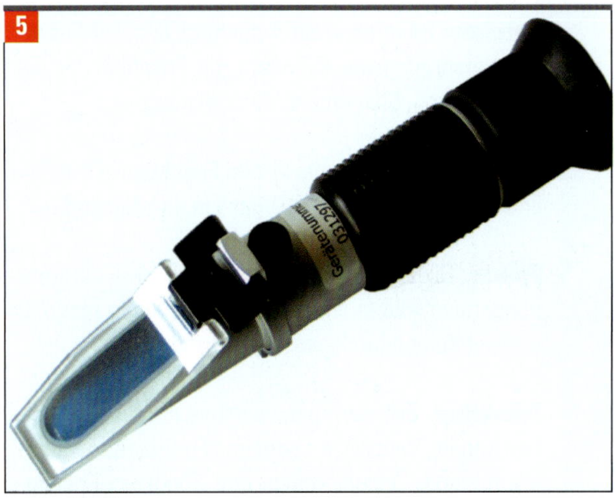

Bild 4 Prüfgerät: Die Skala zeigt Frostschutztemperatur an.
Bild 5 Refraktometer : Erlaubt ganz genaue Messung.

WISSENSWERTES – Teile der Motorkühlung

Ausgleichsbehälter: Lässt bei zu hohem Druck durch ein Überdruckventil im Deckel Wasserdampf entweichen. Der Behälter (bei Golf und Variant rechts hinten im Motorraum) hat an der Außenseite eine Anzeige des Kühlmittelstandes (MIN-MAX-Markierung).

Kühler: Am Schlossträger der Karosserie montiert. Zwischen Kunststoff-Wasserkästen links und rechts befinden sich dünnwandige Röhrchen, die durch ein Gerüst von Lamellen miteinander verbunden sind. Die vom Luftstrom bestrichene Fläche ist dadurch viele Quadratmeter groß.

Kühlerventilator: Lüfter und kleinerer Zusatzlüfter direkt am Kühler verhindern ein Überhitzen des Kühlmittels.

Motorölkühler: Am Ölfilter montiert. Mit Schläuchen ins Kühlsystem eingebunden.

Rohre und Schläuche: Verbinden die einzelnen Komponenten zum System.

Thermostat: Hält die Wassertemperatur konstant. Der Regler öffnet bei etwa 87 °C und lässt das Wasser zum Kühler oder zurück in den Motor strömen. Bei 102 °C endet der Öffnungshub von ca. 8 mm. Die mechanischen Thermostaten werden mit Elektronik komplettiert.

Wasserpumpe: Sorgt für Kreislauf des Kühlmittels. Bei TSI-Motoren über extra Zahnriemen, bei den TDI-Motoren über den Keilrippenriemen angetrieben.

Das Motormanagement

Kraftstoffzufuhr und -dosierung, Herstellung des optimalen Kraftstoff-Luftgemischs, Arbeit des Turboladers und Abgaskontrolle werden von der Motorsteuerung bewerkstelligt. Das Motormanagement ist mit Kennfeldern für Gemischaufbereitung und Kraftstoffeinspritzung vorprogrammiert. Gesteuert werden Einspritzmenge und -beginn, Leerlaufdrehzahl, Abgasrückführung, Turbolader, Aufladung, Ladeluftkühlung und Ladedruck.

Bordcomputer und Diagnose

In Golf und Variant gibt es über 50 Steuergeräte, 14 davon im vorderen, 30 im mittleren und 9 im hinteren Fahrzeugteil. Im Motorraum links neben der Batterie ist als Baugruppe J623 das Motorsteuergerät (Bild 1) eingebaut. Die TDI-Motoren werden von Geräten der EDC-Baureihe (Bild 2) und die Benziner von Motronic-MED-Geräten gesteuert, beide vom erfahrenen Hersteller Bosch.

Zur Funktionsdiagnose und Fehlerabfrage gibt es im Fahrzeug tief unter der Schalttafel Fahrerseite einen Steckanschluss (Bild 3), der über Kabel mit dem mobilen Diagnosegerät (Bild 4) verbunden wird. In VW-Werkstätten werden das »Fahrzeugdiagnose-, Mess- und Informa-

1

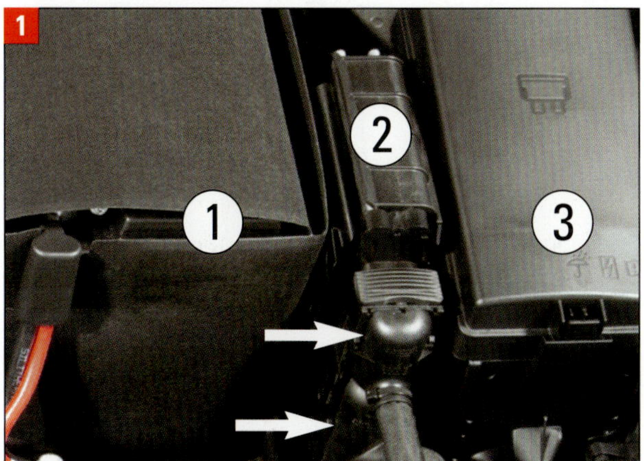

Zwischen Batterie (1) und E-Box (3): Motorsteuergerät (2) mit Vielfachsteckverbindung T60 und T94 (Pfeile).

2

TDI-Steuergerät: Innenleben einer Bosch »Electronic Diesel Control (EDC) 16«. Die Einheit steuert die effektive und schadstoffarme Verbrennung in den Golf-Dieselmotoren.

3

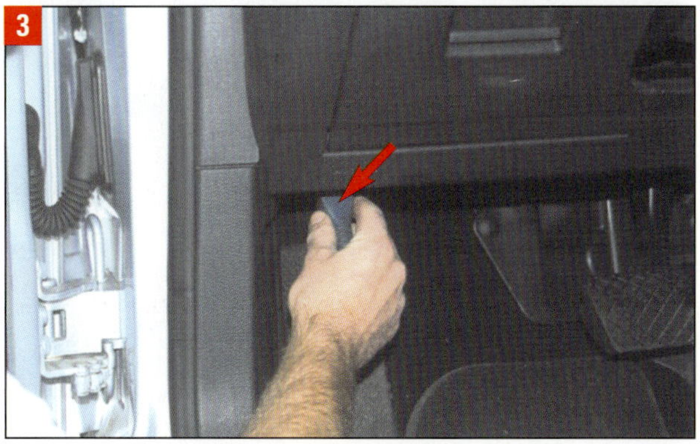

Diagnoseanschluss: Das Gerät wird per Stecker und Kabel mit dem Diagnoseanschluss (Pfeil) links unter der Schalttafel Fahrerseite verbunden.

4

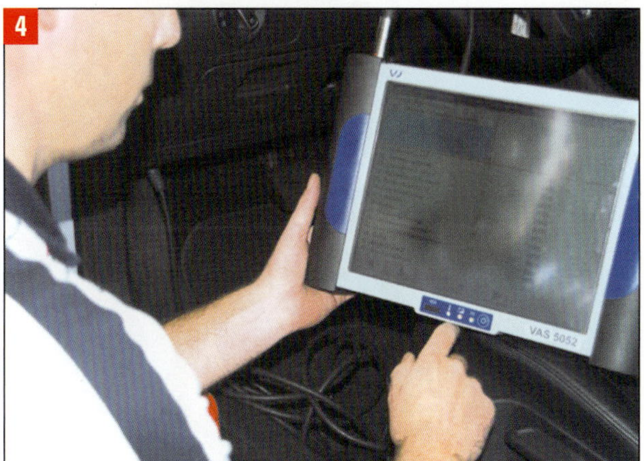

Arbeit mit dem VAS 5052: Diagnose und Fehlerabfragen mit dem Werkstattsystem erfolgen über feste Menüpunkte.

tionssystem VAS 5051« und das »Fahrzeugdiagnose- und Servicesystem 5052« verwendet. Sie sind so programmiert, dass die Einstellung »Fahrzeug – Eigendiagnose« und dann der Menüpunkt »Gateway – Verbauliste« gewählt werden können. Darauf folgt der Schritt »Steuergeräte mit hinterlegtem Fehlerspeichereintrag auslesen«. Die relevanten Fehler müssen dann behoben werden.
Einige Hersteller bieten solche Geräte für den typenoffenen Einsatz an. In einem Vergleichstest der Sachverständigenorganisation DEKRA wurde der kompakte Steuergeräte-Diagnosetester KTS 340 (Bild 5) von Bosch Testsieger. Er ist für viele Fahrzeug- und Steuergerätetypen einsetzbar und bietet zahlreiche Diagnosefunktionen. Das Bild 6 zeigt ein preisgünstiges Kleingerät von Bosch mit Zubehör, vor allem dem Anschlusskabel mit Verbindungsstecker (1) für das Interface. Auch über Internet werden solche Produkte angeboten. Nötig für ihren Einsatz ist eine Software, mit der die Datenspeicher des eigenen Fahrzeugs auslesbar sind.

5

Dem VAS vergleichbar: Das Steuergeräte-Diagnosesystem KTS 340 von Bosch erhielt gute Noten von der DEKRA.

Effiziente Systeme

Die Elektronik der Motorsteuerung wertet in Echtzeit alle Sensordaten über die Kühlmittel-, Kraftstoff- und Ansauglufttemperatur sowie über die momentane Motordrehzahl, die Gaspedalstellung und über die angesaugte Luftmasse aus. Damit schafft sie auch Voraussetzungen für Systeme, mit denen sich der Komfort des Motors steigern und Emissionen sowie Verbrauch senken lassen, nämlich elektronisches Gaspedal (E-Gas), automatische Geschwindigkeitsregelung (AGR) und Leerlauf-Regelung.

Viele Neuerungen beim Golf VII

Die neuen Baureihen bringen erhebliche Neuerungen auch im Motormanagement mit sich. Wir können hier die vielen Veränderungen gegenüber den Vorgängermotoren keinesfalls alle auflisten oder gar beschreiben und be-

6

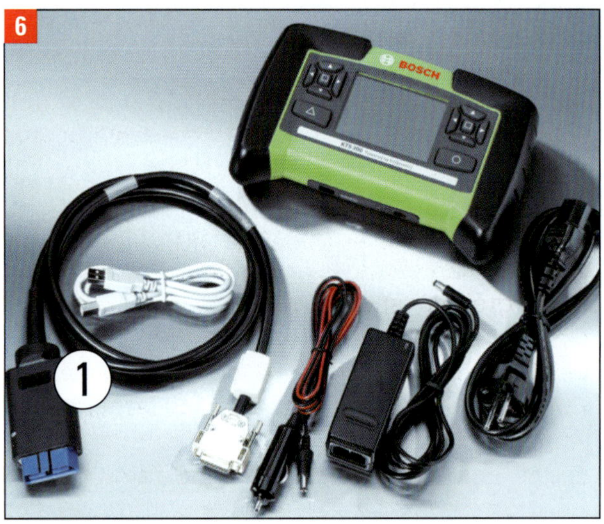

Kleingerät: Günstiger Tester mit Anschlusskabel (1) und anderem Zubehör.

7

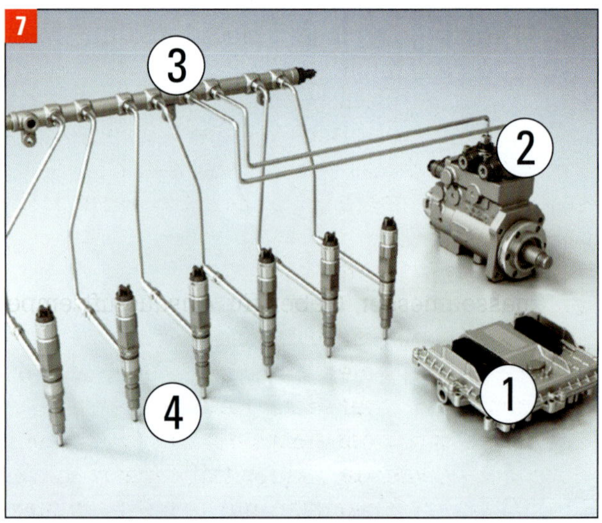

Einspritzsystem: (1) EDC, (2) Hochdruckpumpe, (3) Rail mit (4) Injektoren, in diesem Fall für einen Sechszylinder.

schränken uns auf zwei Beispiele. Bei den Benzinern setzen je nach Motor unterschiedliche Motorsteuergeräte (J623) mit unterschiedlichen Funktionen ein. So übernimmt das Motormanagement bei den 1,4Liter-TSI-Motoren zum Beispiel die zweistufige Öldruckregelung und das »Aktive Zylindermanagement ACT«. Vom Typ her ist eine Bosch Motronic MED 17.5.21 die Management-Variante für die 1,2- und die 1,4-Liter-TSI-Motoren. Die Anschlussstecker haben 1x60 Pins und 1x94 Pins.
Bei den Dieselmotoren erfordert die aufwändige Abgasnachbehandlung eine erweiterte Steuerungs- und Regelstruktur für das Luftsystem. Das Management des EA288-Dieselmotors wird durch das Luftregelsystem des Motors unterstützt. Dieses basiert auf einem Modell, mit dem die Zustände des Luftsystems in sämtlichen Betriebszuständen des Motors berechnet werden. Dabei werden alle Druckwerte, Temperaturwerte und Massenströme in der Ansaugluft-, Ladeluft- und Abgasstrecke des Motors ermittelt. Diese Größen werden für die Regelungen des Ladedrucks, der Zylinderfüllung und der Abgasrückführungsrate verwendet. Das komplexe Luftregelsystem des Motors kommt bei diesem Modell trotz einer Vielzahl von Aktoren mit einer begrenzten Anzahl von Sensoren aus.

Die einzelnen Geber

Das Motorsteuergerät mit Funktions- und Überwachungsrechner ist gegen äußere Einflüsse in einem Metallgehäuse gekapselt (1, Bild 7). Es enthält vor Kurzschlüssen und Überlastung geschützte Endstufen mit genügend Leistung für direkten Anschluss der Stellglieder. Das Gerät erfasst über Sensoren u. a. folgende Parameter:

Luftbeschaffenheit

Luftmassenmesser, Geber für Ansauglufttemperatur, Höhenmesser und Ladedrucksensor bestimmen präzise die Dichte der Umgebungsluft und den Druck für den Turbolader. Von der Luftdichte hängt der Anteil der für die Verbrennung entscheidenden Sauerstoffteilchen ab. Die Luftfüllung ist zusammen mit der Motortemperatur ein Berechnungsfaktor für Einspritzmenge und jeweiliges Motor-Drehmoment.

Motordrehzahl

Der Drehzahlgeber an der Kurbelwelle informiert über Motordrehzahl, genaue Stellung der Kurbelwelle und Stellung des Kolbens jedes einzelnen Zylinders. Dazu werden per Magnetfeld Impulse erzeugt, deren Anzahl pro Zeit ein Maß für die Drehzahl des Schwungrades ist.

Nockenwellenstellung

Der Nockenwellenpositionssensor, ein »Hallgeber«, gibt die Stellung der Nockenwelle an. Motordrehzahl und Nockenwellenstellung bestimmen Einspritzzeitpunkt und sequenzielle Einspritzung jedes Zylinders.

E-Gas und Drosselklappe

Zwei Geber für Gaspedalstellung sitzen als gemeinsames Modul direkt am Pedal. Das elektronische Gaspedal erfasst den »Fahrerwunsch« als eine Haupteingangsgröße für das Motorsteuergerät.
Nach dieser Information wird vom Drosselklappensteller der Öffnungswinkel in Abhängigkeit vom Betriebszustand reguliert. Beim Beschleunigen kann die Klappe schon ganz geöffnet sein, obgleich das Gaspedal erst halb durchgetreten ist. Auch die Einflussnahme auf die Systeme des Fahrwerks (ABS, ESP) ist möglich. Falls z. B. der Fahrer zu viel Gas gibt, kann das Steuergerät so weit drosseln, bis kein Rad mehr durchdreht.

Das »Chiptuning«

Die Parameter der elektronischen Motorsteuerung, ein mehrdimensionales Kennfeld, sind als Datensatz auf einem wiederbeschreibbaren Speicherchip im Steuergerät abgelegt. Durch Veränderung der Software können bei Motoren mit gleicher Motormechanik verschiedene Leistungsstufen eingestellt werden.
Hier greifen spezialisierte Werkstätten und auch Tüftler an, um durch »Chiptuning« eine Leistungssteigerung des Motors zu bewirken. Die werkseitig festgelegten Steuerparameter werden verändert und die relevanten Kenndaten neu verknüpft. Einspritzzeitpunkt und Einspritzmenge für jeden Zylinder ergeben sich dann neu. Aber Vorsicht: falsches Tuning kann Schäden am Antrieb bewirken!

Kraftstoff, Einspritzung, Zündung und Vorglühen

Per Zapfpistole gelangt der Kraftstoff durch Einfüllöffnung und Einfüllstutzen der Tankklappeneinheit (1) durch die Zuleitung (2) in den Kraftstoffbehälter (3) mit Druckhalteventil (5). Von diesem 50-Liter-Tank schafft die Fördereinheit (4) mit Kraftstoffpumpe und Füllstandsgeber den Kraftstoff über Vorlaufleitung und Kraftstofffilter zur Hochdruckpumpe. In den Motorraum eintretende Kraftstoffleitungen sind durch einen Wärmeabschirmkanal aus hochtemperaturfestem Kunststoff geschützt. Den Kraftstoffbehälter sichern Wärmeschutzbleche (6; alle Positionen Bild 1).

1

Kraftstoffbehälter: (1) Tankklappeneinheit, (2) Zuleitung mit Belüftung und Masseanschluss, (3) Kraftstoffbehälter aus Kunststoff, (4) Kraftstofffördereinheit, (5) Druckhalteventil, (6) Wärmeschutzblech.

Kraftstoffvor- und -rücklaufleitung sind aus besonders druckfestem Material gefertigt und werkseitig mit Schellen gesichert. Aus Sicherheitsgründen sollen bei einem Austausch immer originale Federbandschellen benutzt werden (mit Zangen VAS 5024 A oder V.A.G 1921 aus- und einbauen).

Kraftstoff ist für die Ottomotoren Superbenzin mit mindestens 95 ROZ, für die TDI Diesel mit einer Cetanzahl (CZ) von mindestens 51. Dieselkraftstoff muss der DIN EN 590 entsprechen. Wichtig ist seine Cetan-Zahl (CZ). Sie gibt an, wieviel Volumenprozent Cetan sich in einem Gemisch mit dem Vergleichskraftstoff befinden müssten, um dessen Zündwilligkeit zu haben. Sie darf bei den Golf-TDI nicht niedriger sein als 51. Bei niedrigen Temperaturen nimmt die Fließfähigkeit von Dieselkraftstoff ab, so dass Paraffinausscheidungen den Kraftstofffilter zusetzen und den Motorbetrieb empfindlich stören können. In Deutschland gibt es daher während der kalten Jahreszeit generell kältebeständigen Winterdiesel. Fließverbesserer oder Benzin dürfen nicht zugesetzt werden.

Tankbe- und -entlüftung

Für die Tankent- und -belüftung sorgen Ventile und Leitungen. Durch das geschlossene Lüftungssystem entweicht die Luft, wenn der Tank mit Kraftstoff gefüllt wird. Bei der Fahrt strömt entsprechend der verbrauchten Kraftstoffmenge von außen Luft in den Tank, damit sich kein Unterdruck bildet. Die Kraftstoffpumpe drückt den Kraftstoff ins Common Rail und von dort in Einspritzventile (Bild 2) oder Piezo-Injektoren.

System der TSI-Motoren

Das bedarfsgeregelte System besteht aus dem Niederdruck- und dem Hochdruck-Kraftstoffsystem. Es hat den Vorteil, dass sowohl die elektrische Kraftstoffpumpe als auch die Hochdruck-Kraftstoffpumpe immer nur so viel Kraftstoff fördern, wie der Motor gerade benötigt. Dadurch werden die elektrische und die mechani-

sche Antriebsleistung der Kraftstoffpumpen verringert und Kraftstoff gespart.
Im Niederdruck-Kraftstoffsystem liegt der Druck zwischen 2 und 6 bar. Beim Kaltstart wird mit erhöhtem Druck gestartet, um schnellstmöglich den Kraftstoffdruck aufzubauen. Beim Heißstart dient der erhöhte Druck dazu, in der Hochdruck-Kraftstoffpumpe Dampfblasenbildung zu vermeiden. Dazu berechnet das Motorsteuergerät die Temperatur in der Hochdruckpumpe.
Im Hochdruck-Kraftstoffsystem beträgt der Druck last- und drehzahlabhängig bei den 1,2-Liter-TSI-Motoren zwischen 120 und 200 bar und bei den 1,4-Liter TSI-Motoren zwischen 140 und 200 bar. Dieser hohe Druck verbessert die Zerstäubung des eingespritzten Kraftstoffs und bewirkt bessere Gemischbildung mit geringeren Schadstoffemissionen und geringerer Rußbildung. Des Weiteren wurde das Strahlbild der Einspritzventile so optimiert, dass der Kraftstoffstrahl keine Bauteile im Brennraum trifft.

2

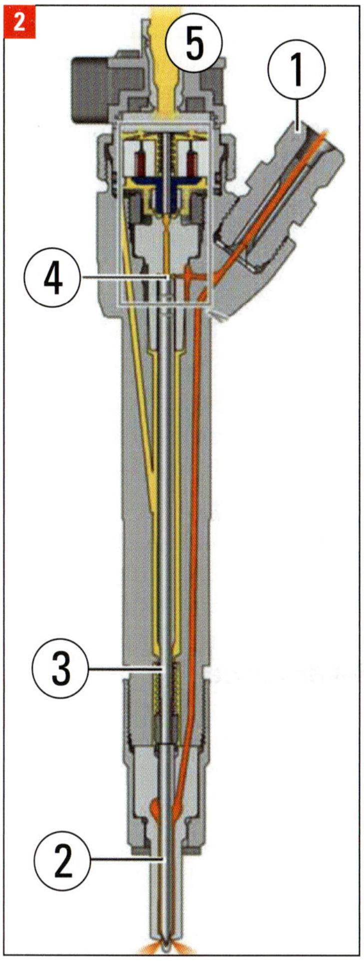

Bosch-Einspritzventil mit Magnetventil-Technologie:
(1) Kraftstoff-Hochdruckanschluss,
(2) Düsennadel,
(3) Steuerkolben,
(4) Ventil-Steuerraum,
(5) Kraftstoff-Rücklauf.

System der TDI-Motoren

Im Kraftstoffsystem der TDI-Motoren des Golf VII sind vor allem die Einspritzventile zu erwähnen, die ganz neu sind. Bisher hatte VW auf die Piezo-Injektoren gesetzt, aber in den EA288-Triebwerken wird die Einspritzung über Magnetventil-Aktoren gesteuert. Bosch hat nämlich ein Einspritzventil mit Magnetventil-Technologie entwickelt (Bild 2), das den Anforderungen an hohe Einspritzdrücke und der Fähigkeit zur Mehrfacheinspritzung je Arbeitstakt entspricht. Magnetventil gesteuerte Einspritzventile haben den Vorteil, dass sie einfacher herzustellen sind als Einspritzventile mit Piezo-Aktor. Im Zylinderkopfdeckel sind jeweils zwei Einspritzventile mit einer außenliegenden Spannpratze befestigt.

Funktion der Magnetventile

In der Ruhelage ist das Einspritzventil geschlossen. Die Magnetspule wird nicht angesteuert. Der Magnetventil-Anker wird durch die Kraft der Magnetventil-Feder in den Sitz gedrückt und verschließt den Ventil-Steuerraum zum Kraftstoff-Rücklauf. Im Ventil-Steuerraum befindet sich der Kraftstoff unter Hochdruck. Die Düsennadel wird in ihren Sitz gedrückt und schließt die Einspritzdüse.
Der Einspritzvorgang wird eingeleitet, indem die Magnetspule vom Motorsteuergerät angesteuert wird. Sobald die Magnetkraft die Schließkraft der Magnetventil-Feder übersteigt, bewegt sich der Ventil-Anker nach oben und öffnet die Ablaufdrossel. Der Kraftstoff im Ventil-Steuerraum fließt über die geöffnete Ablaufdrossel in den Kraftstoffrücklauf. Der Kraftstoffdruck im Ventil-Steuerraum sinkt. Die Zulaufdrossel verhindert einen raschen Druckausgleich zwischen dem Kraftstoff-Hochdruckbereich und dem Ventil-Steuerraum. Die Düsennadel wird durch den Kraftstoffdruck angehoben und die Einspritzung beginnt.

Kraftstofffilter wird vorgewärmt

Damit der Kraftstofffilter bei niedrigen Kraftstofftemperaturen nicht durch auskristallisierende Parafine verstopft, wird gezielt erwärm-

ter Kraftstoff aus dem Hochdruckspeicher (Rail) in die Vorlaufleitung vor den Kraftstofffilter gesteuert. Und damit der Kraftstoff bei kaltem Motor schnell erwärmt werden kann, gelangt durch die Regelung des Ventils für Kraftstoffdosierung (N290) mehr Kraftstoff in den Druckraum der Hochdruckpumpe als zur Einspritzung notwendig ist. Der bei der Druckerzeugung erwärmte Kraftstoff wird aus dem Rail über das Regelventil für Kraftstoffdruck (N276) in die Rücklaufleitung vom Kraftstofffilter geleitet.
Die Filter-Vorwärmung erlaubt, dass mit Winterdiesel bis zu einer Außentemperatur von ca. -24 °C betriebssicher gefahren werden kann. Sollte der Kraftstoff bei noch niedrigeren Temperaturen so dickflüssig geworden sein, dass der Motor nicht mehr anspringt, muss das Fahrzeug einige Zeit in einem geheizten Raum (Garage, Werkstatt) untergestellt werden.

Einspritzung und Gemisch

Ziel aller Maßnahmen mit dem Kraftstoff ist es, zum Zündzeitpunkt ein zündfähiges Kraftstoff-Luft-Gemisch im Zylinderbrennraum bereit zu stellen. Der Kraftstoff wird von der Hochdruckpumpe mit einem Druck bis 1600 bar dem Common Rail (Verteilerrohr) zugeführt, von dem ihn die Einspritzventile im Steuerungsrhythmus entnehmen und direkt in die Brennräume der Zylinder einspritzen.
Kraftstoffpumpe in der Fördereinheit und Hochdruckpumpe bewegen immer nur soviel Kraftstoff, wie der Motor gerade benötigt. Dadurch sind elektrische und mechanische Antriebsleistung gering, Kraftstoff wird eingespart.

Zünden und Vorglühen

Damit das Kraftstoff-Luft-Gemisch im Brennraum seine optimale Wirkung entwickelt, muss es exakt zum richtigen Zeitpunkt gezündet werden. Das EDC-Gerät ist dazu mit den Zündzeitpunkten für die verschiedenen Lastzustände des Motors programmiert. Das Kraftstoff-Luft-Gemisch zündet im Moment der höchsten Verdichtung, also wenn der Kolben von der Aufwärtsbewegung des Kompressionshubs in die Abwärtsbewegung des Arbeitstaktes übergehen will.

Bei Dieseleinspritzmotoren wird reine Luft in die Zylinder gesaugt und dort hoch verdichtet. Dadurch erwärmt sie sich weit über die Zündtemperatur des Dieselkraftstoffs hinaus auf 600 bis 900 °C. Steht der Kolben kurz vor dem Oberen Totpunkt, wird der Kraftstoff in den Zylinder eingespritzt. Dann erfolgt das Zünden.
Bei sehr kaltem Motor wird nach Einschalten der Zündung »vorgeglüht«. Im Brennraum jedes Zylinders steckt eine Glühkerze. Die Vorglühdauer wird, abhängig von der Umgebungstemperatur, ebenfalls vom Motor-Steuergerät eingestellt. Nach jedem Motorstart wird nachgeglüht. Dadurch werden die Verbrennungsgeräusche vermindert, die Leerlaufqualität verbessert und die Kohlenwasserstoff-Emissionen reduziert. Das Nachglühen dauert max. vier Minuten.
Der 2,0 Liter-TDI-Motor mit Common-Rail-Einspritzsystem im Golf VII hat eine Diesel-Schnellstart-Vorglühanlage. Dieses System ermöglicht einen Sofortstart des Dieselmotors unter allen klimatischen Bedingungen bis -24 °C. Lange Vorglühzeiten entfallen und der Startvorgang ist mit dem eines Ottomotors vergleichbar. Die Aufheizzeit ist extrem kurz. Innerhalb von 2 Sekunden werden Temperaturen bis zu 1000 °C an der Glühkerze erreicht. Die Temperaturen für Vor- und Nachglühen sind steuerbar (dazu später noch etwas mehr).

Die Aktivkohlebehälter-Anlage

Am Einfüllstutzen der Tankanlage der Benzinmotoren ist ein Aktivkohlebehälter platziert. Er ist erforderlich, um die gesetzlichen Forderungen an die Verminderung von Kohlenwasserstoff-Emissionen (HC) zu erfüllen. Die Anlage verhindert, dass Kraftstoffdämpfe aus dem Kraftstoffbehälter in die Umwelt gelangen.
Die Kraftstoffdämpfe werden im Aktivkohlebehälter gespeichert und regelmäßig der Verbrennung zugeführt. Das erfolgt bei den neuen 1.2- und 1.4-TSI-Motoren je nach den Druckverhältnissen direkt am Saugrohr oder auf der Saugseite des Abgas-Turboladers. Das Motorsteuergerät errechnet, wie viel Kraftstoff aus der Aktivkohlebehälter-Anlage zugeführt werden darf. Das Magnetventil wird entsprechend angesteuert, die Einspritzmenge angepasst, die Drosselklappe verstellt.

Abgassystem für Euro 6

Die Abgas- oder Auspuffanlage eines Kraftfahrzeugs muss Verbrennungsabgase ableiten und soll Schadstoffe möglichst gering halten. Außerdem reduziert sie die Geräusche, die bei der Verbrennung entstehen, auf ein Minimum. Ihre wesentlichen Teile sind z. B. bei den Golf-TDI:

- Abgaskrümmer mit Abgasturbolader und Druckdose,
- Partikelfilter mit Oxidationskatalysator, Abgasvorrohr und Lambdasonde,
- je ein Abgastemperaturgeber an Vorrohr und Partikelfilter,
- Differenzdruckgeber zwischen Partikelfilter und Steuerleitung sowie
- Abgasendrohr mit Schalldämpfer.

Luftregelsystem für EA288-TDI

Die immer höheren Anforderungen an die Abgasnachbehandlung erfordern eine erweiterte Steuerungs- und Regelstruktur für das Luftsystem des Motors. Das Motormanagementsystem des EA288-Dieselmotors wird durch das Luftregelsystem des Motors unterstützt. Das Luftregelsystem basiert auf einem Modell, mit dem die Zustände des Luftsystems in sämtlichen Betriebszuständen des Motors berechnet werden. Dabei werden alle Druckwerte, Temperaturwerte und Massenströme in der Ansaugluft-, Ladeluft- und Abgasstrecke des Motors ermittelt. Diese Größen werden für die Regelungen des Ladedrucks, der Zylinderfüllung und der Abgasrückführungsrate verwendet. Vorteil dieses Modells ist es, dass das komplexe Luftregelsystem des Motors, trotz einer Vielzahl von Aktoren, mit einer begrenzten Anzahl von Sensoren auskommt.

Abgassystem für EA211-TSI

Bei allen EA211er Motoren besteht das Abgassystem aus dem im Zylinderkopf integrierten Abgaskrümmer, motorabhängig einer Sprung- oder Breitband-Lambdasonde (2) vor dem Katalysator, einem motornahen Drei-Wege-Katalysator (1), einer Sprung-Lambdasonde nach dem Katalysator (3), einem Entkopplungselement und einem Hauptschalldämpfer (Bild 1). Die 1.2 TSI-63kW-Motoren und die 1.4 TSI-92kW-Motoren haben vor dem Katalysator die Sprung-Lambdasone, die 1.4TSI-110kW-Motoren haben Breitband-Lambdasonden. Gegenüber den Vorgängermotoren ist der Zylinderkopf der neuen Benziner gedreht. Deshalb befindet sich der Katalysator an der Rückseite des Motors. Durch den integrierten Abgaskrümmer wird ein noch schnellerer Start der Lambda-Regelung erreicht.

Doppelschelle und Trennstelle

Die Teile der Abgasanlage sind sowohl bei den Benzinern wie bei den Dieselmotoren miteinander durch Klemmhülsen (Bild 2) verbunden und lassen sich einzeln auswechseln. Einbauort (Markierung auf dem Abgasrohr) und Einbaulage (Winkel und Einbaurichtung der Mutter) dieser Klemmhülse (bisher Doppelschelle) müssen genau eingehalten werden (Bild 3).
In der Erstausstattung sind Vorrohr und hinteres Abgasrohr/Nachschalldämpfer mit einem durchgehenden, gebogenen Abgasrohr verbunden (Bild 4). Bei einer Reparatur können die Teile aber einzeln ersetzt werden. Dazu muss man das Verbindungsrohr an der markierten Trennstelle aufsägen und mittels Klemmhülse wieder mit dem neuen Rohr verbinden.

Katalysatoranlage der EA211-TSI-Motoren: (1) Katalysator, (2) Lambdasonde (G39) mit Heizung (Z19), (3) Lambdasonde nach Katalysator (G130) mit Heizung (Z29).

Oxidationskat und Partikelfilter

Das Trägermaterial des Oxidationskatalysators besteht aus Metall. Dadurch kann die Betriebstemperatur schneller erreicht werden. Auf diesem Metallkörper befindet sich eine Trägerschicht aus Metalloxiden wie zum Beispiel Aluminiumoxid. Auf dieser Trägerschicht sind Schichten aus Platin und Palladium aufgebracht. Diese Edelmetalle dienen als Katalysatoren für Kohlenwasserstoff und Kohlenmonoxid. Die katalytische Beschichtung des Oxidationskatalysators wandelt einen großen Teil des Kohlenwasserstoffs und des Kohlenmonoxids in Wasserdampf und Kohlendioxid um.
Der Dieselpartikelfilter besteht aus einem wabenförmigen Keramikkörper, der mit Aluminiumtitanat oder Siliziumcarbid bedampft wurde. Der Keramikkörper enthält viele kleine Kanäle. Diese sind wechselseitig geöffnet bzw. verschlossen. Bedingt durch diesen Aufbau, entstehen Ein- und Auslasskanäle, welche durch Filterwände voneinander getrennt sind. Die Filterwände sind porös und mit einer Trägerschicht aus Metalloxid, z. B. Aluminiumoxid, beschichtet. Auf dieser Trägerschicht befindet sich eine Schicht aus den Edelmetallen Platin und Palladium. Diese Schicht fungiert als Katalysator. Das rußhaltige Abgas strömt durch die porösen Filterwände der Eingangskanäle. Dabei werden die Rußpartikel, im Gegensatz zu den gasförmigen Bestandteilen des Abgases, in den Eingangskanälen zurückgehalten.

Arbeiten an der Anlage

Arbeiten am vorderen Teil der Abgasanlage, vom Abgaskrümmer bis zum Partikelfilter mit Abgasvorrohr, empfehlen wir nicht. Dies berührt empfindliche Baugruppen wie Abgasturbolader und Differenzdruckgeber, was wir für eine Sache der Fachwerkstatt halten. Wir beschränken uns auf den »klassischen« Bereich der Arbeiten am (Nach-)Schalldämpfer und auf das Ausrichten der Abgasanlage.
Nach Montagearbeiten muss darauf geachtet werden, dass die Anlage nicht verspannt wird und ausreichend Abstand zum Aufbau hat. Ggf. müssen die Klemmhülse (Bild 2) gelöst sowie Schalldämpfer und Abgasrohr so ausgerichtet werden, dass Abstand vorhanden ist und die Aufhängungen gleichmäßig belastet werden.

2

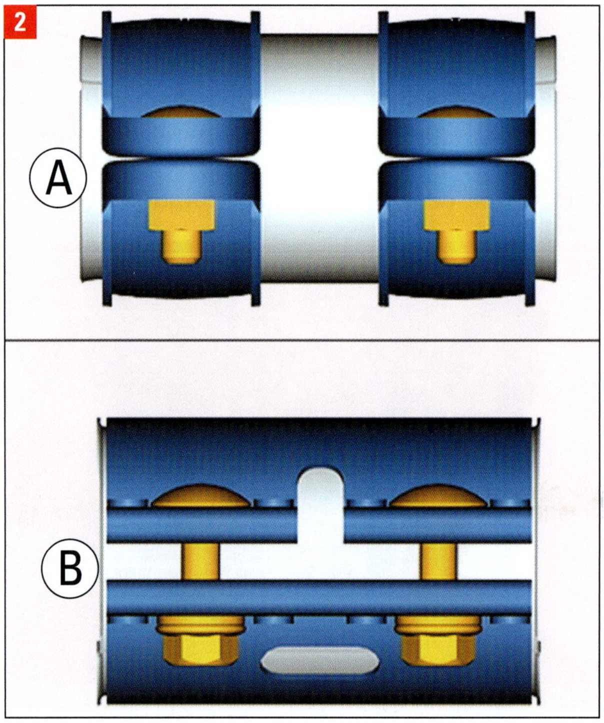

Verbindung: Die alte Doppelschelle (A) ist durch die Klemmhülse (B) ersetzt worden.

3

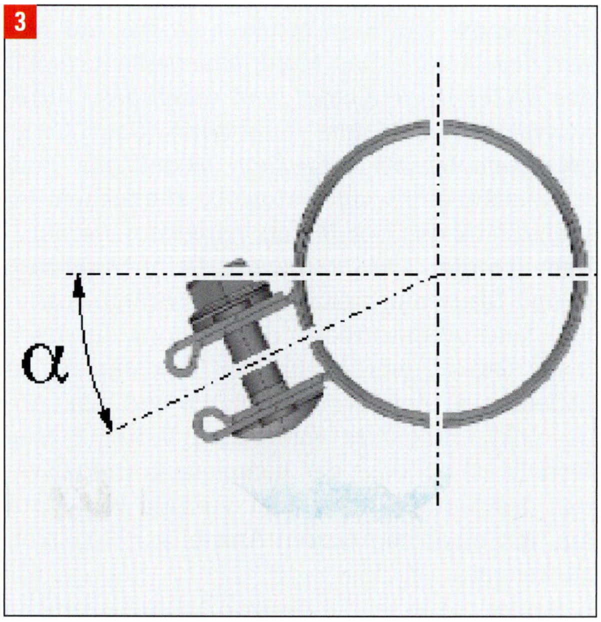

Einbaulage der Klemmhülsen: Hinten mit Winkel »a« = etwa 20°, Verschraubungen nach hinten, Muttern nach oben. Vorn mit Winkel »a« = etwa 20°, Verschraubung nach rechts, Muttern nach oben.
Das Beispielbild zeigt die Klemmhülse hinten.

Abgasanlage trennen / spannungsfrei einrichten

■ **Neue Klemmhülsen:** Volkswagen hat schon mit dem Golf VI zeitlich gleitend Klemmhülsen mit durchgehender Schelle entsprechend (B) in Bild 2 eingeführt. Damit wurden die jahrelang gebräuchlichen Doppelschellen ersetzt.

■ **Abgasanlage trennen:** Bild 4 zeigt die einfachste Ausführung von Vorschalldämpfer (in anderen Fällen Mittelschalldämpfer) und Nachschalldämpfer in getrenntem Zustand. Im Auslieferungszustand des Fahrzeugs sind sie durch das gebogene Abgasrohr fest verbunden. Je nach Motorisierung, nach Golf oder Variant sowie nach Verbundlenker- oder Mehrlenkerachse sind Bauform und Ausführung unterschiedlich, aber das Prinzip bleibt.

■ Zum einzelnen Ersetzen des Mittelschalldämpfers oder Nachschalldämpfers ist im Verbindungsrohr eine Trennstelle vorgesehen. Die Trennstelle ist durch eine Eindrückung auf dem Umfang des Abgasrohrs gekennzeichnet (Pfeil in Bild 5).

■ Abgasrohr an dieser Trennstelle rechtwinklig mit dem Kettenrohrabschneider (z. B. VAS 6254) oder mit Karosseriesäge trennen. Klemmhülse auf dem Abgasrohr positionieren, neuen Nachschalldämpfer ansetzen und Hülse mittig zu den seitlichen Markierungen (Pfeile Bild 6) positionieren. Klemmhülse hinten in der Stellung nach Bild 3 einbauen, Muttern (nach oben) mit 30 Nm festziehen. Vor dem Festziehen Anlage spannungsfrei einrichten.

■ **Abgasanlage einrichten:** Motor und Abgasanlage müssen kalt sein. Verschraubungen der Klemmhülse vorn lösen. Abgasanlage so weit nach vorn drücken, bis die Vorspannung an der Halteschlaufe am Abgasrohr (5 in Bild 4) »a« = 5 mm beträgt (Bild 4a).

■ Klemmhulse vorn einbauen und die Schraubverbindungen (Verschraubung nach rechts, Muttern nach oben, Einbauwinkel etwa 20°) mit je 30 Nm Anzugsdrehmoment festziehen.

■ Nachschalldämpfer so ausrichten, dass zwischen Stoßfängerausschnitt und Abgasendrohr(en) ein gleichmäßiger Abstand entsteht. Zum Ausmitteln der Abgasendrohre Aufhängung Nachschalldämpfer lösen.

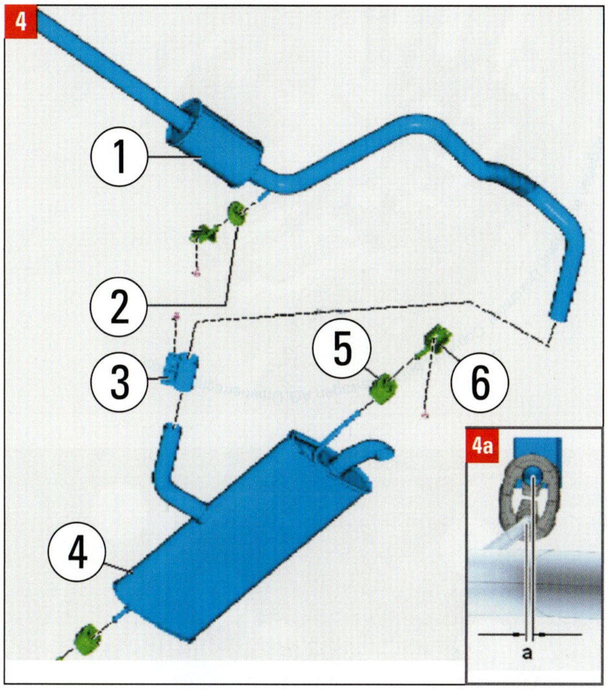

Abgasanlage 1.2 TSI: (1) Vorschalldämpfer, (2) Halteschlaufe, (3) Klemmhülse hinten, (4) Nachschalldämpfer, (5) Halteschlaufe, (6) Aufhängung. Bild 4a: Vorspannung a = 5 mm.

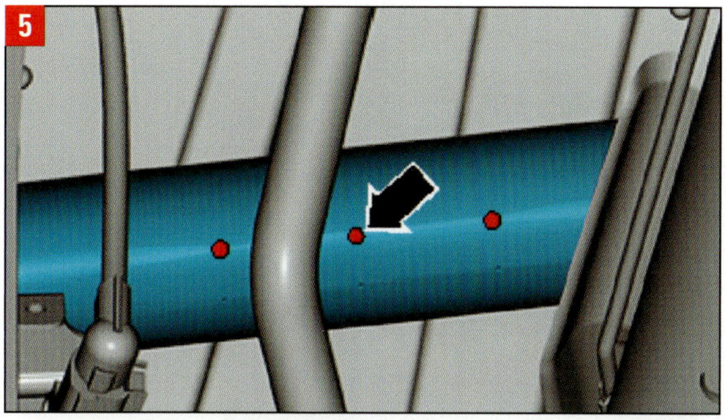

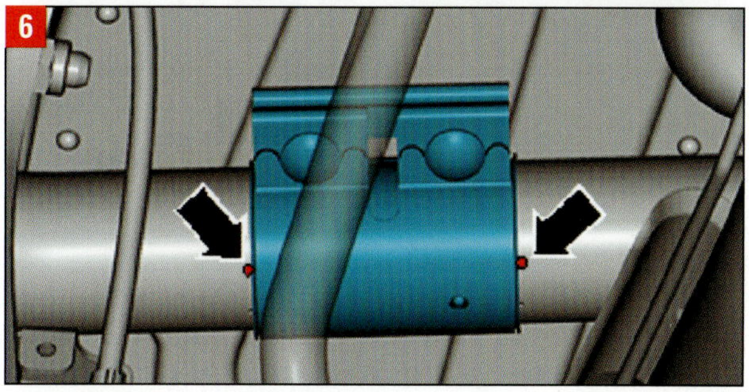

Markierungen am Abgasrohr: Am Abgasrohr (hier 1.4 TSI mit Mehrlenkerachse). Pfeil Bild 5: Trennstelle, Pfeile Bild 6: Marken für Position der Klemmhülse.

Die Kraftübertragung

Die Motorleistung gelangt zu den Rädern über ein System der Kraftübertragung aus Kupplung, Getriebe und Achsantrieb. Diese drei Akteure sind durch Gelenke, Wellen und Zahnräder miteinander verbunden.

Die Kupplung

Der Kraftfluss vom Motor zum Achsantrieb muss nach Wunsch hergestellt und unterbrochen werden können. Das übernimmt bei den Schaltgetrieben die Kupplung. Sie ermöglicht ruckfreies Anfahren, indem sie die unterschiedlichen Drehzahlen von Kurbelwelle und Getriebe-Antriebswelle ausgleicht. Golf/Variant mit 5- oder 6-Gang-Schaltgetriebe haben eine hydraulisch betätigte Einscheiben-Trockenkupplung mit asbestfreien Belägen und Zweimassen-Schwungrad. Das innovative Automatikgetriebe DSG Golf/Variant mit 6 oder 7 Gängen hat eine Doppelkupplung (Bilder 1 und 2). Sie läuft beim (belastbareren) 6-Gang DSG (Bilder 1 und 2) in einem Ölbad, beim 7-Gang-DSG für schwächere Motorisierungen läuft die Lamellenkupplung trocken.

Das Schaltgetriebe

Das Getriebe ist nötig, damit Ihr Auto immer die gewünschte Zugkraft entwickelt. Beim Anfahren wird an den Antriebsrädern ein großes Drehmoment gebraucht. Dazu übersetzt der erste Gang die Motordrehzahl ins Langsamere. Bei der Autobahnfahrt im fünften oder sechsten Gang verhält es sich umgekehrt, eine Übersetzung ins Schnellere wird wirksam.

Bei den Schaltgetrieben sitzen auf der Antriebswelle (Eingangswelle), laufruhig auf dünnen Rollen (»Nadeln«) gelagert, fünf bzw. sechs

1
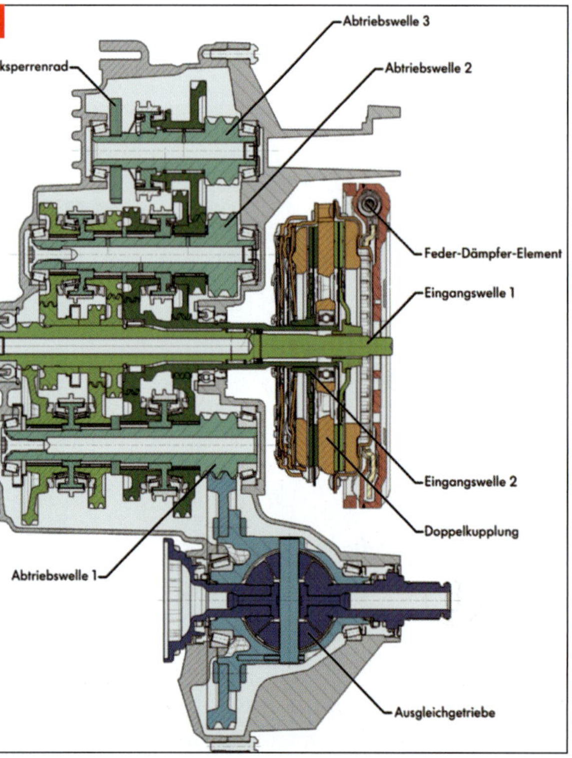

2
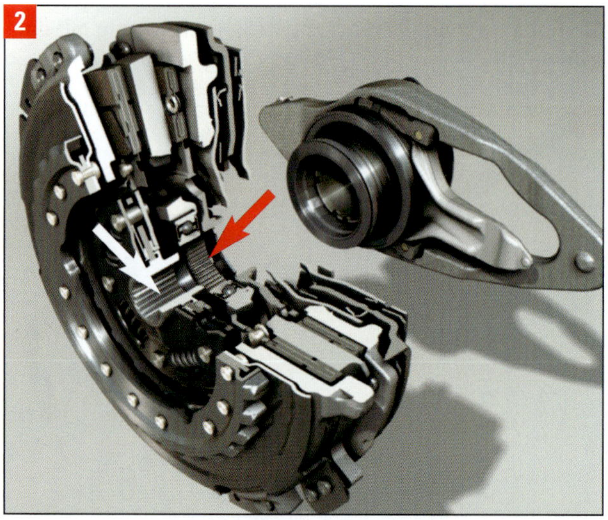

3

4

Bilder 1/2 herausragendes Konzept: Thermisch hoch belastbare Nass-Doppelkupplung mit Steuerhydraulik.
Bilder 3/4 Schalthebel: (1) Schaltknopf, (2) Manschette, (3) Klemmschelle. Bild 3: manuelle Schaltung, Bild 4: DSG.

Zahnräder für die Vorwärtsgänge und eines für den Rückwärtsgang. Die ersten drei Gänge übersetzen ins Langsamere, der vierte Gang (direkter Gang) überträgt die Motordrehzahl etwa im Verhältnis 1:1. Im fünften und im sechsten Gang ist die Drehzahl der Abtriebswelle größer als die Motordrehzahl. Damit rückwärts gefahren werden kann, sitzt auf jeder Antriebswelle ein Zahnrad, das den Drehsinn der Antriebsräder umkehrt Am Schalthebel (Bilder 3 und 4) für die Gänge ist der Schaltknopf (1) mit einer Manschette (2) per Klemmschelle (3) befestigt. Seine Bewegung wird über Stangen und Seilzüge auf Getriebeschalthebel und Umlenkhebel am Getriebe übertragen.

6- und 7-Gang-DSG

Die Automatikschaltung »DSG« des Golf verbindet höchste Wirtschaftlichkeit mit bester Schaltdynamik. Bei seiner Einführung wurde das DSG als »Direkt-Schaltgetriebe« bezeichnet, daher das Kürzel. Inzwischen wird das hocheffiziente Schaltwerk nach seinem herausragenden Merkmal, den ineinander angeordneten zwei Lamellenkupplungen unterschiedlichen Durchmessers, treffender »Doppelkupplungsgetriebe« genannt. Die äußere Kupplung K1 (roter Pfeil in Bild 2) bedient die ungeraden Gänge plus Rückwärtsgang, die innere Kupplung K2 (weißer Pfeil in Bild 2) die geraden Gänge.
Das DSG besteht also aus zwei parallel geschalteten Teilgetrieben mit gemeinsamem Achsantrieb. Für drehmomentstarke Motoren bis 350 Nm wird ein 6-Gang-DSG mit ölgekühlter (nasser) Doppelkupplung, für ein Drehmoment bis 250 Nm ein 7-Gang-DSG mit »trockener« Doppelkupplung verwendet.

Der Achsantrieb

Im Getriebe- und Kupplungsgehäuse sitzt auf zwei Kegelrollenlagern das Ausgleichsgetriebe. Mit dessen Gehäuse ist das Zahnrad für den Achsantrieb fest vernietet und mit dem Zahnrad der Abtriebswelle gepaart, denn der Achsantrieb ist die »letzte Station«. Er muss die vom Getriebe kommenden Drehzahlen ins Langsamere übersetzen, das Drehmoment vergrößern und an die Antriebsräder übertragen.

Der Luftfilter

Die Reinigung der zur Verbrennung angesaugten Luft übernimmt ein Filter. In dessen feinporigem Einsatz setzen sich die feineren Staub- und Schmutzteilchen ab, die größeren fallen ins Filtergehäuse.
Der Filtereinsatz (2) muss regelmäßig gewechselt, das Gehäuse (1/4) muss gereinigt werden. Alle in Golf und Variant mit Dieselmotoren verbauten Luftfilter haben diesen Aufbau nach Bild 1. Die acht Befestigungsschrauben (5) des Gehäuseoberteils (1) sind mit 1,5 Nm ins Unterteil (4) einzudrehen. Das Schneesieb (3) ist nicht in allen Fällen vorhanden. Der Luftfilter für den 2.0-TSI-Motor ist fast ebenso aufgebaut. Der Filter für die 1.2- und 1.4-TSI-Motoren ist ähnlich, aber viel flacher im Aufbau.

1

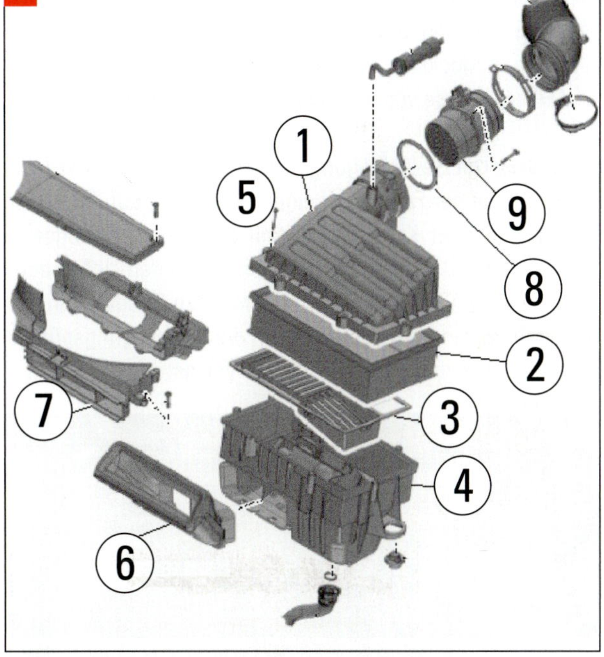

TDI- und 2.0-TSI-Luftfilter: (1) Gehäuseoberteil, (2) Luftfiltereinsatz, (3) Schneesieb, (4) Gehäuseunterteil, (5) acht Schrauben 1,5 Nm, (6 - 9) Teile der Luftführung.
Das Filtergehäuse der 1.2 und 1.4 TSI ruht auf Kugelbolzen und wird von ihnen abgezogen. Ober- und Unterteil sind durch zwei Schrauben und vier Verriegelungen verbunden.

Luftfiltergehäuse reinigen, Filtereinsatz ersetzen

■ **Gehäuse reinigen:** Filtergehäuse nach Bild 1 und 2 beim jährlichen Säubern und beim zweijährlichen Wechsel des Filtereinsatzes reinigen. Gehäuse nach Bild 1 sitzt links neben dem Motor; Aufschrauben. Gehäuse nach Bild 2 abziehen, umdrehen, aufschrauben und vier Laschen lösen. Oberteil abnehmen, gründlich feucht auswischen, Einsatz reinigen oder wechseln, Unterteil säubern, alles verschrauben.

■ **Einsatz wechseln:** Filtereinsatz mindestens einmal im Jahr reinigen, nach zwei Jahren wechseln. Einsätze bei Vertragshändlern und im Zubehörhandel. Spezifikation ist auf den Gehäusen und auf dem Filtereinsatz selbst angegeben.

Luftfilter der 1.2-/1.4-TSI: (1) Filtergehäuse, (2) Luftführung am Schlossträger. Der Filter ist auf dem Motor eingebaut.

Motor: Obere Abdeckungen ausbauen, Sichtprüfung

■ **Ausbau:** Die oberen Abdeckungen sind bei den Motoren nach Bild 1 und 2 (TDI, 2.0 TSI) in Kugelpfannen eingeclipst. Motorabdeckung vorsichtig nacheinander von den Haltebolzen abziehen (Pfeile). Motorabdeckung nicht ruckartig oder einseitig abziehen. Bei den 1.2-/1.4-TSI-Motoren ist der Luftfilter die Abdeckung. Schläuche der Luftführung abbauen und Filtergehäuse von den Kugelzapfen abziehen.

■ **Einbau:** Um Beschädigungen zu vermeiden, beim Aufsetzen nicht mit der Faust oder einem Werkzeug auf die Abdeckung schlagen! Korrekte Position der 4 Befestigungselemente prüfen: Die Kugelpfannen nicht verkanten, ggf. wieder in ihre Position bringen, sonst kommt es zu Schäden an der Motorabdeckung. Abdeckung auf die Befestigungspunkte setzen (4-1), an den Ecken fest in die Verrastung drücken.

■ **Sichtprüfung Motor/Motorraum:** Nach Ausbau der Abdeckung oben Motor und Umgebung auf Undichtigkeiten und Beschädigungen prüfen. Die Leitungen, Schläuche und Anschlüsse von Kraftstoffanlage, Kühl- und Heizsystem sowie Bremsanlage sorgfältig untersuchen. Schläuche auch leicht biegen oder kneten. Achten Sie auf alle Undichtigkeiten, auf Scheuerstellen, Porosität und Brüchigkeit.

■ Fahrzeug anheben, untere Abdeckung abschrauben und den Motorraum von unten nach den gleichen Gesichtspunkten untersuchen. Das Getriebe in die Kontrolle einbeziehen!

■ Diese Sichtprüfung ist sehr wichtig. Nehmen Sie alle entdeckten Schäden ernst, sie müssen unbedingt beseitig werden. Wenn das erforderlich wird: Werkstatt aufsuchen.

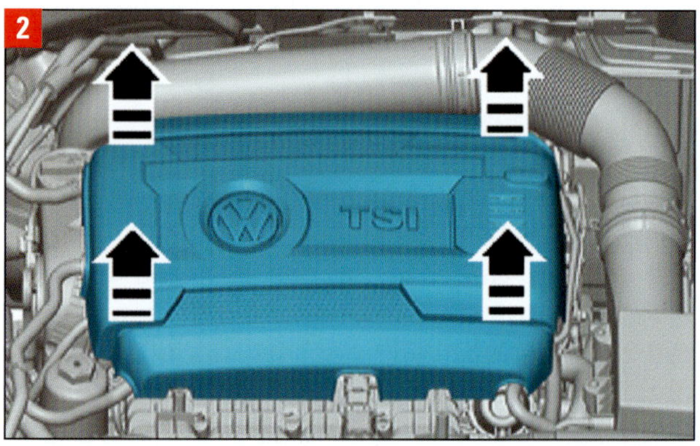

Motorabdeckung: Bild 1: TDI-Motoren; Bild 2: 2.0 TSI. Pfeile: Abdeckung vorsichtig nacheinander von Bolzen ziehen.

Keilrippenriemen prüfen, aus- und einbauen

Der Keilrippenriemen der Golf-Motoren verläuft in allen Fällen sehr ähnlich, weil alle Motoren ähnlich aufgebaut und quer eingebaut sind. Die Bilder 1 und 2 zeigen die Variante mit Klimakompressor. Bei Fahrzeugen ohne Klimaanlage verläuft der Riemen nur über die Scheiben von Kurbelwelle, Generator und Spannelement.

■ **Prüfen:** Nach Abnehmen der Motorabdeckung/Geräuschdämpfung eine gut sichtbare Stelle des Riemens (Bild 1; Pfeile) wählen und kontrollieren. Motor mehrmals drehen lassen, damit alle Flächen des Riemens ins Blickfeld kommen. Beachten, dass der Riemen einen einzigen, aber tiefen Riss haben könnte, der genau auf einer Riemenscheibe liegt. Mit Kreide die kontrollierten Abschnitte markieren.

■ Achten Sie auf
- Unterbaurisse (Anrisse, Kern- und Querschnittbrüche)
- Lagentrennung (Deckschicht und Zugstränge)
- Ausbruch am Unterbau, Ausfransen der Zugstränge
- Flankenverschleiß (Materialabtrag, Ausfransungen, Flankenverhärtung, Oberflächenrisse)
- Öl- und Fettspuren.

■ Prüfen Sie durch kräftigen Daumendruck die Riemenspannung und die Funktion des Spannelements. Der Riemen darf nicht lose durchhängen, sondern erst bei Druck nachgeben, wobei die Spannrolle ausschwenkt. Wenn der Keilrippenriemen lose über den Rädern hängt, ist die Spannrolle defekt oder blockiert. Rolle tauschen oder Blockierung lösen.

■ Bei Schäden oder/und Fehlfunktion den Riemen und ggf. die Spannrolle auswechseln. Bei Entnahme des Riemens zum Ausbau von Generator oder Klimakompressor die Laufrichtung mit Kreide/Filzstift auf dem Riemen kennzeichnen!

■ **Ausbauen:** Wagen heben, Geräuschdämpfung abschrauben, ggf. auch vordere Radhausschale. Ringschlüssel (1.4 TSI: Steckschlüssel) am Spannelement ansetzen und im Uhrzeigersinn (Bild 2) schwenken. Spannvorrichtung mit Dorn arretieren. Den Keilrippenriemen abnehmen.

■ **Einbau** im umgekehrten Sinne. Den Riemen entsprechend Laufbild (Bild 1) in der Reihenfolge (1) bis (4) auflegen. Generator und Kompressor müssen fest am Halter für Nebenaggregate montiert sein (falls ein Ausbau erfolgte). Spannvorrichtung kurz im Uhrzeigersinn drehen und Absteckwerkzeug (rechtwinkliger Dorn; VW: T100060 A) herausziehen. Spannrolle entlasten und Riemenlage prüfen.

■ **Funktionsprüfung:** Motor starten und den Riemenlauf kontrollieren.

1

2

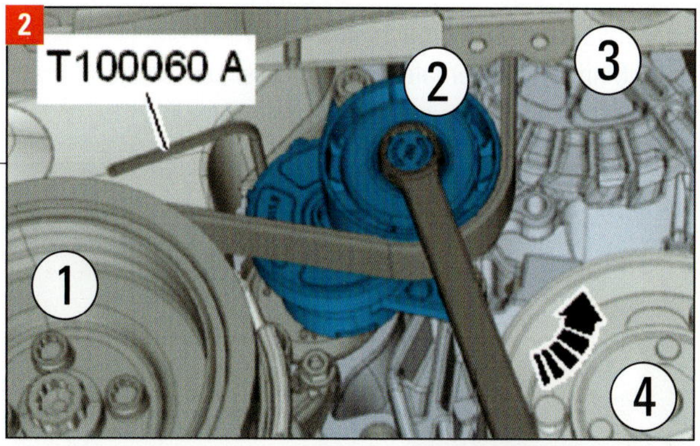

Bild 1 Riemenlauf 1.2-/1.4 TSI: (1) Riemenscheibe Kurbelwelle/Schwingungsdämpfer, (2) Spannelement, (3) Generator, (4) Klimakompressor. Pfeile: Riemenabschnitte prüfen.
Bild 2 Riemenausbau 2.0-TSI/1.6- und 2.0-TDI: Riemenscheiben wie in Bild 1. Ringschlüssel und Absteckdorn verwenden.
Beim 1.4 TSI Steckschlüssel am Spannelement ansetzen.
Beim 1.2 TSI Riemen abnehmen, Element abschrauben.

Ölstand prüfen, Öl / Filter wechseln, Öldruck prüfen

■ **Ölstand prüfen:** Nach Betriebsanleitung des Fahrzeugs vorgehen. Ölstandskontrolle laut Faustregel nach jedem zweiten Tanken ist nicht verkehrt, aber bei den Golf-Motoren kaum noch nötig. Auf jeden Fall ist Prüfen mit dem Peil- oder Messstab (Bilder 1 und 2) in regelmäßigen Abständen erforderlich für sicheres Fahren zwischen den Ölwechseln.

■ Kontrolle bei mindestens 60 °C Öltemperatur (10 min Fahrt nach Kaltstart). Messstab ziehen (Vorsicht vor heißer Umgebung der Stabführung!). Stab flusenfrei abwischen, wieder einschieben, kurz warten, erneut herausziehen. Ölbedeckung an der Messspitze auswerten. Bild 2 zeigt die beiden Varianten der Messspitzen von Ölpeilstäben bei den Golf-TDI-Motoren. Es gilt:

A = Maximalstand, kein Öl nachfüllen.

B = Normalbereich, Nachfüllen nicht nötig, kann aber erfolgen bis höchstens zur Marke »A«.

C = Minimalstand, Öl muss nachgefüllt werden.

■ **Öl nachfüllen:** Mit Trichter in die Öleinfüllöffnung. Nur Motoröl nach Norm 504 00 / 507 00 verwenden, SAW 5W30; z. B. das bereits früher im Kapitel erwähnte Aral Super-Tronic LongLife III, eine Empfehlung von Volkswagen (Bild 3).

■ **Öl und Filter wechseln:** Die Golf-LongLife-Motoren gestatten Intervalle von zwei Jahren oder 30.000 Fahrtkilometern, falls die Anzeige nicht früheren Service verlangt. Bei ausschließlichen Stadtfahrten macht früherer Wechsel in jedem Falle Sinn. Im Winterhalbjahr können schon sechs Monate (7.000 bis 10.000 km) ausreichend sein.

■ Das Altöl sollte abgesaugt werden, man kann es aber auch ablassen. Wenn ein Ölabsauggerät verfügbar ist (V.A.G 1782; Mietwerkstatt), können Sie den Ölwechsel in eigener Regie vornehmen. Ölwechsel in eigener Regie darf nicht dazu veranlassen, billiges Motoröl zu verwenden. Das ist für die hochentwickelten und damit auch sehr anspruchsvollen Motoren der jüngsten Generation nicht zu empfehlen.

■ Mit dem Ölwechsel ist immer auch der Ölfilterwechsel verbunden. Die Einfüllmengen 4,0 und 4,3 Liter (»Technische Daten«) verstehen sich mit Filterwechsel. Der Ölfilter ist von unten links vorn am Motor auf der Höhe von Generator und Klimakompressor zugänglich. Ölfilterschlüssel verwenden.

■ Ölwechsel am betriebswarmen Motor. Entsorgungsvorschriften beachten. Am mit Ölkühler verschraubten Filtergehäuse den Verschlussdeckel mit Filterschlüssel oder Ringschlüssel (Steckschlüssel) SW 36 lösen und abschrauben.

■ Den Filterwechsel vor dem Ölwechsel vornehmen: Durch das Herausnehmen des Filterelements wird ein Ventil geöffnet, und das Öl im Filtergehäuse fließt automatisch ins Kurbelgehäuse. Es kann dann abgelassen (Schraube unten an der Ölwanne) oder eben besser abgesaugt werden.

■ Filtereinsatz herausnehmen. Der O-Ring vom Deckel muss ersetzt werden, dazu den neuen O-Ring leicht einölen. Einen neuen Filtereinsatz (Spezifikation laut Gehäuseaufdruck) einsetzen, Deckel wieder aufschrauben. Motoröl mit einem Absauggerät (bei VW Gerät 1782) absaugen.

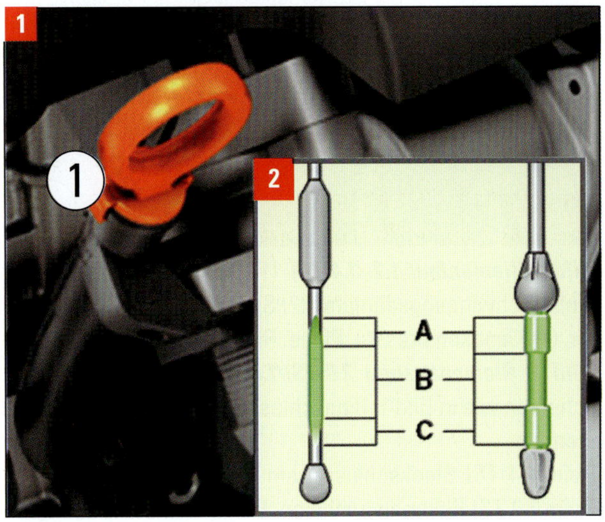

Bilder 1-3 Motoröl: Der Messstab (1) bietet unten die Ablesemöglichkeit A/B/C. Öl am besten mit Trichter einfüllen.

■ Öl der geforderten Spezifikation und Menge (»Technische Daten«) einfüllen. Nach dem Filter- und Ölwechsel beim ersten Motorstart beachten: Solange die Kontrollleuchte für Öldruck leuchtet, nur Leerlauf! Bei Gasstößen kann der Turbolader geschädigt werden oder ganz ausfallen.

■ **Öldruck prüfen:** Öldruckschalter aus Filterhalter oder Motorblock ausschrauben und Öldruckprüfer (z. B. V.A.G 1342) einschrauben.

■ Schalter an den Prüfer schrauben. Bei mindestens 80 °C Öltemperatur und normalem Ölstand prüfen. Motor erst im Leerlauf, dann mit erhöhter Drehzahl laufen lassen. Folgende Richtwerte sollten gemessen werden:

Im Leerlauf	Mindestüberdruck 0,8 bar
Bei 2000/min	Mindestüberdruck 1,5 bar
Darüber	Mindestüberdruck nicht über 5,0 bar
Ältere 2.0 TDI	2,0 bar bei 2000/min, darüber max. 7,0 bar

■ Wenn die Sollwerte bei der Prüfung nicht erreicht werden, muss auf Lagerschäden untersucht, der Ölfilterhalter mit Überdruckventil ersetzt oder die Ölpumpe ausgetauscht werden. Das sind dann Arbeiten für die Fachwerkstatt.

Kühlsystem: Kühlmittel, Silikat, Dichtheit, Thermostat

■ **Kühlmittel ablassen:** Verschlussdeckel des Kühlmittelausgleichsbehälters (Bild 1) öffnen. Vorsicht: Es könnte Dampf entweichen! Lappen auf den Deckel legen und zunächst vorsichtig Druck ablassen, weil das Überdruckventil erst bei gefährlich erhöhtem Druck öffnet. Dann den Deckel ganz abschrauben.

■ Geräuschdämpfung vorn (die Abdeckplatte unter dem Motorraum) abschrauben. Eine geeignete flache Auffangwanne unter Kühler und Motorbereich stellen. Halteklammer anheben, Kühlmittelschlauch links unten vom Kühler abbauen, Kühlmittel ablaufen lassen. Die zweite Halteklammer anheben, Kühlmittelschlauch rechts unten vom Kühler für Ladeluft-Kühlkreislauf abbauen und restliches Kühlmittel (Wasser plus Frostschutzzusatz wie vorher beschrieben) abfließen lassen.

1

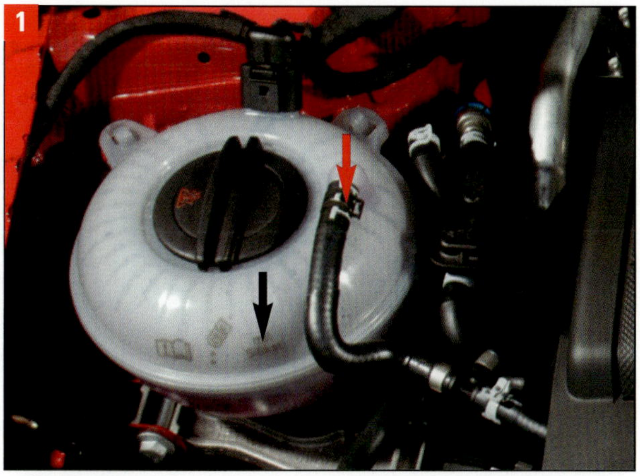

Druck abbauen: Lappen zwischen Hand und Behälterdeckel legen, Verschlussdeckel vorsichtig aufdrehen.

■ **Kühlsystem auf Dichtheit prüfen:** Ohne Kühlsystemprüfer (z. B. V.A.G 1274 B mit Adapter 8) ist nur eine Augenscheinprüfung möglich. Mit dem Gerät wird bei 1 bar Überdruck geprüft. Dichtheit aller Wasserschläuche an Kühler, Motor und Heizanlage prüfen. Schläuche kneten, harte und rissige Teile austauschen! Schlauchenden müssen satt auf den Stutzen sitzen, Schlauchschellen (Federband; roter Pfeil in Bild 1) müssen fest und unverschiebbar anliegen. Lockere Schellen festziehen, korrodierte Schellen erneuern.

■ **Überdruckventil prüfen:** Nur mit dem genannten Prüfgerät möglich. Deckel vom Behälter schrauben, Messeinrichtung aufschrauben, mit Handpumpe Druck erzeugen. Bei 1,6 bis 1,8 bar Überdruck muss das Ventil öffnen.

■ **Kühlmittelregler prüfen:** Der aus der Wasserpumpe ausgebaute Thermostat (bei den neuen Dieselmotoren zwei Thermostate) wird im Wasserbad erwärmt. Er muss von ca. 87 °C bis ca. 102 °C öffnen. Der Öffnungshub muss mindestens 8 mm betragen.

■ **Silikatdepot** im Ausgleichsbehälter: Im Kühlmittelausgleichsbehälter befindet sich ein Silikatdepot (Hinweis darauf siehe Pfeil in Bild 1). Das Silikat dient dazu, die Aluminiumbauteile im Kühlmittelkreislauf vor Korrosion zu schützen. Die im Kühlmittel G13 befindlichen Silikate werden bei thermisch hoch beanspruchten Motoren über die Laufzeit verbraucht. Um den Silikatverbrauch auszugleichen, werden aus dem Depot Silikate gelöst und dem Kühlmittel beigemengt. Das Silikatdepot dient somit als zusätzlicher Korrosionsschutz für die Aluminiumbauteile im Kühlmittelkreislauf über die gesamte Motorlebensdauer.

Zündanlage, Zündkerzen, Vorglühanlage, Glühstiftkerzen

Zündanlage, Zündkerzen 1.4 TSI 92 kW

Zum Aus- und Einbau der Zündspulen mit Leistungsendstufen und der Kerzen werden der spezielle Spulenabzieher »T10530« und ein üblicher Kerzenschlüssel benötigt.

■ **Ausbau:** Zum Ausbau der Zündspulen für Zylinder 2, 3 und 4 müssen am Luftführungsrohr hinten am Luftfiltergehäuse die beiden Schlauchschellen gelöst werden. Dann das Luftführungsrohr ausbauen.

■ An allen Zündspulen die elektrische Steckverbindung (1; Zündkerzenstecker) von Hand trennen und die Schraube (2) herausdrehen (Bild 1).

■ In die durch den Ausbau der Schraube freie Bohrung der Zündspule den Abzieher »T10530« (Bild 2) bis zum Anschlag hinein drücken.

■ Die Rändelmutter am Abzieher (Pfeil in Bild 2) im Uhrzeigersinn festziehen.

■ Die Zündspule am Abzieher nach oben aus dem Nockenwellengehäuse ziehen. Die Zündspulen lassen sich bei warmem Motor leichter herausziehen, weil dann das beim Einbau der Spulen verwendete Fett die Zündspulen bzw. Zündkerzenstecker leichter frei gibt.

■ Zündkerze mit Zündkerzenschlüssel »3122 B« ausbauen.

■ **Einbau:** Zündspulen mit Leistungsendstufe und Zündkerzenstecker sind für den Reparaturfall einzeln nach ETKA erhältlich. Zündkerzen mit Schlüssel »3122 B« einbauen und alle Zündspulen mit Zündkerzenstecker locker in den Zündkerzenschacht stecken.

■ Zündspulen zu den Steckverbindungen ausrichten und alle Steckverbindungen auf die Zündspulen aufstecken.

■ Zündspulen gleichmäßig mit der Hand auf die Zündkerzen drücken (kein Schlagwerkzeug benutzen).

Prüfdaten und Zündkerzen für 1,2- und 1,4 Liter sowie die 2,0 Liter TSI-Motoren:

Zündfolge 1-3-4-2; Anzugsdrehmoment der Kerze 22 Nm.

■ Ab 06/2012 gebaute 1.4 TSI 92 kW mit Kennbuchstaben CPTA, CHPA und ab 11/2012 gebautes Modell CPVA.
Zündkerzen: VW-Teilenummer 04E 905 612
Elektrodenabstand: 0,65 ... 0,75 mm

■ Ab 06/2013 gebaute 1.4 TSI-Variante mit den Motorkennbuchstaben CMBA, CXSA.
Zündkerzen: VW Teilenummer 04E 905 601
Elektrodenabstand: 0,70 ... 0,80 mm

Bei den 1.2 TSI 63 kW mit den Kennbuchstaben CJZA und CJZB (Baudatum ab 08/2012) werden Spulen und Kerzen ebenso ausgebaut. Verwendet wird wieder der Abzieher T10530. Geeignet sind:
Zündkerzen: VW Teilenummer 04E 905 601
Elektrodenabstand: 0,70 ... 0,80 mm

Auch bei den 2.0 TSI 155 kW wird so vorgegangen. Es ist möglich, dass bei ihnen an den Befestigungsschrauben der Zündspulen mit Zündkerzenstecker Masseleitungen verbaut sind. Diese abnehmen und dann die Schrauben herausdrehen, Abzieher T10530 ansetzen. Für diese Motoren geeignet sind:
Kerzen mit den VW-Teilenummern 06K 905 601 B und 06K 905 611 C. Sie haben 0,70 bis 0,80 mm ***Elektrodenabstand*** und ein Anzugsdrehmoment von 30 Nm.

1

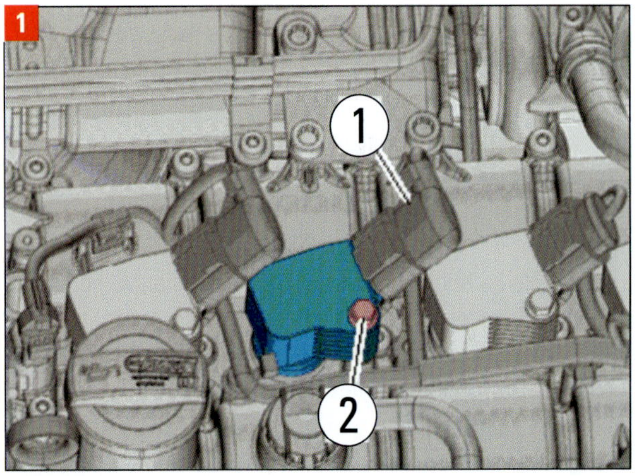

Zylinderkopf des 1.4 TSI: Zündspulen mit Leistungsendstufen auf den Zündkerzen. (1) Steckverbindung, (2) Schraube.

2

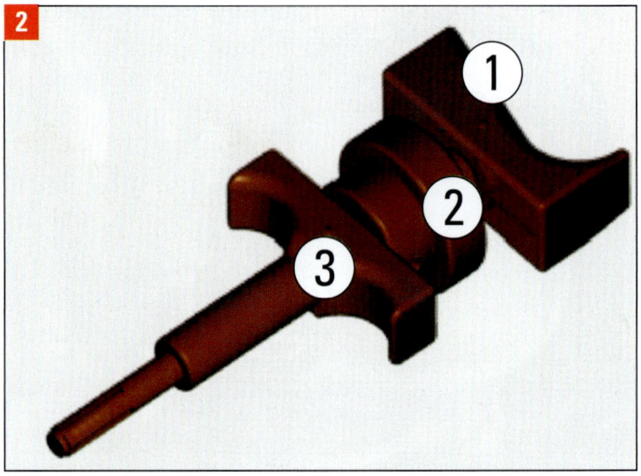

Spulenabzieher T10530: (1) Griffstück oben, (2) Rändelschraube, (3) Griffstück unten.

Vorglühen, Glühkerzen

■ **Vorglühen:** Seit der zweiten Common-Rail-Generation, wie sie bei den 2.0 TDI ab zweites Halbjahr 2009 vorherrscht, gibt es ein Steuergerät für Glühzeitautomatik (J179) im Relais- und Sicherungsträger in der E-Box im Wasserkasten. Dieses Gerät steuert die Vorglühanlage an und ist zur Eigendiagnose fähig. Das separate Steuergerät ermöglicht zusammen mit einzeln elektronisch angesteuerten und auch diagnostizierten Glühstiftkerzen eine Schnellstartfunktion. Fehler der Vorglühanlage werden weiterhin im Ereignisspeicher des Motorsteuergerätes abgelegt. Die Prüfung erfolgt dann wieder über »Geführte Fehlersuche«.

■ **Im Golf VII** werden die Stahl-Glühkerzen ebenfalls vom Motorsteuergerät über das Steuergerät für Glühzeitautomatik »J179« mit Hilfe eines pulsweitenmodulierten Signals (PWM) phasenversetzt angesteuert. Dabei wird die Spannung an der einzelnen Glühkerze über das Tastverhältnis der PWM-Impulse eingestellt. Für einen Schnellstart, bei einer Außentemperatur unter 24 °C, liegt eine Maximalspannung von 11,5 V an. Dies gewährleistet, dass sich die Glühkerze innerhalb kürzester Zeit (max. 2 Sekunden) auf über 1000 °C aufheizt. Damit verringert sich die Vorglühzeit für den Startvorgang des Motors.

■ Zum **Nachglühen** wird die Einschaltzeit der Bordnetzspannung im PWM-Tastverhältnis so eingestellt, dass sich eine effektive Spannung von 4,4 V ergibt. Das Nachglühen wird bis zu einer Kühlmitteltemperatur von 24 °C nach dem Motorstart und für max. 5 Minuten durchgeführt. Es trägt dazu bei, die Kohlenwasserstoff-Emission und die Verbrennungsgeräusche in der Warmlaufphase zu verringern. Bei Fahrzeugen mit Start-Stopp-Anlage wird der Nachglühvorgang bei einer aktiven Motor-Stop-Funktion nicht unterbrochen. Dadurch wird ein häufiger Temperaturwechsel vermieden und somit das Material der Stahl-Glühkerze geschont.

■ **Glühstiftkerzen ausbauen:** Zündung ausschalten, Motorabdeckung abbauen. Halteklammern am Leitungsstrang öffnen.

■ Kerzenstecker mit eine Flachzange mit Nut am spitzen Ende der Backeninnenseite von den Kontakten der Glühstiftkerzen abziehen. Bei Volkswagen ist das ein Spezialwerkzeug mit der Nummer 3314 (Bild 3). Die Zange wird mit der Nut am Bund der Stützhülse des Glühstift-Kerzensteckers angesetzt. Dabei die Zange nicht zu fest zusammendrücken, damit die Stützhülse nicht beschädigt wird. Beim Abziehen auch keine Leitungsverbindung beschädigen, weil sonst der gesamte Leitungsstrang erneuert werden muss.

■ Vor der weiteren Ausbauarbeit muss der Kerzenkanal im Zylinderkopf gereinigt werden. Es darf kein Schmutz in den Zylinder fallen. Groben Schmutz mit Staubsauger entfernen; Bremsenreiniger (oder ähnlichen Reiniger) in den Kerzenkanal sprühen und einwirken lassen; mit Pressluft ausblasen und mit einem ölbenetzten Lappen reinigen.

■ Die Kerzen (Bild 4) am Sechskant (Pfeil) aus dem Zylinderkopf ausschrauben. Gelenkschlüssel (bei VW 3220) mit Schlüsselweite 10 verwenden.

■ **Glühstiftkerzen einbauen:** Sinngemäß umgekehrt vorgehen. Die Kerzen (2 in Bild 4) mit Anzugsdrehmoment 18 Nm festziehen und die Stecker wieder fest aufstecken. (1 in Bild 4: Glühkerze mit Geber für Zylinderinnendruck).

3

Spezialwerkzeug 3314: Flachzange mit Nut (Pfeile) am spitzen Ende der Backeninnenseite. Bild 4: Glühkerzen.

4

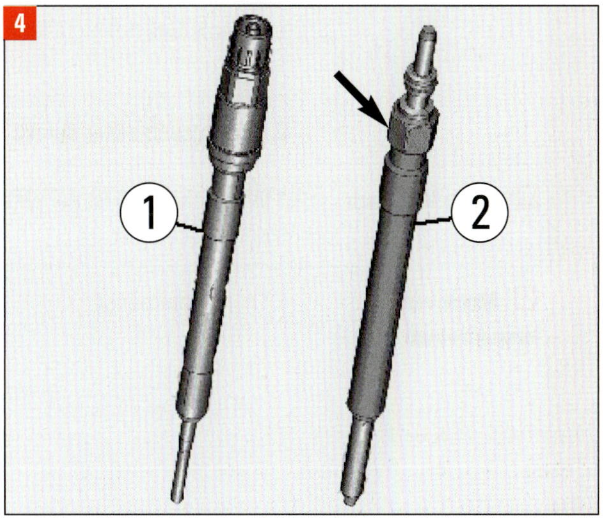

STÖRUNGSBEISTAND

Motor

Störung	Was kann das sein?	Was muss ich tun?
A Motor startet nicht, Anlasser dreht nicht	**1** Die Wegfahrsperre bzw. die Anlasssicherung	Zu- und wieder aufschließen, Bremse getreten halten und Schalthebel auf Stellung N
	2 Batterie leer	Wenn die Scheinwerfer bei eingeschalteter Zündung nur schwach leuchten: Alle Verbraucher abschalten, Starthilfekabel benutzen und dann mindestens 20 Kilometer fahren
B Der Anlasser dreht, aber der Motor springt nicht an	**1** Die häufigsten Ursachen sind: Kein Sprit und/oder kein Zündfunke. Das kann leider an sehr vielen Bauteilen liegen	Zuerst prüfen ob noch Sprit und auch die richtige Sorte (Benzin oder Diesel) im Tank ist. Dann die Verkabelung im Motorraum auf Beschädigungen prüfen (Marderbiss?) Vorsicht! Zündung dabei unbedingt ausschalten!
C Motor läuft nach dem Start unrund	**1** Fehler in der Kraftstoffversorgung und/oder Zündanlage, Nebenluft durch undichte Schläuche	Zunächst eine Sichtkontrolle des Motorraums bei ausgeschalteter Zündung durchführen. Beschädigte Leitungen mit Isolierband notdürftig flicken. Mit einem Diagnosegerät den Fehlerspeicher auslesen lassen.
	2 Diesel: Falschbetankung oder defekte Glühkerzen	Vorsicht: Bei Falschbetankung nicht mehr weiterfahren, sonst kann die Hochdruckpumpe kollabieren
D Motor qualmt und stinkt aus dem Auspuff	**1** Turbolader (blauer Rauch) oder Zylinderkopfdichtung (weißer Rauch) defekt	Ist der Turbolader defekt besteht akute Gefahr: Bruchstücke wandern durch den Motor. Nicht mehr starten! Bei einer kaputten Kopfdichtung fehlt Wasser im Ausgleichsbehälter, auf jeden Fall auffüllen
E Motor zieht nicht mehr richtig	**1** Der Hauptverdächtige ist auch hier der Turbolader, besonders wenn der Motor im Leerlauf oder bei wenig Gas noch gut läuft	Beobachten Sie die Ladedruckanzeige und achten Sie auf ungewöhnliche Geräusche beim Beschleunigen. Eventuell entweicht Ladedruck. Ein blockierter Lader macht dagegen gar keine Geräusche mehr
	2 Luftmassenmesser defekt	Fehlerspeicher auslesen, ggf. ersetzen
F Hoher Verbrauch	**1** Wahrscheinlich ist der Luftfilter stark verschmutzt	Luftfilter austauschen, die Anleitung dazu finden Sie in diesem Kapitel
G Motor wird zu langsam warm	**1** Thermostat hängt	Sie können zunächst weiter fahren, der Thermostat sollte jedoch so bald wie möglich getauscht werden

Getriebe / Kraftübertragung

Störung	Was kann das sein?	Was muss ich tun?
A Kratzen beim Gangwechsel	**1** Kupplung trennt nicht richtig	Schadensursache feststellen und beheben. Wenn Sie diesen Fehler ignorieren, ruinieren Sie sonst sehr schnell das Getriebe.
	2 Synchronring verschlissen	Wenn das Kratzen nur in einem Gang auftritt, kann der entsprechende Synchronring ersetzt und das Getriebe gerettet werden. Bis dahin: langsam schalten!
B Rupfen, Ruckeln und Springen	**1** Die Kupplung ist verschlissen oder verölt	Die Kupplung ist ein Verschleißteil, das bei hohen Laufleistungen irgendwann abgenutzt ist. Tritt an Motor oder Getriebe Öl aus, rutscht die Kupplung. In beiden Fällen hilft nur der Ausbau des Getriebes
	2 Motorlager defekt	Kontrollieren Sie den Zustand der Lager und vermeiden sie bis zur Reparatur starke Lastwechsel und allzu rasantes Anfahren.
C Schläge, ungewöhnliche Geräusche oder Vibrationen	**1** Motorlager ausgeschlagen	Beobachten Sie von außen, wie stark der Motor beim Anfahren kippt. Bei verschlissenen Lagern kann das dazu führen, dass Teile irgendwo anschlagen
	2 Antriebswellen defekt	Fahren Sie enge Kurven (auch rückwärts) und versuchen, Sie den Schaden an den Wellen zu lokalisieren Äußere und Innere Gelenke können einzeln ausgetauscht werden.)
	3 Synchronringe oder Getriebelager im Getriebe verschlissen	Auch die Synchronringe unterliegen einem gewissen Verschleiß. Wenn es in mehreren Gängen kratzt ist ein Austauschgetriebe fällig, mahlende Getriebelager lassen sich einzeln ersetzen.
	4 Zu wenig Öl im Getriebe	Ölstand prüfen und nötigenfalls ergänzen
D Es lässt sich kein Gang mehr einlegen	**1** Seilzüge ausgehängt	Untersuchen Sie die Anschlüsse und Führungen der Schaltseilzüge. Manchmal lässt sich so ein Zug auch an Ort und Stelle wieder einhängen.

Wartungs-Check

Wenn Sie Wartungsarbeiten selbst erledigen, lassen Sie in der Werkstatt den Fehlerspeicher der elektronischen Steuergeräte mit dem Werkstattsystem VAS 5051/5052 auslesen. Die Kontrolle der Fehlerspeicher ist sinnvoll, weil manche Defekte im elektronischen System während der Fahrt wegen der Notlaufprogramme nicht unbedingt auffallen. Natürlich muss dennoch unbedingt die Reparatur erfolgen. Nach Wartungsarbeiten empfiehlt sich eine Probefahrt zur Kontrolle. Richten Sie sich bei Wartungen und Kontrollen nach dem Plan, wie ihn Volkswagen vorgibt:

Ölwechsel-Service

- Nach PR-Nr. Q11-Q17 und Intervall-/Infotainment-Anzeige

Ständige Kontrollen

- Scheibenwaschwasser auffüllen. Scheibenwischer und Waschanlage prüfen
- Standlicht, Abblend- und Fernlicht prüfen
- Motorölstand prüfen
- Rücklichter und Nebelschlussleuchten prüfen
- Kühlflüssigkeit prüfen und nachfüllen
- Bremsen und Bremsflüssigkeit prüfen
- Bremsleuchten, Blinker und Warnblinker sowie das Signalhorn (auch Lichthupe) prüfen
- Reifendruck prüfen

Alle 30.000 Kilometer oder einmal in 2 Jahren

- Inspektion (erstmals nach Fahrzeugauslieferung; danach alle 30.000 km oder jedes Jahr)
- Beleuchtung über Fahrerinformationssystem prüfen
- Zusätzlich Signalhorn und Kennzeichenbeleuchtung prüfen
- Scheibenwisch- und Waschanlage auf Düseneinstellung und Funktion prüfen
- Scheibenwischerblätter auf Beschädigung prüfen
- Motorraum: Sichtprüfung auf Schäden und Undichtigkeiten
- Von unten: Sichtprüfung von Motor, Getriebe, Achsantrieb und Lenkung. Alle Gelenkschutzhüllen auf Beschädigung und Undichtigkeiten kontrollieren und im Zweifel nochmals in der Werkstatt prüfen lassen
- Dicke der Bremsbeläge prüfen
- Bremsflüssigkeitsstand abhängig vom Belagverschleiß prüfen
- Reifen/Reserverad: Zustand, Laufbild, Fülldruck und Profiltiefe prüfen. Ggf. Datum des Reifenreparatur-Sets prüfen.
- Abgasregulierung in der Werkstatt kontrollieren lassen, besonders, wenn wegen Arbeiten nach Unfall TÜV nötig ist.

Alle 60.000 Kilometer oder 4 bis 5 Jahre

- Staub- und Pollenfilter ersetzen (60.000 km oder **2 Jahre**!)
- Innenraumbeleuchtung / Licht im Handschuhfach prüfen
- Motorhaubenfanghaken schmieren
- Scheinwerfereinstellung prüfen
- Unterboden auf Schäden und lose Befestigungsteile prüfen
- Gelenke an der Vorderachse: Dichtungsbälge, Spiel und Befestigung prüfen
- Bremsanlage auf Undichtigkeiten und Beschädigungen prüfen (Sichtprüfung)
- Frostschutz und Flüssigkeitsstand im Kühlsystem prüfen
- Flüssigkeitsstand der Hydraulik prüfen
- Wasserablauf im Wasserkasten prüfen
- Panorama-Schiebedach Funktion prüfen, Führungsschienen reinigen und fetten, Windabweiser reinigen: nach 60.000 km oder 3 Jahren, danach alle 60.000 km oder 2 Jahre.

Danach folgende Wechselintervalle unbedingt einhalten:

- Glühstiftkerzen alle 60.000 km oder 4 Jahre
- Ölfilter des DSG alle 60.000 km
- Staub- und Pollenfilter alle 30.000 km oder 2 Jahre
- Bremsflüssigkeit entsprechend der regelmäßigen Wartungen nach Service-Tabelle, jedenfalls alle 2 Jahre
- Getriebeöl und Filter der DSG-Getriebe alle 60.000 km

Sehr große Intervalle

- Luftfilter alle 90.000 km oder 6 Jahre
- Dieselkraftstofffilter bei Diesel nach EN 590 alle 90.000 km
- Werkseitig eingebautes Dieselpartikelfilter (PR-Nr. 7MJ oder 7MM auf dem Fahrzeugdatenträger) nach 210.000 km und danach alle 30.000 km
- Zahnriemen- und Spannrollenwechsel aller TDI CR alle 210.000 km
- Zahnriemen für Nockenwellenantrieb und für Kühlmittelpumpe prüfen: nach 240.000 km und danach alle 30.000 km

Technische Daten

Immer wieder stellen sich im Laufe des Fahrzeugbetriebs Fragen, die sich im Prinzip aus den Fahrzeugpapieren und der Betriebsanleitung beantworten lassen. Um Ihnen aber einen schnellen Überblick zu ermöglichen, bieten wir Ihnen unsere Zusammenstellung wichtiger Daten und Fakten an.

Große Vielfalt im Detail

Wie die Kapitel »Modell« und »Antrieb« zeigten, verfügt auch der Golf der neuen Generation wieder über eine gute Zahl an Motorisierungen sowie Getriebe- und Ausstattungsvarianten. Mit ihnen sind viele Kombinationsmöglichkeiten gegeben. Auf einige gehen wir in diesem Kapitel im Spiegel ihrer Parameter ein.

Beschränkung auf 8 Grundmodelle

Für Golf und Variant werden die drei Ausstattungslinien Trendline, Comfortline und Highline angeboten. Die Auflistung aller Modelle und Ausstattungsumfänge würde den Rahmen dieses Werks sprengen. Die Vielfalt im Detail berücksichtigen wir in den folgenden Daten nicht, aber alle Motoren und ihre Kombination mit den vier Getrieben präsentieren wir in acht Grundmodellen. Unsere Werte folgen den Werksangaben von Volkswagen.

Normen und Füllmengen

Was Motoren, Getriebe, Fahrwerk und Bremsen angeht, gibt es zwischen Golf und Variant keine Unterschiede. Einige geringfügige Datendifferenzen bei Fahrleistungen, Gewichten oder Abmessungen geben wir in den Listen an.

Werksangabe zum Volumen des **Kraftstoffbehälters**:

- Alle Modelle 50 Liter, nur Golf R 55 Liter;
- Reservemenge zwischen 5 und 8 Liter.
- Kraftstoffbehälter Erdgas (CNG) im TGI: 15 kg.
- **Bremsflüssigkeit:** Füllmenge Bremsen plus Kupplungshydraulik plus Behälter ungefähr 1,25 Liter; Spezifikation nach Norm FMVSS 571.116 DOT 4.
- Synthetiköl Schaltgetriebe: Norm G 51 - SAE75W90
- ATF Automatikgetriebe: Norm N 052 162, entspricht VW-Konzernnorm G 052 162.

Die einzelnen Gangübersetzungen der Schaltgetriebe, die genaue Spezifikation ihres Getriebeöls sowie die Zuordnung von Kupplungsscheibe und Druckplatte sind nur dem Elektronischen Teilekatalog ETKA zu entnehmen (Werkstatt, Händler).

- Das Kühlsystem einschließlich Heizung ist je nach Motor mit 8,8 bis 9,0 Liter Kühlmittel (Wasser plus Frostschutz) befüllt.
- Die Öl-Füllmengen, die gemäß Anleitung im Kapitel »Antrieb« in entsprechender Spezifikation einzufüllen sind, betragen mit Filterwechsel:

■ 1.6 TDI 81 kW	4,3 Liter
■ 2.0 TDI 110	3,8 Liter
■ 2.0 TDI 135 kW	4,3 Liter
■ 1.2 TSI 63 kW	4,0 Liter
■ 1.4 TGI Turbo 81 kW	4,0 Liter
■ 1,4 TSI 92/110 kW	4,0 Liter
■ 2.0 TSI 162/169/221 kW	5,7 Liter

Die Kennbuchstaben

Motorkennbuchstaben: Beginnend mit dem Buchstaben »C«, setzten bei VW nach vorher dreistellig üblichen Motorkennbuchstaben nun vierstellige ein. Die Motornummern bestehen aus diesem vierstelligen Buchstabenblock und einer ihm folgenden mehrstelligen Zahl.

Die ersten 3 Stellen der Kennbuchstaben beschreiben den mechanischen Aufbau des Motors und sind wie bisher am Motor eingeschlagen. Die 4. Stelle beschreibt die Leistung und das Drehmoment des Motors ist vom Motorsteuergerät abhängig. Den vierstelligen Motorcode finden Sie auf dem Typschild, dem Fahrzeugdatenträger und auf dem Motorsteuergerät.

Getriebekennbuchstaben: Die in Golf und Variant verbauten Getriebe sind unabhängig von der Getriebebenennung (z. B. 0CW, 0AJ, 02Q etc.) mit dreistelligen Kennbuchstaben codiert. Sie verweisen auf das Herstellungsjahr und sind Orientierung für die Zuordnung von Getrieben zu bestimmten Motoren.

Leistungsdiagramme der Motoren

Die Kennlinien von Leistung und Drehmoment abhängig von der Motordrehzahl folgen auf den nächsten beiden Doppelseiten. Die Grafiken erklären sich selbst und haben keine zusätzlichen Erläuterungen.

1

Leistung und Drehmoment
1,2l-TSI-Motor, 63 kW (86 PS) bei 4.300 - 5.300 min⁻¹
max. Drehmoment 160 Nm bei 1.400 - 3.500 min⁻¹

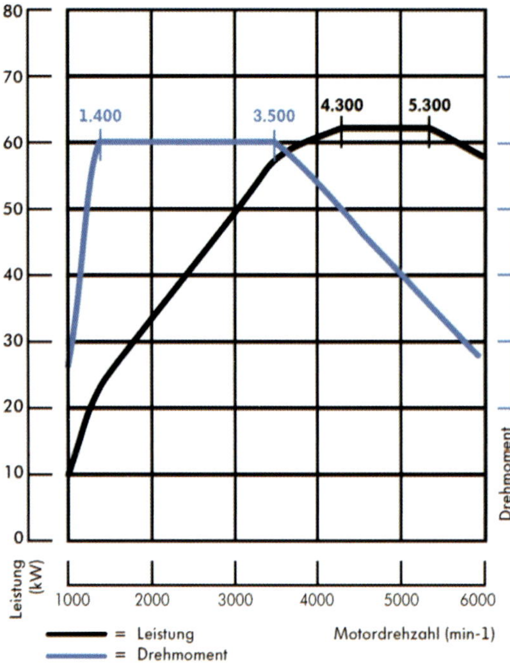

3

Leistung und Drehmoment
2,0l-TFSI-Motor 221 kW (300 PS) bei 5.500 - 6.200 min⁻¹
max. Drehmoment 380 Nm bei 1.800 - 5.500 min⁻¹

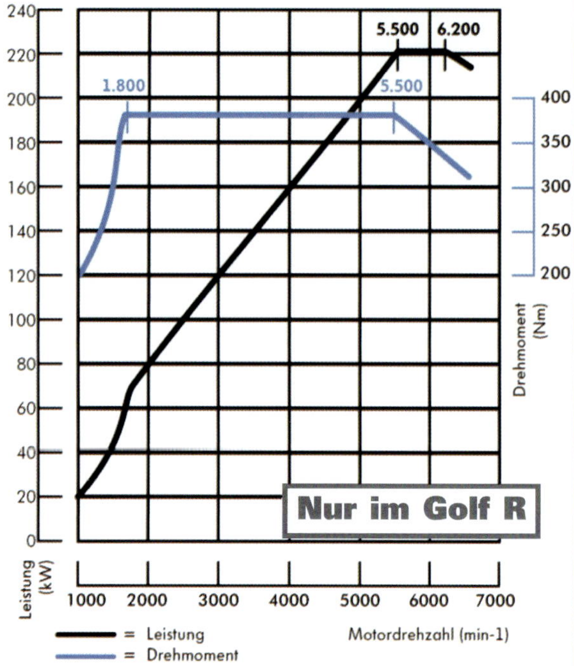

2

Leistung und Drehmoment
1,4l-TSI-Motor 92 kW (125 PS) bei 5.000 - 6.000 min⁻¹
max. Drehmoment 200 Nm bei 1.400 - 4.000 min⁻¹

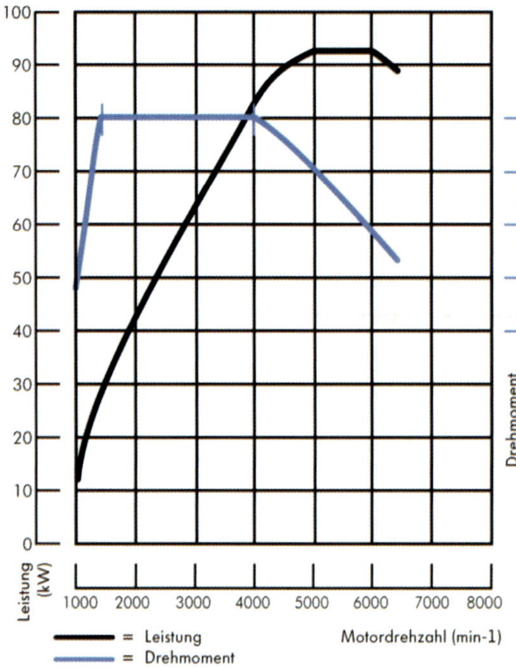

4

Leistung und Drehmoment
2,0l-TSI-Motor 162 kW (220 PS) bei 4.500-6.200 min⁻¹
max. Drehmoment 350 Nm bei 1.500 - 4.400 min⁻¹

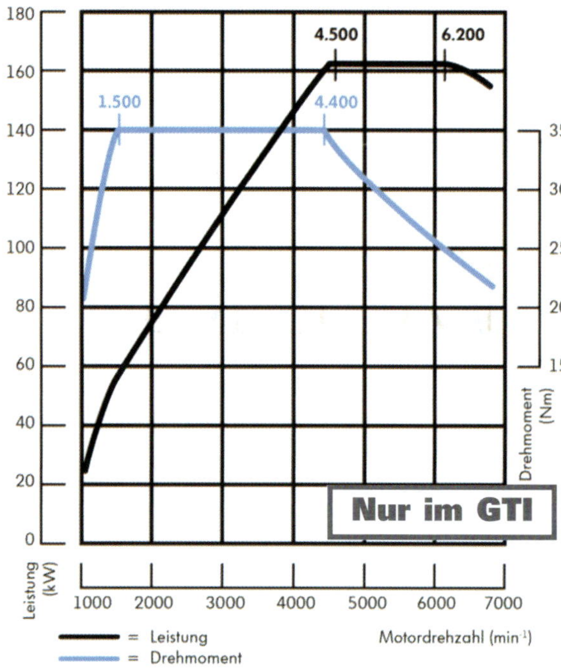

5

Leistung und Drehmoment
2,0l-TSI-Motor 169 kW (230 PS) bei 4.700-6.200 min^{-1}
max. Drehmoment 350 Nm bei 1.500 - 4.600 min^{-1}

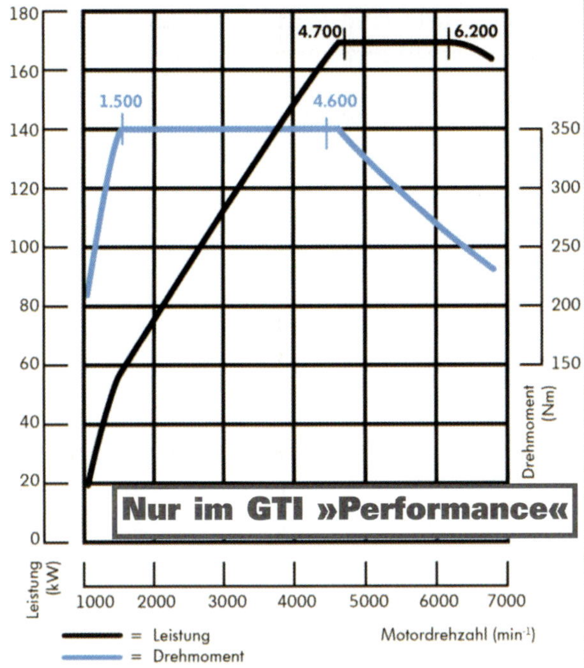

7

Leistung und Drehmoment
2,0l-TDI-Motor 110 kW (150 PS) bei 3.500 - 4.000 min^{-1}
max. Drehmoment 320 Nm bei 1.750 - 3.000 min^{-1}

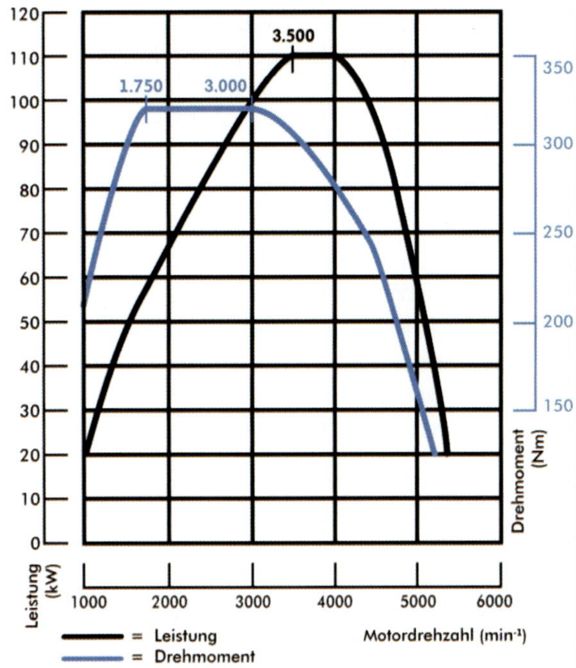

6

Leistung und Drehmoment
1,6l-TDI-CR-Motor 81 kW (110 PS) bei 3.200-4.000 min^{-1}
max. Drehmoment 250 Nm bei 1.500 - 3.000 min^{-1}

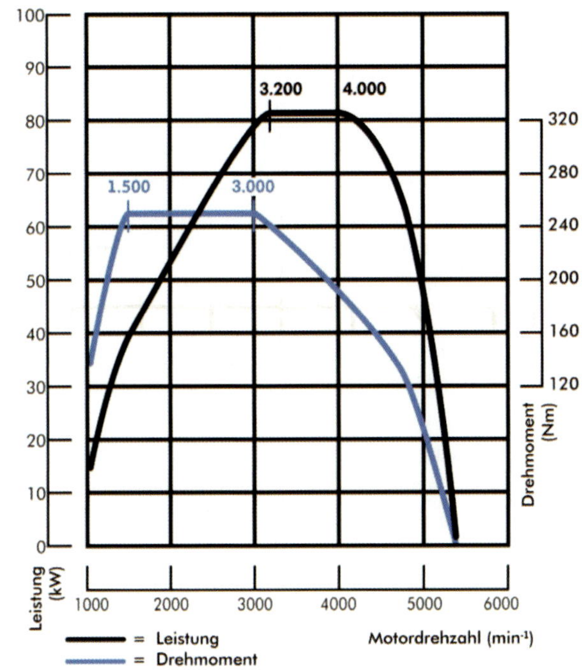

8

Leistung und Drehmoment
2,0l-TDI-Motor 135 kW (184 PS) bei 3.500 - 4.000 min^{-1}
max. Drehmoment 380 Nm bei 1.750 - 3.250 min^{-1}

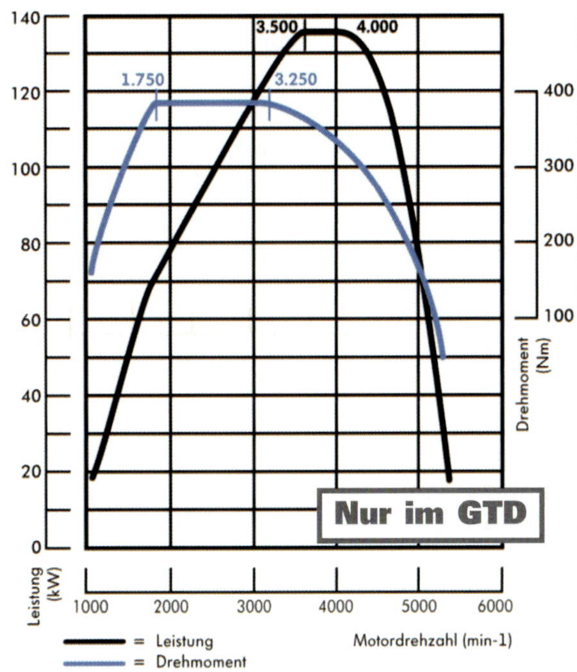

Ottomotoren TSI / TFSI

Modell	Golf 63 kW BMT	Variant 81 kW BMT	Golf 92 kW BMT	Golf R 221 kW
mit Getriebe	5-Gang manuell	7-Gang DSG	6-Gang manuell	6-Gang DSG
Motor	4-Zyl 1.2 TSI	4-Zyl 1.4 TGI	4-Zyl 1.4 TSI	4-Zyl 2.0 TSI BMT
Motor-Kennbuchstaben	CJZA, CJZB	CPWA	CPTA, CPVA, CXSA	CHHB
Bauzeit	ab 04.2014	ab 11.2013	ab 04.2014	ab 04.2013
Abgasnorm	Euro 6	Euro 6	Euro 6	Euro 6
Zylinder / Ventile pro Zyl.	4 / 4 im Winkel	4 / 4 im Winkel	4 / 4 im Winkel	4 / 4 im Winkel
Hubraum in cm^3	1.197	1.395	1.395	1.984
Bohrung in mm	71,0	74,5	74,5	82,5
Hub in mm	75,6	80,0	80,0	92,8
Verdichtung	10,5:1	10,5:1	10,5:1	9,6:1
Höchstleistung in kW / PS	63 / 85	81 / 110	92 / 125	221 / 300
bei Umdrehungen/min	4.300 - 5.300	4.800 - 6.000	5.000 - 6.000	5.500 - 6.200
max. Drehmoment in Nm	160	200	200	380
bei Umdrehungen/min	1.400 - 3.500	1.500 - 3.500	1.400 - 4.000	1.800 - 5.500
Höchstgeschwindigkeit in km/h	179	195	204	250
Beschleunigung (s) 0-100 km/h	11,9	10,9	9,1	5,1
Verbrauch Liter/100 km				
– innerorts:	6,1	keine Angabe	keine Angabe	keine Angabe
– außerorts:	4,2	keine Angabe	keine Angabe	keine Angabe
– kombiniert:	4,9	Gas: 3,5 kg / Benz 5,2	5,2	7,1
Emission CO_2 g/km	113	Gas: 95 / Benz: 122	120	165
Emission HC / NO_x g/km	0,04 / 0,03	keine Angabe	keine Angabe	keine Angabe
Partikel durchweg 0	-	-	-	-
Kraftstoff	Superbenz. 95 ROZ	Gas CNG / Super 95	Superbenz. 95 ROZ	Superbenz. 95 ROZ
Zündung	Elektronische Zündung ohne Verteiler. Zündreihenfolge: 1-3-4-2.			
Schmierung	Druckumlaufschmierung mit Hauptstromfilter.			
Motor-Einbaulage	vorne quer	vorne quer	vorne quer	vorne quer
Ventilantrieb	indirekt, Rollenschlepphebel	indirekt, Rollenschlepphebel	indirekt, Rollenschlepphebel	indirekt, Rollenschlepphebel
Nockenwellen	2 oben im Zyl.Kopf	2 oben im Zyl.Kopf	2 oben im Zyl.Kopf	2 oben im Zyl.Kopf
Nockenwellenantrieb	durch Zahnriemen	durch Zahnriemen	durch Zahnriemen	durch Zahnriemen
Kurbelversatz in Grad	180	180	180	180
Kurbelwellenlager-Zahl	5	5	5	5
Abgasreinigung	Dreiwege-Katalysator mit Lambdasonden	Dreiwege-Katalysator mit Lambdasonden	Dreiwege-Katalysator mit Lambdasonden	Dreiwege-Katalysator mit Lambdasonden
Aufladung:	Abgasturbolader, Ladedruck	Abgasturbolader, Ladedruck	Abgasturbolader, Ladedruck	Abgasturbolader, Ladedruck
Ladeluftkühlung:	ja	ja	ja	ja

Dieselmotoren TDI CR

Modell	Variant 81 kW BMT	Golf 81 kW BMT	Golf 110 kW 4Motion	Variant GTD 135 kW
mit Getriebe	5-Gang manuell	7-Gang DSG	6-Gang DSG	6-Gang manuell
Motor	4-Zyl1.6 TDI	4-Zyl 1.6 TDI	4-Zyl 2.0 TDI BMT	4-Zyl 2.0 TDI BMT
Motor-Kennbuchstaben	CRKB	CLHA	CRBC	CUNA
Bauzeit	ab 03.2013	ab 04.2014	ab 03.2013	ab 03.2013
Abgasnorm	EU 6	EU 6	EU 6	EU 6
Zylinder / Ventile pro Zyl.	4 / 4 im Winkel	4 / 4 im Winkel	4 / 4 im Winkel	4 / 4 im Winkel
Hubraum in cm^3	1.598	1.598	1.968	1.968
Bohrung in mm	79,5	79,5	81,0	81,0
Hub in mm	80,5	80,5	95,5	95,5
Verdichtung	16,2:1	16,2:1	16,2:1	16,2:1
Höchstleistung in kW / PS	81 / 110	81 / 110	110 / 150	135 / 184
bei Umdrehungen/min	3.200 - 4.000	3.200 - 4.000	3.500 - 4.000	3.500 - 4.000
max. Drehmoment in Nm	250	250	320	380
bei Umdrehungen/min	1.500 - 3.000	1.500 - 3.000	1.750 - 3.000	1.750 - 3.250
Höchstgeschwindigkeit in km/h	196	195	212	231
Beschleunigung (s) 0-100 km/h	11,0	10,5	8,6	7,9
Verbrauch Liter/100 km				
– innerorts:	keine Angabe	keine Angabe	5,2	keine Angabe
– außerorts:	keine Angabe	keine Angabe	4,0	keine Angabe
– kombiniert:	3,9	3,9	4,4	4,4
Emission CO_2 g/km	102	102	117	115
Emission HC / NO_x g/km	keine Angabe	keine Angabe	0,14 / 0,16	keine Angabe
Partikel durchweg 0	-	-	-	-
Kraftstoff	Diesel min. 51 CZ	Diesel min. 51 CZ	Diesel min. 51 CZ	Diesel min. 51 CZ
Zündung	Selbstzünder, Zündreihenfolge: 1-3-4-2.			
Schmierung	Druckumlaufschmierung mit Hauptstromfilter.			
Motor-Bauart	vorne quer	vorne quer	vorne quer	vorne quer
Ventilantrieb	indirekt, Rollenschlepphebel	indirekt, Rollenschlepphebel	indirekt, Rollenschlepphebel	indirekt, Rollenschlepphebel
Nockenwellen	2 oben im Zyl.Kopf	2 oben im Zyl.Kopf	2 oben im Zyl.Kopf	2 oben im Zyl.Kopf
Nockenwellenantrieb	durch Zahnriemen	durch Zahnriemen	durch Zahnriemen	durch Zahnriemen
Kurbelversatz in Grad	180	180	180	180
Kurbelwellenlager-Zahl	5	5	5	5
Abgasreinigung	Zweiwege-Oxidationskatalysator, Dieselpartikelfilter	Zweiwege-Oxidationskatalysator, Dieselpartikelfilter	Zweiwege-Oxidationskatalysator, Dieselpartikelfilter	Zweiwege-Oxidationskatalysator, Dieselpartikelfilter
Aufladung	Abgasturbolader, Ladedruck	Abgasturbolader, Ladedruck	Abgasturbolader, Ladedruck	Abgasturbolader, Ladedruck
Ladeluftkühlung	ja	ja	ja	ja

Gemisch, Management; Abgas; elektrische Anlage.

Gemischaufbereitung TDI: Direkte Diesel-Einspritzung über Common Rail. Aufladung über Abgasturbolader.
Gemischaufbereitung TSI: Direkte Benzin-Einspritzung. Aufladung über Abgasturbolader.
Motormanagement TDI: EDC.
Motormanagement TSI: Motronic ME 17
Abgasreinigung: Zweiwege-Oxidationskat. mit Dieselpartikelfilter; Dreiwege-Kat. mit Lambdasonden. EU 6.
Generator: Alle Modelle 140 A
Batterie: 320 A / 59 Ah; 380 A / 68 Ah

Bremsanlage

Art der Bremsen: Hydraulik-Zweikreisbremssystem, diagonal. Rundum Scheibenbremsen, vorn innenbelüftet. Einkolben-Schwimmbremssattel. Tandem-Bremskraftverstärker. ABS mit elektronischer Bremskraftverteilung EBV, ESP.
Bremsentypen vorn: PR **1ZE und 1ZP**: PC57 (15"); PR **1ZA / 1ZD / 1ZB**: PC57 (16") und **1LJ / 1LM**: C60 (17").
Bremsentypen hinten: PR **1KE / 1 KV**: FNc-M38 (15"); PR **1KJ / 1KY**: FNc-M42 (17").

Zuordnung zum Aggregat: **Vorderradbremsen:** Motoren mit 63-103 kW: 1ZE / 1ZP mit 15-Zoll-Sattel; Motoren mit 110-162 kW: 1ZA / 1ZD / 1ZB mit 16-Zoll-Sattel; Motoren mit 169-221 kW: 1LJ / 1LM mit 17-Zoll-Sattel. **Hinterradbremsen:** Motoren mit 63-135 kW: 1KE / 1 KV mit 15-Zoll-Sattel; Motoren mit 162 - 221 kW: 1KJ / 1KY mit 17-Zoll-Sattel.

Bremse vorn:

Bremssattel Kolben: Motoren 63-162 kW: 57 mm Durchmesser; Motoren 169-221 kW: 60 mm Durchmesser
Bremsscheibe Durchmesser: 1ZE / 1ZP: 288 mm; 1ZA / 1ZD / 1ZB: 312 mm; 1LJ / 1LM: 340 mm.
Bremsscheibe Dicke: 1ZE / 1ZP: 25 mm; 1ZA / 1ZD / 1ZB: 25 mm; 1LJ / 1LM: 30 mm.
Verschleißgrenze: 1ZE / 1ZP: 22 mm; 1ZA / 1ZD / 1ZB: 22 mm; 1LJ / 1LM: 27 mm.
Bremsbelagdicke mit Rückenplatte und Blech: 1ZE / 1ZP: 14 mm; 1ZA / 1ZD / 1ZB: 14 mm; 1LJ / 1LM: 13 mm.
Verschleißgrenze ohne Platte: Bei allen Bremsen: 2 mm.

Bremse hinten:

Bremsscheibe Durchmesser: 1KE / 1 KV: 272 mm; 1KJ / 1KY: 310 mm.
Bremsscheibe Dicke: 1KE / 1 KV: 10 mm; 1KJ / 1KY: 22 mm.
Verschleißgrenze: 1KE / 1 KV: 8 mm; 1KJ / 1KY: 20 mm.
Bremsbelagdicke mit Rückenplatte und Blech: Beide Bremsen: 11 mm.
Verschleißgrenze ohne Platte: Beide Bremsen: 2 mm.
Handbremse: Elektromechanische Feststellbremse wirkt auf die Hinterräder.
Bremsflüssigkeit: N 052 766 gemäß US-Norm FMVSS 571.116 DOT4. TL 766. Wechsel: alle zwei Jahre.

Fahrwerk

Vorderachse: McPherson-Federbeinachse mit unteren Dreiecksquerlenkern. Stabilisator.
Hinterachse: Verbund- oder Mehrlenkerachse, Feder/Dämpfer einzeln; Einzelradaufhängung. Stabilisator.
Federung: Schraubenfedern und (vorn) Teleskopstoßdämpfer bzw. (hinten) Gasdruckstoßdämpfer.
Lenkung: Geschwindigkeitsabhängige elektromechanische Servolenkung. Lenkübersetzung: 13,56.
Spurweite (mm): vorn 1.549, hinten 1.520
Radstand (mm): 2.637
Wendekreis (m): 10,9
Räder: Stahlräder und Leichtbauräder 6 J x 15; 6 1/2 J x 16.
Reifen: 195/65 R 15 T oder V; 205/55 R 16 V.

Kraftübertragung, Getriebeübersetzungen

Antrieb:	Alle Modelle Frontantrieb mit elektronischem Stabilisierungsprogramm ESP. Ausnahmen Allradversion 4Motion.
Kupplung:	Einscheibentrockenkupplung, Tellerfeder, asbestfreie Beläge. Zweimassen-Schwungrad. 7-Gang-DSG: zwei elektrohydraulische Trockenkupplungen; 6-Gang-DSG: zwei elektrohydraulische Lamellenkupplungen im Ölbad.
Getriebe:	Voll synchronisierte 5- oder 6-Gang-Handschaltgetriebe. Automatik: 7- und 6-Gang-Doppelkupplungsgetriebe DSG (zwei unabhängige Teilgetriebe).
Beispiele für Getriebe-Übersetzungen:	
5-Gang-Schaltgetriebe mit Motor 1.2 TSI 63 kW im Golf BlueMotion Tech.	**Einzelübersetzung:** I-3,769; II-1,955; III-1,281; IV-0,881; V-0,673; R-3,182. Achsübersetzung: 4,056. **Gesamtübersetzung:** I-15,287; II-7,929; III-5,196; IV-3,573; V-2,73; R-12,906. Achsübersetzung: 4,056.
6-Gang-DSG mit Motor 2.0 TDI 110 kW im Golf BlueMotionTech.	**Einzelübersetzung:** I-3,462; II-2,05; III-1,3; IV-0,902; V-0,914; VI-0,756; R-3,989. Achsübersetzung: 4,118. **Gesamtübersetzung:** I-14,257; II-8,442; III-5,353; IV-3,714; V-2,781; VI-2,301; R-12,139. Achsübersetzung: 3,043.

Maße, Gewichte und Lasten; weitere Daten

Außenmaße in mm	
Länge:	Golf 2-türig: 4.255. Variant 4-türig: 4.562.
Breite (ohne Spiegel):	Golf 2-türig: 1.790. Variant 4-türig: 1.799.
Höhe (bei Leergewicht):	Golf 2-türig: 1.452. Variant 4-türig: 1.481.
Innenmaße in mm	
Ellenbogenbreite vorn:	Golf: 1.486; Variant: dto.
Ellenbogenbreite hinten:	Golf: 1.465; Variant: dto.
Gepäckraumlänge	Golf / Variant: Sitzbank aufgestellt: 839 / 1.055; Sitzbank umgeklappt: 1.558 / 1.826 .
Gepäckraumvolumen:	Golf: 380 Liter; Variant: 424 Liter.
Sitzbank umgeklappt:	Golf: 1.270 Liter; Variant 1.439 Liter.
Gewichte und Lasten in kg	
Leergewicht:	Golf:1.205 (Schaltgetriebe), 1.880 (DSG). Variant: 1.473 (DSG).
Effektive Zuladung (Basis):	Golf: 561-590; Variant: 542 (Beispiele).
Zulässiges Gesamtgewicht:	Golf: 1.840-1.870; Variant: 1.940 (Beispiele).
Maximale Stütz-/Dachlast:	Durchweg alle Modelle: 80/75
Maximale Anhängelast	
– bis 12%, gebremst:	Golf: 1.100; Variant: 1.400.
– bis 12%, ungebremst:	Golf: 600; Variant: 730.
Zulässige Achslast vorn:	Golf: 910; Variant: 920.
Zulässige Achslast hinten:	Golf 860; Variant: 1.050.
Weitere Daten	
Karosserietyp:	Selbsttragend, verzinkt, Stahl, Verformungszonen vorn und hinten, 2/4 Türen, 5 Sitzplätze
Luftwiderstandsbeiwert cW	0,287. Stirnfläche A in m²: 2,19. Luftwiderstand = cW x A m² = 0,628.

Technik-Lexikon

Das folgende Stichwortverzeichnis soll helfen, einige der häufig benutzten Ausdrücke im Gespräch mit den Leuten in der Werkstatt, unter »Experten« und auch in diesem Buch besser zu verstehen.

Abgasturbolader – von Abgasen angetriebenes Turbinenrad. Die Turbine nutzt die im Abgas enthaltene Energie und drückt zur Leistungssteigerung Frischluft und vorverdichtete Luft in die Zylinder.

ABS – Antiblockiersystem. Drehzahlsensoren an allen vier Rädern melden einem Steuergerät, wenn das jeweilige Rad kurz vor dem Blockieren ist. Der Bremsdruck am Rad wird abwechselnd verringert und erhöht und das Blockieren verhindert.

ACC – Adaptive Cruise Control (adaptive Geschwindigkeitsregelung); hält die gewünschte Fahrzeuggeschwindigkeit konstant.

Achsschenkel – Bauteil der Vorderradaufhängung, schwenkt beim Lenken um die Lenkdrehachse. Auf dem Achsschenkel ist das Vorderrad gelagert.

Achstrieb (Vorder, Hinterachstrieb) – Vorderachstrieb: Baugruppe, die ein Stirnradpaar und das Differenzial zum Antrieb der Gelenkwellen vom Getriebe aus enthält. Bei Hinterradantrieb sind in einem eigenen Gehäuse ein Kegelradsatz (»Teller und Kegelrad«) und das Differenzial vereinigt.

Achswelle – Angetriebene Welle, starr oder mit Gelenken, an deren Nabe eines der Räder montiert ist.

Adaptives Kurvenlicht – Horizontal schwenkbare Scheinwerfer, die die Kurven optimal ausleuchten, sobald der Fahrer in sie einlenkt.
Sensoren erfassen den Lenkwinkel, die Gierrate (Drehgeschwindigkeit um die Hochachse) und die Fahrgeschwindigkeit. Die Xenon-Scheinwerfer werden elektromechanisch so gesteuert, dass die Kurve ihrem Verlauf entsprechend besser ausgeleuchtet wird.

Airbag – Aufblasbares Luftkissen, das bei Frontalaufprall des Autos auf ein Hindernis die Insassen vor Verletzung schützt. – Gewöhnlich in die Lenkradnabe und die Schalttafel (evtl. auch in die Sitzlehnen = Seiten-Airbags) eingebaut

Aktivkohlefilter (EVAP) – System zur Verminderung der Emission schädlicher Benzindämpfe aus dem Tank. Die Dämpfe werden in einem Filter aus Holzkohle gespeichert und später im Motor verbrannt.

Anlasser – Elektromotor, der zum Anlassen des Motors dient. Sein längs verschiebbares Ritzel wird zuerst in den großen Zahnkranz des Schwungrads eingespurt und dreht dann die Kurbelwelle.

Antriebsriemen – Normalerweise aus Gummigewebe gefertigter Riemen, der über mindestens zwei Riemenscheiben läuft und von der Kurbelwelle aus Nebenaggregate oder die Nockenwelle(n) antreibt (als Keilriemen, Flachriemen oder Zahnriemen).

Antriebsstrang – Oberbegriff für den gesamten Antrieb eines Fahrzeugs mit Motor, Kupplung, Getriebe, Kardanwelle (soweit vorhanden), Achstrieb/Differenzial und Antriebswellen.

Asphärischer Außenspiegel – Außenspiegel mit zweigeteilter, teilweise gebogener (konvexer) Spiegelfläche. Dadurch vergrößert sich die Sichtfläche des Rückspiegels.
Die korrekte Einstellung der Seitenspiegel auf die Sitzposition des Fahrers vermeidet beim asphärischen Außenspiegel den toten Winkel fast vollständig. Alle Modelle aus der Volkswagen-Pkw-Palette sind mit asphärischen Außenspiegeln auf der Fahrerseite ausgerüstet.

ASR – Antriebsschlupfregelung; verhindert Durchdrehen der Antriebsräder, hält den Wagen in der Spur.

ATF –Automatic Transmission Fluid (Getriebeöl für automatische Getriebe).

Aufbohren (Zylinder) – Verfahren zum Nacharbeiten der Zylinderbohrungen bei starkem Verschleiß. In die um ein geringes Maß vergrößerten Bohrungen werden entsprechend größere Kolben eingebaut. Nur nach langer Laufzeit erforderlich.

Ausdehnungsbehälter – Teil der modernen, unter Druck arbeitenden Kühlanlage. In diesen Ausgleichsbehälter kann das infolge des Temperaturanstiegs sich ausdehnende Kühlmittel ausweichen.

Ausgleichsgetriebe – Siehe Differenzial.

Ausgleichscheibe – Stahlscheibe, zumeist in verschiedenen Dicken, zum Ausgleich des Axialspiels beweglicher Bauteile.

Ausgleichswelle – eine zur Kurbelwelle gegenläufig rotierende Welle für einen ruhigen Motorlauf.

Auspuffkrümmer – Sammelrohr, das die Abgase des Motors von jedem der Zylinder in die (gemeinsame) Abgasanlage leitet.

Ausrücklager (Kupplung) – Wälzlager, das axial gleitend auf einer Hülse vorn im Getriebegehäuse montiert ist, beim Auskuppeln vom KupplungsAusrückhebel gegen die rotierende Tellerfeder gedrückt oder gezogen wird und dabei die Kupplungsscheibe freigibt

Auswuchten (Räder) – Prüfen und Korrigieren eines Rades mit Reifen im Hinblick auf statische und dynamische »Unwucht«, d.h. auf Kräfte, die das Rad zu Flatter oder Zitterbewegungen veranlassen könnten.

Automatikgurt – Sicherheitsgurt, der den Fahrzeuginsassen bei normaler Fahrt Bewegungsfreiheit lässt, aber blockiert wird, wenn das Auto stark verzögert wird oder die angegurtete Person plötzliche Bewegungen macht.

AWD – All Wheel Drive (Allradantrieb).

Axialspiel – Bewegungsfreiheit eines Bauteils in Achsrichtung, z.B. die seitliche Bewegung eines Pleuels auf dem Lagerzapfen der Kurbelwelle.

Batterie – (Akkumulatorenbatterie) »Reservoir«, in dem elektrische Energie gespeichert wird. Sie liefert den Strom zum Anlassen des Motors und für die übrigen Verbraucher bei stehendem Motor. Sie wird bei laufendem Motor vom Generator aufgeladen.

Benzindirekteinspritzung – Bei der Benzindirekteinspritzung wird der Kraftstoff mit einem maximalen Druck von bis zu 150 bar direkt in den Brennraum eingespritzt. Eine besondere Brennraumgeometrie sorgt für eine optimale Verwirbelung des Kraftstoff-Luft-Gemischs.

Biodiesel – wird aus nachwachsenden Rohstoffen gewonnen. In Deutschland wird häufig Raps zur Gewinnung von Biodiesel genutzt. Daher haben sich auch die Bezeichnungen RME (Raps-Methyl-Ester) bzw. PME (Pflanzen-Methyl-Ester) durchgesetzt. Aus ökologischer Sicht stellt Biodiesel eine sinnvolle Alternative zu herkömmlichem Dieselkraftstoff dar, da man sich in einem geschlossenen CO_2-Kreislauf bewegt. Das bedeutet, dass die Pflanze während ihres Wachstums soviel an CO_2 aufnimmt, wie nachher bei der Verbrennung wieder abgegeben wird.
Da sich Biodiesel jedoch in seiner Zusammensetzung von herkömmlichem Dieselkraftstoff unterscheidet, kann er nicht uneingeschränkt als direkter Ersatz für Diesel genommen werden. Größtes Problem ist derzeit, dass es keine einheitliche Norm für Qualität und Zusammensetzung von Biodiesel gibt. Der Marktanteil von Pflanzen-Methyl-Ester liegt zur Zeit unter einem Prozent. Selbst bei Ausschöpfung aller Anbaupotenziale könnte Pflanzen-Methyl-Ester nur ein Zehntel des Dieselkraftstoffbedarfs decken.

Bi-Xenon – XenonScheinwerfer für Abblend und Fernlicht (siehe Xenonlicht).

Blattfeder – Lange, schmale, gekrümmte Feder, zumeist als Paket aus mehreren Blättern zusammengesetzt. Heute nur noch bei Lkws, schweren Geländewagen und alten Autos mit hinterer Starrachse zu finden.

Bord-Diagnosesystem – Elektronische Überwachungsanlage für das Motor-Managementsystem. Sie lässt über den Fehlercode Fehlfunktionen erkennbar werden, die sich negativ auf Abgasemissionen, Leistung und Verbrauch auswirken können.

Boxermotor – Motorbauform, bei welcher die Zylinder einander gegenüberliegen; im allgemeinen sind gleich viele Zylinder auf jeder Seite der Kurbelwelle.

Bremsankerplatte – Stahlblechplatte, am Radträger (zumeist nur noch der Hinterräder) befestigt. Daran sind die Bremsbacken der Trommelbremse montiert.

Bremsbacken – Gekrümmtes Bauteil in der Trommelbremse, mit Bremsbelägen bewehrt. Die Backen werden beim Bremsen von innen gegen die Bremstrommel gedrückt.

Bremsbelag – Trommelbremse: auf die Bremsbacken aufgebrachter Reibbelag aus hitzebeständigem Werkstoff; Scheibenbremse: Mit aufvulkanisiertem Reibbelag versehene Metallplatte. Die Bremsbeläge werden von den Hydraulikkolben von beiden Seiten her beim Bremsen an die Bremsscheibe angedrückt.

Bremse entlüften – Entfernen unerwünschter Luft aus einer geschlossenen hydraulischen Bremsanlage.

Bremsflüssigkeit – Spezielles, hitzebeständiges Hydrauliköl für Bremsanlage (ggf. auch für Kupplungsbetätigung).

Bremsscheibe – Mit dem Rad umlaufende, häufig hohl gegossene (»belüftete« Bremsscheibe) Metallscheibe. Beim Betätigen der Bremse werden von beiden Seiten her die Bremsbeläge an die Scheibe angedrückt und verzögern dadurch Scheibe und Rad.

Bremsservo (VakuumBremsverstärker) – Gerät, das die am Pedal aufgebrachte Kraft zum Betätigen des Hauptbremszylinders erhöht. Der Unterdruck, mit dem das Gerät arbeitet, kommt beim Benzinmotor vom Saugrohr, beim Dieselmotor von einer zusätzlichen Pumpe.

Bremstrommel – Mit dem Rad umlaufendes, schüsselförmiges Bauteil der Trommelbremse. Beim Betätigen der Bremse werden von innen her die beiden Bremsbacken an die Trommel angedrückt und verzögern dadurch Trommel und Rad.

Bremszange, -sattel – Bauteil, das am Radträger montiert ist und sattelförmig die Bremsscheibe übergreift. Enthält die Hydraulikkolben und Bremsbeläge.

Brennraum – Raum über dem Kolben, in dem dieser das Gemisch verdichtet, und in dem im Augenblick der Zündung die Verbrennung stattfindet. Der Brennraum kann auch zum Teil in den Kolbenboden eingelassen sein.

CAN – Control Area Network (KontrollNetzwerk); verknüpft elektronische Funktionen.

Carbon – Kohlenstoff; belastungsstarker und extrem leichter Werkstoff für Karosserieteile und Bremse von Supersportwagen und für die Formel 1.

Chip-Tuning – Leistungssteigerung durch Austausch eines elektronischen Speicherbausteins und damit verbundene Steuerprogrammänderung.

Choke (Vergaser) – Manuell oder automatisch betätigtes Klappenventil, das beim Kaltstart durch Drosselung der Luft zum Motor das Gasgemisch anreichert.

CNG – Compressed Natural Gas (komprimiertes Naturgas); Erdgas für speziell ausgerüstete Personenwagen und Transporter.

CO-Gehalt – Anteil von Kohlenmonoxid im Abgas

Common Rail – (gemeinsame Schiene) Diesel-Direkteinspritzer, bei dem alle Zylinder über eine gemeinsame, unter Druck stehender Verteilerleitung mit Kraftstoff versorgt werden.

Comprex-Lader – Druckwellenlader, Mischung aus Turbolader und Kompressor. Wird von der Kurbelwelle über einen Zahnriemen angetrieben.

Crossover – Kreuzung verschiedener Fahrzeug-Gattungen zu neuem Typ.

CVT-Automatik – (Continuously Variable Transmission) Automatische, stufenlose Kraftübertragung mit je einer zweigeteilten, kegeligen Scheibe auf An und Abtriebswelle. Durch axiales Verschieben der Scheiben wird der wirksame Radius eines auf ihnen laufenden Keilriemens oder einer Lamellenkette stufenlos verändert – damit auch die jeweilige Übersetzung.

DB - Dezibel – Einheit für Lautstärke.

DBC – dynamische Bremskontrolle (siehe BAS).

Diagnosesystem – Siehe BordDiagnosesystem.

DiagnoseWarnleuchte – Warnleuchte an der Schalttafel. Zeigt an, dass eine Fehlfunktion vorliegt und als solche im Steuergerät gespeichert wurde.

Dichtung – Verformbares Material, das zwischen zwei Oberflächen eingefügt wird, um gas bzw. flüssigkeitsdichte Verbindungen zu schaffen.

Dieselmotor – Der »Selbstzünder« (Gegensatz: »Ottomotor« = Fremdzünder) arbeitet mit der durch Verdichtung reiner Luft im Zylinder entstehenden Temperatur, die ausreicht, um den zerstäubten Dieselkraftstoff zu entzünden. Hierfür ist freilich eine weit höhere Verdichtung erforderlich als beim Ottomotor.

Differenzial/Ausgleichgetriebe – Zumeist als Kegelrädertrieb ausgeführt, treibt es die beiden Räder einer Achse gemeinsam in gleicher Drehrichtung, erlaubt ihnen aber, sich bei Kurvenfahrt unterschiedlich schnell zu drehen.

Differenzialsperre – schafft starren Durchtrieb zwischen Rädern einer Achse oder beider Achsen für eine bessere Traktion des Fahrzeugs.

Direkteinspritzung – Spezielle Bauart von Motoren, bei denen der Kraftstoff durch Düsen unmittelbar in die Brennräume eingespritzt wird.

DOHC – (Double Overhead Camshaft) Bezeichnung für einen Motor mit zwei obenliegenden Nockenwellen, von denen eine die Ein und eine die Auslassventile betätigt. Dies erlaubt optimale Anordnung der Ventile in Bezug auf Leistung und Emissionen (strömungsgünstigere Kanalführung im Kopf).

DOT-Nummer – auf die Reifenflanke geprägt, verrät den Produktionszeitraum des Pneus.

Drehkolbenmotor – Siehe Wankelmotor.

Drehmoment – Die an einem Hebelarm wirkende Kraft, früher in mkp (MeterKilopond), heute in Nm (Newtonmeter) ausgedrückt (1 mkp = 9,81 Nm).

Drehmomentschlüssel – Werkzeug zum Anziehen von Schrauben und Muttern mit einem vorgegebenen Drehmoment.

Drehmomentwandler/»Wandler« – Flüssigkeitskupplung anstelle einer mechanischen Kupplung zwischen Motor und Automatikgetriebe. Kann das Motordrehmoment nach Bedarf verändern.

Drehstabfederung/Torsionsfederung – Eine in manchen Automodellen angewandte Art der Federung, die auf der Verdrehung eines geraden Stabes (Drehstab) um seine eigene Achse beruht.

Drive-by-wire – (Fahren per Draht). Befehle des Fahrers werden nicht mechanisch übermittelt, sondern elektronisch.

Drosselklappe – Vom Gaspedal betätigte Ventilklappe vor dem Saugrohr, die mehr oder weniger Luft zu den Einlaßventilen strömen läßt.

Drosselklappenschalter – Bauteil des MotorManagementsystems, das dem Steuergerät die jeweilige Stellung der Drosselklappe signalisiert.

Druckfester Verschluss (Kühler) – Schraubkappe auf dem Ausdehnungsgefäß. Wirkt als Sicherheitsventil bei Über und Unterdruck im Kühlsystem, um dieses vor Beschädigungen zu schützen.

Dynamische Kopfstützen – auch aktive Kopfstützen, sollen vor allem bei Auffahrunfall vor Verletzungen der Halswirbelsäule (Schleudertrauma) schützen.

Dynamisches Energiemanagement – sorgt in Abhängigkeit von Batterieladezustand und Temperatur selbstständig dafür, dass stets genügend Energie für einen Motorstart zur Verfügung steht. Dies gilt auch dann, wenn das Fahrzeug einmal für einen längeren Zeitraum abgestellt ist.
Moderne Fahrzeuge entnehmen ihren Batterien selbst im Ruhezustand Energie: Verkehrsfunkspeicher, aber auch Diebstahlwarnanlage oder der Empfänger für die Funkfernbedienung verbrauchen konstant ein geringes Quantum Strom. Wenn ein kritischer Ladezustand der Batterie droht, reduziert das Energiemanagement im Ruhezustand den Verbrauch durch stufenweises Abschalten der Verbraucher. Während der Fahrt kontrolliert das dynamische Energiemanagement laufend die Batteriespannung und die Ladeaktivität. Bei Bedarf erhöht das System die Leerlaufdrehzahl geringfügig, um die Leistung des Ladegenerators zu erhöhen. In extremen Fällen werden kurzzeitig besonders verbrauchsintensive Komponenten wie etwa die Sitz- oder Heckscheibenheizung deaktiviert. Der Komfort leidet darunter nicht.

DynAPS – dynamisches Autopilot-System. Dabei berücksichtigt das Navigationssystem Staumeldungen bei der Routenberechnung.

EBD – Electronic Brake Distribution, sorgt für eine elektronische Bremskraftverteilung.

EBV – elektronische Bremskraftverteilung.

ECE – Economic Comission for Europe (Wirtschaftskommission für Europa), befasst sich mit der Harmonisierung von Vorschriften rund ums Auto.

EDS – elektronische Differentialsperre.

E-Gas – »E« steht für elektronisch. Das Gaspedal wirkt bei Fahrzeugen mit E-Gas wie ein Sensor. Dieser erkennt anhand der Pedalstellung unmittelbar den Leistungswunsch des Fahrers. Auf Basis dieses Ausgangssignals regelt die Motorelektronik Drosselklappe, Ladedruck und Zündung. Dieses elektronische System löst die bisherige Übertragungstechnik per Seilzug ab und bringt wesentliche Vorteile: E-Gas erleichtert die elektronische Motorsteuerung, reagiert schneller und ist eine technische Voraussetzung für das elektronische Stabilisierungsprogramm (ESP).

EGR – Exhaust Gas Recirculation. Verfahren zur Abgasentgiftung: Ein Teil der Abgase wird der Ansaugluft wieder zugeführt, um unverbrannte Kraftstoffanteile weiter zu verbrennen.

Einscheiben-Sicherheitsglas – Scheibe aus thermisch behandeltem Glas in nur einer Schicht. Wenn die Scheibe zerspringt, zerfällt sie in viele kleine Teile mit stumpfen Kanten. Zerspringt sie beim Auftreffen eines Körpers nicht, wird der Durchblick sehr stark behindert.

Einspritzdüse – Gerät, das den Kraftstoff direkt oder indirekt in den Brennraum eines Otto- oder Dieselmotors einspritzt.

Einspritzpumpe (Diesel) – Gerät, das beim Dieselmotor für die Zumessung der Kraftstoffmenge und die Einspritzung unter hohem Druck zum genau festgelegten Zeitpunkt sorgt.

Einspritzzeitpunkt (Diesel) – Die kurz vor dem Erreichen des oberen Totpunkts (OT) liegende Stellung des Kolbens, in welcher der Kraftstoff eingespritzt wird.

Einzelradfederung – Federungssystem, bei welchem jedes Rad ohne gegenseitige Wirkung auf die übrigen Räder des Wagens Auf und Abbewegungen ausführt.

Elektrode – An der Zündkerze springt zwischen diesen Metallteilen der Zündfunke über; zwischen Verteilerfinger und Verteilerkappe sorgen Elektroden für die Übertragung des hochgespannten Stroms an die einzelnen Kerzen.

Elektrodenabstand (Kerze) – Einstellbare Distanz zwischen Plus und Masse-Elektrode der Zündkerze.

Elektrolyt – In der Batterie die Strom leitende Flüssigkeit aus Schwefelsäure und destilliertem Wasser.

Elektronische Einspritzung – Kraftstoffeinspritzung mit elektronischer Steuerung.

Elektronische Zündung – Zündanlage, die von einer Elektronik gesteuert wird, welche die Funktion des Verteilers und der Unterbrecherkontakte übernimmt.

Elektronisches Steuergerät – Elektronische Zentraleinheit, die Signale von diversen Sensoren empfängt, verarbeitet und entsprechende Befehle an Zünd-, Einspritz- und andere Systeme erteilt.

Emissionen/Abgasemissionen – Vom Auspuff und verschiedenen anderen Teilen des Autos (Tank, Kurbelgehäuse) in die Atmosphäre abgegebene Substanzen, die gasförmig oder als Partikel auftreten.

Emissionskontrolle – Oberbegriff für diverse Systeme zur Verminderung schädlicher Emissionen.

Endanschlag – Dämpfendes Gummiteil, das beim Durchfedern auf schlechter Fahrbahn das Anschlagen der Radaufhängung an die Karosserie verhindert.

Entkohlen – Entfernen von Verbrennungsrückständen in den Brennräumen, den Kanälen und auf den Kolbenböden bei einer Motorüberholung.

Entlüftung – Öffnung oder Ventil, aus dem Luft oder Gase aus einem Gehäuse (z.B. Kurbelgehäuse) austreten bzw. in ein System eintreten können.

Entlüftungsnippel – Hohlschraube, durch die nach Lösen zur Entlüftung eines geschlossenen Systems (Bremse, Kupplung) Luft und Flüssigkeit austreten.

Entstörgerät – Gerät zur Beseitigung oder Unterdrückung elektrischer Störeinflüsse von Zündung oder anderen Bauteilen der Elektrik.

ESP – elektronisches StabilitätsProgramm; hält durch das Bremsen einzelner Räder die Spur.

Euro-NCAP – New Car Assessment Programme = Programm zur Bewertung der passiven Sicherheit von Kfz. Gilt heute als einer der wichtigsten Maßstäbe für die passive Fahrzeugsicherheit. Es stellt beim Offsetcrash noch härtere Anforderungen als das seit Oktober 1998 geltende EU-Gesetz. Die Aufprallgeschwindigkeit wurde von 56 km/h (Gesetz) auf 64 km/h (Euro NCAP) erhöht, was einer um über 30% höheren Aufprallenergie entspricht. Organisiert wird das Euro-NCAP unter anderem von der englischen und der schwedischen Verkehrsbehörde, vom internationalen Automobilverband FIA, vom ADAC sowie von anderen europäischen Automobilclubs.

Fading (Bremse) – Vorübergehendes Nachlassen der Bremsenfunktion infolge Überhitzung des Reibmaterials (vor allem bei Trommelbremsen).

Federbein – Siehe McPherson.

Federung – Oberbegriff für die Bauteile eines Fahrzeugs, die der Isolierung der Karosserie von den Rädern dienen und dafür sorgen, dass alle vier Räder ständigen Fahrbahnkontakt halten.

Fehlercode – Elektronischer Code, den das Steuergerät eines Diagnosesystems beim Auftreten eines Funktionsfehlers speichert. Der verschlüsselte Code enthält Einzelheiten zur Fehlerquelle und veranlasst, dass eine Warnlampe am Schaltbrett aufleuchtet..

Fehlercode-Transmitter – Elektronisches Bauteil, das den verschlüsselten Code für die Werkstatt lesbar macht.

Festsattelbremse – Fest am Radträger montierter Bremssattel der Scheibenbremse. Der Festsattel besitzt (im Gegensatz zum Schwimmsattel) mindestens zwei einander gegenüberliegende Hydraulikkolben.

Fettes Gemisch – Ausdruck für ein Kraftstoff–Luft–Gemisch mit einem höheren als dem optimalen Kraftstoffanteil.

Fliehkraftregler (Zündung) – Vorrichtung im Zündverteiler, die auf der Fliehkraft von kleinen Gewichten beruht und entsprechend der Motordrehzahl laufend automatisch den Zündzeitpunkt verstellt.

Fluid – Häufig benutzter Ausdruck für Flüssigkeit, Kühlmittel, Bremsöl usw.

Flüssiggas – (LPG = Liquefied Petroleum Gas) Gemisch von aus Rohöl gewonnenen Brenngasen (Butan, Propan...), das in manchen Fällen statt anderer Kraftstoffe für entsprechend eingerichtete Ottomotoren eingesetzt wird.

Frostschutz – flüssiger Kühlwasser-Zusatz, um das Einfrieren der Motorkühlung im Winter zu unterbinden und vor Korrosion zu schützen.

Fühlerlehre – Einfaches Messgerät zum genauen Messen einer Spaltbreite (z.B. den Elektrodenabstand einer Zündkerze); besteht aus einem Satz verschieden dicker Stahlblech-»Fühler«.

Gasgemisch – Mischung aus bestimmten Gewichtsanteilen an Luft und Kraftstoff zur Verbrennung im Ottomotor. Das optimale Verhältnis für eine vollständige Verbrennung beträgt 14,7:1.

Gelenkwelle/Antriebswelle – Welle zum Antrieb eines (Vorder- oder Hinter-)Rades vom Differenzial aus. Gelenkwellen an derselben Achse können gleich oder auch verschieden lang sein und ein oder zwei Gelenke besitzen.

Generator (Wechselstromgenerator) – Stromerzeuger, vom Motor über Riemen getrieben. Er liefert bei laufendem Motor den Strom für die elektrische Anlage des Wagens und zum Aufladen der Batterie.

Getriebe/Schaltgetriebe – Aus Wellen und veränderlichen Zahnradübersetzungen aufgebautes Aggregat, angeordnet zwischen Kupplung und Achstrieb. Mit den im Getriebe wählbaren Übersetzungen kann der Motor trotz veränderlicher Fahrgeschwindigkeiten in seinem günstigsten Arbeitsbereich verbleiben.

Getriebeeingangswelle – Von der Kupplung (oder dem Drehmomentwandler) ins Getriebe (oder in die Automatik) führende Welle.

Gleichlaufgelenk – Variante des Kardangelenks für Gelenkwellen (Antriebswellen) frontangetriebener Wagen. Dieses Gelenk ermöglicht eine gleichförmige, ruckfreie Kraftübertragung trotz der Überlagerung von Federungs- und Lenkbewegungen.

Gleitlager – Metallische oder sonstige verschleißarme Oberfläche an einem Bauteil, gegen die sich ein anderes Bauteil frei bewegen (normal: rotieren) kann, und die zur Minderung von Reibung und Verschleiß ausgelegt ist. Gleitlager werden gewöhnlich geschmiert.

Gleitmittel gegen Fressen – Schmiermittel, das besonders temperatur und druckbeanspruchte Bauteile am »Fressen« (Festgehen bei Trockenlauf) hindert.

Glühkerze – Elektrisches Heizgerät, das in die Brennräume der (zumeist aller) Zylinder eines Dieselmotors hineinragt, um ihn beim Kaltstart vorzuwärmen und damit die Rauchentwicklung unmittelbar nach dem Anspringen zu verringern.

GPS – Global Positioning System. Satellitensystem zur Positionsbestimmung, wird von Navigationssystemen benutzt.

Gürtel-/Radialreifen – Reifen, bei dem die Kordfäden in der Karkasse (Grundstruktur des Reifens) im rechten Winkel zur Reifenflanke verlaufen.

Gurtstraffer – zieht bei einem Aufprallunfall den Gurt fest an den Körper.

Handling – Häufig benutzter Ausdruck für das Fahrverhalten eines Autos, schließt Kurvenverhalten, Geradeauslauf und gefühlsmäßige »Handhabung« ein.

Hauptzylinder (Geberzylinder) – Hydraulikzylinder mit Kolben, gefüllt mit Hydraulikfluid. Das Brems- oder Kupplungspedal wirkt direkt (oder über ein Bremsservo) auf den Kolben und gibt die eingeleitete Kraft über das Fluid an die Nehmerzylinder weiter.

Head-up-Display – Überkopf-Anzeige, spiegelt Armaturanzeigen in die Windschutzscheibe.

Heizungs-Wärmetauscher – Kleiner »Kühler«, der in den Kühlkreislauf des Motors eingefügt und für die Bereitstellung von Warmluft für die Wagenheizung zuständig ist. Die durch die Rippen strömende Kaltluft erwärmt sich am heißen Kühlwasser des Motors, das durch den Wärmetauscher fließt.

Hilfsrahmen – Kleiner Rahmen aus Stahlprofilen, der unter der Karosserie montiert ist und Radaufhängungen und/oder Antriebsaggregate aufnimmt.

Hochspannungskreis (Zündanlage) – Stromkreis mit hoher Voltzahl für die Erzeugung des Funkens an der Zündkerze.

Hub/Kolbenhub – Weg, den der Kolben eines Verbrennungsmotors im Zylinder vom oberen zum unteren Totpunkt zurücklegt.

Hubraum, -volumen – Gesamtes Volumen aller Zylinder eines Motors, gerechnet zwischen dem unteren und oberen Totpunkt der Kolben.

Hybridantrieb – Kombination von zwei verschiedenen Abtriebsquellen.

Hydraktives Fahrwerk – Hydropneumatik (siehe unten) mit elektronischer Steuerung.

Hydraulik – Bezeichnung für ein mit Drucköl arbeitendes Übertragungssystem.

Hydraulikstößel – Ventilstößel, in dem das Ventilspiel bei allen Betriebszuständen durch Drucköl ausgeglichen wird. Dadurch entfällt die Ventilspiel-Einstellung.

Hydropneumatik – Eine mit Gas und Öl gefüllte Kugel übernimmt die Funktion herkömmlicher Dämpfer. Erstmals von Citroën in den 50er Jahren bei ID/DS eingesetzt.

Hydropneumatische Federung – Fahrzeugfederung, bei welcher eine Kombination aus Hydraulik und Luftfederung die Stelle der üblichen Stahlfedern (zuweilen auch der Stoßdämpfer) übernimmt.

IDE – Benzindirekteinspritzer der französischen Hersteller (siehe Direkteinspritzung).

Indirekte Einspritzung – Dieselmotoren-Bauart, bei der der Kraftstoff nicht unmittelbar in den Brennraum, sondern in eine benachbarte Wirbelkammer eingespritzt wird.

IPS – Intelligent Protection System (intelligentes Sicherheitssystem). Es handelt sich um eine Kombination aller passiven Sicherheitssysteme im Auto.

Isofix – International normiertes System zur Befestigung von Kindersitzen

Kardangelenk – Flexible, das Drehmoment übertragende Verbindung zwischen zwei Wellen, die ein mehr oder weniger starkes Abknicken der Wellen zu einander erlaubt. Wird in Kardanwellen und manchen Gelenkwellen verwendet, ergibt jedoch keine gleichförmige, ruckfreie Drehbewegung.

Kardanwelle – Welle, die die Kraft vom Schalt-/Automatikgetriebe zur Hinterachse (Motor vorn und Hinterradantrieb) und ggf. vom Verteilergetriebe zur Vorderachse (bei Vierradantrieb) überträgt.

Katalysator – In die Abgasanlage eines Autos eingebautes Gerät, das die in die Atmosphäre austretenden Schadstoffe auf chemischem Wege reduziert, ohne sich selbst zu verändern.

Kerzen – Siehe Zündkerzen.

Keyless Go – Schlüssel oder Chipkarten, die Signale mit dem Auto tauschen. Berührt der Fahrer den Türgriff, öffnet sich der Wagen. Starten per Knopfdruck, Schlüssel oder Karte bleibt in der Tasche.

Kickdown (Automatik) – Vorrichtung, die bei vollem Durchtreten des Gaspedals einen kleineren Gang einschaltet und starkes Beschleunigen erlaubt.

Kipphebel – Übertragungsteil im Ventiltrieb, in der Mitte gelagert, setzt die Aufwärtsbewegung des Nockens (bzw. der Stoßstange) in eine Abwärtsbewegung des Ventils um.

Klimaanlage (AC) – Anlage zur Kühlung und Entfeuchtung der in den Fahrgastraum von außen einströmenden Luft. Dient dem Fahrkomfort und der Freihaltung der Scheiben von Beschlag.

Klingeln – Siehe Klopfen/Klingeln.

Klopfen/Klingeln – Metallisches Motorgeräusch, das oft bei zu frühem Zündzeitpunkt, zu niedriger Oktanzahl des Kraftstoffs oder starken Ablagerungen im Brennraum auftritt. Es rührt von Druckwellen her, die die Zylinderwände in Schwingungen versetzen.

Klopfsensor – Signalgeber, der beim ersten Auftreten von Klopfgeräuschen einen Befehl ans Steuergerät im Motor-Managementsystem erteilt.

Kolben – Zylindrisches Bauteil, das sich in einer Bohrung linear bewegt. Beim Motor verdichtet der Kolben ein Kraftstoff-Luft-Gemisch, überträgt lineare Kraft durch das Pleuel auf die rotierende Kurbelwelle und schiebt verbranntes Gas durch Auslassventile aus dem Zylinder.

Kolbenring – Federnder Feingussring, der in einer um den Kolben laufenden Nut liegt und sich im Betrieb derart an die Zylinderwand anschmiegt, dass der Kolben im Zylinder praktisch gasdicht ist.

Kompakt-Van – Großraumlimousine auf Basis der Kompaktklasse.

Kompressor – mechanischer Lader, bläst Luft in den Ansaugtrakt; wird vom Keilriemen angetrieben.

Kondensator – Zündanlage: Gerät zur Unterdrückung zu starker Funkenbildung an den Zündkontakten; Klimaanlage: Gerät zur Umwandlung des Kühlmittels vom gasförmigen in den flüssigen Zustand.

Kontakte – Siehe Zündkontakte.

Kontermutter/Gegenmutter – Schraubenmutter, mit der eine Einstellmutter oder ein anderes Gewindeteil gegen Lösen gesichert wird.

Kopfdichtung – Siehe Zylinderkopfdichtung.

Kraftstoff – Bezeichnung für die verschiedenen in Verbrennungsmotoren verwendeten Treibstoffe wie Benzin, Diesel, Flüssiggas usw.

Kraftstoff-Druckregler (Systemdruckregler) – Regler in der Einspritzanlage, der für konstanten Kraftstoffdruck an den Einspritzdüsen sorgt. Arbeitet gewöhnlich mit dem Saugrohr-Unterdruck.

Kraftstoffeinspritzung – siehe Einspritzung.

Kraftstofffilter – Auswechselbarer Filter, der Fremdkörper und Wasser aus dem Kraftstoff abscheidet.

Kraftstoffpumpe/Benzinpumpe – Pumpe, heute meist elektrisch angetrieben, fördert den Kraftstoff vom Tank zur Vergaser- oder Einspritzanlage.

Kraftübertragung – Allgemeine Bezeichnung für die Baugruppen des Antriebsstrangs (Getriebe, Achsantrieb, Wellen) mit Ausnahme des Motors.

Kugelgelenk – Wartungsfreies, in mehreren Ebenen bewegliches Übertragungsteil, vor allem in Radaufhängungen und Lenksystemen verwendet. Es besteht aus Kugel und Kugelpfanne sowie einer Gummiabdichtung, die kein Fett austreten lässt.

Kugellager – Reibungsarme Wellenlagerung, besteht aus zwei gehärteten Stahlringen und zwischen ihnen abwälzenden Kugeln (»Wälzkörper«).

Kühler – Bauteil des Kühlsystems, durch dessen feine Röhren oder Waben das heiße Kühlmittel fließt. Er ist im Motorraum so angeordnet, dass er vom Fahrtwind durchströmt und dabei das Kühlmittel gekühlt wird.

Kühlmittel – Mischung aus Wasser und Frostschutzmittel für die Motorkühlung.

Kühlmittel der Klimaanlage – Flüssigkeit, die beim Betrieb der Klimaanlage wechselweise gasförmig und wieder verflüssigt wird.

Kühlmittelpumpe – Siehe »Wasserpumpe«.

Kühlmittelsensor – Sensor, der im Motor-Managementsystem Informationen über die momentane Temperatur des Kühlmittels an das Steuergerät gibt.

Kühlerventilator – Siehe Ventilator.

Kupplung – Auf Reibung beruhende Einrichtung zur Übertragung und zur weichen Einleitung (Einkuppeln) des Drehmoments vom Motor ins Getriebe, ohne dass hierzu eine der beiden Komponenten zum Stillstand kommen muss.

Kupplungs-Ausrückhebel – Überträgt die Pedalkraft auf das Kupplungs-Ausrücklager..

Kupplungsscheibe – Metallscheibe mit verzahnter Nabe, trägt auf beiden Seiten Reibbeläge; gewöhnlich abgefedert zur weichen Einleitung der Kräfte.

Kurbelgehäuse – Der unterhalb der Zylinder liegende Teil des Motorblocks, in welchem die Kurbelwelle gelagert ist.

Kurbelwelle – Welle mit außermittigen (exzentrischen) Kurbelzapfen, durch die die geradlinige Bewegung der Kolben über die Pleuel in Drehbewegung umgewandelt wird.

Kurbelwellensensor – Sensor, der im Motor-Managementsystem Informationen über die momentane Kurbelwellenstellung (und evtl. -drehzahl) an das Steuergerät gibt.

kW/PS – Siehe PS/kW.

Ladeluftkühler – kühlt die vom Turbolader komprimierte Luft.

Lader/Kompressor – Luftverdichter, der Frischluft unter Druck zu den Einlassventilen des Motors fördert, um einen höheren Zylinderfüllungsgrad und damit erhöhte Leistung zu erzielen. Laderantrieb erfolgt entweder mechanisch von der Kurbelwelle oder beim Abgasturbolader über den Abgasdruck und eine Turbine.

Lambda-Regelung (Geregelter Katalysator) – Geschlossener Regelkreis mit Lambda-Sonde und Katalysator zur optimalen Abgasentgiftung. Die von der Lambda-Sonde ans Steuergerät geleiteten Signale sorgen in der Einspritzanlage für eine genaue Kraftstoffzumessung, um die bestmögliche Funktion des Katalysators zu erzielen.

Lambdasonde – Bauteil in der Abgasleitung eines Ottomotors mit geschlossenem Regelkreis (Lambda-Regelung), das den Sauerstoffgehalt der Abgase überwacht. Von L. ans Steuergerät geleitete Signale sorgen in der Einspritzanlage für genaue Kraftstoffzumessung und bestmögliche Katalysator-Funktion.

Längslenker – Parallel zur Fahrtrichtung auf und ab schwenkender Tragarm, an dessen Ende das Rad montiert ist. Seine Schwenkachse liegt im rechten Winkel zur Fahrzeuglängsachse.

LCD-Display/Info Display – Der bedarfsorientierte Aufbau des Info Displays erlaubt sowohl das Reduzieren fester Anzeigen auf den gesetzlichen Minimalumfang als auch eine umfangreiche Informationsauswahl.
Möglich wird diese Vielfalt durch die Koppelung von mechanischen Zeigern mit LCD-Displays. Ob Naviga-

tionshinweise oder Tempomat-Einstellungen – der Fahrer hat alles stets im Blick.
Über das Info Display kann er z.B. den Stufentempomat ab ca. 30 km/h aktivieren. Dieser kann bis zu sechs Wunschgeschwindigkeiten speichern und bei Bedarf aufrufen. Über die Navigationshinweise werden die Routenführung zu einem gewünschten Zielpunkt und aktuelle Staumeldungen angezeigt.
Weiterhin befinden sich insgesamt 14 Kontroll- und Warnleuchten im LCD–Display. Die Palette reicht von »Klassikern« wie »Bitte angurten« über Fahrassistenten wie die Dynamische Stabilitäts Control (DSC) bis hin zur Parkbremse mit Automatic-Hold-Funktion.

LED–Technologie – Die LED (Light Emitting Diode) ist ein Licht emittierender Halbleiter, der eine wesentlich längere Lebensdauer und einen geringeren Stromverbrauch als konventionelle Glühlampen aufweist. Die Vorzüge der LED-Technologie liegen in ihrem niedrigeren Energieverbrauch, kürzeren Ansprechzeiten, geringerem Raumbedarf sowie einer höheren Lebensdauer (Fahrzeuglebensdauer).
Die hohe Betriebssicherheit und Lebensdauer von LEDs erhöhen die Sicherheit durch die verringerte Ausfallwahrscheinlichkeit von Rückleuchten und Bremslichtern.

Leerlaufdrehzahl – Drehzahl des Motors bei geschlossener Drosselklappe.

Leerweg/Spiel – Freie Beweglichkeit eines Bauteils (z.B. eines Pedals), ehe eine Wirkung oder Funktion einsetzt.

Lenkgetriebe – Siehe Zahnstangenlenkung.

Lenkung – Oberbegriff für die Bauteile der Lenkanlage. Das eigentliche Lenkgetriebe ist heute in der Regel eine Zahnstangenlenkung.

LHM–Fluid (Citroën) – Spezielle Hydraulikflüssigkeit auf Mineralölbasis für die Hydraulik von Citroën-Modellen.

LongLife–Öl – Je nach Motor- und Modellvariante sind Intervalle für Service oder Ölwechsel von bis zu 30.000 Kilometern oder maximal zwei Jahren bei Benzinmotoren und bis zu 50.000 Kilometern oder maximal zwei Jahren bei Dieselmotoren möglich.

Lufteinblasung – Maßnahme zur Schadstoffreduktion mit Katalysator. In den Auspuffkrümmer wird Frischluft eingeblasen, um die Abgastemperatur zu erhöhen. Dies hilft dem Kat, seine Betriebstemperatur rascher zu erreichen.

Luftfilter – Ein auswechselbarer Einsatz aus Papier oder Schaumstoff in einem Gehäuse. Hält Fremdkörper aus der zum Motor strömenden Luft zurück.

Luftmengenmesser – Messvorrichtung im Motor–Managementsystem, die die durchfließende Luftmenge zu den Zylindern misst und diese Information an das Steuergerät weitergibt.

Mageres Gemisch – Ausdruck für ein Kraftstoff-Luft-Gemisch mit geringerem als dem optimalen Kraftstoffanteil.

Massekabel – Flexibles Kabel, das den Minuspol der Batterie mit der Karosserie bzw. die Karosserie mit dem Motor/Getriebe-Aggregat verbindet. Die Metallteile dienen der elektrischen Anlage als Rückleitung.

McPherson–Federbein – Einzelradfederung. Kombinierte Einheit aus Schraubenfeder und Stoßdämpfer, bildet bei Einbau an der Vorderachse gleichzeitig die Lenkdrehachse der Vorderräder.

Mehrventiler – Motor mit mehr als zwei Ventilen pro Zylinder, nämlich zumeist vier (2 Einlass-, 2 Auslassventile), seltener drei (2 Einlass-, 1 Auslassventil).

Membrane – Scheibe aus flexiblem, luftundurchlässigem Werkstoff, z.B. im Bremsservo verwendet, wo die Membrane vom Unterdruck gesteuert wird.

Minivan – auf Kleinwagen basierender Van (siehe Van).

Motor–Managementsystem – Anlage in modernen Fahrzeugen, die mit Hilfe eines elektronischen Steuergeräts die Motorfunktionen (Zündung, Einspritzung, Abgasemission) regelt und überwacht.

Motornachlauf – Neigung eines Motors zum Weiterlaufen nach dem Ausschalten der Zündung. Zumeist verursacht durch zu geringe Oktanzahl des Benzins, zu frühe Zündeinstellung, starke Ablagerungen im Brennraum oder schlechte Wartung des Motors.

Motronik – Motorsteuerung von Bosch.

MP3 – Komprimierte digitale Audiodaten. Das MP3-Format ist ein weit verbreiteter Standard zur Komprimierung digitaler Audiodateien. Bei gleicher Klangqualität belegen MP3-Dateien in etwa nur ein Zehntel des Speicherplatzes einer Audio-CD.
MP3 steht für MPEG 1 Audio Layer 3. Es ist ein von der »Motion Picture Experts Group« entwickeltes Verfahren zur Komprimierung digitaler Video- und Audiodaten. Nötig: ein MP3-fähiges Wiedergabegerät.

MPV – Multi Purpose Vehicle (Mehrzweckfahrzeug) – anderer Ausdruck für Van (siehe Van).

Multi-Point-Einspritzung – Einspritzanlage bei Ottomotoren mit je einer Einspritzdüse pro Zylinder.

Nachlauf – Winkel zwischen der Lenkdrehachse der Vorderräder und einer Senkrechten durch den Berührpunkt des Rades mit dem Boden.

Nachschleifen (Kurbelwelle) – Verfahren zum Nacharbeiten der Lagerzapfen der Kurbelwelle bei starkem Verschleiß. Die um ein geringes Maß verkleinerten Zapfen werden mit Lagerschalen mit entsprechend kleinerem Durchmesser montiert. Nur nach langer Laufzeit erforderlich.

Navigationssystem – elektronisches Gerät, das zur geographischen Positionsbestimmung dient und gegebenenfalls bei der Erreichung eines gewünschten Zieles behilflich ist.
Das System besteht aus den drei wesentlichen Elementen GPS-Antenne, Navigationsrechner und Display. Mit Hilfe der Antenne für das Global Positioning System (GPS) peilt das Navigationssystem Satelliten an, die sich in einer geostationären Umlaufbahn um die Erde befinden. Diese Peilung ermöglicht es, den exakten Standort des Fahrzeuges auf der Erdoberfläche auf wenige Meter genau zu bestimmen..

NCAP – New Car Assessment Program (Neuwagen-Sicherheitsprogramm). Stellt die Crashtest-Definition für Europa dar.

NEFZ – Neuer europäischer Fahrzyklus; Messverfahren für Durchschnittsverbrauch und Abgas.

Nehmerzylinder (Radbremszylinder) – Hydraulikzylinder mit Kolben unmittelbar an der Radbremse, gefüllt mit Hydraulikfluid. Er erhält den hydraulischen Druck über Rohrleitungen vom Hauptbremszylinder. Seine Kolbenbewegung wirkt auf die Bremsbacken bzw. Bremsbeläge.

NOx (Stickoxide) – Einer der Schadstoffe in den Abgasen von Otto- und Dieselmotoren.

Nocken – Exzentrische Erhebungen an der Nockenwelle zur Betätigung der Ventile.

Nockenwelle – Umlaufende, von der Kurbelwelle angetriebene Welle mit Nocken. Sie betätigt die Ein– und Auslassventile über diverse Zwischenglieder

Nockenwellen-Antriebsriemen/Zahnriemen – Alternative zur Steuerkette. Verstärkter, verzahnter Flachriemen aus Gummi-Gewebe-Material, der über Riemenscheiben mit flachen Zähnen die Nockenwelle(n) von der Kurbelwelle aus antreibt.

Nockenwellensensor – Sensor, der im Motor-Managementsystem Informationen über die momentane Stellung der Nockenwelle(n) ans Steuergerät gibt.

Oberer Totpunkt (OT) – Höchste Position in der Kolbenbewegung. Im OT bleibt der Kolben für Sekundenbruchteile stehen, ehe er abwärts geht.

OHC – (Overhead Camshaft) Obenliegende Nockenwelle(n). Bezeichnet die Motorbauart, bei welcher die Nockenwelle(n) über den Zylindern im Kopf angeordnet ist (angetrieben über Zahnriemen, Kette oder Zahnräder). Infolge der direkteren Betätigung der Ventile für Motoren höherer Leistung vorteilhaft.

OHV – (Overhead Valves) Stoßstangenmotor. Die Ventile sind im Zylinderkopf, werden jedoch von einer unten im Gehäuse liegenden Nockenwelle über Stoßstangen betätigt.

Oktanzahl – Vergleichszahl, die die Klopffestigkeit eines Otto-Kraftstoffs angibt. Siehe dazu auch unter Klopfen/Klingeln.
Ölfilter – Auswechselbares Filter, das Fremdkörper und Kondenswasser aus dem Motorenöl abscheidet.

Ölkühler – Kleiner Kühler, der mit Hilfe des Fahrtwinds hauptsächlich bei Diesel- und Hochleistungsmotoren das Motorenöl zusätzlich kühlen soll.

Ölpeilstab – Metall- oder Kunststoffstab mit mehreren Markierungen zum Prüfen des Ölstands.

Ölsumpf/Ölwanne – Auffangschale und Reservoir unter dem Kurbelgehäuse für das im Motor umlaufende Öl.

O-Ring – Gummi-Dichtring mit kreisrundem Querschnitt. Wird oft zur Abdichtung zylindrischer Flächen in eine Nut eingesetzt.

Oxidations-Katalysator – Die Abgase von Dieselmotoren können, da sie mit Luftüberschuss arbeiten, mit dem Dreiwege-Katalysator nicht nachbehandelt werden. Der Einsatz einer Lambdaregelung ist hier technisch ausgeschlossen. Es kommt zur Reduzierung von Kohlenwasserstoff (HC) und Kohlenmonoxid (CO) in Kohlendioxid (CO_2) der Oxidationskatalysator zur Anwendung. Er eignet sich jedoch nicht zum Abbau von Stickoxiden.

Pleuel – Bauteil im Motor, das den Kolben (auf- und abgehend) mit der Kurbelwelle (rotierend) verbindet.

Pleuellager – Unteres Gleitlager des Pleuels, das dessen Bewegung auf den zugehörigen Zapfen der Kurbelwelle überträgt.

PME/Pflanzen-Methyl-Ester – Pflanzen-Methyl-Ester, oder auch Biodiesel, wird aus nachwachsenden Rohstoffen (Pflanzen) gewonnen. In Deutschland wird häufig Raps zur Gewinnung von Biodiesel genutzt. Daher hat sich auch die Bezeichnungen Raps-Methyl-Ester (RME) durchgesetzt. Aus ökologischer Sicht stellt PME eine sinnvolle Alternative zu herkömmlichem Dieselkraftstoff dar, da man sich in einem geschlossenen CO_2-Kreislauf bewegt. Das bedeutet, dass die Pflanze während ihres Wachstums soviel an CO_2 aufnimmt, wie nachher bei der Verbrennung wieder abgegeben wird. Da sich Biodiesel jedoch in seiner Zusammensetzung von herkömmlichem Dieselkraftstoff unterscheidet, kann er nicht uneingeschränkt als direkter Ersatz für Diesel genommen werden. Größtes Problem ist derzeit, dass es keine einheitliche Norm für die Qualität und Zusammensetzung von Biodiesel gibt. Daher gibt es auch keine bedingungslose Freigabe der Fahrzeughersteller für die Verwendung von Biodiesel in ihren Fahrzeugen.

PS/kW (Leistung) – Ausdruck für die pro Zeiteinheit von einem Motor (Verbrennungs-, Elektromotor) aufgebrachte Arbeit. Die jahrzehntelang nur in PS (Pferdestärken) angegebene Leistung misst man heute in kW (Kilowatt; 1 kW entspricht 1,36 PS).

Querstabilisator – Federstahl-Drehstab, an Vorderachse und/oder Hinterachse montiert, um die Neigung der Karosserie zum »Rollen« (Wankbewegungen um die Fahrzeug-Längsachse) zu reduzieren. Wird nicht in jedem Auto verwendet.

Radbremszylinder – Siehe »Nehmerzylinder«.

Rad(muttern)schlüssel – Werkzeug, mit dem die Radschrauben oder -muttern eines Autos gelöst oder festgezogen werden.

Radträger – Teil der Vorder- oder Hinterradaufhängung, in dem die Radlagerung und der feste Teil der Bremsanlage untergebracht sind.

RDS/Radio Data System – Ein Service der Rundfunkanstalten. Neben dem hörbaren Sendeprogramm werden Zusatzinformationen in Form verschlüsselter Digitalsignale ausgesendet. Durch die Übermittlung des Sendernamens (Program Service) wird nicht die Sendefrequenz, sondern der Name des jeweiligen Senders im Radio angezeigt. Die Angabe von alternativen Frequenzen ermöglicht den Empfang der am jeweiligen Ort am besten zu empfangenden Frequenz des gehörten Programms.

Regensensor/Lichtsensor – Der Regensensor sorgt für mehr Fahrkomfort und -sicherheit. Mittels optischer Messung erkennt er automatisch die Regenstärke. Einmal eingeschaltet, aktiviert der Regensensor automatisch die Scheibenwischer und regelt selbsttätig die Wischfrequenz. Mit der integrierten Fahrtlichtautomatik wird das Fahren noch sicherer und praktischer. Über zwei Lichtsensoren in der Frontscheibe werden die Lichtverhältnisse, etwa Dämmerung, Dunkelheit oder Tunnelfahrten, erkannt und das Abblendlicht wird selbsttätig eingeschaltet.

Reihenmotor – Verbrennungsmotor, bei welchem alle Zylinder in einer Reihe angeordnet sind.

Ritzel – Bezeichnung für ein Zahnrad mit kleiner Zähnezahl, das in eines mit größerer Zähnezahl oder in eine Zahnstange eingreift.

Rußpartikelfilter – Mit diesem Diesel-Partikelfilter werden Rußpartikel zu mehr als 95 Prozent aus dem Abgas entfernt. Der Grenzwert für EU4- und EU5-Norm wird dabei deutlich unterschritten.

Sattel – Siehe Bremssattel.

Saugrohr/Ansaugrohr – Bauteil des Motors, in dem je nach Art der Gemischaufbereitung entweder reine Luft oder Kraftstoff-Luft-Gemisch zu den Einlassventilen befördert wird.

Saugrohrdrucksensor – Gerät, das den Innendruck im Saugrohr eines Ottomotors misst und Signale an das Steuergerät im Motor-Management gibt.

Schaltsaugrohr – In der Länge variabler Ansaugtrakt.

Scheibenwaschmittel – Wasser mit handelsüblichen Zusätzen (Frostschutz– und Reinigungsmittel) zum Befüllen der Scheibenwaschanlage.

Schräglenker – Auf und ab schwenkender Tragarm, an dessen Ende eines der Hinterräder montiert ist. Seine Schwenkachse liegt nicht im rechten Winkel zur Fahrzeuglängsachse.

Schrägverzahnte Räder – Zahnradpaar, dessen Verzahnung unter einem Winkel zur Radachse steht. Sorgt für besseren Zahneingriff und ruhigeren Lauf.

Schraubenfeder – Für Personenwagen-Federungen heute meistverwendete, gewindeförmige Stahlfeder.

Schwimmsattelbremse – Am Radträger seitlich verschiebbar montierter Bremssattel der Scheibenbremse. Besitzt (im Gegensatz zum Festsattel) nur auf einer Seite einen (oder mehrere) Hydraulikkolben.

Schwungrad – Schwere metallene Scheibe am Abtriebsende der Kurbelwelle. Soll die von den Kolbenkräften herrührende Ungleichförmigkeit ausgleichen.

Selbstbeteiligung – Der vom Versicherten selbst zu übernehmende Kostenanteil im Schadensfall.

Sequenzielles Manuelles Getriebe – Das SMG basiert auf dem bewährten Schaltgetriebe. Die Gangreihenfolge verläuft immer sequenziell (nacheinander) und nicht wie bei konventionellen Schaltungen durch die direkte Ganganwahl.

Service-Heft – Nachweis (wichtig beim Wiederverkauf), dass das Fahrzeug von Anbeginn und lückenlos in Fachwerkstätten gewartet wurde.

Servolenkung – System, das hydraulische Hilfskraft (Servokraft) zur Verfügung stellt, sobald der Fahrer am Lenkrad dreht.

Servo-Unterstützung – Anlage, die mit Hilfskräften (Hydraulik, Pneumatik) die vom Fahrer aufgewendete Kraft (am Lenkrad, am Pedal usw.) unterstützt.

Sicherungsblech – Blechscheibe mit einer oder mehreren Laschen, mit denen eine Mutter oder ein Schraubenkopf gegen Lösen gesichert wird.

Sidebag – Seitenairbag in der Tür oder im Sitz.

Single-Point-Einspritzung – Einspritzanlage mit nur einer Einspritzdüse für alle Zylinder.

SLS – Self Leveling Suspension (automatische Fahrwerk-Höhenverstellung).

SOHC – (Single Overhead Camshaft) Bezeichnung für einen Motor mit nur einer obenliegenden Nockenwelle, die Ein- und Auslassventile betätigt.

Spannungsregler – Elektrischer Regler, der die Spannung des Generators konstant hält.

Speedster – sportliches Cabrio mit extrem flacher Frontscheibe.

Sprengring – Ringförmigige Sicherung in einer Bohrung oder auf einer Welle, eingelassen in eine Innen- oder Außennut. Der Ring stoppt die ungewollte axiale Bewegung von Bauteilen.

Spurstange – Teil des Lenkgestänges, das die Lenkbewegungen vom Lenkgetriebe zum Vorderradträger überträgt.

SRS – Supplemental Restraint System (Rückhaltesystem); Abkürzung für das Airbag–System.

Starrachse – Aufhängung der Hinterräder an einem sie verbindenden Achskörper. Federbewegung des einen Rades wirkt sich direkt auf das andere aus.

Starthilfekabel – Siehe Überbrückungskabel.

Steuerkette – Metallgliederkette, treibt über Kettenräder die Nockenwelle(n) von der Kurbelwelle aus an.

STC – Stability Traction Control (stabile Traktionskontrolle); anderer Ausdruck für ASR (siehe oben).

Stoß-/Schwingungsdämpfer – Bauteil der Radaufhängung, welches das Auf- und Abschwingen der Federung eines Wagens beim Überfahren schlechter Wegstrecken absorbiert.

Stößel – Siehe Ventilstößel, Tassenstößel.

Sturz, Radsturz – Der Winkel, unter dem sich die Räder von der Senkrechten nach außen neigen. Negativer Sturz bedeutet, dass die Räder nach innen gekippt sind.

SUV – Sport Utility Vehicle, sportliches Nutzfahrzeug.

Synchronisierung – Vorrichtung im Schaltgetriebe. Sie gleicht zum Schalten eines Ganges die Drehzahlen der beiden in Eingriff zu bringenden Teile einander an, um geräuschloses Schalten zu ermöglichen.

Tagfahrlicht – 50 Prozent aller Unfälle an Kreuzungen tagsüber werden durch das nicht rechtzeitige Erkennen anderer Verkehrsteilnehmer verursacht. Als Abhilfe gilt unter Experten das Einschalten des Abblendlichtes am Tag oder der Einsatz von zusätzlichen Tagfahrlichtern.

Tassenstößel – Topfförmiges Zwischenglied, geführt in einer zylindrischen Bohrung, das zwischen den Ventilen des Motors und der (obenliegenden) Nockenwelle eingebaut ist (zuweilen mit einer spielausgleichenden Hydraulik versehen).

Telematik – Verbindung aus Telekommunikation, Informatik und Satelliten-Ortung zur Verkehrsleitung.

Thermostat – Temperaturabhängige Regelanlage im Kühlkreislauf, die das Erwärmen des Kühlmittels beschleunigt, indem sie ihm erst ab einer bestimmten Temperatur den Weg zum Kühler freigibt.

Tire Mobility Set – Reifenreparaturset, mit dem leichte Reifenleckagen behoben werden können. Das Set enthält Dichtmittel und einen Luftkompressor (12 Volt) zum Befüllen des Reifens.

Totpunktmarke/Einstellmarke – Kerben oder Markierungen an der vorderen Riemenscheibe der Kurbelwelle oder am Schwungrad und an den Antriebsteilen der Nockenwelle(n); sie dienen zum exakten Einstellen des Zünd- bzw. Einspritzzeitpunkts eines bestimmten Zylinders.

Transaxle – Kombination von Getriebe und Achstrieb in einem Gehäuse.

Turbolader/Abgasturbolader – Lader (s.d.), dessen Antrieb über den Druck der Abgase des Motors erfolgt, die auf eine Turbine wirken. Der Lader fördert zusätzliche Luft in die Zylinder und erreicht damit einen höheren Füllungsgrad und höhere Leistung.

Überbrückungs-/Starthilfekabel – Kabelsatz (1 rotes, 1 schwarzes) mit großem Querschnitt und kräftigen Klemmen an den Enden. Bei leerer Batterie kann mit Hilfe der Kabel und einer vollen »Spenderbatterie« der Motor angelassen werden.

Ungeregelter Katalysator – »Offenes« System, das die Schadstoffe im Abgas mit Hilfe eines von der Gemischbildung unabhängig arbeitenden (ungeregelten) Katalysators nur teilweise reduzieren kann.

Unterdruckpumpe – Dieselmotor: Für die Servobremse erforderlicher Unterdruck wird von einer vom Motor angetriebenen Pumpe geliefert (»Bremsservo«).

Unterer Totpunkt (UT) – Tiefste Position in der Kolbenbewegung. In diesem UT bleibt der Kolben für Sekundenbruchteile stehen, ehe er sich wieder aufwärts bewegt.

Unverbleites Benzin (Bleifrei) – Benzin, das außer dem im Rohöl enthaltenen Bleianteil bei der Herstellung nicht zusätzlich verbleit wird. Keine Schädigung des Katalysators.

Van – Großraumlimousine.

Variomatic – einfaches CVT-Getriebe (siehe oben) von DAF, erstmals 1958 im DAF 33 eingesetzt.

VDC – (Vehicle Dynamics Control) Fahrzeugdynamische Kontrolle; Fahrdynamik-Regelung für allradgetriebene Autos.

Ventil – Allgemein eine Vorrichtung, die geöffnet und geschlossen werden kann, um den Durchfluss von Gasen oder Flüssigkeiten zu ermöglichen bzw. zu stoppen.

Ventilator – Heute meist elektrisch, früher vom Motor angetriebener, vorn im Motorraum hinter dem Kühler angeordneter Lüfter (Ventilatorflügel). Soll die Kühlung unterstützen.

Ventilatorriemen – Keilriemen, der bei mechanischem Antrieb des Ventilators von der Kurbelwelle aus verwendet wird.

Ventileinstellung – Siehe Ventilspiel.

Ventilspiel – Gesamter Leerweg zwischen dem Ende des Ventilschafts und dem Nocken der Nockenwelle. Das Spiel ist erforderlich, um das völlige Schließen des Ventils trotz Wärmedehnung der Bauteile zu gewährleisten. Es wird entweder an einer Stellschraube manuell eingestellt oder von einem Hydraulikstößel (s.d.) automatisch ausgeglichen.

Ventilsteuerung – Oberbegriff für die Bauteile, die das Öffnen und Schließen der Ein- und Auslasskanäle des Motors bewirken: Nockenwelle(n), Stößel, Stoßstangen, Kipphebel, Ventile usw.

Ventilstößel – Bauteil im Motor, das die Drehbewegung der Nockenwelle in die Auf- und Abbewegung der Ventile umwandelt. Siehe auch »Tassenstößel«.

Verbleites Benzin (Bleibenzin) – Benzin, das außer dem im Rohöl enthaltenen Bleianteil bei der Herstellung zusätzlich verbleit wird. Nicht für Katalysatorbetrieb geeignet, da Blei dem Kat schadet.

Verbundglas – Sicherheitsglas für Autoscheiben. Besteht aus zwei dünnen Schichten aus gehärtetem Glas mit einer dünnen Schicht aus Spezial-Kunststoff dazwischen. Bei einem Aufprall zerbröselt das Glas nicht, und die Sicht bleibt weitgehend erhalten.

Verdichtung (-sverhältnis) – Gibt an, auf welches Volumen die Zylinderfüllung zwischen unterem und oberem Totpunkt des Kolbens verdichtet wird (Volumen eines Zylinders plus Brennraumvolumen im Verhältnis zum Brennraumvolumen allein, z.B. 10:1).

Vergaser – Vorrichtung, mit der (bei älteren Autos) das Kraftstoff-Luft-Gemisch in dem zur Verbrennung nötigen Verhältnis gebildet wird. Heute meist durch ein Einspritzsystem ersetzt.

Verteilerfinger – Im Zündverteiler umlaufendes Teil, dessen Elektrode über weitere Elektroden in der Verteilerkappe den Zündstrom an die Kerzen befördert.

Verteilerkappe – Kunststoffkappe, die auf den Verteiler aufgesetzt wird und von welcher die Zündkabel (Hochspannungskabel) zu den Kerzen führen.

4 T 4 – Eine der vielen Bezeichnungen für den Allradantrieb, die vom jeweiligen Hersteller stammen.

Viertaktmotor – Bezeichnet einen Otto- oder Dieselmotor, der nach dem Viertaktverfahren arbeitet, d.h. für jeden vollständigen Arbeitszyklus zwei Auf- und zwei Abwärtshübe des Kolbens benötigt

Vierventiler/16-Ventiler – Bezeichnung für einen Verbrennungsmotor mit zwei Einlass- und zwei Auslassventilen pro Zylinder. Der Ausdruck 16-Ventiler wird für den weit verbreiteten Vierzylindermotor mit je vier Ventilen pro Zylinder verwendet.

V-Motor – Motorbauweise, bei welcher die (meist 6 oder 8) Zylinder in zwei Reihen angeordnet sind, die von vorn oder hinten gesehen ein »V« bilden. So hat zum Beispiel ein V8-Motor zwei Reihen zu jeweils vier Zylindern.

Vorderachseinstellung – Prüfung und Berichtigung gemäß der werksseitig vorgeschriebenen Einstellung von Vorspur, Sturz und Nachlauf. Einstellbar sind an den meisten Autos nur die Vorspurwerte. Fehlerhafte Einstellung kann hohen Reifenverschleiß und schlechtes »Handling« zur Folge haben.

Vorkammer-Diesel (Wirbelkammer-Diesel) – Traditioneller Dieselmotor. Der Kraftstoff wird vor der eigentlichen Verbrennung im Brennraum in einer Vor- oder Wirbelkammer gezündet.

Vorspur/Nachspur – Der Winkel oder der Betrag, um den die Stellung der Vorderräder bei Geradeausfahrt von einer Geraden parallel zur Fahrzeuglängsachse abweicht. Vorspur bedeutet, dass die Räder vorn leicht einwärts gerichtet sind.

VSA – Vehicle Stability Assistent. Fahrzeug-Stabilitätshelfer; entspricht ESP (siehe ESP).

VTC – Variable Timing Camshaft. Variable Nockensteuerung, steuert Öffnungszeiten der Einlassventile.

VTG – (Variable Turbine Geometrie) Variable Turbolader-Geometrie.

Wankel-/Drehkolben-/Kreiskolbenmotor – Verbrennungsmotor, der im wesentlichen nur rotierende Teile besitzt. Der Kolben (Rotor) ist etwa dreiecksförmig und rotiert in einem Gehäuse mit spezieller, lang–ovaler Innenform (Epitrochoide). Nur wenige Automodelle sind mit einem solchen Motor ausgerüstet.

Wasserpumpe/Kühlmittelpumpe – Vom Motor angetriebene Flügelpumpe, die das Kühlmittel durch alle Teile des Kühlkreislaufs pumpt.

Wertminderung – Mit dem Altern eines Autos (gefahrene Kilometer, Unfallschäden usw.) verbundene Minderung des möglichen Wiederverkaufserlöses.

Windowbag – Airbag vor dem Seitenfenster.

Wirbelkammer (Diesel) – Hohlraum im Zylinderkopf von Dieselmotoren.
Bei Indirekteinspritzung wird Kraftstoff, statt direkt in den Brennraum, in die Wirbelkammer eingespritzt und dort mit der Luft »verwirbelt«.

Xenonlicht – Modernes Autolicht ohne Glühdraht. In der Glühlampe befindet sich unter anderem das Edelgas Xenon. Bringt mehr als die doppelte Lichtleistung gegenüber Halogenlicht.

Zahnriemen – Siehe Nockenwellen-Antriebsriemen.

Zahnstangenlenkung – Heute weit verbreitete Ausführung des Lenkgetriebes, bestehend aus einem Ritzel und einer Zahnstange, welche die Räder über Spurstangen einschlägt.

Zündanlage – Elektrisches System beim Ottomotor für das Zünden des Gasgemisches im Zylinder.

Zündfolge – Reihenfolge, in der die Zylinder eines Motors gezündet werden.

Zündkabel – Besonders stark isolierte Kabel für die Übertragung des hochgespannten Stroms vom Zündverteiler zu den Kerzen.

Zündkerze – Bauteil des Ottomotors. Die Kerze ragt mit zwei Elektroden in den Brennraum hinein, zwischen denen zum Zünden des Kraftstoff-Luft-Gemisches ein Funken erzeugt wird.

Zündkontakte – In der Zündanlage älterer Autos dient ein Kontaktpaar zum Unterbrechen des Niederspannungsstroms und erzeugt dadurch in der Zündspule eine Hochspannung, die an der Kerze Zündfunken überspringen lässt.

Zündspule – Elektrisches Bauteil, das beim Ottomotor die eingeleitete Batteriespannung in Hochspannung (12 Volt) für den Zündfunken umsetzt.

Zündverteiler – Bauteil der Zündanlage, zuständig für die Verteilung der Hochspannungsenergie an die einzelnen Zündkerzen des Motors.

Zündzeitpunkt – Die kurz vor dem Erreichen des oberen Totpunkts (OT) liegende Stellung des Kolbens, in welcher der Zündfunken überspringt.

Zylinder – Hohlraum, in welchem der Kolben eines Motors auf und ab geht. Die Zylinder können entweder direkt in den Motorblock gebohrt sein, oder es werden Laufbüchsen in den Block eingesetzt.

Zylinderblock/Motorblock – Haupt-Bauteil (Gussteil) eines Motors. Im oberen Teil zumeist die Zylinder und im unteren die Lagerung der Kurbelwelle.

Zylinderbohrung – Innendurchmesser eines Motorzylinders.

Zylinderkopf – Gussteil unmittelbar über dem Motorblock, in dem die Brennräume und die Ein-/Auslasskanäle sowie der Ventiltrieb untergebracht sind. Der Zylinderkopf ist mit dem Motorblock verschraubt.

Zylinderkopfdichtung/Kopfdichtung – Dichtung, die zwischen Zylinderblock und Zylinderkopf liegt und für Abdichtung unter hohem Arbeitsdruck sorgt.

Zylinder-Laufbüchsen – Metallhülsen im Zylinderblock, in denen die Kolben auf und ab gehen. Wenn verschlissen, können Laufbüchsen und Kolben miteinander ausgetauscht werden.

VW-spezifische Begriffe beim Golf

Assistenz-Systeme – Zunehmende Zahl elektronischer Steuer- und Regeleinrichtungen für höheren Komfort und weiter verbesserte Fahrsicherheit. In letzter Konsequenz zielen sie auf das »fahrerlose Fahren«.

Climatronic – Automatische Klimaanlage mit getrennter Temperaturregelung für Fahrer und Beifahrer (»Zweizonen-Climatronic«).

Downsizing – Seit Jahren erfolgreich vom Volkswagenkonzern verfolgte Technologie-Strategie zur Reduzierung von Schadstoffemissionen und Kraftstoffverbrauch der TSI- und der TDI-Motoren. Die entsprechende Einflussnahme geschieht konstruktiv und durch Steuerungssoftware.

DSG – Ein innovatives Automatikgetriebe von Volkswagen. Dieses Doppelkupplungsgetriebe wechselt in Sekundenbruchteilen, fast unmerklich und ohne Zugkraftunterbrechung in den bereits vorgewählten nächsten Gang.

Infotainment – Summe aller konstruktiven und softwaremäßigen Maßnahmen, die für Fahrerinformation und Fahrgastunterhaltung an Bord befindlichen Geräte zu vervollkommnen, zu vernetzen und internettauglich zu machen.

Modularer Querbaukasten (MQB) – 2013 mit dem Golf VII offiziell eingeführte Technologie-Linie von Volkswagen, die auf konsequente Weise die bisherige Strategie von Plattform- und Modulbauweise fortführt. Sie soll Modell übergreifend und konzernweit die Modellvielfalt wirtschaftlicher und praktikabler machen.

Modularer Infotainment-Baukasten (MIB) – Anwendung der Strategie des Modularen Querbaukastens auf das Infotainment an Bord der VW-Fahrzeugmodelle.

MDB und MOB – Anwendung der Strategie des Modularen Querbaukastens auf die Motoren: »Modularer Diesel-Baukasten« ab Baureihe EA288 und »Modularer Ottomotoren-Baukasten« ab Baureihe EA211.

4Motion – Bezeichnung für den permanenten Allradantrieb von VW-Modellen. Sein Herzstück ist ein Mittendifferenzial, ein selbstsperrendes Schneckenradgetriebe.

ParkAssist – Assistent, der das Einparken auf Knopfdruck ermöglicht. Ist das System aktiviert und die Fahrgeschwindigkeit nicht höher als 30 km/h, werden Parklücken im Vorbeifahren registriert. Rückwärtsgang einlegen, und der Golf parkt sich dann selbstständig ein.

RearAssist – Assistenzsystem mit Rückfahrkamera in der Heckklappe. Auf dem Display wird ein elektronisch entzerrtes Bild der Situation hinter dem Fahrzeug gezeigt.

TDI – Diesel-Direkteinspritzung mit Turboaufladung. VW und Audi gehören weltweit zu den Pionieren für solche Motoren in Großserie.

TSI – Benzin-Direkteinspritzung mit Turboaufladung.

Variant – Der Kombi des VW Golf. Nachdem 2013 der Golf VII auf den Markt kam, folgte im Jahr darauf die fünfte Variant-Generation.